国家骨干高职院校建设成果

高新测量仪器应用

张宪丽　王天成　冉云峰　主　编

中国铁道出版社

2017年·北京

图书在版编目(CIP)数据

高新测量仪器应用/张宪丽,王天成,冉云峰主编. —北京:
中国铁道出版社,2017.9

国家骨干高职院校建设系列教材

ISBN 978-7-113-23494-2

Ⅰ.①高… Ⅱ.①张… ②王… ③冉… Ⅲ.①电子测量设备—高等职业教育—教材 Ⅳ.①TM93

中国版本图书馆 CIP 数据核字(2017)第 192133 号

书 名: 国家骨干高职院校建设成果
高新测量仪器应用

作 者: 张宪丽 王天成 冉云峰

责任编辑: 张卫晓 **编辑部电话:** 010-51873193
编辑助理: 梁 雪
封面设计: 郑春鹏
责任校对: 苗 丹
责任印制: 高春晓

出版发行: 中国铁道出版社(100054,北京市西城区右安门西街 8 号)
网 址: http://www.tdpress.com
印 刷: 中国铁道出版社印刷厂
版 次: 2017 年 9 月第 1 版 2017 年 9 月第 1 次印刷
开 本: 787 mm×1 092 mm 1/16 印张:16.25 字数:395 千
书 号: ISBN 978-7-113-23494-2
定 价: 45.00 元

前　　言

近年来,随着我国经济的高度发展,交通土建工程也随之加快发展。如今,高速铁路象征着交通土木工程朝着高质量、高效率、高标准的方向发展。特别是随着电子技术和计算机的发展,先进的测量仪器在测量工程中的各个领域应用十分广泛,从而改变了传统的测量方式,使测量外业和内业工作更加一体化。在工程实践中,采用数据存储、数据通信和计算机数据处理,成为数字化测图数据采集的主要方法。智能型的电子水准仪、全站仪及GPS(全球定位系统)先进的测量仪器已成为发展的方向。

本书作为高职院校测绘专业及相关土建交通专业的一门专业核心课程,主要阐述了交通土木工程施工中应用的先进测量仪器的基本原理、使用方法和测量技能,又体现了内容的先进性、实用性、可操作性,便于培养学生的动手、实践与创新能力。本着以适应社会需求为目标,以培养技术能力为主线,在内容选择上考虑土建工程专业的深度和广度,以"必须、适度、够用"为尺度,以"讲清概念、强化应用"为重点,深入浅出,注重实用。为便于理解,本书在采用文字进行阐述的同时,还列举了大量的图表配合进行说明,力求知识面宽,实用性强,注重理论联系实际,突出实践应用知识。

本书从电子水准仪认知、电子水准仪的使用、全站仪认知、全站仪的使用、全站仪在工程中的应用、全球定位系统(GPS)认知、GPS测量技术的应用七个学习单元进行了阐述。

本书由张宪丽(哈尔滨铁道职业技术学院)、王天成(哈尔滨职业技术学院)和冉云峰(北京铁路局)担任主编,参加编写的人员有程爽(哈尔滨铁道职业技术学院)。具体编写分工如下:单元一、单元二和单元三由张宪丽编写,单元四由冉云峰编写,单元五和单元六由程爽编写,单元七由王天成编写。本书由张宪丽统稿。

本书由中铁三局天昇测绘公司总工郭志广担任主审,他为书稿提供了宝贵的修改意见。本书在编写过程中,得到了中铁三局集团公司和南方测绘仪器有限公司等有关专家的大力支持和帮助,在此表示衷心感谢和敬意。

由于测量技术的不断发展,测量仪器的品牌、型号更新较快,加上编者工作环境有限,书中难免有欠妥之处,恳请读者批评指正,以求不断提高教材质量。

编者

2017年5月

目　　录

单元一　电子水准仪认知

【学习导读】 近年来,随着计算机技术、微电子技术、激光技术等新技术的发展,传统的测绘技术体系正在发生根本性的变化。电子水准仪又称数字水准仪,它是在自动安平水准仪的基础上发展起来的。在望远镜光路中增加了分光镜和探测器(CCD),并采用条码标尺和图像处理电子系统而构成的光机电测一体化的高科技产品。

【学习目标】 1. 了解目前常用电子水准仪的种类;

2. 掌握电子水准仪的基本原理;

3. 了解电子水准仪的特点等方面内容。

【技能目标】 1. 掌握电子水准仪的基本原理;

2. 熟悉电子水准仪的特点。

项目一　电子水准仪概述

【项目描述】

20 世纪 90 年代以来出现了许多先进的光电子测量仪器,如电子水准仪,它是以自动安平水准仪为基础,在望远镜光路中增加了分光镜和探测器(CCD),并采用条码标尺和图像处理的电子系统,是光机电测一体化的高科技产品。

【相关知识】

一、电子水准仪概述

1994 年蔡司厂研制出了电子水准仪 DiNi10/20,同年拓普康厂也研制出了电子水准仪 DL101/102。这意味着电子水准仪将普及,并开始参与激烈的市场竞争。同时也说明,目前还是几种水准测量精度高,如天宝电子水准仪、徕卡电子水准仪、南方电子水准仪,没有其他方法可以取代,如图 1-1 所示。GPS 技术只能确定大地高,大地高换算成工程上的正高,还需要知道高程异常,确定高程异常还需精密水准测量。这也是各厂家努力开发电子水准仪的原因之一。

电子水准仪具有测量速度快、读数客观、能减轻作业劳动强度、精度高、测量数据便于输入计算机和容易实现水准测量内外业一体化的特点,因此投放市场后很快受到用户青睐。电子水准仪定位在中精度和高精度水准测量范围,分为两个精度等级,中等精度的标准差为:1. 0~1. 5 mm/km,高精度的标准差为:0. 3~0. 4 mm/km。如蔡司 Dini 12 电子水准仪是德国蔡司厂生产的第三代电子水准仪,其每公里往返测高差中误差为±0. 3 mm,可用于国家一、二等水准测量和变形监测等高精度测量。

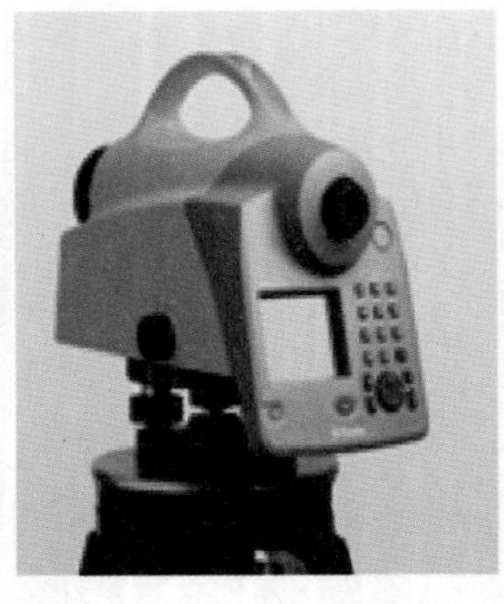
(a) 天宝电子水准仪

(b) 徕卡电子水准仪

(c) 南方电子水准仪

图 1-1 电子水准仪示意图

二、电子水准仪的基本原理

电子水准仪需采用条码标尺,各厂家标尺编码的条码图案不相同,不能互换使用,如图 1-2 所示。目前照准标尺和调焦仍需目视进行,人工完成照准和调焦之后,标尺条码一方面被成像在望远镜分化板上,供目视观测,另一方面通过望远镜的分光镜,标尺条码又被成像在光电传感器(又称探测器)上,即线阵 CCD 器件上,供电子读数。因此,如果使用传统水准标尺,电子水准仪又可以像普通自动安平水准仪一样使用。不过这时的测量精度低于电子测量的精度。特别是精密电子水准仪,由于没有光学测微器,当成普通自动安平水准仪使用时,其精度更低。

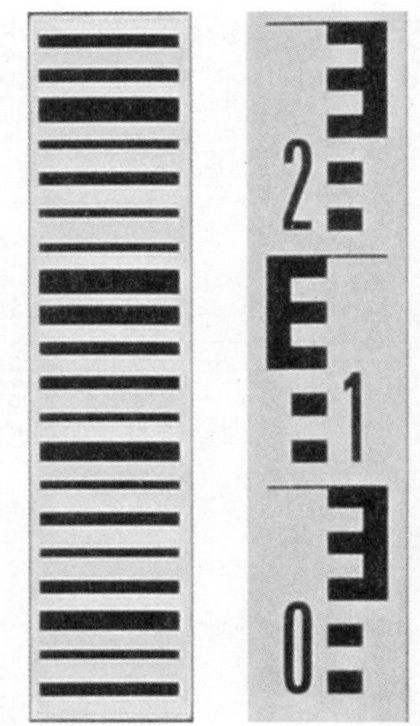
图 1-2 条码标尺

当前电子水准仪采用了原理上相差较大的三种自动电子读数方法:

1. 相关法(徕卡 NA3002/3003)

相关法的条码采用伪随机码,仪器内部有该码作为参考信号,望远镜截取的条码标尺成像转换成测量电信号后与参考信号相比较,测量信号与参考信号的某一段相同,则中丝读数就在此处。相关法的概略视距是由调焦量传感器测得的调焦镜移动量算出的,精确视距由二维相关(一维是视线高,一维是视距)精确求得几何法的条码标尺上每 2 cm 内的条码构成一个码词,仪器在设计上保证了视距从 1.5 m 到 100 m 时都能识别该码词,识别中丝处的码词后,其到标尺底面的粗略高度就可以确定。精确的视线高读数是由中丝上下各 15 cm 内的码词,通过物像比例精确求得。其视距测量与传统水准仪的视距测量类似。但标尺截距固定为 30 cm,在成像面的 CCD 上读取该截距的像高,再由物像比例求视距。

2. 几何法(蔡司 DiNi10/20)

蔡司 9535 DiNi 系列采用几何法测量原理,只需取标尺上中丝上下各 15 cm 范围的条码,即可完成观测。

3. 相位法(拓普康 DL-101C/102C)

［相关案例］

以拓普康电子水准仪 DL-101C/102C 相位法原理为例

拓普康电子水准仪 DL-101C/102C 采用相位法。标尺的条码成像经望远镜、调焦镜、补偿器的光学零件和分光镜后，分成两路，一路成像在 CCD 线阵上，用于进行光电转换，另一路成像在分划板上，供目视观测。

图 1-3 表示了 DL-101 标尺上部分条码的图案，其中有三种不同的码条。R 表示参考码，其中有三条 2 mm 宽的黑色码条，每两条黑色码条之间是一条 1 mm 宽的黄色码条。以中间的黑码条的中心线为准，每隔 30 mm 就有一组 R 码条重复出现。在每组 R 码条左边 10 mm 处有一道黑色的 B 码条。在每组参考码 R 的右边 10 mm 处为一道黑色的 A 码条。不难发现，每组 R 码条两边的 A、B 码条的宽窄不相同，实际上 A、B 码条的宽度是在 0 到 10 mm 之间变化，这两种码包含了水准测量时的高度信息。仪器设计时有意设置它们的宽度按正弦规律变化。其中 A 码条的周期为 600 mm，B 码条的周期为 570 mm。R 码条组两边的黄码条宽度也是按正弦规律变化的，这样在标尺长度方向上就形成了亮暗强度按正弦规律周期变化的亮度波。图 1-3 中条码的下面画出了波形，纵坐标表示黑条码的宽度，横坐标表示标尺的长度，实线为 A 码的亮度波，虚线为 B 码的亮度波。由于 A 和 B 两条码变化的周期不同，也可以说 A 和 B 亮度波的波长不同，在标尺长度方向上的每一位置上两亮度波的相位差也不同。这种相位差就好像传统水准标尺上的分划，它可以标出标尺的长度。只要能测出标尺底部某处的相位差，也就可以知道该处到标尺底部的高度，因为相位差可以作到和标尺长度一一对应，即具有单值性。这就是适当选择两亮度波的波长，在 DL-101 中 A 码的周期为 600 mm，B 码的周期为 570 mm，它们的最小公倍数为 11 400 mm，因此，在 3 m 长的标尺上不会有相同的相位差。为了确保标尺底端面，或说相位差分划的端点相位差具有唯一性，A 和 B 码的相位在此错过了 $\pi/2$。

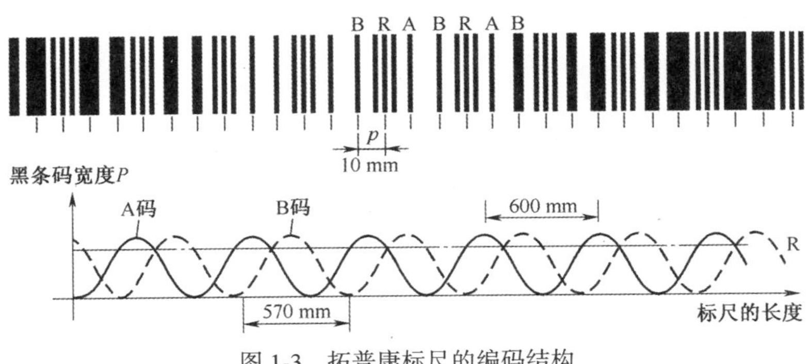

图 1-3　拓普康标尺的编码结构

当望远镜照准标尺后，标尺上某一段的条码就成像在线阵 CCD 上，黄条码使 CCD 产生光电流，随条码宽窄的改变，光电流强度也变化。将它进行模数转换（A/D）后，得到不同的灰度值。视距在 Δ0. 6 m 时标尺上某小段成像到 CCDA 上经 A/D 转换后，得到的不同灰度值（纵坐标），横坐标是 CCD 上像素的序号，当灰度值逐一输出时，横轴就代表时间。横坐标标记的数字判断，仪器采用了 512 个像素的线阵 CCD。如图 1-4 所示就是包含有视距和视线高的信息的测量信号。

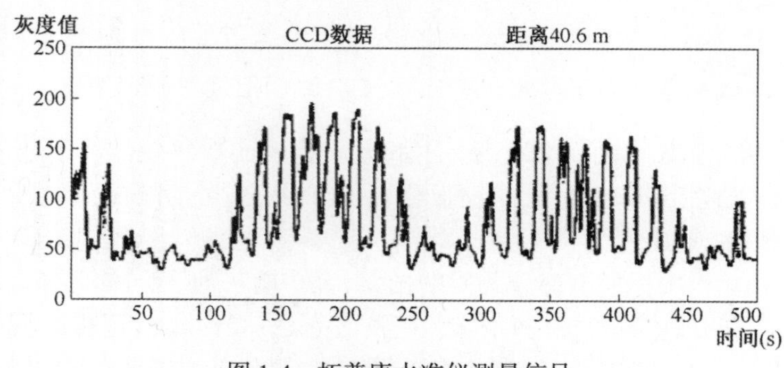

图 1-4　拓普康水准仪测量信号

在 DL 系列中则采用快速傅里叶变换(FFT)计算方法将测量信号在信号分析器中分解成三个频率分量。由 A、B 两信号的相位求相位差,即得到视线高读数,这只是初读数。因为视距不同时,标尺上的波长与测量信号波长的比例不同。虽然在同一视距上 A、B 的波长相同,可以求出相位差或视线高,但其精度并不高。

R 码是为了提高读数精度和求视距二安排的。设两组 R 码的间距为 $P(=30\ \text{mm})$,它在 CCD 行阵上成像所占的像素个数为 z,像素宽为 $D(=25\ \mu\text{m})$,则 P 在 CCD 行阵上的成像长度为:

$$L = z \times b \tag{1-1}$$

式中,z 可由信号分析中得出,b 是 CCD 光敏窗口的宽度,因此 L 和 P 都为已知数据。根据几何光学成像原理,可以像传统仪器用视距丝测量距离的视距测量原理一样求出视距:

$$D = \frac{P}{L} \times f \tag{1-2}$$

式中,f 是望远镜物镜的焦距。同时还可以求出物像比:

$$A = \frac{P}{L} \tag{1-3}$$

将测量信号放大到与标尺一样时,再进行相位测量,就可以精确得出相位差,即视线高。

电子水准仪的三种测量原理各有奥妙,三类仪器都经受了各种检验和实际测量的考验,能胜任精密水准测量作业。拓普康精密型电子数字水准仪型号为 DL-101C/102C,仪器如图 1-5 所示。

图 1-5　拓普康精密型电子水准仪

拓普康 DL-101C/102C 应用先进的图像处理技术使其水准测量精度更高,操作更方便,因而特别适用于一、二等水准测量和变形监测等高精度测量,其技术指标性能见表 1-1。

表 1-1　拓普康 DL-101C/102C 电子水准仪的技术指标表

型号	精　度	放大倍数	主要特点
DL-101C	电子读数:±0.4 mm/km(用铟瓦尺) 光学读数:±1.0 mm/km	32x	内置 PCMCIA 卡带 RS-232 接口,可作 BFFB(后前前后)和 FBBF(前后后前)水准测量以及 GO/RE(往侧/返侧)
DL-102C	电子读数:±1.0 mm/km(用玻璃钢尺) 光学读数:±1.5 mm/km		

项目二　电子水准仪的特点

【项目描述】

电子水准仪操作简便，采用条码标尺自动读数，不需要人工记录，避免了人为的误差，由于采用多次读数并取平均值的方法，因此精度高，测完后可马上传输至计算机进行数据处理，得出观测的结果，大大的提高了观测精度和效益，为实现测量内外业一体化提供条件。

【相关知识】

一、电子水准仪的共同特点

电子水准仪是以自动安平水准仪为基础，在望远镜光路中增加了分光镜和探测器（CCD），并采用条码标尺和图像处理电子系统而构成的光机电测一体化的高科技产品。采用普通标尺时，又可像一般自动安平水准仪一样使用。它与传统仪器相比有以下特点：

1. 读数客观。不存在误差、误记问题，没有人为读数误差。

2. 精度高。视线高和视距读数都是采用大量条码分划图像经处理后取平均得出来的，因此削弱了标尺分划误差的影响。多数仪器都有进行多次读数取平均的功能，可以削弱外界条件影响。不熟练的作业人员也能进行高精度测量。

3. 速度快。由于省去了报数、听记、现场计算的时间以及人为出错的重测数量，测量时间与传统仪器相比可以节省 1/3 左右。

4. 效率高。只需调焦和按键就可以自动读数，减轻劳动强度。视距还能自动记录，检核，处理并能输入电子计算机进行后处理，可实线内外业一体化。

二、天宝 DiNi 系列的具体特点

美国天宝电子水准仪 DiNi 是目前世界上高精度的电子水准仪之一，其各项指标都明显优于其他电子水准仪；其性能卓越、操作方便，使水准测量进入了数字时代，大大提高了生产效率；已广泛应用于地震、测绘、电力、水利等系统，在各项重大工程中发挥着强大的作用。

主要特点为：

（1）每公里往返水准观测精度达 0.3 mm，最小显示 0.01 mm；

（2）可快速获取高精确的高程信息；

（3）数字式的读数系统可以减少误差和重复作业；

（4）在仪器和办公室电脑之间方便数据传输；

（5）最小量测单位只要 30 cm 条码尺；

（6）自动安平过程比一般的自动水准仪要快 60%；

（7）具有先进的感光读数系统，可见白光即可测量；

（8）具有集成手持提把，外业携带方便；

（9）自动进行地球曲率及气象改正；

（10）附合水准导线自动平差；

（11）具有完善的数据管理系统和开放的操作系统；

（12）可设置视距差、观测偏差；

(13)可快速高程放样,单点高程测量;

(14)具有水准导线自动平差功能。

三、电子水准仪和传统水准仪的比较

相同点:电子水准仪具有与传统水准仪相同的光学、机械和补偿器结构;其光学系统也是沿用光学水准仪的;水准标尺一面具有用于电子读数的条码,另一面具有传统水准标尺的E型分划;既可用于数字水准测量,也可用于传统水准测量、摩托化测量、形变监测和适当的工业测量。

不同点:传统水准仪用人眼观测,电子水准仪用光电传感器(CCD线阵)代替人眼;电子水准仪与其相应条码水准标尺配用,仪器内装有图像识别器;电子水准仪采用数字图像处理技术,这些都是传统水准仪所没有的;同一根编码标尺上的条码宽度不同,各型电子水准仪的条码尺有其编码规律,但均含有黑白两种条块,这与传统水准标尺不同。另外,对精密水准仪而言,传统水准仪利用测微器读数,而电子水准仪没有测微器。

由此可知,电子水准仪是目前最先进的水准仪,配合专门的条码水准尺,通过仪器中内置的数字成像系统,自动获取水准尺的条码读数,不再需要人工读数。这种仪器可大大降低测绘作业劳动强度,避免人为的主观读数误差,提高测量精度和效率。

【思考与练习题】

1. 电子水准仪的特点有哪些?
2. 电子水准仪的三种自动电子读数方法有哪些?

单元二　电子水准仪的使用

【学习导读】 电子水准仪,是用来测量高精度的工具机,其灵敏度非常高。目前,交通土建工程施工测量常用的电子水准仪有:拓普康电子水准仪、徕卡电子水准仪、天宝电子水准仪,照准标尺和调焦仍需目视进行。人工调试后,标尺条码一方面被成像在望远镜分化板上,供目视观测,另一方面通过望远镜的分光镜,又被成像在光电传感器(又称探测器)上,供电子读数。由于各厂家标尺编码的条码图案各不相同,因此条码标尺一般不能互通使用。

【学习目标】 1. 掌握电子水准仪的功能和使用方法;

2. 了解电子水准仪在沉降观测中的应用。

【技能目标】 1. 熟练掌握电子水准仪的结构和使用方法;

2. 熟悉电子水准仪在工程施工测量中应用技术。

项目一　电子水准仪的使用方法

【项目描述】

随着高速铁路建设的蓬勃发展,高程测量工作也日趋艰巨,电子水准仪是测量水平高低的仪器,具有精度高、使用方便、快速可靠等特点。对电子水准仪操作技能,在路基、桥隧、轨道等施工技术、沉降观测技术,提出了更高的要求,客观上为高速铁路的安全运营提供了保障。

【相关知识】

以天宝 DiNi03 和拓普康 DL-111C 为例介绍电子水准仪的仪器构造与功能、测量准备工作、测量注意事项、标准测量模式以及线路水准测量模式等。

一、各部件名称与功能

(一)天宝 DiNi03 各部件名称

天宝(Trimble)的 DiNi03 电子水准仪是目前世界上高精度的电子水准仪之一,其性能卓越、操作方便,使水准测量进入了数字时代,高效 Trimble 的革新设计和友好的菜单界面使用户很快就可以掌握这种仪器,并用其完成工作,高速的 3 s 测量设计可以大大提高劳动生产率。DiNi03 电子水准仪可节省 50% 的时间和花费,并且绝无任何人为误差(读数误差、记录误差、计算误差等),所有的测量和记录,计算都非常迅速。已广泛应用于地震、测绘、电力、水利等系统,在各项重大工程中发挥着强大的作用。天宝 DiNi03 电子水准仪基本构造如图 2-1 所示。

1. 主菜单

天宝 DiNi03 电子水准仪主菜单见表 2-1 和图 2-2。

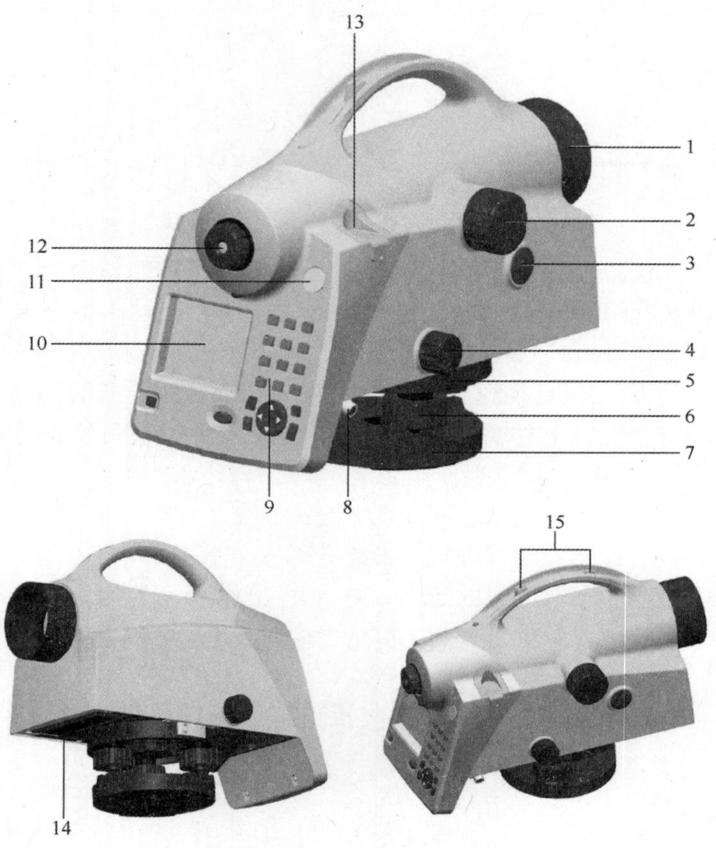

图 2-1　天宝 DiNi03 电子水准仪基本构造

1—望远镜遮阳板；2—望远镜调焦螺旋；3—触发键；4—水平微调；5—刻度盘；6—脚螺旋；7—底座；8—电源/通信口；9—键盘；10—显示器；11—圆水准气泡；12—十字丝；13—可移动圆水准气泡调节器；14—电池盒；15—瞄准器

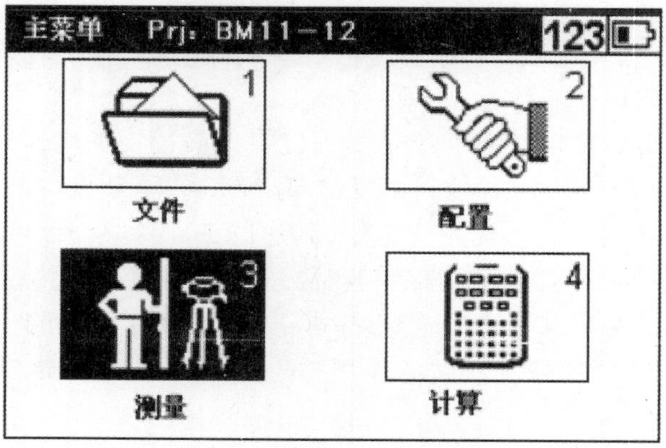

图 2-2　天宝 DiNi03 电子水准仪主菜单

表 2-1　天宝 DiNi03 电子水准仪主菜单表

主菜单	子菜单	子菜单	描　　述
1. 文件	工程菜单	选择工程	选择已有工程
		新建工程	新建一个工程
		工程重命名	改变工程名称
		删除工程	删除已有工程
		工程间文件复制	在两个工程间复制信息
	编辑器		编辑已存数据、输入、查看数据、输入改变代码列表
	数据输入/输出	DiNi 到 USB	将 DiNi 数据传输到数据棒
		USB 到 DiNi	将数据棒数据传入 DiNi
	存储器	USB 格式化	记忆棒格式化,注意警告信息
			内/外存储器,总存储空间,未占用空间,格式化内/外存储器
2. 配置	输入		输入大气折射、加常数、日期、时间
	限差/测试		输入水准线路限差(最大视距、最小视距高、最大视距高等信息)
	视准轴校正	费式 Forstner 模式	 A 1 2 B |1/3|1/3|1/3| 在相距 45 m 处设立两根标尺(A、B)将此距离分成三等份,并设 2 个仪器站(1、2)在其连线上相距标尺约 15 m,然后从测站量测二标尺
		李式 Nabauer 模式	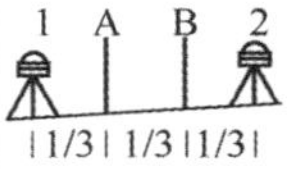 1 A B 2 |1/3|1/3|1/3| 定义一根 45 m 长的距离和大致三等份在(1、2)上设测站,并在距两端 1/3 处立标尺,然后从测站量测二标尺
		库式 Kukkamaki 模式	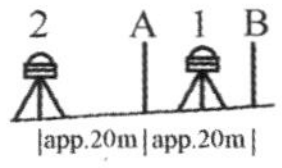 2 A 1 B |app.20m|app.20m| 在距约 20 m 处设两根标尺(A、B)首先该尺连线之间的测站(1)量测二标尺。然后从测站(2)量测二标尺,测站(2)距二标尺连线外延 20 m 处
		日本 Japanese 模式	与 Kukkamaki 方法相同。二标尺距约 30 m,测站(2)在标尺(A)后约 3 m 处
	仪器设置		设置单位、显示信息、自动关机、声音、语言、时间
	记录设置		数据记录、记录附加数据、线路测量单点测量、中间点测量

续上表

主菜单	子菜单	子菜单	描　　述
3. 测量	单点测量		单点测量
	水准线路		线路测量
	中间点测量		基准输入
	放样		高程放样
	继续测量		继续一个未完成的测量
4. 计算	线路平差		线路平差

2. 键盘和显示器

（1）键盘

天宝 DiNi03 电子水准仪键盘如图 2-3 所示。

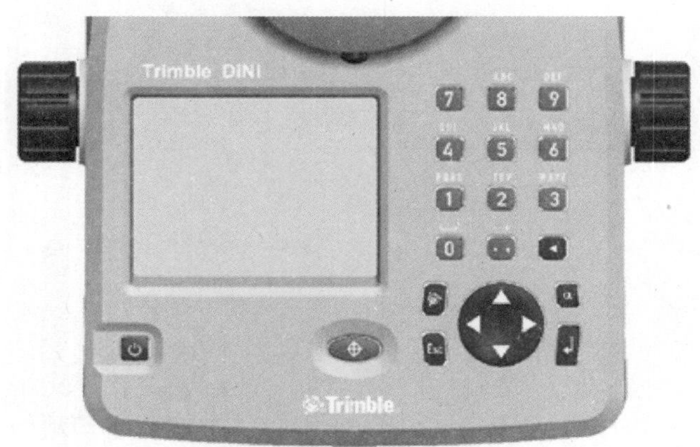

快捷键

可多方位观察的水泡

图 2-3　天宝 DiNi03 电子水准仪键盘示意图

（2）控制和显示屏功能

天宝 DiNi03 电子水准仪显示屏功能见表 2-2。

表 2-2　控制和显示屏功能

按 键	描　　述	功　　能
	开关键	仪器开关机

续上表

按键	描　述	功　能
	测量键	开始测量
	导航键	通过菜单导航/上下翻页/改变复选框
	回车键	确认输入
Esc	退出键	回到上一页
α	Alpha 键	按键切换、按键情况在显示器上端显示
	Trimble 按键	显示 Trimble 功能菜单
	后退键	输入前面的输入内容
. ,	逗号/句号	第一功能为输入逗号句号;第二功能为加减
0	0 或空格	第一功能 0;第二功能空格
1	1 或 PQRS	第一功能 1;第二功能 PQRS
2	2 或 TUV	第一功能 2;第二功能 TUV
3	3 或 WXYZ	第一功能 3;第二功能 WXYZ
4	4 或 GHI	第一功能 4;第二功能 GHI
5	5 或 JKL	第一功能 5;第二功能 JKL
6	6 或 MNO	第一功能 6;第二功能 MNO
7	7	
8	8 或 ABC	第一功能 8;第二功能 ABC
9	9 或 DEF	第一功能 9;第二功能 DEF

(二)徕卡 DNA03 / DNA10 各部件名称

1. 仪器特点

徕卡 DNA 系列仪器特点如图 2-4 所示。

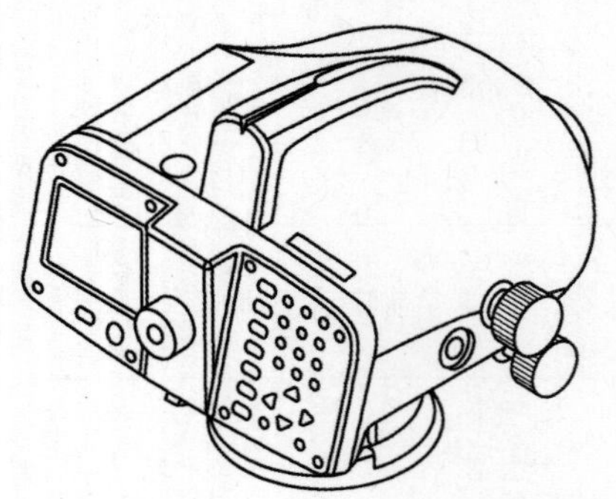

· 大显示屏，字符键盘
· 水平微动
· 组合电池
· 磁阻尼补偿器
· 机载程序
· 数据存贮到内存
· 数据备份到 PCMCIA 卡

图 2-4　徕卡 DNA 系列仪器特点

2. 徕卡 DNA 系列仪器最重要的部件如图 2-5 所示。

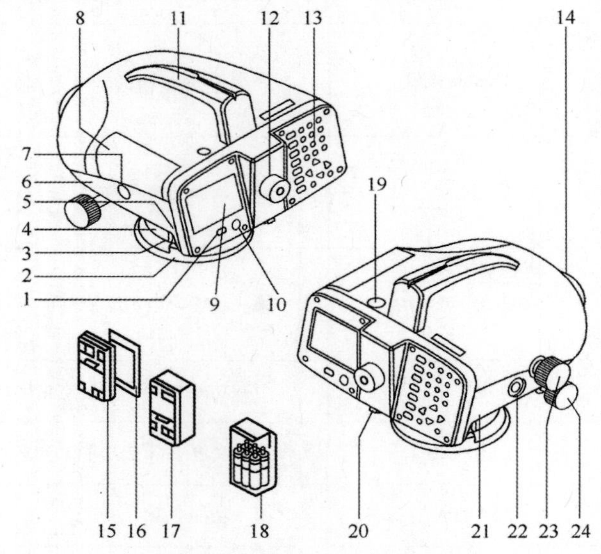

图 2-5　徕卡 DNA 系列仪器部件名称

1—开关;2—底盘;3—脚螺旋;4—水平度盘;5—电池盖操作杆;6—电池仓;7—开 PC 卡仓盖按钮;8—PC 卡仓盖;9—显示屏;10—圆水准器;11—带有粗瞄器的提把;12—目镜;13—键盘;14—物镜;15—GEB111 电池(选件);16—PCMCIA 卡(选件);17—GEB121 电池(选件);18—电池适配器 GAD39,6 节干电池(选件);19—圆水准器进光管;20—十字丝调整钮盖;21—外部供电的 RS232 接口;22—测量按钮;23—调焦螺旋;24—无限位水平微动螺旋(水平方向)

3. 专业术语如图 2-6 所示。

4. 仪器应用

(1)DNA10 主要用于工程水准测量。

(2)DNA03 在工程水准测量和高精度水准测量中均可使用。

5. 标尺选择

(1)测量精度取决于配合仪器使用的标尺;

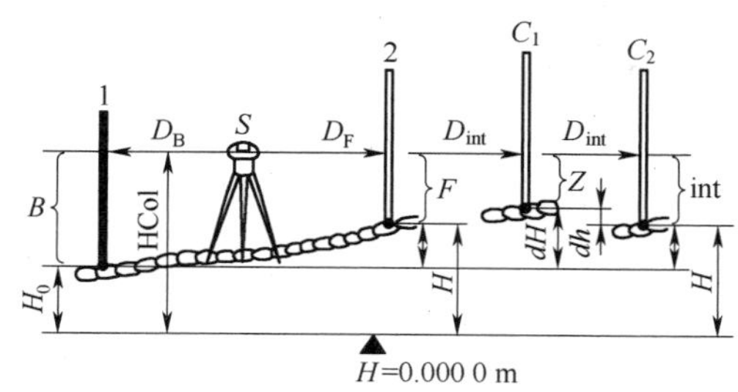

图 2-6　徕卡 DNA 系列仪器专用术语

S—测站；1—标尺 1（后视标尺）；2—标尺 2（前视标尺）；*C*—标尺 C（中间点：测量时的碎部点，放样时的放样点）；*B*—后视标尺读数，对双观测法，*B*1，*B*2；*F*—前视读数，双观测法；*F*1、*F*2；int—碎部视线或放样视线的标尺读数；D_B—后视距离；D_F—前视距离；D_{int}—碎部视线的距离/放样视线的距离；H_0—起始点高程，如海拔高；*H*—前视点/碎部点高程；*dH*—后视视线与前视视线、碎部视线或放样视线之间的高差；*dh*—两标尺（碎部视线/放样视线或前视）之间依次求得的高差；HCol—仪器的水平线（或视线高度）；

（2）中、低精度的测量可选用标准标尺；

（3）高精度测量则应选用铟瓦水准标尺。

6. 应用范围

（1）使用标尺和距离读数的简便测量；

（2）线路水准测量；

（3）测量和放样碎部点；

（4）与计算机联机作业；

（5）用本仪器进行线路水准测量的要求与所需精度有关，其测量规则与光学仪器水准测量的国家标准相同。

7. 线路水准测量规定

（1）保持前后视距离相等。

（2）通过测量前视和后视传递高程，并在闭合点上进行检核。

8. 精密水准测量的严格规定

（1）限制仪器到标尺的距离<30 m。

（2）限制最低视线高度>0. 5m，以便使地面大气折射影响最小。

（3）双观测法（后前前后，a 后前前后），既增加测量的可靠性，也减少由于标尺下沉引起的误差。

（4）采用交替观测程序（BFFB，aBFFB＝BFFB FBBF）消除视线倾斜（自动补偿器的剩余误差）误差。

（5）强烈的阳光下应打伞观测。

9. 徕卡测量办公软件

测量数据被存储在 DNA03 / DNA10 仪器的内部存储器，也可以从内部存储器拷贝到 PC-MCIA 卡或者 CF 卡。本系统支持 ATA 闪存、SRAM 或者 CF 存储卡的 PCMCIA 标准。与计算机的数据交换可以用 PCMCIA 卡的驱动器或者用徕卡测量办公系统提供的外部 OMNI 驱动器。也可以使用徕卡 LGO 软件通过 RS232 接口在仪器的存储卡和计算机之间进行文件交换。由于 SRAM 卡可能与内部驱动器不兼容,因此与 SRAM 卡的数据交换最好使用外部 OMNI 驱动器。

(三) 南方 DL-201 各部件名称

南方 DL-201 结构部件如图 2-7 所示。

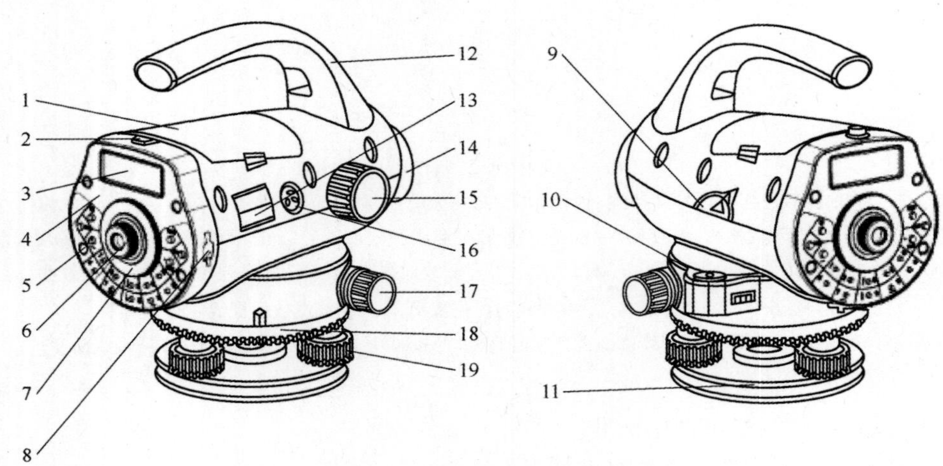

图 2-7 南方 DL—201 结构部件图

1—电池;2—粗瞄器;3—液晶显示屏;4—面板;5—按键;6—目镜:用于调节十字丝的清晰度;7—目镜护罩:旋下此目镜护罩可以分划板的机械调整以调整光学视准线误差;8—数据输出插口:用于连接电子手薄或计算机;9—圆水准器反射镜;10—圆水准器;11—基座;12—提柄;13—型号标贴;14—物镜;15—调焦手轮:用于标尺调焦;16—电源开关/测量键:用于仪器开关机和测量;17—水平微动手轮:用于仪器水平方向的调整;18—水平度盘:用于将仪器照准方向的水平方向值设置为零或所需值;19—脚螺旋

1. 性能特点

(1) 自动读数:避免误读误记问题以及人为读数误差。

(2) 精度高:仪器可进行多次读数取平均。

(3) 速度快:测量时间与传统仪器相比可以节省 1/2 左右。

(4) 效率高:具有丰富的测量软件的支持,自动平差,可实现内外业一体化。

(5) 自动存储:可选择仪器内存或 SD 卡存储,实现无纸化作业。

2. 技术参数

南方 DL-201 系列技术参数见表 2-3。

表 2-3 南方 DL-201 系列技术参数

		DL-201	DL-202
高程测量精度(每公里往返测标准差)	电子读数	1.0 mm	1.5 mm
	光学读数	2.0 mm	
距离测量精度	电子读数	$D \leq 10$ m:10 mm;$D > 10$ m:$D \times 0.001$	
测程	电子读数	1.5~100 m	

续上表

		DL-201	DL-202
最小显示	高差	1 mm/0.1 mm	1 mm/0.5 mm
	距离	0.1/1 cm	
测量时间		一般条件下小于 3 s	
望远镜	放大倍率	32x	
	分辨率	3″	
	视场角	1°20′	
	视距乘常数	100	
	视距加常数	0	
补偿器	类型	磁阻尼摆式补偿器	
	补偿范围	>±12′	
	补偿精度	0.30″/1′	0.50″/1′
数据存储	内存	16MB	
	点号	递增/递减/自定义	递增
	接口	USB	
	外部存储	SD 卡	
圆水准器灵敏度		8′/2 mm	
自动断电		5 min/OFF	
水平度盘	刻度值	1	
显示器		带照明的 160×64 点阵液晶	带照明的 128×32 点阵液晶
工作温度		-20 ℃～50 ℃	

3. 操作键及其功能

南方 DL-201 操作键及功能见表 2-4。

表 2-4　南方 DL-201 操作键及功能

键符	键　名	功　能
POW/MEAS	电源开关/测量键	仪器开关机和用来进行测量 开机:仪器待机时轻按一下;关机:按约 2 s 左右
MENU	菜单键	在其他显示模式下,按此键可以回到主菜单
DIST	测距键	在测量状态下按此键测量并显示距离
↑ ↓	选择键	翻页菜单屏幕或数据显示屏幕
→←	数字移动键	查询数据时的左右翻页或输入状态时左右选择
ENT	确认键	用来确认模式参数或输入显示的数据
ESC	退出键	用来退出菜单模式或任一设置模式,也可作输入数据时的后退清除键

续上表

键符	键　名	功　能
0~9	数字键	用来输入数字
—	标尺倒置模式	用来进行倒置标尺输入,并应预先在测量参数,将倒置标尺模式设置为"使用"
☼	背光灯开关	打开或关闭背光灯
·	小数点键	数据输入时输入小数点

二、测量准备工作

1. 安置仪器

(1)安置三脚架

1)伸缩三脚架三条腿到合适的长度,并拧紧腿部中间部分固定螺帽,如图2-8所示。

2)固紧三脚架头上的六角螺母,使三脚架腿不致于太松。将三脚架安置在给定点上,张开三脚架,使腿的间距约1 m或脚架张角能保证三脚架稳定,先固定一个脚,再动其他二个脚使水准仪大致水平,如有必要可再伸缩三脚架腿的长度。

3)将三脚架腿踩入地面内使其固定在地面上。

(2)将仪器安装到三脚架头上

从仪器箱内小心取出仪器并安置到三脚架头上。

1)将三脚架中心螺旋对准仪器底座上的中心,然后旋紧脚架上的中心螺旋直到将仪器固定在三架头上。

2)如果需要用水平度盘测定角度或设定一条线,则须用锤球将仪器精确地对中。

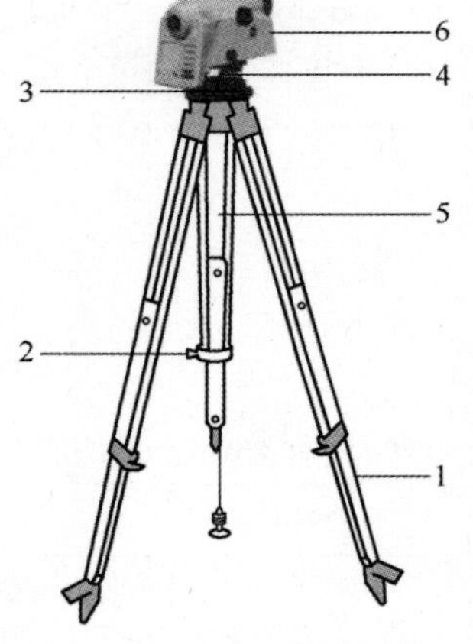

图2-8　安置仪器示意图
1—伸缩架腿;2—固定螺帽;
3—中心螺旋;4—脚螺旋;
5—锤球;6—触发键

3)利用三个脚螺旋使圆水准器气泡居中,即置平仪器。若使用球头三脚架,则应先轻轻松开脚架中心螺旋,然后将仪器围绕三脚架头顶部转动使圆水准器泡居中,当气泡位于红圈内即可旋紧三脚架上的固定螺母。

(3)安置仪器在给定点上(对中)

当仪器用于测角或定线,则该仪器必须用锤球精确安置在给定点上。

1)将锤球钩挂在三脚架中心螺旋的锤球架上;

2)然后将锤球线挂到垂球上,用滑动装置调节线的长度使锤球位于合适的高度上;

3)如果仪器未对准给定点,可将仪器移动到该点上,而无须改变三脚架腿与架头之间的关系。将三脚架大致安置到给定点上,使垂球偏离该点约在1 cm以内,握住三脚架的两条腿,相对于第三条腿进行调节,使架头水平、高度适当,架腿张开合适可触及地面;

4)最后一边观察垂球和架头一边将每条架腿踩入地面内;

5)略微松开三脚架中心螺旋,在架头上轻轻移动仪器,使垂球正好对准给定点,然后将三脚架中心螺旋旋紧。

(4)整平仪器

1)转动离圆水准器最远的两个脚螺旋,使圆水准器气泡位于和上述两个脚螺旋中心连线的垂线上,如图2-9所示。

2)然后旋转第三个脚螺旋,使气泡居中,如果气泡仍未严格居中,则应从头开始重复上述操作。

注意:整平过程中不要触动望远镜。

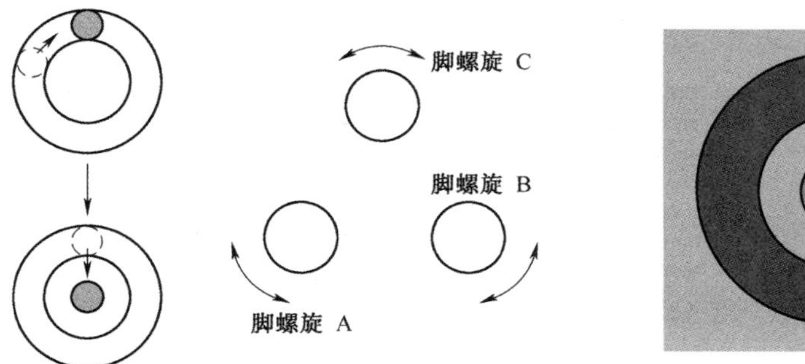

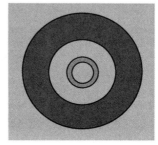

图2-9　整平仪器示意图

2. 照准目标

(1)调节目镜

在测量操作之前,必须根据操作员的视力对望远镜目镜进行调节。

1)首先,按反时针方向旋转目镜调节环,此时十字丝可能变得模糊不清。

2)然后,按顺时针方向慢慢旋转目镜环,直到十字丝清晰可见。

(2)照准与调焦

1)将望远镜对准标尺,观察望远镜,使三角形标志的顶点对准标尺,如图2-10所示。

2)其次,任意方向旋转调焦螺旋直到看清标尺。

3)最后,用水平微动螺旋精确照准标尺。

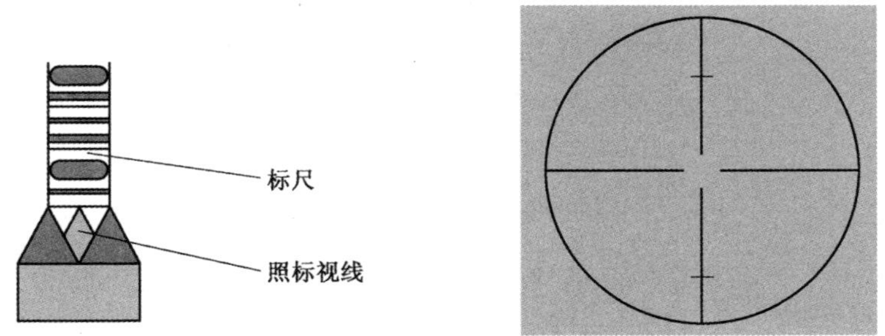

图2-10　照准与调焦示意图

注意:

第一,一旦水准仪已经调焦且瞄准标尺,即可一边左、右移动眼睛一边通过望远镜观察,理论上此时十字丝和标尺之间不会出现偏离,若有偏离(视差),则应仔细调焦仪器或调节目镜,以消除调焦误差。

第二,不能将镜头对准太阳,因为这样可造成对眼睛的伤害。

第三,调节圆水准气泡之后仍产生的倾斜,通过补偿器可以减小。但补偿器对范围过大的倾斜不起作用,因此要对气泡进行检查是否居中。

3. 开机

按下开关键,水准仪首先显示商标,然后显示关机前的屏幕。以天宝 DiNi03 电子水准为例。

(1)按⏻键对仪器进行开/关机

无意间关闭电源不会导致测量数据丢失。

(2)进行测量

按下键盘上的⊕键和仪器右侧的◎键可以开始测量,如图 2-11 所示。

注意:高精度测量,Trimble 建议使用右侧的◎键进行测量,此按键可以减少由于按键造成仪器振动所带来的误差。

(3)配置菜单

1)在配置菜单可以设置时间、日期、单位等信息,以及进行仪器校正,如图 2-12 所示。

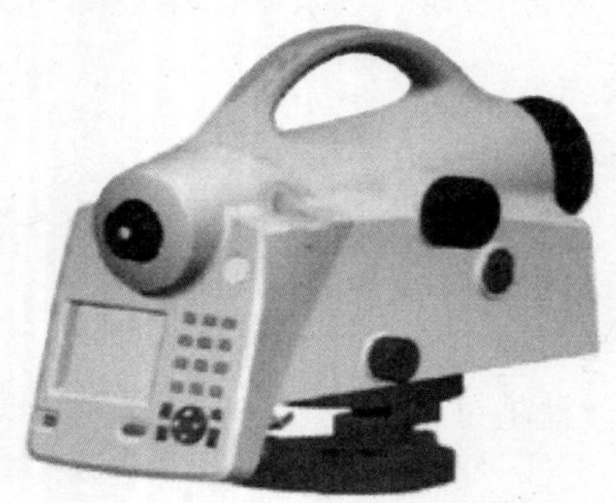

图 2-11　开关和测量键示意图

主菜单 Prj: BM11-12
123
1
文件
2
配置
3
测量
4
计算

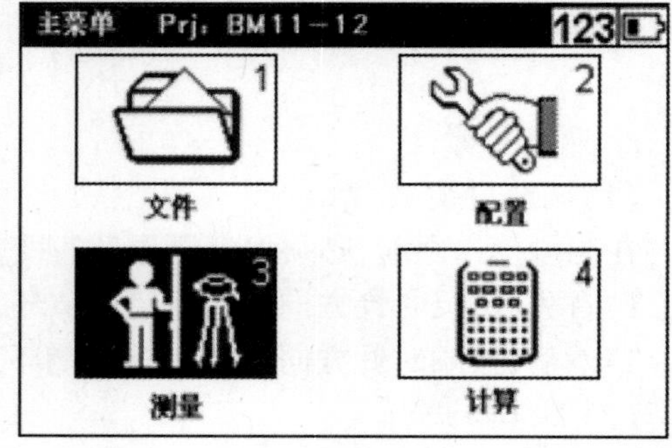

图 2-12　菜单键示意图

2)在配置菜单进入输入菜单,如图 2-13 所示。

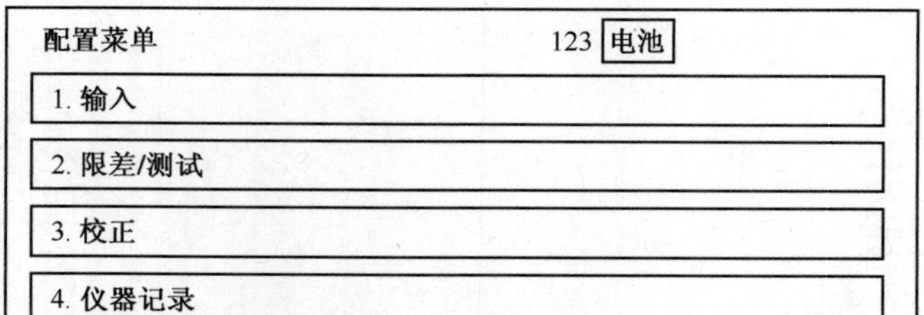

配置菜单
123 电池
1. 输入
2. 限差/测试
3. 校正
4. 仪器记录
5. 记录设置

图 2-13　配置菜单示意图

3)使用导航键选择大气折射、加常数、日期、时间。按↵存储,如图 2-14 所示。

(4)标尺的调焦与瞄准

1)调焦

对于正常的测量工作,没有必要严格地调焦清楚标尺上的刻划;但是精密的调焦可缩短测量时间。

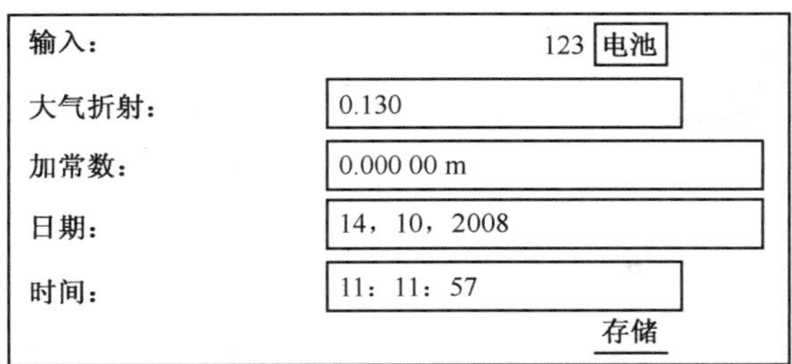

图 2-14　导航键示意图

2）障碍物

只要标尺不被障碍物（如树枝等）遮挡 30%，就可以进行测量。即使十字丝中心被遮挡，若视场被遮挡的总量小于 30%，也可进行测量，如图 2-15 所示。

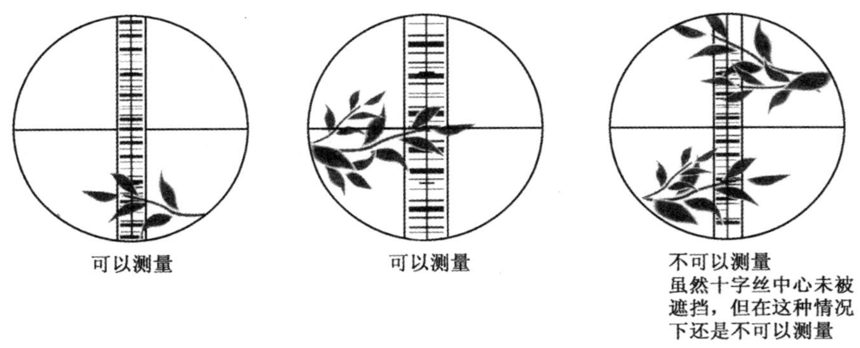

图 2-15　障碍物遮挡测量示意图

3）阴影

很少会有测量遇到阴影复盖标尺的情况，此时阴影遮盖住标尺全部，如图 2-16 所示。

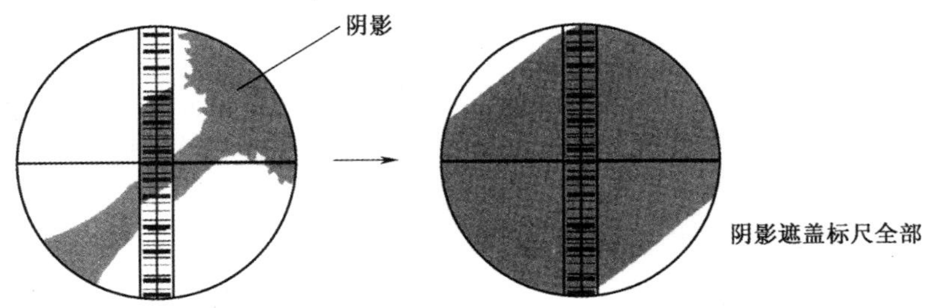

图 2-16　阴影遮盖标尺测量示意图

4. 测量注意事项

要充分发挥仪器的功能，请考虑下列几点：

（1）在足够亮度的地方架设标尺，若使用照明，则应照明整个标尺。

（2）仪器到标尺的最短可测量距离为 2 m。

（3）标尺被遮挡不会影响测量功能，但若树枝或树叶遮挡标尺条码，可能会显示错误并影响测量。

(4)当标尺处比目镜处暗而发生错误时,用手遮挡一下目镜可能会解决这一问题。

三、测量模式

以南方 DL-201 为例。

1. 标准模式

该模式是只用来测量标尺读数和距离,而不进行高程计算。采用多次测量取平均值时,可以提高测量的精度,标准模式操作见表 2-5。

表 2-5　南方 DL-201 标准模式操作表

操作过程	操　作	显　示
1. [ENT]键;	[ENT]	主菜单 ▶测量
2. 按[▲]或[▼]选择标准测量并按[ENT];	[ENT]	▶1.标准测量 2.放样测量
3. 当测量参数的存储模式设置为自动存储或手动存储时;	[ENT]	是否记录数据 是: ENT; 否: ESC
4. 输入作业名,按[ENT]确认;	[1] [ENT]	作业名 =>B1
5. 瞄准标尺并清晰,按[MEAS]测量,多次测量则最后一次为平均值,连续测量按[ESC]退出;	[MEAS]	标准测量模式 请按测量键
6. 按[▲][▼]查阅点号;存储后点号会自动递增;	[▲][▼]	标尺: 0.805 0 m 视距: 8.550 m
7. 按[ENT]确认或[ESC]退出;	[ENT]继续测量或任意键退出	点号: P1
8. 任何过程中连续按[ESC]可退回主菜单	[ESC]退出	标准测量模式 请按测量键

2. 高程放样模式

用户可以通过输入后视点和放样点的高程来进行放样,高程放样模式操作见表 2-6。

表 2-6　南方 DL-201 高程放样模式操作表

操作过程	操　作	显　示
1. [ENT]键;	[ENT]	主菜单 ▶测量
2. 按[▲]或[▼]选择放样测量并按[ENT];	[ENT]	1.标准测量 ▶2.放样测量
3. 选择高程放样并按[ENT];	[ENT]	▶1.高程放样 2.高差放样
4. 输入后视点高程并按[ENT];	[数字键]	输入后视高程 =100 m

续上表

操作过程	操　作	显　示
5. 输入放样点高程并按[ENT]；	[数字键]	输入放样高程 =101 m
6. 瞄准标尺并清晰，按[MEAS]；	[MEAS]	测量后视点 请按测量键
7. 显示后视标尺和视距，可按[MEAS]重复测量或按[ENT]继续或[ESC]退出；	[ENT]	B标尺：0.805 0 m B视距：8.550 m
8. 显示放样点标尺、视距、放样点的高程和需填挖值，负值表示“填”，正值表示“挖”；	[MEAS]	测量放样点 请按测量键
		S标尺：0.808 0 m S视距：8.550 m
		高程：99.997 0 m 放样：−1.003 0 m
9. 按[ENT]继续放样或[ESC]退出	[ENT]	ENT：继续 ESC：新的测量

3. 高差放样模式

用户可以通过输入后视点和放样点的高差来进行放样，高差放样模式操作见表 2-7。

表 2-7　南方 DL-201 高差放样模式操作表

操作过程	操　作	显　示
1. [ENT]键；	[ENT]	主菜单 ▶测量
2. 按[▲]或[▼]选择放样测量并按[ENT]；	[ENT]	1.标准测量 ▶2.放样测量
3. 选择高差放样并按[ENT]；	[ENT]	1.高程放样 ▶2.高差放样
4. 输入后视点高程并按[ENT]；	[数字键]	输入后视高程 =100 m
5. 输入放样高差并按[ENT]；	[数字键]	输入放样高程 −1 m
6. 瞄准标尺并清晰，按[MEAS]；	[MEAS]	测量后视点 请按测量键
7. 显示后视标尺和视距，可按[MEAS]重复测量或按[ENT]继续或[ESC]退出；	[ENT]	B标尺：0.805 0 m B视距：8.550 m
8. 显示放样点标尺、视距、放样点的高程和需填挖值，负值表示“填”，正值表示“挖”；	[MEAS]	测量放样点 请按测量键
		S标尺：0.808 0 m S视距：8.550 m
		高程：99.997 0 m 放样：−1.003 0 m
9. 按[ENT]继续放样或[ESC]退出	[ENT]	ENT：继续 ESC：新的测量

4. 视距放样模式

用户可以通过输入放样视距来进行放样，视距放样模式操作见表 2-8。

表 2-8　南方 DL-201 视距放样模式操作表

操作过程	操　　作	显　　示
1. [ENT]键；	[ENT]	主菜单 ▶测量
2. 按[▲]或[▼]选择视距放样并按[ENT]；	[ENT]	1.标准测量 ▶2.放样测量
	[▼]	1.高程放样 ▶2.高差放样
	[ENT]	▶ 3.视距放样
3. 输入放样视距并按[ENT]；	[数字键] [ENT]	输入放样高距 =50 m
4. 瞄准标尺并清晰，按[MEAS]；	[MEAS]	视距放样 请按测量键
5. 显示视距和差值，可按[MEAS]重复测量或按[NET]继续视距放样或[ESC]重新输入放样视距或退出，差值为正表示标尺后移，差值为负表示标尺前移	[ENT]	视距：30.00 m 差值：20.00 m ENT：继续 ESC：新的测量

5. 线路测量模式

在线路测量中，“存储模式”必须设置为“自动存储”或“手动存储”，本示例假定“存储模式”为“自动存储”，线路测量模式操作见表 2-9。

表 2-9　南方 DL-201 线路测量模式操作表

操作过程	操　　作	显　　示
1. [ENT]键；	[ENT]	主菜单 ▶测量
2. 按[▲]或[▼]选择线路测量并按[ENT]；	[▼]	1.标准测量 ▶2.放样测量
	[ENT]	▶3.线路测量 4.高程高差
3. 输入作业名按[ENT]确认；	[数字键]； [ENT]	作业名 ->L54_
4. 输入后视点号并按[NET]；	[数字键] [ENT]	后视点号 ->P1_
5. 选择是否调用记录数据 记录的数据可以通过“数据管理”中的“输入点”来输入高程，如果不调用，可以手动输入后视点的高程；	[ENT] [ENT]	调用记录数据 是：ENT；否：ESC ▶ T01 T02

续上表

操作过程	操　　作	显　　示
	[ENT]	高：30.00 m 是：ENT；否：ESC
6. 瞄准标尺并清晰，按[MEAS]；	[MEAS]	测量后视点 点号：P1
7. 显示后视点标尺和视距，可按[MEAS]重复测量或按[ENT]选择测量下一个点；		B标尺：1.022 mm B视距：15.07 m
8. 按[▶]或[◀]选择测量前视点或中间点；	[▶]或[◀] [ENT]	选择下一点类型 ▶前视　中间点
9. 输入前视点点号并按[ENT]；	[数字键]	前视点号
10. 瞄准标尺并保持清晰；	[MEAS]	测量前视点
11. 按[▶]或[◀]选择测量后视点或中间点；	[▶]或[◀] [ENT]	选择下一点类型 后视　▶中间点
12. 输入中间点点号并按[ENT]；	[数字键] [ENT]	中间点号： ->H _
13. 照准标尺并保持清晰按[MEAS]；	[MEAS]	测量中间点 点号：H I标尺：1.655 mm I视距：15.86 m 选择下一点类型 后视　▶中间点
14. 按[ESC]和[ENT]退出线路测量	[ESC] [ENT]	退出测量 是：ENT；否：ESC

四、线路测量模式

在线路水准测量如图 2-17 所示中，“数据输出”必须设置为 “内存”、“SD 卡”或 “关闭”，本示例假定“数据输出”为 “内存”。

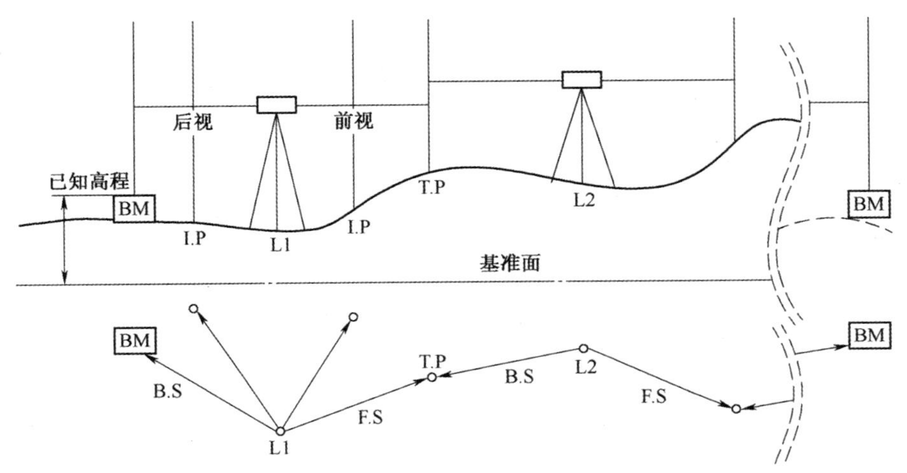

图 2-17　路线水准测量示意图

若要将线路水准测量数据直接存入数据存储卡内,则“数据输出”必须设置为“SD 卡”。

以拓普康 DL-111C 为例,线路测量模式操作见表 2-10。

表 2-10　DL-111C 线路测量模式操作表

菜单	说明
	主菜单 开始线路测量 • 输入作业　• 输入基准点　• 输入注记
主菜单 标准测量模式 >线路测量模式 检校模式 线路测量模式 >开始线路测量 继续线路测量 结束线路测量	继续循环，采集线路测量中的前视与后视读数。共有三种线路水准测量方式： 水准测量 1：后 1→前 1→前 2→后 2 水准测量 2：后 1→后 2→前 1→前 2 水准测量 3：测站数为奇数情况 往测：后 1→前 1→前 2→后 2 返测：前 1→后 1→后 2→前 2 测站数为偶数情况 往测：前 1→后 1→后 2→前 2 返测：后 1→前 1→前 2→后 2 • [REP]键：重新测量前视或后视 • [MANU]键：手工输入标尺读数和到标尺的距离 • [DIST]键：测量距离 • [IN/SO]键：中间点测量(INT) 放样测量(SO)
	该选择项用来结束某一作业或建立一过渡点。 过渡点结束模式： • 输入过渡点号；• 输入注记； 水准点结束模式： • 输入注记；　• 输入结束水准点号

1. 开始线路测量

开始线路测量用来输入作业名、基准点号和水准点高程(如图 2-18),输入这些数据后,开始线路的测量。

2. 线路测量

水准测量 1,2,3 线路测量模式可循环选择,用于线路测量期间后视、前视观测数据的采集,如图 2-19 所示。

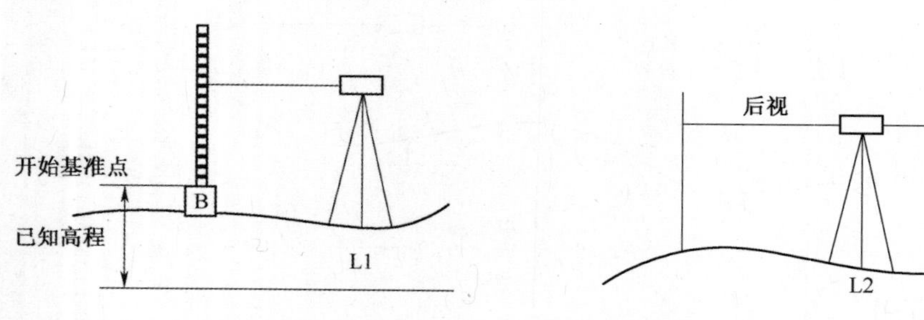

图 2-18　线路测量已知点　　图 2-19　线路测量已知点

(1)水准测量 1:后 1→前 1→前 2→后 2(B1→F1→F2→B2),操作见表 2-11。

表 2-11　水准线路测量模式 1 操作表

操作过程	操　　作	显　　示
①紧接着"开始线路测量",屏幕出现"Bk1"(后视)提示。若前一步为开始线路测量,则显示水准点号;		测量方式 BFFB Bk1 BM#: B01
②瞄准后视点上的标尺[后视 1];	瞄准 Bk1 [MEAS]	测量方式 BFFB Bk1 BM#: B01 >>>>>>>>>>>>>
③按[MEAS]键; [例]测量次数为 3,则当测量完成后,显示平均值 N 秒;	连续测量按 [ESC]	测量方式 BFFB　p Fr1 点号: 1
• 当设置模式为连续测量,则按[ESC]键,显示最后一次测量数据 N—秒。 然后,显示屏提示变为"Fr1"并自动地增加或减少前视点号。	瞄准 Fr1 [MEAS]	测量方式 BFFB Fr1 点号: 1 >>>>>>>>>>>>>
④瞄准前视点上的标尺[前视 1];		测量方式 BFFB 1/2 Fr1 标尺: 2.934 442 m Fr1 视距: 32.416 m 高差 1: −1.143 35 m
⑤按[MEAS]键: 测量完毕,最后的测量数据将显示 N 秒;	连续测量按 [ESC]	测量方式 BFFB 2/2 Fr GH1: 3 235.150 70 m 点号: 1
⑥再次瞄准前视点上的标尺并按[MEAS]键:[前视 2];	瞄准 Fr2 [MEAS]	测量方式 BFFB　p Fr2 点号: 1
⑦再次瞄准后视点上的标尺并按[MEAS]键[后视 2];	瞄准 Bk2 [MEAS]	测量方式 BFFB　p Bk2 BM#: B01
⑧若有更多的后视点和前视点需要采集,则继续进行第②步操作		测量方式 BFFB　p Bk1 点号: 11

可在设置中条件参数中设置显示的时间。

测量完毕,可显示下列数据。

按[▲]或[▼]键可翻页显示。

当后视 1 测量完毕,按[▲]或[▼]显示下列数据。

※ 只在多次测量的情况下显示

测量方式 BFFB 1/2
B1标尺均值：1.698 37 m
B1视距均值：21.433 m
N：3　σ：0.2 mm

到后视点的距离。
*N*次测量：平均值
连续测量：最后一次测量值
N：总的测量次数
σ：标准偏差

↕

※ 显示设置只由设置模式进行

测量方式 BFFB 2/2
点号：P10

后视点号

当前视 1 测量完毕,按[▲]或[▼]显示下列数据。

测量方式 BFFB 1/2
F1标尺均值：　2.934 39m
F1视距均值：　32.412 m
N：3　σ：0.1 mm

到前视点的距离。
*N*次测量：平均值
连续测量：最后一次测量值
N：总的测量次数
σ：标准偏差

↕

※ 只在多次测量的情况下显示

测量方式 BFFB 2/2
高差 1：−1.143 39 m
Fr GH1：1 233.424 50 m
点号：P12

后视 1 至前视 1 的高差
地面高程
前视点号

当前视 2 测量完毕,按[▲]或[▼]显示下列数据。

※ 只在多次测量的情况下显示

测量方式 BFFB 1/2
F2标尺均值：1.498 37 m
F1视距均值：21.433 m
N：3　σ：0.1 mm

到前视点的距离。
*N*次测量：平均值
连续测量：最后一次测量值
N：总的测量次数
σ：标准偏差

↕

※ 显示设置只由设置模式进行

测量方式 BFFB 2/2
d：25.2 m　Σ 102.8 m
点号：11

d=后视距离总和−前视距离总和
Σ=后视距离总和+前视距离总和
前视点号

当后视 2 测量完毕,按[▲]或[▼]显示下列数据。

(2)水准测量 2:后 1→后 2→前 1→前 2(B1→B2→F1→F2),操作见表 2-12。

	显示	说明
	测量方式 BFFB 1/3 B2标尺均值：1.698 37 m B2视距均值：21.433 m N：3　　σ：0.1 mm	高差之差=(后 1－前1) =(后 2－前2) 到后视点的距离。 N次测量：平均值 连续测量：最后一次测量值
※ 只在多次测量的情况下显示	测量方式 BFFB 2/3 E.V 值：0.01 mm d：0.2 m　Σ：128.0 m 高差 2：0.199 99 m	N：总的测量次数 σ：标准偏差 d=后视距离总和－前视距离总和 Σ=后视距离总和+前视距离总和 后视 2 至前视 2 之高差
※ 显示设置只由设置模式进行	测量方式 BFFB 3/3 Fr GH2：35.827 21 m 点号：10	地面高 后视点号

表 2-12　水准线路测量模式 2 操作表

操作过程	操　　作	显　　示
①紧接着“开始线路测量”，屏幕出现“Bk1”(后视)提示。若前一步为开始线路测量，则显示水准点号；		测量方式 BBFF　　p Bk1 点号：10
②描准后视点上的标尺[后视 1]； ③按[MEAS]键；	瞄准 Bk1 [MEAS]	测量方式 BBFF　　p Bk2 点号：10
④瞄准后视点上的标尺[后视 2]； ⑤按[MEAS]键；	瞄准 Bk2 [MEAS]	测量方式 BBFF　　p Fr1 点号：11
⑥瞄准前视点上的标尺并按[MEAS]键[前视 1]；		测量方式 BBFF　　p Fr2 点号：11
⑦瞄准前视点上的标尺并按[MEAS]键[前视 2]； ⑧若有更多的后视点和前视点需要采集，则执行第②步	瞄准 Fr1 [MEAS] 瞄准 Fr2 [MEAS]	测量方式 BBFF　　p Bk1 点号：11

测量完毕，可显示下列数据。

按[▲]或[▼]键可翻页显示。

当后视 1 测量完毕，按[▲]或[▼]显示下列数据。

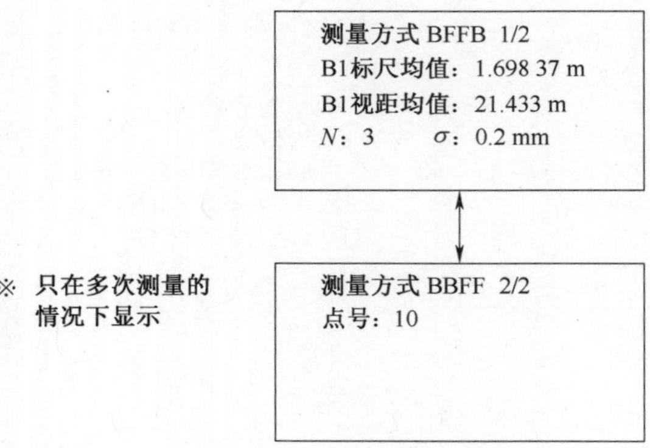

到后视点的距离。
N 次测量：平均值
连续测量：最后一次测量值
N：总的测量次数
σ：标准偏差

后视点号

当后视 2 测量完毕，按[▲]或[▼]显示下列数据。

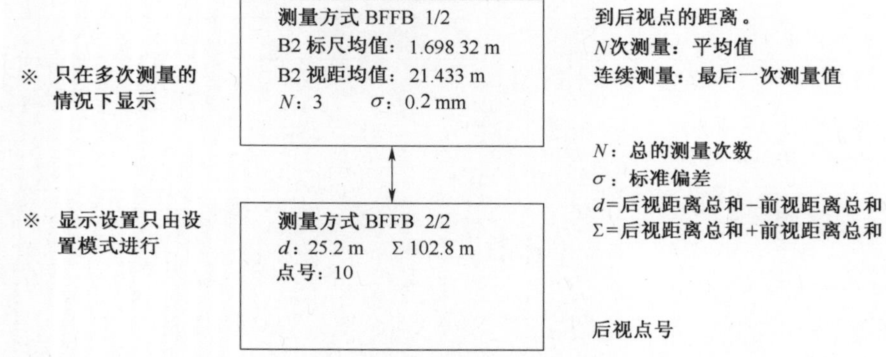

当前视 1 测量完毕，按[▲]或[▼]显示下列数据。

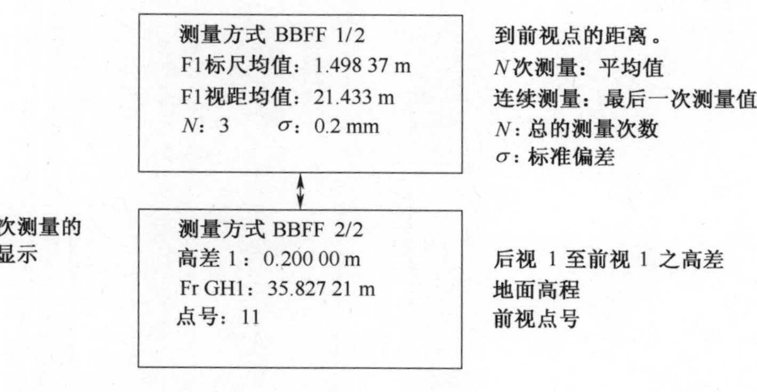

当前视 2 测量完毕，按[▲]或[▼]显示下列数据。

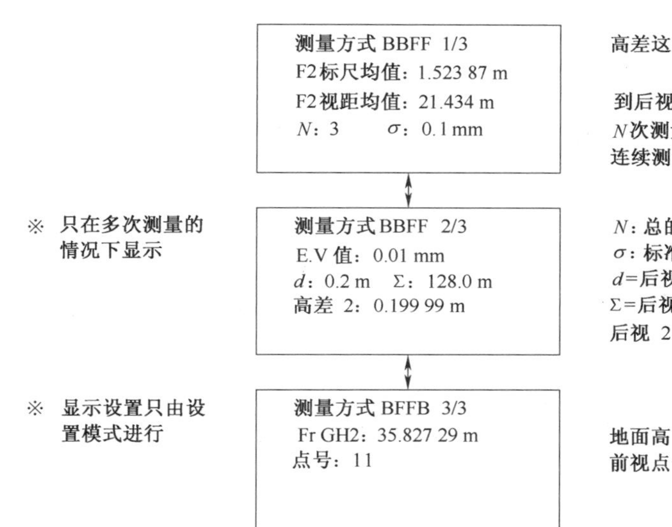

测量方式 BBFF 1/3
F2标尺均值：1.523 87 m
F2视距均值：21.434 m
N：3　σ：0.1 mm
※ 只在多次测量的情况下显示
测量方式 BBFF 2/3
E.V 值：0.01 mm
d：0.2 m　Σ：128.0 m
高差 2：0.199 99 m
※ 显示设置只由设置模式进行
测量方式 BFFB 3/3
Fr GH2：35.827 29 m
点号：11

高差这差=(后 1－前1)
=(后 2－前2)
到后视点的距离。
N次测量：平均值
连续测量：最后一次测量值

N：总的测量次数
σ：标准偏差
d=后视距离总和－前视距离总和
Σ=后视距离总和+前视距离总和
后视 2 至前视 2 之高差

地面高
前视点号

(3)水准测量 3：

往测/返测：①测站数为奇数情况。往测：后 1→前 1→前 2→后 2；
返侧：前 1→后 1→后 2→前 2。
②测站数为偶数情况。往测：前 1→后 1→后 2→前 2；
返测：后 1→前 1→前 2→后 2。

往测，测站数为奇数，操作见表 2-13

表 2-13　水准线路测量模式 3 操作表

操作过程	操　作	显　示
①按[ENT]键；	[ENT]	主菜单 标准测量模式 >线路测量模式 检校模式
②按[ENT]键，显示上次使用的作业号； ③输入作业号，按[ENT]；	[ENT] 作业号 按[ENT]	线路测量模式 >开始线路测量 继续线路测量 结束线路测量
④按[▲]或[▼]键，选择水准测量 3；	[▲]或[▼]	线路测量模式 作业 =>J01
⑤按[ENT]键；	[ENT]	线路测量模式 B1->F1->F2->B2 B1->F1->F2->B2 >往测/返测
⑥按[▲]或[▼]键选择往测或返测；	[▲]或[▼] [ENT]	线路测量模式 >往测　B1F1F2B2 返测　F1B1B2F2

续上表

操作过程	操　作	显　示
⑦输入高差之差限差(EV 限差)并按[ENT]键;	EV 限差值 [ENT]	线路测量模式 E.V限差? =0.3 mm
⑧输入水准点点号并按[ENT]键;	水准点点号 [ENT]	线路测量模式 BM#? => B01
⑨输入水准点高程(GH)并按[ENT]键(输入范围:~999.999 9~9999.999 9m);	水准点高程 [ENT]	线路测量模式 高程? =3 236.294 07 m
⑩输入注记信息 1—3 并按[ENT]键 • 要跳过注记提示,可在"注记"提示时按[ENT]键。显示屏显示测量后视点(水准点);	注记 1 [ENT]	线路测量模式 注记　#1? =>LEVEL1
	注记 2 [ENT]	线路测量模式 注记　#2? => NJ0 295
	注记 3 [ENT]	线路测量模式 注记　#3? =>
⑪照准后视标尺[Bk1],按[MEAS]键;	照准 Bk1 [MEAS]	测量方式　BFFB Bk 1 BM#: B01
⑫照准前视标尺[Fr1],按[MEAS]键;	照准 Fr1 [MEAS]	测量方式　BFFB Fr 1 点号: 1
⑬照准前视标尺[Fr2],按[MEAS]键;	照准 Fr2 [MEAS]	测量方式　BFFB Fr 2 点号: 1
⑭照准后视标尺[Bk2],按[MEAS]键;	照准 Bk2 [MEAS]	测量方式　BFFB Bk 2 BM#: B01
⑮按往测或返测规定的观测顺序继续采集观测数据		测量方式　BFFB Fr 1 点号: 2

测量完毕,可显示下列数据。

按[▲]或[▼]键可翻页显示。

当后视 1 测量完毕,按[▲]或[▼]显示下列数据。

※ 只在多次测量的 情况下显示	测量方式 BFFB 1/2 B1标尺均值：1.698 37 m B1视距均值：21.433 m N：3　σ：0.2 mm	到后视点的距离。 N次测量：平均值 连续测量：最后一次测量值 N：总的测量次数 σ：标准偏差
※ 显示设置只由设 置模式进行	测量方式 BFFB 2/2 BM#：B01	后视点号

当前视 1 测量完毕，按[▲]或[▼]显示下列数据。

※ 只在多次测量的 情况下显示	测量方式 BFFB 1/2 F1标尺均值：1.498 37 m F1视距均值：21.433 m N：3　σ：0.2 mm	到前视点的距离。 N次测量：平均值 连续测量：最后一次测量值 N：总的测量次数 σ：标准偏差
※ 显示设置只由设 置模式进行	测量方式 BFFB 2/2 高差 1：0.200 000 m Fr GH1：35.827 23 m 点号：11	后视至前视的高差 地面高程 前视点号

当前视 2 测量完毕，按[▲]或[▼]显示下列数据。

※ 只在多次测量的 情况下显示	测量方式 BFFB 1/2 F1标尺均值：1.498 37 m F1视距均值：21.433 m N：3　σ：0.1 mm	到前视点的距离。 N次测量：平均值 连续测量：最后一次测量值 N：总的测量次数 σ：标准偏差
※ 显示设置只由设 置模式进行	测量方式 BFFB 2/2 d：25.2 m　Σ：102.8 m 点号：11	前视点号

当后视 2 测量完毕，按[▲]或[▼]显示下列数据。

	测量方式 BFFB 1/3 B1标尺均值：1.698 37 m B1视距均值：21.433 m N：3　σ：0.01 mm	高差之差=(后 1－前1) =(后 2－前2) 到后视点的距离。 N次测量：平均值 连续测量：最后一次测量值
※ 只在多次测量的 情况下显示	测量方式 BFFB 2/3 E.V 值：0.01 mm d：0.2 m　Σ：128.0 m 高差 2：0.199 99 m	N：总的测量次数 σ：标准偏差 d=后视距离总和－前视距离总和 Σ=后视距离总和+前视距离总和 后视 2 至前视 2 之高差
※ 显示设置只由设 置模式进行	测量方式 BFFB 3/3 Fr GH2：35.827 21 m BM#：B01	地面高 后视点号

五、线路测量模式操作示例(以南方 DL-201/DL-202 电子水准仪为例)

1. 一站观测的操作过程

一站观测操作过程如图 2-20 所示。

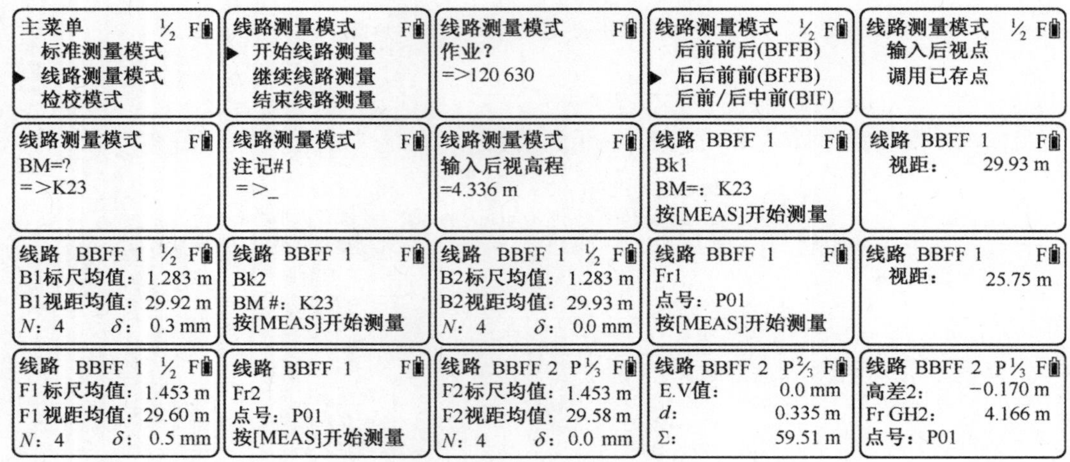

图 2-20　一站观测操作过程

2. 线路测量闭合到过渡点

线路测量闭合到过渡点操作过程如图 2-21 所示。

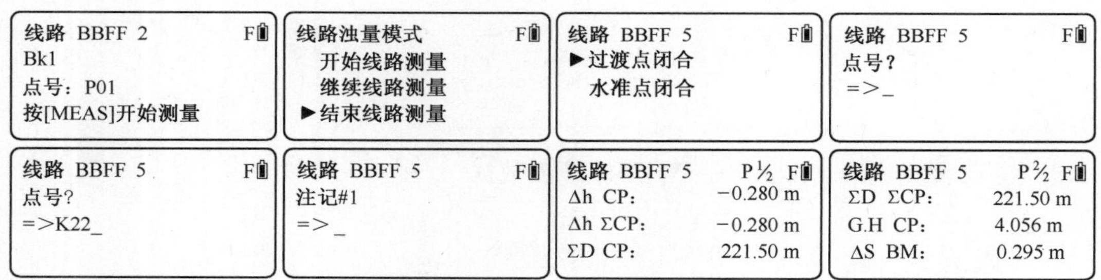

图 2-21　线路测量闭合到过渡点操作过程

注意:

(1) 虽然仪器允许最长视距为 100 m,但视距太长会引起较大测量误差,视距≤65 m。

(2)在 Bk1→Bk2→Fr1→Fr2 观测中,当观测完 Fr2 后,仪器自动存储四项观测值,在 Bk1→Bk2→Fr1 的任一项观测完成后,按(REP) (ENT)键——重新观测最近完成的观测。

(3) 选择"过渡点闭合"时,下次观测可执行"继续线路测量"命令,从最近一次结束的过渡点开始继续观测。如选"水准点闭合",则该次作业已完成,不能执行"继续线路测量"命令。

3. 数据管理

主菜单下移动光标到“数据管理”按ENT键进入“数据管理”菜单。操作过程如图2-22所示。

(1)生成文件夹:在SD卡创建文件夹,文件夹名最多可以输入8位字符。

(2)删除文件夹:删除SD卡文件夹。

(3)输入点:输入已知点名及其高程。

(4)拷贝作业:在内存与SD卡之间复制文件。

1)内存作业“120630”的线路测量文件。

2)复制到SD卡“L02”文件夹。

3)执行“拷贝作业”命令,将内存文件复制到SD卡。

4)线路文件的扩展名为L,标准测量文件的扩展名为M。

5)高程高差文件的扩展名为H,输入点文件的扩展名为T。

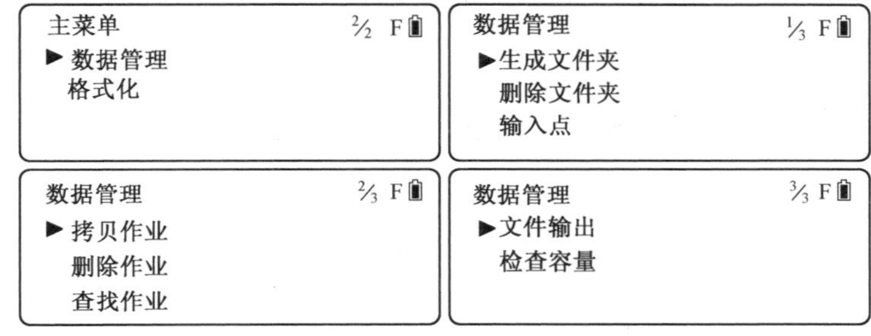

图2-22　数据管理操作过程

(5)删除作业:按类型删除内存或SD卡的输入点、标准测量、线路测量、高程高差文件内容。

(6)查找作业:按类型查找内存或SD卡的输入点、标准测量、线路测量、高程高差文件内容。

(7)检查容量:检查内存或SD卡的可用容量。

(8)文件输出:将作业文件下载到PC机

1)先执行光盘\数字水准仪通信软件\南方测绘;

2)USB口数据线驱动程序;

3)CP210x_VCP_Win_ XP_S2K3_Vista_7. exe文件;

4)根据提示安装数据线驱动程序;

5)将数据线插入PC机的任意一个USB口;

6)将光盘“DL-201水准仪数据接收软件 . exe”文件发送到Windows桌面;

7)双击该文件的桌面图标启动通信软件。

4. DL-201→PC机单向数据传输(下载)

DL-201→PC机单向数据传输如图2-23所示。

5. 设置通信COM口与4站线路测量数据文件传输案例

线路测量数据文件如图2-24所示。

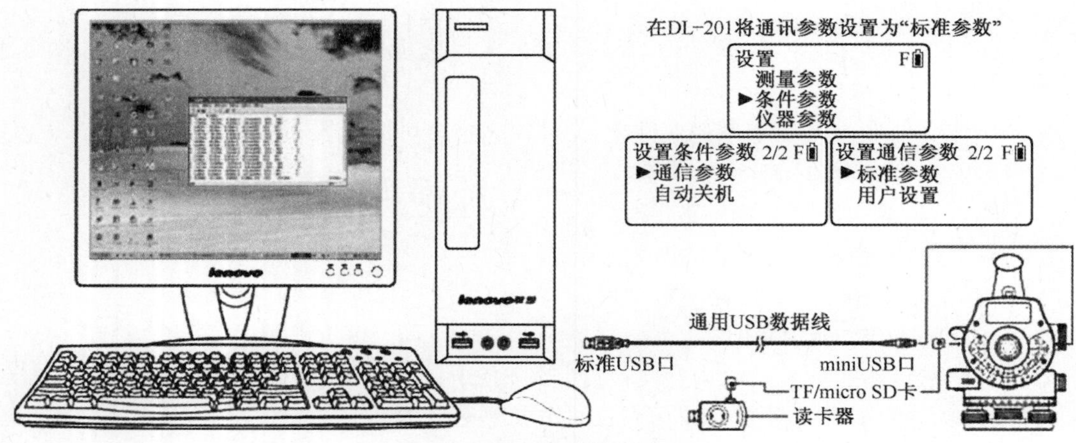

图 2-23　数据传输图

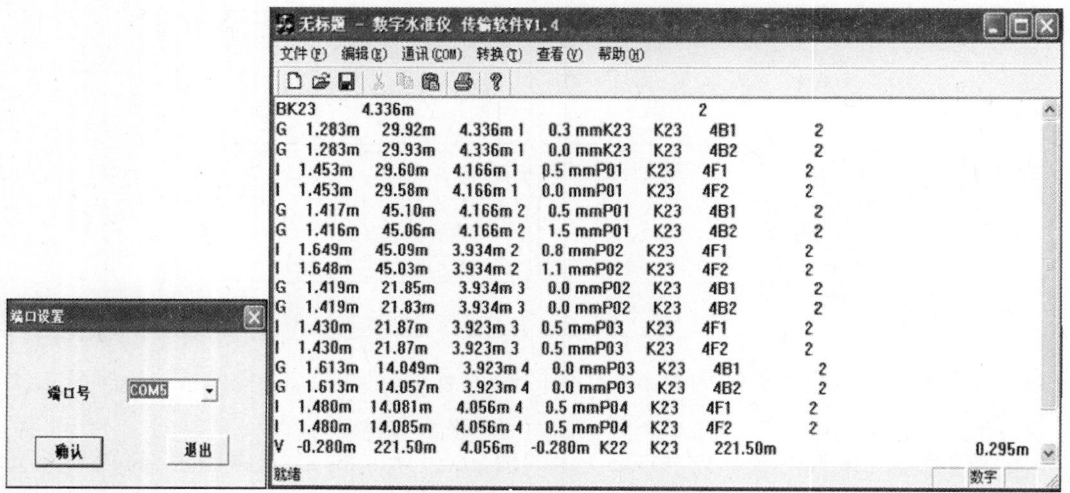

图 2-24　线路测量数据文件图

六、仪器安全使用注意事项

仪器安全使用注意事项见表 2-14。

表 2-14　仪器安全使用注意事项表

⚠ WARNING
· 将仪器直接瞄准太阳会导致对眼睛的严重损坏 不要将仪器对准太阳 特别须要注意在太阳位置较低的时间(如在早晨或傍晚),或在阳光直接照射仪器物镜时,建议用手或伞遮挡一下阳光
· 可能会发生燃烧爆炸 不要将仪器靠近燃烧的气体、液体使用,不要在煤矿中使用该仪器
· 使条码尺远离高压线或变电站 因为标尺是一个电导体,雷电会导致严重伤害或死亡

续上表

⚠ WARNING
· 在打雷,闪电时不要使用条码尺 因为条码尺是一个电导体,雷电会导致严重伤害或死亡
· 若擅自拆卸或修理仪器,会有火灾、电击或损坏物体的危险 拆卸和修理只有拓普康公司及其授权的代理商才能进行
· 高温可能引起火灾 不要在充电时将充电器盖住
· 火灾或电击的危险 不要使用坏的电源电缆、插头和插座
· 火灾或电击的危险 不要使用湿的电池或充电器
· 电池可能会引起爆炸或伤害 不要将电池放在火里或高温环境中
· 火灾或电击的危险 不要使用非厂方说明书中指定的电源
· 电池可能会引起火灾 不要使用非厂方指定的充电器
· 电池短路可能会引起火灾 存放电池时不要使之短路

项目二　精密水准测量的实施

【项目描述】

精密水准测量一般指国家一、二等水准测量,在高速铁路施工测量各阶段的高程控制测量使用中,极少进行一等水准测量,故在铁路工程测量技术规范中,将水准测量分为二、三、四这三个等级,其精度指标与国家水准测量的相应等级一致。

【相关知识】

下面以二等水准测量为例来说明精密水准测量的实施。

一、精密水准测量作业要求

在工程测量基础中我们了解水准测量的各项主要误差的来源及其影响。根据各种误差的性质及其影响规律,水准规范中对精密水准测量的实施作出了各种相应的规定,目的在于尽可能消除或减弱各种误差对观测成果的影响。

(1)观测前 30 min,应将仪器置于露天阴影处,使仪器与外界气温趋于一致;观测时应用测伞遮蔽阳光;迁站时应罩以仪器罩。

(2)仪器距前、后视水准标尺的距离应尽量相等,其差应小于规定的限值:二等水准测量中规定,一测站前、后视距差应小于 1.0 m,前、后视距累积差应小于 3 m。这样,可以消除或削弱与距离有关的各种误差对观测高差的影响,如 φ_i 角误差和垂直折光等影响。

(3)对气泡式水准仪,观测前应测出倾斜螺旋的置平零点,并作标记,随着气温变化,应随时调整置平零点的位置。对于自动安平水准仪的圆水准器，须严格置平。

(4)同一测站上观测时，不得两次调焦；转动仪器的倾斜螺旋和测微螺旋，其最后旋转方向均应为旋进，以避免倾斜螺旋和测微器晃动差对观测成果的影响。

(5)在两相邻测站上，应按奇、偶数测站的观测程序进行观测，对于往测奇数测站按“后前前后”、偶数测站按“前后后前”的观测程序在相邻测站上交替进行。返测时，奇数测站与偶数测站的观测程序与往测时相反，即奇数测站由前视开始，偶数测站由后视开始。这样的观测程序可以消除或减弱与时间成比例均匀变化的误差对观测高差的影响，如 φ_i 角的变化和仪器的垂直位移等影响。

(6)在连续各测站上安置水准仪时，应使其中两脚螺旋与水准路线方向平行，而第三脚螺旋轮换置于路线方向的左侧与右侧。

(7)每一测段的往测与返测，其测站数均应为偶数，由往测转向返测时，两水准标尺应互换位置，并应重新整置仪器。在水准路线上每一测段仪器测站安排成偶数，可以削减两水准标尺零点不等差等误差对观测高差的影响。

(8)每一测段的水准测量路线应进行往测和返测，这样，可以消除或减弱性质相同、正负号也相同的误差影响，如水准标尺垂直位移的误差影响。

(9)一个测段的水准测量路线的往测和返测应在不同的气象条件下进行，如分别在上午和下午观测。

(10)使用补偿式自动安平水准仪观测的操作程序与水准器水准仪相同。观测前对圆水准器应严格检验与校正，观测时应严格使圆水准器气泡居中。

(11)水准测量的观测工作间歇时，最好能结束在固定的水准点上，否则，应选择两个坚稳可靠、光滑突出、便于放置水准标尺的固定点，作为间歇点加以标记。间歇后，应对两个间歇点的高差进行检测，检测结果如符合限差要求(对于二等水准测量，规定检测间歇点高差之差应≤1.0 mm)，就可以从间歇点起测。若仅能选定一个固定点作为间歇点，则在间歇后应仔细检视，确认没有发生任何位移，方可由间歇点起测。

二、精密水准测量观测程序要求

1. 往测时，奇数测站照准水准标尺分划的顺序为：

后视标尺→前视标尺→前视标尺→后视标尺。

2. 往测时，偶数测站照准水准标尺分划的顺序为：

前视标尺→后视标尺→后视标尺→前视标尺。

返测时，奇、偶数测站照准标尺的顺序分别与往测偶、奇数测站相同。

【相关案例】

案例 1　电子水准仪在无砟轨道沉降观测中的应用

随着社会的发展，高层建筑物及高耸构筑物越来越多，其安全问题越来越受到社会各界的关注，为了保证建(构)筑物的安全性使其顺利施工和施工后的安全运营及其正常使用寿命，建(构)筑物沉降观测的必要性和重要性愈加明显(见表 2-15)。目前沉降观测所使用的仪器主要是电子水准仪，由于测绘技术的发展，电子水准仪的出现为水准测量开辟了新天地。

表 2-15　沉降观测桩测量结果

电子水准测量记录手簿								
测自	BS014	至	BX-5	日期	观测顺序	后前 前后		前后后前
天气	晴	呈像	清晰	土质	坚硬		仪器	Trimble Dini
测站	视准点	视距读数		标尺读数		读数差（mm）	高差（m）	高程（m）
	后视	后距 1	后距 2	后尺读数 1	后尺读数 2			
	前视	前距 1	前距 2	前尺读数 1	前尺读数 2			
		视距差（m）	累积差（m）	高差 1（m）	高差 2（m）			
1	BS014	22.447	22.445	1.273 79	1.273 91	-0.12		0.000 00
	1	22.781	22.788	1.177 80	1.177 86	-0.06	0.096 02	0.096 02
		-0.339	-0.339	0.095 99	0.096 05	-0.06		
2	1	44.729	44.700	1.582 21	1.582 19	0.02		
	2	44.723	44.744	1.998 78	1.998 94	-0.16	-0.416 66	-0.320 64
		-0.019	-0.358	-0.416 57	-0.416 75	0.18		
3	2	15.894	15.898	0.962 09	0.962 03	0.06		
	3	15.737	15.732	2.354 30	2.354 28	0.02	-1.392 23	-1.712 87
		0.162	-0.196	-1.392 21	-1.392 25	0.04		
4	3	22.503	22.503	1.251 25	1.251 29	-0.04		
	A56457H2	21.948	21.957	2.512 71	2.512 68	0.03	-1.261 43	-2.974 30
		0.551	0.355	-1.261 46	-1.261 39	-0.07		
5	A56457H2	21.954	21.957	2.512 65	2.512 65	0.00		
	A56457H1	23.152	23.162	2.515 23	2.515 17	0.06	-0.002 55	-2.976 85
		-1.202	-0.847	-0.002 58	-0.002 52	-0.06		
6	A56457H1	13.925	13.927	2.137 42	2.137 47	-0.05		
	6	13.986	13.992	1.995 42	1.995 31	0.11	0.142 08	-2.834 77
		-0.063	-0.910	0.142 00	0.142 16	-0.16		
7	6	16.108	16.103	1.614 35	1.614 34	0.01		
	A56457H6	16.597	16.602	1.856 23	1.856 14	0.09	-0.241 84	-3.076 61
		-0.494	-1.404	-0.241 88	-0.241 80	-0.08		
8	A56457H6	12.834	12.832	1.262 18	1.262 21	-0.03		
	A56457H5	12.719	12.722	1.297 74	1.297 73	0.01	-0.03554	-3.112 15
		0.113	-1.292	-0.035 56	-0.035 52	-0.04		

续上表

测站	视准点	视距读数		标尺读数		读数差(mm)	高差(m)	高程(m)
	后视	后距 1	后距 2	后尺读数 1	后尺读数 2			
	前视	前距 1	前距 2	前尺读数 1	前尺读数 2			
		视距差(m)	累积差(m)	高差 1(m)	高差 2(m)			
9	A56457H5	6. 613	6. 614	2. 493 48	2. 493 50	-0. 02		
	9	6. 054	6. 055	0. 567 09	0. 567 08	0. 01	1. 926 41	-1. 185 74
		0. 559	-0. 733	1. 926 39	1. 926 42	-0. 03		
10	9	6. 826	6. 823	2. 447 32	2. 447 32	0. 00		
	10	7. 035	7. 037	0. 773 49	0. 773 44	0. 05	1. 673 86	0. 488 12
		-0. 212	-0. 944	1. 673 83	1. 673 88	-0. 05		
11	10	8. 459	8. 473	2. 566 94	2. 566 89	0. 05		
	11	8. 455	8. 454	0. 950 08	0. 950 09	-0. 01	1. 616 83	2. 104 95
		0. 012	-0. 933	1. 616 86	1. 616 80	0. 06		
测段计算	测段起点	BS014						
	测段终点	BX-5		累计视距差	1. 381	m		
	累计前距	0. 620 72	km	测段高差	1. 589 58	m		
	累计后距	0. 619 33	km	测段距离	1. 240 05	km		
	测量负责人:			检核:			监理:	

案例 2　电子水准仪在二等水准测量中的应用

1. 2008 年 1 月 17 日～2008 年 2 月 4 日,对设计院所交 GCPI104～GCPI111 段水准点进行了复测。

2. 选用仪器及方法:采用两台 Trimble DiNi 电子水准仪双塔尺并行测量。

3. 限差:评定精度公式按二等水准测量附合水准路线评定精度,采用 $4\sqrt{L}$ (L 为线路长度)。

4. GCPI104～GCPI111 水准点之间复测采用两台仪器双塔尺并行测量,两台仪器所测两水准点高差在限差之内,采用平均值与设计高差进行比较,看是否在限差范围内,若测量成果在限差范围内,水准点标高以设计院所交标高为准。

水准点设计高差与实测高差结果对照见表 2-16。

表 2-16　水准点设计高差与实测高差结果对照表

水准点	水准点设计高程(m)	设计高差(m)	1 号水准仪实测高差(m)	2 号水准仪实测高差(m)	平均高差(m)	与设计高差差值(m)	距离(km)	限差(mm)	结果
GCPI104	13. 516								

续上表

水准点	水准点设计高程(m)	设计高差(m)	1号水准仪实测高差(m)	2号水准仪实测高差(m)	平均高差(m)	与设计高差差值(m)	距离(km)	限差(mm)	结果
		6.219 4	6.213 53	6.214 55	6.214 040	-0.005 36	2.981	7	符合要求
GCPII424	7.296 6						3.064	7	
		-2.445	-2.443 8	-2.447 18	-2.445 490	-0.000 49	3.407	7	符合要求
GCPI105	9.741 6						3.2	7	
		4.0745	4.068 76	4.065 74	4.067 250	-0.007 25	5.08	9	符合要求
GCPII428	5.667 1						4.898	9	
		-0.264 3	-0.263 57	-0.265 1	-0.264 335	-0.000 03	2.23	6	符合要求
GCPI106	5.931 4						2.22	6	
		-7.324	-7.315 59	-7.318 54	-7.317 065	0.006 94	3.44	7	符合要求
GCPII431	13.255 4						3.251	7	
		-2.7274	-2.728 15	-2.725 24	-2.726 695	0.000 71	2.444	6	符合要求
GCPI107	15.982 8						2.441	6	
		4.688 5	4.685 51	4.682 94	4.684 225	-0.004 28	2.636	6	符合要求
GCPII435	11.294 3						2.69	7	
		-16.296 3	-16.297 37	-16.292 84	-16.295 105	0.001 20	3.002	7	符合要求
GCPI108	27.590 6						2.917	7	
		3.285 9	3.290 87	3.290 85	3.290 860	0.004 96	5.038	9	符合要求
GCPII441	24.304 7						4.978	9	

【思考与练习题】

1. 简述天宝 DiNi03 电子水准仪的各部件名称有哪些？
2. 简述水准测量准备工作包括哪些？
3. 精密水准测量观测程序要求有哪些？

单元三　全站仪认知

【学习导读】全站仪，即全站型电子测距仪(Electronic Total Station)，是一种集光、机、电为一体的高技术测量仪器，是集水平角、垂直角、距离(斜距、平距)、高差测量功能于一体的测绘仪器系统。与光学经纬仪比较电子经纬仪将光学度盘换为光电扫描度盘，将人工光学测微读数代之以自动记录和显示读数，使测角操作简单化，且可避免读数误差的产生。全站仪的自动记录、储存、计算功能，以及数据通信功能，进一步提高了测量作业的自动化程度。因其一次安置仪器就可完成该测站上全部测量工作，全站仪广泛用于地上大型建筑和地下隧道施工等精密工程测量或变形监测领域。

【学习目标】1. 了解全站仪的发展历史及现状；

2. 掌握全站仪的组成及品牌类别；

3. 了解全站仪的电子测角、测距和补偿原理。

【技能目标】1. 具备全站仪的操作技能水平；

2. 能说明全站仪在工程施工测量中的用途。

项目一　全站仪的概述

【项目描述】

全站仪是人们在角度测量自动化的过程中应用而生的，各类电子经纬仪在各种测绘作业中起着巨大的作用。全站仪的发展经历了从组合式即光电测距仪与光学经纬仪组合，或光电测距仪与电子经纬仪组合，到整体式即将光电测距仪的光波发射接收系统的光轴和经纬仪的视准轴组合为同轴的整体式全站仪等几个阶段。这些新技术为提高测量精度、减轻作业劳动强度以及拓展工作领域等提供了硬件基础，了解并掌握这些新技术，可以选择合适的仪器，以便更快更好的完成实际工作。

全站仪的品牌很多，进口品牌全站仪有：索佳(SOKKIA)SET 系列、拓普康(TOPCON)GTS700 系列、尼康(NI-KON)DTM-700 系列、徕卡(LEICA)TPSl000 系列等，如图 3-1 所示。操作更加方便快捷、测量精度更高、内存量更大、结构造型更精美合理，能自动显示测量结果、与外围设备交换信息的多功能三维坐标测量系统，全站仪是现代测量工作尤其是铁路线路平面位置数据采集的主要仪器之一。

国内品牌全站仪有：广州南方测绘仪器有限公司、广州中海达卫星导航技术股份有限公司、北京博飞仪器股份有限公司等，部分仪器如图 3-2 所示。

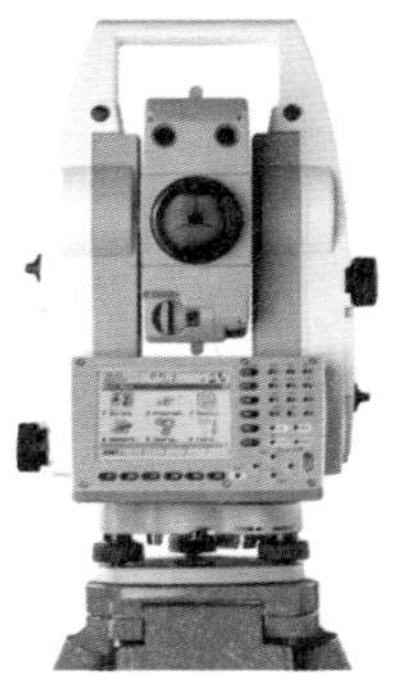
瑞士徕卡

美国天宝

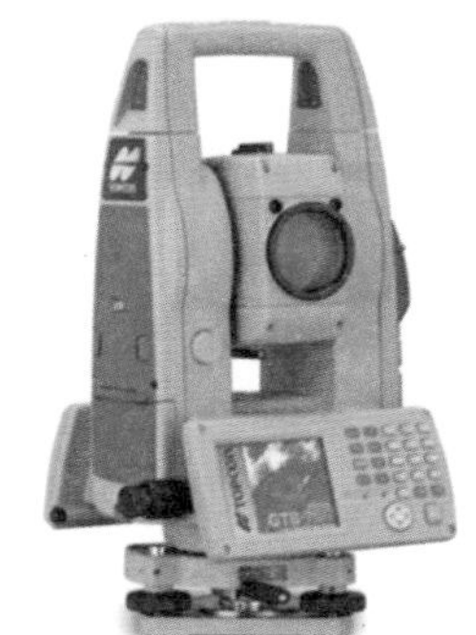
日本拓普康

图 3-1　进口品牌全站仪

广州中海达

广州南方

北京博飞

图 3-2　国产品牌全站仪

【相关知识】

一、全站仪的概念及应用

1. 全站仪的概念

随着电子测距技术的出现,大大地推动了速测仪的发展。这种集测距装置、测角装置和微处理器为一体的新型测量仪器应运而生。这种能自动测量和计算,并通过电子手簿或直接实现自动记录、存储和输出的测量仪器,称为全站型电子速测仪,简称全站仪(Total Station)。其基本功能是测量水平角、数值角和斜距,借助机载程序,可以组成多种测量功能,如计算并显示平距、高差及镜站点的三维坐标,进行悬高测量、偏心测量、对边测量、后方交会测量、面积计算等。

2. 全站仪的应用

随着光电子技术、计算机技术等新技术在全站仪中的应用,全站仪逐步向自动化、智能化方向发展,全站仪的应用范围已不仅局限于测绘工程、建筑工程、交通与水利工程、地籍与房地产测量,而且在大型工业生产设备和构件的安装调试、船体设计施工、大桥水坝的变形观测、地质灾害监测及体育竞技等领域中都得到了广泛应用。

全站仪的应用具有以下特点：

(1)在地形测量过程中，可以将控制测量和地形测量同时进行。

(2)在施工放样测量中，可以将设计好的管线、道路、工程建筑的位置测设到地面上，实现三维坐标快速施工放样。

(3)在变形观测中，可以对建筑物的变形、地质灾害等进行实时动态监测。

(4)在控制测量中，导线测量、前方交会、后方交会等程序功能，操作简单、速度快、精度高；其他程序测量功能方便、实用且应用广泛。

(5)在同一个测站点，可以完成全部测量的基本内容，包括角度测量、距离测量、高差测量，实现数据的存储和传输。

(6)通过传输设备，可以将全站仪与计算机、绘图机相连，形成内外一体的测绘系统，从而大大提高地形图测绘的质量和效率。

二、全站仪的基本组成及结构

1. 全站仪的基本组成

全站仪由电子测角、电子测距、电子补偿、微机处理装置四大部分组成。它本身就是一个带有特殊功能的计算机控制系统，其微机处理装置由微处理器、存储器、输入部分和输出部分组成。由微处理器对获取的倾斜距离、水平角、竖直角、垂直轴倾斜误差、视准轴误差、垂直度盘指标差、棱镜常数、气温、气压等信息加以处理，从而获得各项改正后的观测数据和计算数据。在仪器的只读存储器中固化了测量程序，测量过程由程序完成。全站仪工作框图如图3-3所示。

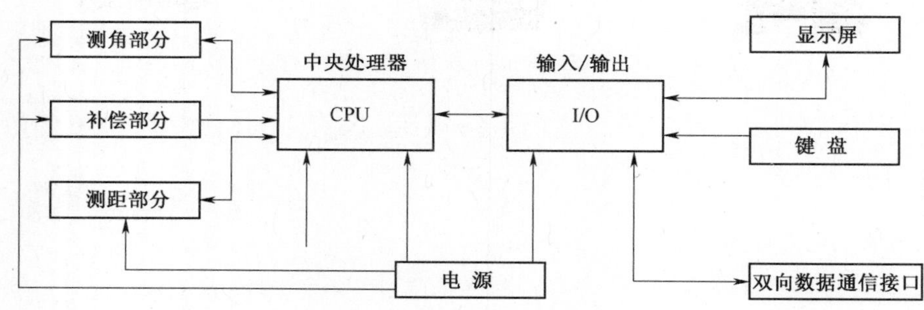

图 3-3 全站仪工作框图

只有图中两大部分有机结合才能真正地体现“全站”功能，既要自动完成数据采集，又要自动处理数据和控制整个测量过程。

2. 全站仪的分类

(1)全站仪按测距仪测距分类

1)短距离测距全站仪

测程小于 3 km，一般精度为±(5 mm+5 ppm)，通常用于普通测量和城市测量。

2)中测程全站仪

测程为 3~15 km，一般精度为±(5 mm+2 ppm)，±(2 mm+2 ppm)，通常用于一般等级的控制测量。

3）长测程全站仪

测程大于 15 km，一般精度为±(5 mm+1 ppm)，通常用于国家三角网及特级导线的测量。

（2）全站仪按测量功能分类

1）常规全站仪——它具备全站仪电子测角、电子测距和数据自动记录等基本功能，有的还可以运行厂家或用户自主开发的机载测量程序。其经典代表为徕卡公司的 TC 系列全站仪，如图 3-4（a）所示。

2）机动型全站仪——在经典全站仪的基础上安装轴系步进电机，可自动驱动全站仪照准部和望远镜的旋转。在计算机的在线控制下，机动型系列全站仪可按计算机给定的方向值自动照准目标，并可实现自动正、倒镜测量。徕卡 TCM 系列全站仪就是典型的机动型全站仪。

3）无合作目标型全站仪——无合作目标型全站仪是指在无反射棱镜的条件下，可对一般的目标直接测距的全站仪。因此，对不便安置反射棱镜的目标进行测量，无合作目标型全站仪具有明显优势。如徕卡 TCR 系列全站仪，无合作目标距离测程可达 1 000 m，可广泛用于地籍测量、房产测量和施工测量等，如图 3-4（b）所示。

4）智能型全站仪——在机动化全站仪的基础上，仪器安装自动目标识别与照准的新功能，因此在自动化的进程中，全站仪进一步克服了需要人工照准目标的重大缺陷，实现了全站仪的智能化。在相关软件的控制下，智能型全站仪在无人干预的条件下可自动完成多个目标的识别、照准与测量。因此，智能型全站仪又称为"测量机器人"，典型的代表有徕卡的 TCA 型全站仪等，如图 3-4（c）所示。

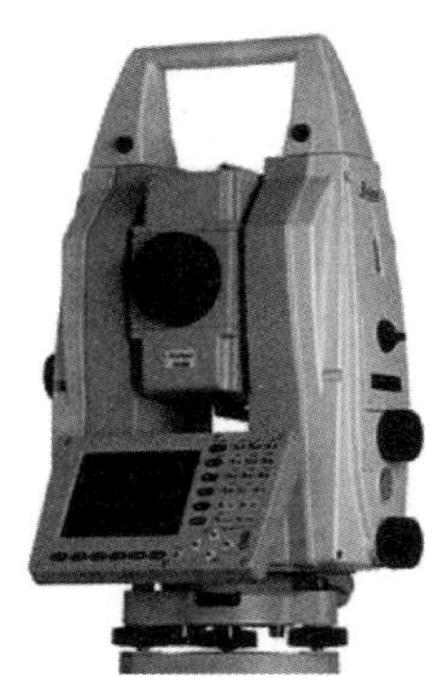

（a）常规全站仪

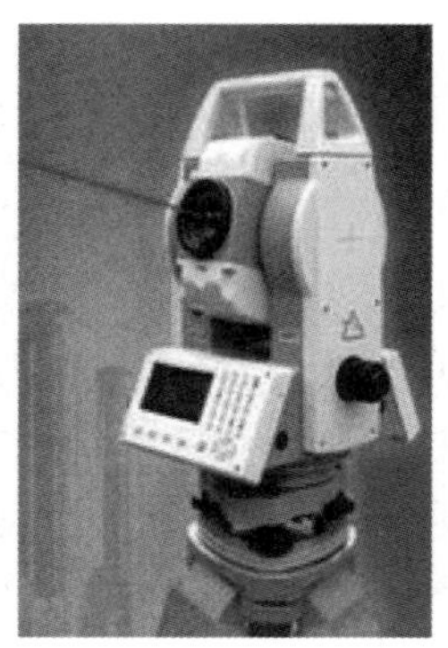

（b）无合作目标性全站仪

（c）智能型全站

图 3-4　全站仪按测量功能分类

三、全站仪的精度及等级

1. 全站仪的精度

全站仪是集光电测距、电子测角、电子补偿、微机数据处理为一体的综合型测量仪器，其主要精度指标是测距精度 m_D 和测角精度 m_β。如 SET500 全站仪的标称精度为：测角标精度 $m_\beta = \pm 5''$；测距标精度 $m_D = \pm(3\ \text{mm} + 2\ \text{ppm}D)$，其中 1 ppm = 1×10^{-6}。

在全站仪的精度等级设计中，对测距和测角精度的匹配采用"等影响"原则，即

$$\frac{m_{\beta}}{\rho}=\frac{m_{D}}{D} \tag{3-1}$$

式中，取 $D=1\sim2$ km，$\rho=206\ 265''$，则有表 3-1 所示的对应关系。

表 3-1 测距和测角标精度

$m_D('')$	$m_D(D=1\ \text{km})(\text{mm})$	$m_D(D=2\ \text{km})(\text{mm})$
1	4. 8	2. 4
1. 5	7. 3	3. 6
5	24. 2	12. 1
10	48. 5	24. 2

2. 全站仪的等级

国家计量检定规程《全站型电子测速仪》(JJG 100—1994)将全站仪的准确度等级划分为四个等级，见表 3-2。

表 3-2 测距和测角标精度

准确度等级	测角标准差 $m_{\beta}('')$	测距标准差 $m_D(\text{mm})$
Ⅰ	$\lvert m_{\beta}\rvert\leqslant1$	$\lvert m_D\rvert\leqslant5$
Ⅱ	$1<\lvert m_{\beta}\rvert\leqslant2$	$\lvert m_D\rvert\leqslant5$
Ⅲ	$2<\lvert m_{\beta}\rvert\leqslant6$	$5\leqslant\lvert m_D\rvert\leqslant10$
Ⅳ	$6<\lvert m_{\beta}\rvert\leqslant10$	$\lvert m_D\rvert\leqslant10$

注：1. Ⅰ、Ⅱ级仪器为精密型全站仪，主要用于高等级控制测量及变形观测等；

2. Ⅲ、Ⅳ级仪器主要用于道路和建筑场地的施工测量、电子平板数据采集、地籍测量和房地产测量等。

四、智能型全站仪的特点

具有双轴倾斜补偿器，双边主、附显示器，双向传输通信，大容量的内存或磁卡与电子记录簿两种记录方式以及丰富的机内软件，因而测量速度快、观测精度高、操作简便、适用面宽、性能稳定，深受广大测绘技术人员的欢迎，也是全站仪主流发展方向。

电脑全站仪的主要特点如下：

(1)电脑操作系统。电脑全站仪具有像通常 PC 机一样的 DOS 操作系统。

(2)大屏幕显示。可显示数字、文字、图像，也可显示电子气泡居中情况，以提高仪器安置的速度与精度，并采用人机对话式控制面板。

(3)大容量的内存。一般内存在 1 M 以上，其中主内存有 640 K、数据内存 320 K、程序内存 512 K、扩展内存 512 K。

(4)采用国际计算机通用磁卡。所有测量信息都可以文件形式记入磁卡或电子记录簿，磁卡采用无触点感应式，可以长期保留数据。

(5)自动补偿功能，补偿器装有双轴倾斜传感器，能直接检测出仪器的垂直轴，在视准轴方向和横轴方向上的倾斜量，经仪器处理计算出改正值并对垂直方向和水平方向值加以改正，提高测角精度。

(6)测距时间快，耗电量少。

五、全站仪的发展现状及前景

全站仪早期的发展主要体现在硬件设备上，如减轻质量、减小体积等；中期的发展主要体现在软件功能上，如水平距离换算、自动补偿改正、加常数乘常数的改正等；现今的发展则是全方位的，如全自动、智能型。全站仪的发展现状及前景正朝着全自动、多功能、开放性、智能型、标准化方向发展，它将在地形测量、工程测量、工业测量、建筑施工测量和变形观测等领域中发挥越来越重要的作用，如图 3-5 所示。

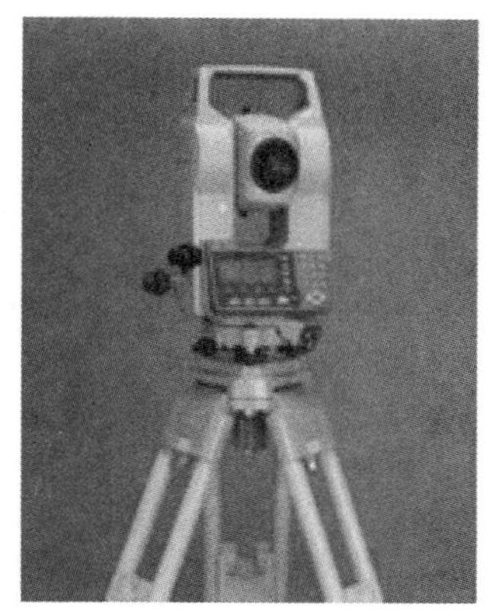

图 3-5　全站仪图示

(一) 全站仪的发展

纵观全站仪的发展，有些是仪器加工制造及传统理论的进化，有些是其他技术的进步所带来的变化，而有些则是思想观念的更新。综合全站仪的发展具有如下几个特点。

1. 仪器的系统性

全站仪从 20 世纪 60 年代末开始出现即显示了其系统性。如德国 ZEISS 厂的 RegElta-14 和瑞典 AGA 厂的 Geodimeter700 全站仪，它们都配有记录、打印的外围设备，因此全站仪都配有供数据输出的 RS-232C 标准串行端口。目前这个标准串口的开发应用，不仅能将数据从仪器传输到记录器、电子记录簿或电子平板中，即实现数据的单向流动；而且能够将数据或程序从计算机输入到仪器中，以便对仪器的软件进行更新，甚至通过计算机和仪器的连接，将仪器作为终端由计算机中的程序对仪器进行实时控制操作，实现数据的双向流动。此时全站仪已不再是一台单一的测绘仪器，它和计算机、软件甚至一些通信设备(如电话、传真机、调制解调器等)一起，组成了一个智能型的测绘系统。

2. 双轴自动补偿改正

仪器误差对测角精度的影响，主要是由仪器的三轴之间关系不正确造成的，在光学经纬仪中主要是通过对三轴之间关系的检验校正，减少仪器误差对测角精度的影响；在电子仪器中则主要是通过所谓"自动补偿"实现的。最新的全站仪已实现"三轴"补偿功能(补偿器的有效工作范围一般为±3′)，即全站仪中安装的补偿器，自动检测或改正由于仪器垂直轴倾斜而引起的测角误差；通过仪器视准轴误差和横轴误差的检测结果计算出误差值，必要时由仪器内置程序对所观测的角度加以改正。

3. 实时自动跟踪、处理和接收计算机控制

新式结构的全站仪，仪器中都安装有驱动仪器水平方向 360°、望远镜竖直方向 360°旋转的伺服马达，用这种类型的全站仪可以实现无人值守观测、自动放样、自动检测三轴误差、自动寻找和跟踪目标。因此，在变形观测、动态定位及在一些对人体有害的环境中应用，将具有无可比拟的优越性。

4. 操作方便，功能性强

全站仪的发展使得它操作方便，功能性强。由于仪器中的操作菜单往往使用的是英文描述，于是操作便显得复杂起来。全站仪处理这一问题时是用象形符号或助记符号帮助理解或使用类似于 Windows 风格的界面提供联机帮助，事实上，提供中文菜单并不是没有可能。由于全站仪所使用的是液晶显示屏，因此用何种文字显示并没有太多区别(有些仪器即提供了好

几种不同语言的操作菜单,如英文、日文、法文、德文等),尽管中文占用的点阵行数会多一些,但"滚动条"的使用可解决这个问题。全站仪全中文菜单的出现将是一件并不遥远的事。

5. 内置程序增多和标准化

近年来,全站仪发展的一个极其重要的特征是内置程序的增多和标准化,内置程序能够实时提供观测过程并计算出最终结果。观测者只要能够按仪器中设定的功能,操作步骤正确就能完成测量工作,而不含程序的全站仪则只能提供观测值和观测值的计算值。也就是说,通过程序将内业计算的工作直接在外业中完成,程序的执行过程实际上也就是仪器操作的执行过程。目前,各厂家仪器都具备内置程序的功能,比较实用的程序有度盘定向、放样测量、坐标测量等。

6. 开放性环境,用户可二次开发功能

开放性环境最大的特点是它具有足够的包容性和灵活性,在不同的场合中能够适应不同的要求。随着科学技术的进步,开放环境的要求已经遍及整个开发和应用领域,过去用户只能被动地接收全站仪所提供的功能,若遇到一些特殊要求的工作,用户只能采用一些变通的方法,不能主动地去指挥仪器工作。而在开放环境的条件下,用户就可以参与到仪器功能的二次开发中,从而使用户真正地成为仪器的"头脑",使仪器按照人的意愿去进行工作。

7. 仪器的兼容性和标准化

考虑到用户的利益,兼容性是必须的。兼容的基础是在计算机领域由 IBM 公司首先完成,从而使计算机得以飞速发展。在全站仪领域,用户已经体会到了不兼容的弊端,如所购的一套仪器,使用了若干年后,如果其中一个关键部件的损坏或技术的更新,由于设备之间的不兼容,使这套仪器配置中的其他配件也不能为别的仪器所利用,那么用户只能将其整个淘汰。目前各厂家的数据记录设备都向 PCM-CIA 卡靠拢,但这仅仅是在兼容性方面迈出的小小一步。考虑到全站仪是一种特殊行业使用的特殊仪器及各厂家自身的利益,兼容性还仅仅只能停留在设想上。

8. 实现数据共享能力

由于对仪器实时作业的要求,"内业"的"外业化"便显得十分必要。过去从外业到内业再到外业的工作过程,将被一次性的外业工作所替代,而这种效率的提高,需要以仪器间数据的共享为基础。这种数据共享主要是指全站仪和其他类型的仪器(如 GPS 接收机、数字水准仪)之间的数据交流。通过不同仪器之间的数据交流,从而减少内业、外业之间的衔接,提高测量工作的自动化水平。

9. 高精度

精度是全站仪最重要的参数之一,现行精度最高的全站仪,测角精度±0.5″,测距精度±(1 mm+1 ppm$D$)。高精度仪器的出现,解决了一系列精密工程测量方面的问题,但现实测量工程中有时也需要更高精度的仪器,以降低精密测量的难度和工作量,这是用户的要求,也是技术发展的要求。

(二)全站仪软件的发展

20 世纪 90 年代推出的全站仪所配置的测量与定位软件,已由过去少量的特殊功能发展到迄今的功能齐全、实用,操作简便的测量软件包,使得全站仪测量技术更加广泛地应用于控制测量、施工放样测量、地形测量和地籍测量等领域。

1. 全站仪测量软件的发展现状

随着市场产销竞争日趋激烈,全站仪测量软件包的发展也在不断更新。现代新型全站仪测量配置的软件包普遍向多功能化方向发展，归纳起来具有如下功能：

(1)菜单功能。各公司目前新近推出的全站仪软件包大都采用了菜单功能。利用菜单功能和配置的操作提示，可以在提高仪器操作功能的同时简化键盘操作。

(2)基本测量功能。包括电子测距、电子测角(水平角、垂直角)，经微处理器可实现数据存储、成果计算、数据传输及基本参数设置等。主要用于测绘的基本测量工作，包括控制测量、地形测量和工程放样施工测量等。特别注意的是只要开机，电子测角系统即开始工作并实时显示观测数据。

(3)程序测量功能。包括水平距离和高差的切换显示、三维坐标测量、对边测量、放样测量、偏心测量、后方交会测量、面积计算等。特别注意的是程序测量功能只是测距及数据处理，它是通过预置程序由观测数据经微处理器数据处理、计算后显示所需要的测量结果，实现数据的存储及双向通信。

(4)用户开发系统。为了便于用户自行开发新的功能，满足某些特殊测量工作的需要，全站仪具有用户开发系统。目前，全站仪一般都装有标准的 MS-DOS 操作系统，用户可在 PC 机上开发各种测量应用程序，以扩充全站仪的功能。

国外厂商针对我国测量用户开发的全站仪软件包，提供了较丰富的测量功能，在生产实践中得到了广泛应用，但这些全站仪软件包尚存在以下弊端。

测量规范：国外测绘作业的组织方式和执行的测量规范标准与我国不尽相同，这些软件包不完全适应于我国各种不同的测量方法和要求。

界面：软件包的用户界面以英文菜单提示，给我国广大测量用户使用全站仪带来了不便。

程序的二次开发：进口全站仪所配置的应用程序因保密和固化，我国用户无法修改和扩充这些程序，因而限制了用户对程序进行二次开发。

数据格式：各公司推出的软件包均采用内部数据记录格式，给我国用户进行数据后续处理带来了困难。

2. 国内全站仪软件包开发状况

我国电子测量仪器的研制与生产虽然起步较晚，但发展较快。20 世纪 80 年代初，国产光电测距仪投放市场。20 世纪 90 年代研制和生产光电子经纬仪，南方公司生产的我国第一台 NTS-200 系列全站仪，打破了国外厂家垄断我国全站仪市场的局面。随后其他仪器厂家也相继推出了自己的全站仪。如日本尼康 DTM-700 系列全站仪开发汉化版基础测量软件包，并在功能设计、数据结构设计和界面设计等主要内容的整个开发过程，指出了全站仪软件包的发展趋势。

目前我国以南方品牌为主的国内全站仪软件包的应用与开发情况，指出了全站仪软件包的未来发展趋势，且已具备了生产全站仪的能力，全站仪精度也能满足实际需要，价格仅是国外全站仪的 1/3。从这些全站仪目前所配备的软件来看，它们具有以下特点：

(1)软件包一般配置有按我国测绘生产组织方式和国家测绘规范要求的应用程序。

(2)软件包功能齐全。如南方测绘仪器公司的 NTS-200 系列全站仪，能够提供平均测量、放样测量、悬高测量、间接测量、坐标测量和数据传输等功能，它们在实现数字化测图中起着重要作用。

(3)用户界面汉字化，便于我国用户操作。如苏州第一光学仪器厂生产的 DQZ2 全站仪具有宽屏幕点阵图形，其软件包的用户界面全部采用汉字显示。

(4)软件包数据采集和计算处理一体化，形成的各种坐标数据文件可通过格式转换与各种绘图软件接口，实现自动绘图。

(5)多种测量方法供用户选择，使全站仪能广泛地应用于控制测量、工程测量和工程放样施工等领域。由此看来，从硬件到软件，实现全站仪国产化已具备了技术条件。

3. 全站仪软件包的未来发展趋势

由于近代电子技术的高速发展，测量仪器不断地更新换代，满足了各种各样的用途和精度需要，新型全站仪正朝着自动化、多功能化、一体化的方向更新和发展。为了充分发挥全站仪的功效，国内外厂家都在进一步研究与开发全站仪软件包。从目前情况来看，全站仪软件包将向着以下方面发展：

(1)由基于 DDS 编程向 Windows 编程发展，软件包功能更强大，界面更丰富多彩。

(2)通过格式转换和各种绘图软件接口，实现自动绘图。

(3)随着液晶显示技术的进一步发展，未来全站仪显示屏不仅能显示字符，而且还能显示图形，全站仪软件包能现场实时绘制工作草图，使数据自动采集与辅助测图同时进行，成为未来野外测量作业的先进作业方式，

(4)全站仪作为内、外作业联系的重要部分，建立综合测量系统，已成为开发全站仪软件包的延续。如：索佳测绘公司的“综合测绘系统”、徕卡公司的“开放式测量世界”、南方测绘公司的“CASS 南方内外业一体化成图软件”、北京光学仪器厂的“EGSS”综合测绘系统等。

因此，综合测量系统将是今后测量工作的发展趋势。这种系统把全站仪通过相关软件系统和计算机、打印机、绘图机、数字化仪器等设备联为一体，将大大有利于实现地形测量、地籍测量、工程测量及变形观测等工作的自动化。

项目二　全站仪的测量原理

【项目描述】

随着社会的进步和科学技术的发展，测绘新技术、新仪器在工程建设中得到了广泛应用，集测距、测角及数据自动存储、处理于一体的智能化测量仪器——全站仪，已相当普及。它具有高精度、高效率和高稳定性的特点，被广泛应用于地形测量、地籍测量及施工放样控制测量等方面。

【相关知识】

一、全站仪测角原理

光电度盘一般分为两大类：一类是由一组排列在圆形玻璃上具有相邻的透明区域或不透明区域的同心圆上刻得编码所形成编码度盘进行测角；另一类是在度盘表面上一个圆环内刻有许多均匀分布的透明和不透明等宽度间隔的辐射状栅线的光栅度盘进行测角。也有将上述二者结合起来，采用“编码与光栅相结合”的度盘进行测角。

1. 编码度盘测角原理

在玻璃圆盘上刻划几个同心圆带，每一个环带表示一位二进制编码，称为码道，如图 3-6 所示。如果再将全圆划成若干扇区，则每个扇形区有几个梯形，如果每个梯形分别以“亮”和

"黑"表示"0"和"1"的信号,则该扇形可用几个二进数表示其角值。例如,用四位二进制表示角值,则全圆只能刻成 24=16 个扇形,则度盘刻划值为 360°/16=22.5°,如图 3-6 所示,这显然是没有什么实际意义的。如果最小值为 20″,则需刻成(360×60×60)/20=64 800个扇形区,而 64 800≈216 个码道。因为度盘直径有限,码道愈多,靠近度盘中心的扇形间隔愈小,又缺乏使用意义,故一般将度盘刻成适当的码道,再利用测微装置来达到细分角值的目的。

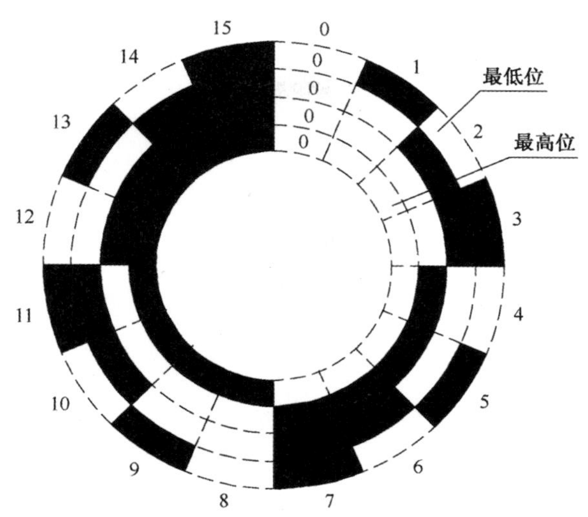

图 3-6　编码度盘测角原理

2. 增量式光栅度盘测角原理

均匀地刻有许多一定间隔细线的直尺或圆盘称为光栅尺或光栅盘。刻在直尺上用于直线测量的为直线光栅,如图 3-7(a)所示;刻在圆盘上的等角距的光栅称为径向光栅,如图 3-7(b)所示。设光栅的栅线(不透光区)宽度为 a,缝隙宽度为 b,栅距 $d=a+b$,通常 $a=b$,它们都对应一角度值。在光栅度盘的上下对应位置装上光源、计数器等,使其随照准部相对于光栅度盘转动,可由计数器累计所转动的栅距数,从而求得所转动的角度值。因为光栅度盘上没有绝对度数,只是累计移动光栅的条数计数,故称为增量式光栅度盘,其读数系统为增量式读数系统。

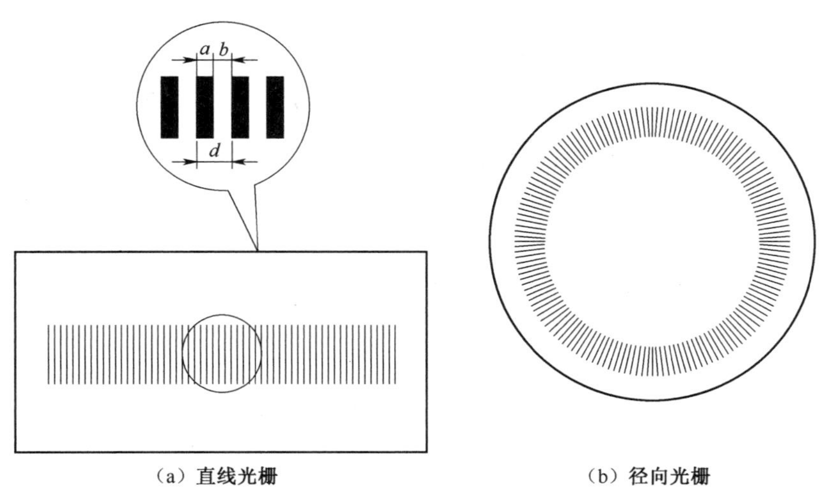

(a) 直线光栅　　　　(b) 径向光栅

图 3-7　增量式光栅度盘测角原理

如图 3-8 所示,指示光栅、接收管、发光管位置固定在照准部上。当度盘随照准部移动时,莫尔条纹落在接收管上。度盘每转动一条光栅,莫尔条纹在接收管上移动一周,流过接收管的电流变化一周。当仪器照准零方向时,让仪器的计数器处于零位,而当度盘随照准部转动照准某目标时,流过接收管电流的周期数就是两方向之间所夹的光栅数。由于光栅之间的夹角为已知,计数器所计的电流周期数经过处理就刻有显示处角度值。如果在电流波形的每一周期内再均匀内插 n 个脉冲,计算器对脉冲进行计数,所得的脉冲数就等于两个方向所夹光栅数的 n 倍,就相当于把光栅刻划线增加了 n 倍,角度分辨率也提高了 n 倍。使用增量式光栅度盘测角时,照准部转动的速度要均匀,不可突然变快或太快,以保证计数的正确性。

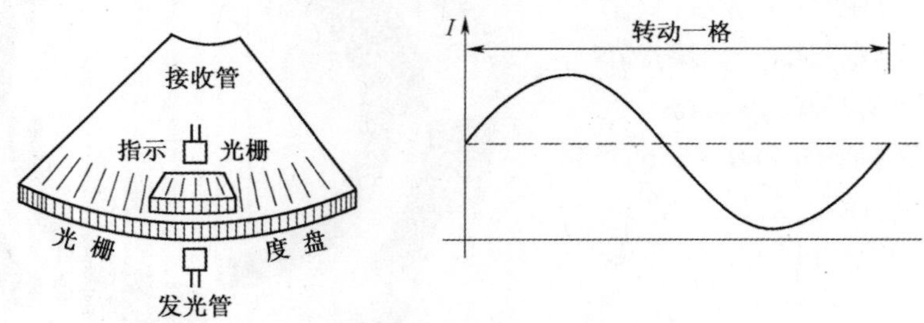

图 3-8　增量式光栅度盘测角原理

3. 动态光栅度盘测角原理

动态光栅度盘测角原理如图 3-9 所示。度盘光栅可以旋转,另有两个与度盘光栅交角为 β 的指标光栅 S 和 R,S 为固定光栅,位于度盘外侧;R 为可动光栅,位于度盘内侧。同时,度盘上还有两个标志点 a 和 b,S 只接收 a 的信号,R 只接收 b 的信号,测角时,S 代表任一原方向,R 随着照准部旋转,当照准目标后,R 位置已定,此时启动测角系统,使度盘在马达的带动下,始终以一定的速度逆时针旋转,b 点先通过 R,开始计数。接着 a 通过 S,计数停止,此时计下了 RS 之间的栅距(φ_0)的整倍 n 和不是一个分划的小数 $\Delta\varphi_0$,则水平角为 $\beta=n\varphi_0+\Delta\varphi_0$。事实上,每个栅格为一脉冲信号,由 R、S 的粗测功能可计数得 n;利用 R、S 的精测功能可测得不足一个分划的相位差 $\Delta\varphi_0$,其精度取决于将 φ_0 划分成多少相位差脉冲。

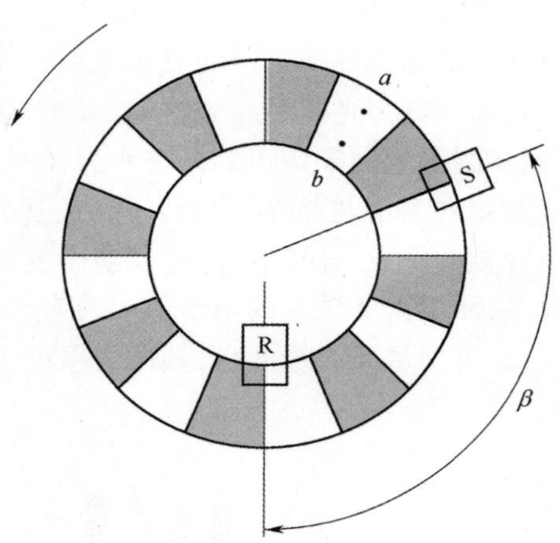

图 3-9　动态光栅度盘测角原理

动态测角除具有前两种测角方式的优点外,最大的特点在于消除了度盘刻划误差等,因此在高精度(0.5″级)的仪器上采用。但动态测角需要马达带动度盘,因此在结构上比较复杂,耗电量也大一些。

二、全站仪的测距原理

随着各种新颖光源(激光、红外光等)的相继出现,物理测距技术也得到了迅速的发展,并出现了以激光、红外光和其他光源为载波的光波测距仪和以微波为载波的微波测距仪,通称为电磁波测距仪(光电测距仪),简称测距仪。测距仪的出现,是测距方法的革命,从而开创了距离测量的新纪元。光电测距与传统的钢尺或基线丈量距离相比,具有精度高、作业迅速、受气候及地形影响小等优点。

(一)测距仪的测程和测距精度

测距仪是利用电磁波作为载波和调制波进行测量长度的一门技术。其主要技术指标为测程和测距精度。

1. 测距仪的测程

测距仪一次所测得的最远距离称为测距仪的测程。一般认为：

(1)短程测距仪——测程在 5 km 以内；

(2)中程测距仪——测程在 5~30 km；

(3)远程测距仪——测程在 30 km 以上。

2. 测距仪的测距精度

测距仪的测距精度是仪器的重要技术指标之一。测距仪的测距精度为：

$$m_D = \pm(a + b\text{ppm}D) \tag{3-2}$$

式中　m_D——测距中误差，mm；

a——固定误差，mm；

b——比例误差，mm/km；

D——距离，km。

RED mini 短程红外测距仪的测距精度为：

$$m_D = \pm(5\ \text{mm} + 5\ \text{ppm}D) \tag{3-3}$$

当距离 D 为 0.6 km 时，测距精度是 $m_D = \pm 8$ mm。

(二)测距的基本原理

测距仪是通过测量光波在待测距离 D 上往返传播的时间 t_{2D} 来计算待测距离 D 的，如图 3-10 所示。

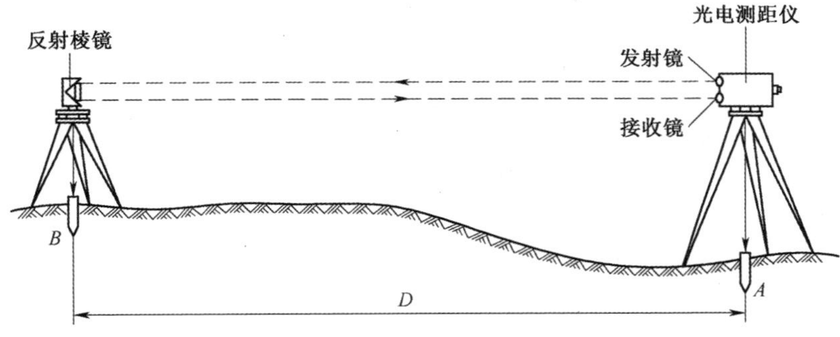

图 3-10　测距的基本原理

在 A 点安置光电测距仪，B 点安置反射棱镜，测距仪发射的光波经反射棱镜反射后，被测距仪所接收，测量出光波在 A、B 之间往、返传播的时间 t，利用光波在空气中的传播速度约 30 万 km/s这一特性，则：

$$D = \frac{1}{2}Ct_{2D} \tag{3-4}$$

式中　C——光在大气中的传播速度，约 30 万 km/s。

由式(3-3)可知，光电测距仪测距的关键是测定测距信号(光波)在两点之间往返传播的时间 t_{2D} 。若时间有 1 μs (10^{-6} s) 的误差，距离就会有 150 m 的误差，所以光电测距仪对时间的要求非常高。只要能精确地测出电磁波往返传播的时间 t_{2D} ，就可以求出距离 D。

按测定时间 t_{2D} 的方法，电磁波测距仪主要可区分为以下两种类型：

(1)脉冲式测距仪。它是直接测定仪器发出的脉冲信号往返于被测距离的传播时间 t,进而按式(3-3)求得距离值的一类测距仪。

(2)相位式测距仪。它是测定仪器发射的测距信号往返于被测距离的滞后相位 φ 来间接推算信号的传播时间 t,从而求得所测距离的一类测距仪。

因为

$$t_{2D}=\frac{\varphi}{\omega}=\frac{\varphi}{2\pi f} \tag{3-5}$$

所以

$$D=\frac{1}{2}C\times\frac{\varphi}{2\pi f}=\frac{C\varphi}{4\pi f} \tag{3-6}$$

式中　f——调制信号的频率。

根据式(3-4),取 $C=3\times108$ m/s、$f=15$ MHz,当要求测距误差小于 1 cm 时,通过计算可知:用脉冲法测距时,计时精度须达到 0.667×10^{-10} s;而用相位法测距时,测定相位角的精度达到 0.36°即可。目前,欲达到 10^{-10}s 的计时精度,困难较大,而达到 0.36°的测量相位精度则易于实现。所以,当前电磁波测距仪中相位式测距仪居多。

(三)脉冲法测距的基本原理

脉冲法测距就是直接测定仪器所发射的脉冲信号往返于被测距离的传播时间,从而得到待测距离,图 3-11 为其工作原理框图。

由光电脉冲发射器发射出一束光脉冲,经发射光学系统投射到被测目标。与此同时,光电脉冲作为计时的起点,从被测目标反射回来的光脉冲也通过光电接收系统后,由光电接收器转换为电脉冲(也称回脉冲波),作为计时的终点。可见,主脉冲波和回脉冲波之间的时间间隔是光脉冲在测线上往返传播的时间 t_{2D} ,而 t_{2D} 是通过计数器并由标准时间脉冲振荡器不断产生的具有时间间隔(t)的电脉冲数 n 来决定的。

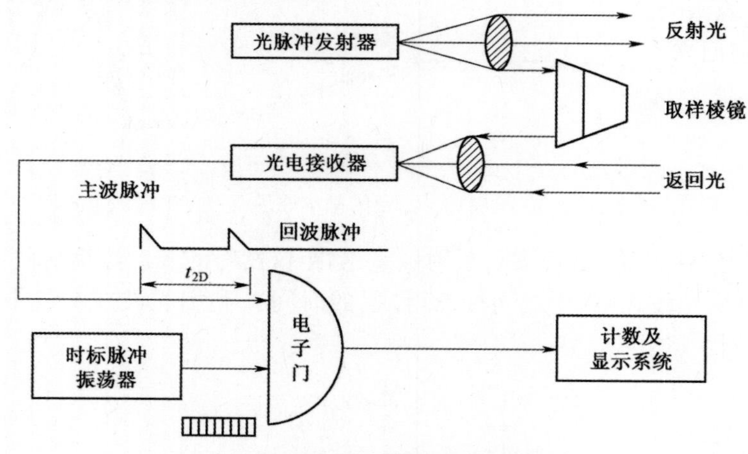

图 3-11　脉冲法测距的基本原理

因为

$$t_{2D}=nt \tag{3-7}$$

则

$$D=\frac{C}{2}nt=nd \tag{3-8}$$

式中，n 为标准时间脉冲的个数；$d=\frac{C}{2}t$，即在时间 t 内，光脉冲往返所走的一个单位距离。所以，只要事先选定一个 d 值（例如 10 m、5 m、1 m 等），记下送入计数系统的脉冲数目，就可以直接把所测距离（$D=nd$）用数码显示器显示出来。

在测距之前，"电子门"是关闭的，标准时间脉冲不能进入计数系统。测距时，在光脉冲发射的同一瞬间，主脉冲把"电子门"打开，标准时间脉冲就一个一个地经过"电子门"进入计数系统，计数系统就开始记录脉冲数目。当回波脉冲到达把"电子门"关上后，计数器就停止计数，可见计数器记录下来的脉冲数目就代表了被测距离。

目前的脉冲式测距仪，一般用固体激光器作光源，能发射出高频率的光脉冲，因而这类仪器可以不用合作目标（如反射器），直接用被测目标对光脉冲产生的漫反射进行测距。在地形测量中可实现无人跑尺，从而减轻劳动强度，提高作业效率，特别是在悬崖陡壁的地方进行地形测量，此种仪器更具有实用意义。

（四）相位测距的基本原理

所谓相位法测距就是通过测量连续的调制信号在待测距离上往返传播产生的相位变化来间接测定传播时间，从而求得被测距离，如图 3-12 所示。

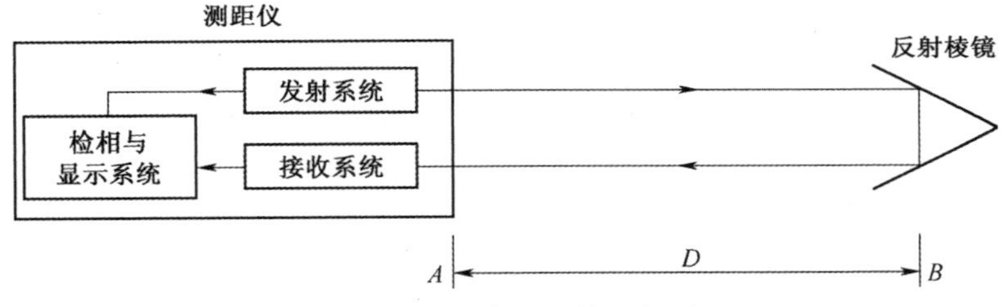

图 3-12　相位式测距的基本原理

如图 3-12 所示，由测距仪发射系统向反射棱镜方问连续发射角频率 ω 的调制光波，并由接收系统接收反射回来的光波，然后由检相器对发射信号相位和接收信号相位进行相位比较，并测出相位移 φ，根据 φ 可间接推算时间 t_{2D}，从而计算距离，由物理学知：

$$\varphi=\omega t_{2D}=2\pi f t_{2D} \tag{3-9}$$

则

$$t_{2D}=\frac{\varphi}{2\pi f} \tag{3-10}$$

如图 3-13 所示，它是将返程的正弦波以棱镜站为中心对称展开后的图形。我们知道，正弦光波振荡一个同期的相位移是 2π，设发射的正弦光波经过 $2D$ 距离后的相位移为 φ，则 φ 可以分解为 N 个 2π 整数周期和不足一个整数周期的相位移 $\Delta\varphi$。

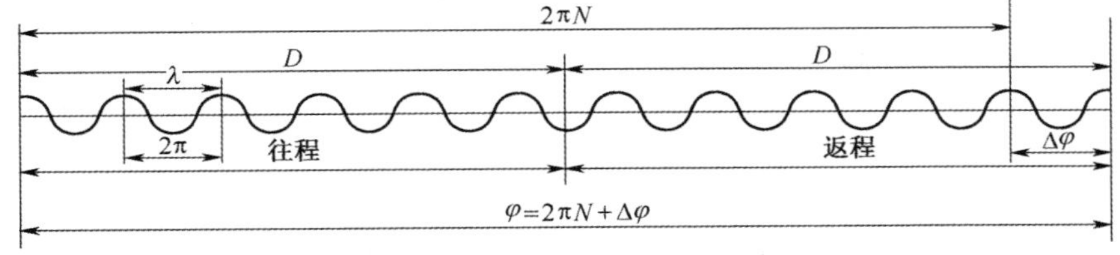

图 3-13　正弦波展开后的图形

即：
$$\varphi = 2\pi N + \Delta\varphi \tag{3-11}$$

所以
$$t_{2D} = \frac{2\pi N + \Delta\varphi}{2\pi f} \tag{3-12}$$

则
$$D = \frac{C}{2f}(N + \frac{\Delta\varphi}{2\pi}) = \frac{\lambda}{2}(N + \Delta N) \tag{3-13}$$

式中，$\Delta N = \frac{\Delta\varphi}{2\pi}$，$0< \Delta N <1$，$\lambda$ 为调制波波长。

由此可知，相位式测距相当于使用一把长度为 $\lambda/2$ 的光电尺去丈量距离，由 N 个整尺长度加上不足 1 个整尺的余长就是被测距离。

（五）全站仪无棱镜测距原理

无棱镜测距又称为无接触测距，是指全站仪发射的光束经过自然表面反射后直接测距。在特殊点或危险点的测量中有着广泛的应用，不仅使作业强度和危险性大大降低，而且对被测量目标起到一定的保护作用。常见的无棱镜全站仪参数见表 3-3。

表 3-3　常见无棱镜全站仪

仪器型号	Trimble5600	SET×110R	GPT-8000A	TCRA
测程（m）	600	85	120	80
测距精度	$\pm(3\ \text{mm}+3\times10^{-6}D)$	$\pm(5\ \text{mm}+2\times10^{-6}D)$	$\pm(5\ \text{mm}+2\times10^{-6}D)$	优于 3 mm

瑞士徕卡 TCRA 全站仪无棱镜测距的基本原理是在全站仪测距头中，安装有两个同轴的发射管，一种是 IR（InfraRed）测距方式，可以发射利用棱镜和反射片进行测距的红外光束，波长为 780 mm，单棱镜测距为 3 000 m；另一种是 RL（RedLaser）测距方式，可以发射可见的红色激光束，波长为 670 mm，无棱镜全站仪的测距可达到 80 m。两种测量模式可以通过键盘操作控制内部光路进行切换，由此引起的不同常数改正会有系统自动修正后对测量结果进行改正，两种方法均为相位法测距原理。精测频率为 100 MHz，精测长为 1. 5 m。

由于相位法测距采用很细的激光束，就可以完成测量任务，使得相邻非常近的两个点位也能被准确地测定出来，因此有棱镜测距和无棱镜测距具有几乎相等的测距精度。瑞士徕卡 TCRA 采用激光作为发光源，提供了更强大的信号功率来进行无棱镜测距，其准确度采用动态频率校正技术来保证，在 100 m 范围内进行无棱镜测距，5 000 m 以上的距离用单棱镜测距，精度仍可达到$\pm(3\text{mm}+3\times10^{-6}D)$。

三、全站仪的补偿器原理

全站仪补偿器是测量仪器由光学型（经纬仪）转向光电型（全站仪）后出现的一种全新的误差改正器件，用传统的光学经纬仪的思路来理解全站仪是不对的，只有对补偿器的基本原理有了一定的认识，才能在实践中更好地使用全站仪，以便提高测量精度和减少劳动强度。

在全站仪作业中，如果整平的水准气泡偏离精确设置的气泡中心，此时传感器对水准器的水平度进行检测，并对由此产生的小角度偏差进行自动补偿改正。众所周如，按测量规范要求，整平气泡允许偏离平格，对水准器为每格 20″的仪器，如垂直轴倾斜在视准轴的方向上为 10″，在倾角较大的地区测量时，会造成较大的测角误差。对于光学经纬仪，在半测回中不能对此误差进行自动改正；而装有倾斜传感器的全站仪，可以通过补偿功能，使此误差减小到最低程度。在高差较大的地区，仍可以在补偿软件的修正之下，准确地测量水平角和竖直角。

（一）全站仪的三轴误差

全站仪三轴的关系同光学经纬仪一样，包括垂直轴（竖轴）、水平轴（横轴）和视准轴，由于三轴的关系不正确引起的测角误差简称仪器的三轴误差。

1. 视准轴误差

视准轴误差 c 是由于视准轴和横轴之间不垂直所引起的误差，又称照准误差。其主要原因是由于安装和调整不当，望远镜的十字丝偏离了正确的位置，它是一个定值。此外，外界温度的变化也会引起视准轴的变化。而且这个变化是一个不定值。若令 Δc 为视准轴误差 c 对水平方向观测读数的影响，则有：

显然，Δc 与视准轴误差 c 成正比，且随着目标点的垂直角度 α 的增大而增大。

2. 水平轴误差

水平轴误差 i 是由于水平轴和垂直轴之间不垂直所引起的倾斜误差，又称为水平轴倾斜误差，其主要原因是由于安装或调整不完善，支撑水平轴的二支架不等高和水平轴两端的直径不等而引起的。由于仪器存在着横轴误差，当仪器整平后垂直轴与水平轴也不垂直，这就会对水平方向引起观测误差。若令 Δi 为横轴倾斜误差 i 对水平方向观测读数的影响，则有：

$$\Delta i = i\tan\alpha \tag{3-14}$$

显然，Δi 的大小不仅与 i 角的大小成正比，而且与目标点的垂直角 α 有关。

3. 垂直轴误差

垂直轴误差 υ 是由于仪器的垂直轴偏离铅垂位置所引起的误差，又称为垂直轴倾斜误差，其主要原因是仪器整平不完善、垂直轴晃动、土质松软引起脚架下沉或因振动、温度和风力等因素的影响而引起脚架移动等。若令 $\Delta\upsilon$ 为垂直轴倾斜误差 υ 对水平方向观测读数的影响，则有：

$$\Delta\upsilon = \upsilon\cos\beta\tan\alpha \tag{3-15}$$

显然，垂直轴倾斜误差对水平方向值的影响不仅与垂直轴倾斜角 υ 有关，而且还随照准目标的垂直角度和观测目标的方位不同而不同。

在测量工作中，以上三种误差同时存在，前两种误差采用盘左、盘右读数取平均的方法可以消除，而垂直轴的倾斜误差对水平角和垂直角的影响不能消除。

（二）垂直轴倾斜误差的影响

垂直轴的倾斜实际上可分解为两种形式，一种是在望远镜的视准轴方向（x 轴）的倾斜，另一种则是在与 x 轴垂直的横轴方向（y 轴）的倾斜。若不是正对 x 轴和 y 轴倾斜，根据几何关系可以将倾斜方向解析到 x 轴和 y 轴上，如图 3-14 所示。纵向（x 轴）倾斜误差影响垂直角的测量，其倾斜量将引起 1∶1 的垂直角误差。横向（y 轴）的倾斜误差影响水平角的测量。

假设测量中仪器的垂直轴倾斜在 x 轴的方向为 ϕ_x，y 轴的方向为 ϕ_y，那么存在式（3-16）函数关系：

$$\left.\begin{aligned}\text{垂直度盘读数的误差} &= \phi_x \\ \text{水平度盘读数的误差} &= \phi_y \times \cot V_K\end{aligned}\right\} \tag{3-16}$$

式中　ϕ_x——垂直轴倾斜在视准轴方向（x 轴）的分量；

ϕ_y——垂直轴倾斜在横轴方向（y 轴）的分量；

V_K——仪器显示的天顶距，$V_K = V_0 + \phi_x$；

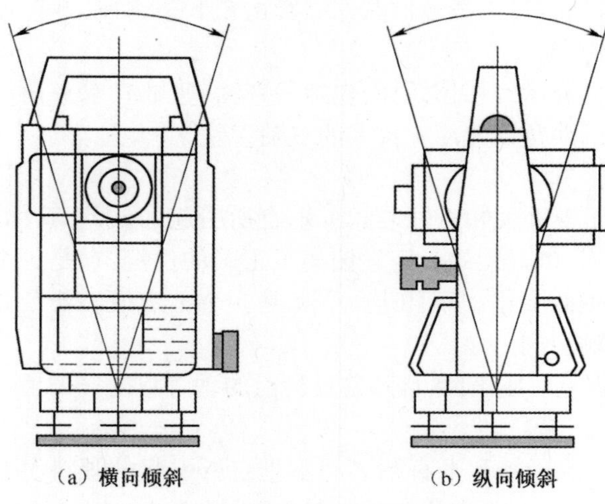

图 3-14　倾斜方向示意图

V_0 ——电子垂直度盘显示的天顶距。

从式(3-14)中可看出:

(1)水平角的误差与测得的天顶距的大小有关。

(2)假设 y 轴的倾斜为一个定量,水平角度的观测误差随着望远镜的倾角大小而变化。在天顶距接近 90°(水平方向)时,水平角的误差趋近于 0,就是说此时没有误差;但在接近天顶(0°)而又未达到天顶时,此时的误差较大。

(3)当倾角一定时,y 轴的倾斜量越大(即 ϕ_y 越大),水平角的误差就越大。比如:若 y 轴倾斜 30″,即 $\phi_y = 30''$,当望远镜转动到天顶距为 25°位置时,水平角的误差大约为 64″,即大约有 1′的误差。

(4)由于 $\cot V_K$ 是奇函数,当水平方向制动上下转动望远镜时,误差数值仅改变符号,倾角接近天顶和天底就会有较大的误差。

(三) 补偿器的目的和作用

在测量工作中,有许多方面的因素影响测量的精度,其中仪器的三轴误差是诸多误差源中最重要的因素。为了减少测量误差,人们经常采用盘左、盘右观测取水平均值的方法,但过程比较麻烦,需要多花费一些时间,且容易导致操作上的错误。在许多应用工程中,测量精度的要求相对较低,如:在一般建筑施工测量中,单镜位观测就能够满足精度要求;另外,由于担任许多定位和测量任务的人员,没有经过更多的有关测量技术方面的培训,这就给仪器提出更高的要求,即应尽可能方便使用,自动减少三轴误差的影响。因此,补偿器的目的就是减少仪器的三轴误差对观测数据的影响。

补偿器的作用就是通过检测仪器垂直轴倾斜在 x 轴和 y 轴上的分量信息,自动地对测量值进行改正,从而提高采集数据的精度。

(四)补偿功能的检验

补偿功能的检验步骤如下。

(1)精确整平仪器。

(2)设置仪器的补偿功能为“开”状态。

(3)使望远镜水平并设置水平角显示为零,然后按一定的间隔上、下转动望远镜,读取水平方向值。水平方向值与零的差值即为自动补偿器的改正值。

四、全站仪的数据处理原理

全站仪的数据处理由仪器内部的微处理器接受控制命令后按观测数据及内置程序自动完成。要解决数据的自动传输与处理,首先要解决数据的存储方法。所以存储器是关键,它是信息交流的中枢,各种控制指令、数据的存储都离不开它。存储的介质有电子存储介质和磁存储介质,目前使用的大多是磁存储介质,因为它所构成的存储器在断电后存储的信息仍能保留。

(一)数据存储器的基本结构

数据存储器由控制器、缓冲器、运算器、存储器、输入设备、输出设备、字符库、显示器等部分组成,如图3-15所示。

(1)控制器:用于产生各种指令及时序信号。

(2)缓冲器:连接并驱动内外数据及地址。

(3)运算器:用于对数据进行计算及逻辑运算。

(4)存储器:用于存储观测数据、观测信息及固定的控制程序。可分为随机存储器(RAM)和只读存储器(ROM)。

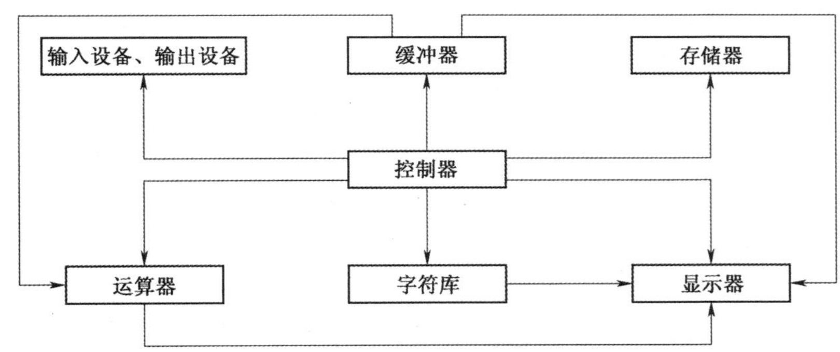

图3-15　数据存储器的基本结构

(5)输入设备、输出设备:数据输入、输出的关口,可以是自动传输的接口和手工输入的键盘。

(6)字符库:用于提供字母及数字等。

(7)显示器:用于输出信息。

(二)全站仪的观测数据

全站仪尽管生产厂家、型号繁多,但其功能大同小异,原始观测数据只有电子测距仪测量的仪器到棱镜之间的倾斜距离(斜距);电子经纬仪只测目标点的水平方向值和天顶距。电子补偿器检测的是仪器垂直轴倾斜在X轴(视准轴方向)和Y轴(水平轴方向)上的分量,并通过程序计算自动改正由于垂直轴倾斜对水平角度和竖直角度的影响。所以,全站仪的观测数据是水平角度、竖直角度、倾斜距离。仪器只要开机并瞄准目标,角度测量实时都显示观测数据,其他测量方式实际上都只是测距并由这三个观测数据通过内置程序间接计算并显示出来的,称为计算数据。特别注意的是,所有观测数据和计算数据都只是半个测回的数据,在等级测量中,不能用内存功能,因此,记录水平角、天顶距、倾斜距离这三个原始数据是十分必要的。

（三）全站仪的数据处理

全站仪测距、自动补偿的数据处理在前面已部分介绍过。其他程序测量功能的数据处理将在本书单元四、单元五中介绍，这里仅介绍测角部分的数据处理计算。

（1）具有三轴补偿的全站仪，用下述公式计算并显示度盘读数

$$H_{ZT} = H_{Z0} + \frac{c}{\sin V_K} + (\phi_y + i) \times \cot V_K \tag{3-17}$$

$$V_K = V_0 + \phi_x \tag{3-18}$$

（2）在双轴补偿的情况下，式(3-15)、式(3-16)两式变为：

$$H_{ZT} = H_{Z0} + \phi_y \times \cot V_K \tag{3-19}$$

$$V_K = V_0 + \phi_x \tag{3-20}$$

（3）在单轴补偿的情况下，式(3-15)、式(3-16)两式变为：

$$H_{ZT} = H_{Z0} \tag{3-21}$$

$$V_K = V_0 + \phi_x \tag{3-22}$$

式中　H_{ZT}——仪器显示的水平方向值；

H_{Z0}——电子水平度盘的水平方向值；

ϕ_x——垂直轴倾斜在 X 轴的分量，m；

ϕ_y——垂直轴倾斜在 Y 轴的分量，m；

V_K——仪器显示的天顶距；

V_0——电子垂直度盘的天顶距；

i——水平轴误差；

c——视准轴误差。

五、全站仪的自动化原理

为了解决人工照准的问题，20 世纪 80 年代中期，用马达来驱动全站仪的轴系，由影像处理系统来精确获得角度值，使角度测量完全从手工劳动中解放出来，同时也解决了测量中照准误差的主要误差来源。这一手段的产生使工业测量系统的自动化成为可能，为用户提供了极大的方便。应特别注意的是，在很危险的工作环境中，不再需要人来进行操作，同时，获取数据的可靠性也大大提高。目前，在很多工业测量系统的自动化所使用的仪器都是这种自动化的全站仪。在高精度要求的工业测量、大型设备的安装测量、安全监测等测量工程中得到了广泛的应用。

（一）目标自动识别与影像自动处理

要能自动照准目标，首先必须要有一个目标自动识别系统，一般是采用带有光学耦合器的摄影机（简称 CCD 摄影机）来自动识别目标。光学耦合器的广角光学系统能自动地产生被测物体空间的影像，目标可以显示在监视器上。影像处理系统包括一块影像处理板（需要加到计算机的扩展槽中）和能确定目标相对于望远镜轴线偏移量的软件包。

如图 3-16 所示，在 CCD 阵列平面上投影有望远镜十字丝和被测目标。以望远镜的十字丝为参考点，被测目标的重心可由影像的灰度来确定。影像处理的目的就是要确定望远镜十字丝和目标重心之间的线性偏移量（dx、dy），将该偏移量的大小经过一定的变换，可以得到目标与望远镜十字丝的角度偏差（相对全站仪轴系）。由于望远镜位置（视准线的角度值）由

测角系统确定,这样也就可以由内置程序改正后得到目标点的角度值,其中全站仪的三轴之间关系与 CCD 阵列的变换关系可以通过仪器检验获得。

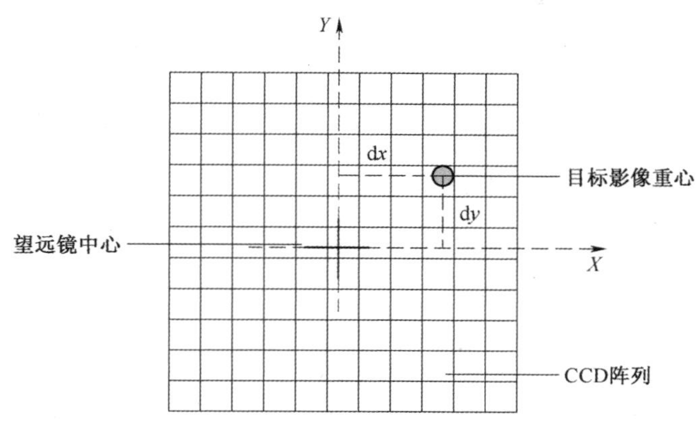

图 3-16　望远镜中心与目标影像重心的线性偏移

(二)轴系的自动驱动

全站仪的轴系驱动分为精驱动和粗驱动,这是考虑到定位精度和快速驱动的两个因素(最大驱动速度可达 50″/s)。由一对独立伺服马达来驱动仪器的轴系,每个驱动系有一个螺纹杆和一个环型齿轮,由带数字扫描系统的增量编码器来确定角度传动量。然后,由这些齿轮来逐级控制达到小于 1″的照准精度,而残余量可由影像处理系统来测定。

在自动化全站仪中,以自动驱动调焦取代了传统的手工调焦。伺服马达能以约 10 μm 的精度确定透镜的位置,它是通过一个线性编码器(图 3-17)调节透镜到目标的距离来确定透镜位置的。透镜位置的调节与影像处理相一致,即由到目标的已知距离自动地转换为调焦透镜的相应位置。

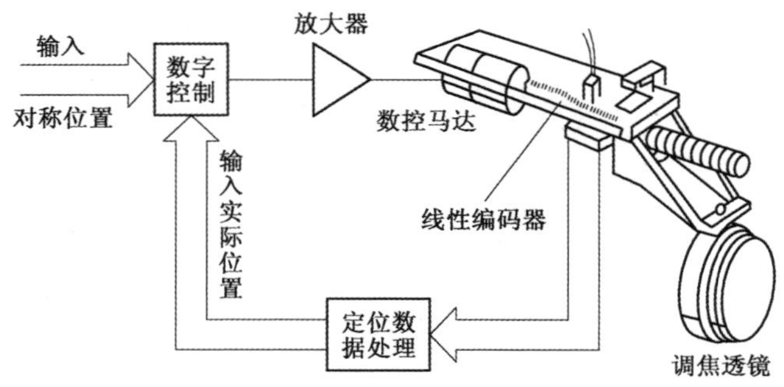

图 3-17　自动调焦控制环路

(三)数据的无线自动传输

全站仪观测数据可以通过无线传输由棱镜站的显示器显示,观测者可以遥控仪器按要求的观测程序进行自动工作;同时也可以通过无线传输到室内工作站进行数据处理,实现无人看守观测,真正实现数据观测和处理的自动化。

开机实施数据初始化步骤:

(1)关机。

(2)按住[F1]、[F3]和[BS]后按[ON]开机。

(3)屏幕上显示出“cleaning memory…”并对数据内存进行初始化。

【思考与练习题】

1. 简述全站仪的新功能？
2. 全站仪组成及分类包括那些？
3. 全站仪分为哪几种类型？各有什么特点？
4. 全站仪工作框图由哪几部分组成？

单元四　全站仪的使用

【学习导读】全站仪作为最常用的测量仪器之一，它的种类很多，各种型号的仪器结构与功能大致相同。在工程施工测量中主要使用的全站仪包括徕卡 TPSl200 全站仪、国产的南方和宾得 R-325 / R325N 系列全站仪、拓普康 GTS-900A/GPT-000A 测量机器人、拓普康 GPT-7000i 图像全站仪等。

全站仪的发展改变着我们测量作业方式，极大提高了生产效率。其应用范围不仅局限于测绘工程、建筑工程、交通与水利工程、地籍与房地产测量，而且在大型工业生产设备和构件的安装调试、工程的变形观测及地质灾害监测等领域中都得到了广泛应用。如选点和布点灵活，特别适用于带状地形及隐蔽地区，价格相对较低，观测数据直观，数据处理简单，操作方便，精度高等。

【学习目标】1. 掌握全站仪的基本结构与操作；

2. 熟悉全站仪操作应注意的事项；
3. 掌握全站仪的基本测量功能；
4. 掌握全站仪的测量程序功能；
5. 了解测量机器人及图像全站仪。

【技能目标】1. 能正确安置全站仪及棱镜；

2. 能对全站仪的参数设置进行操作；
3. 熟练掌握全站仪基本测量模式和功能；
4. 能对全站仪进行文件管理操作；
5. 熟练掌握全站仪操作时注意的事项。

项目一　全站仪的结构与功能

【项目描述】

全站仪上半部分包含有测量的四大光电系统，即水平角测量系统、竖直角测量系统、水平补偿系统和测距系统。通过键盘可以输入操作指令，数据和设置参数。以上各系统通过 I/O 接口接入总线与微处理机联系起来。

微机处理(CPU)是全站仪的核心部件，主要由寄存器系列(缓冲寄存器、数据寄存器、指令寄存器)，运算器和控制器组成。微处理机的主要功能是根据键盘指令启动仪器进行测量工作，执行测量过程中的检核和数据传输、处理、显示、储存等工作，保证整个光电测量工作有条不紊地进行。输入输出设备是与外部设备连接的装置(接口)，输入输出设备使全站仪能与磁卡和微机等设备交互通信，传输数据。

全站仪是一种可以同时进行角度(水平角、竖直角)测量、距离(斜距、平距、高差)测量和数据处理,由机械、光学、电子元件组合而成的测量仪器。只需一次安置,仪器便可以完成测站上所有的测量工作。

【相关知识】

全站仪虽然品种繁多,但各种全站仪的外形结构差别不大。现以南方 NTS-332/5 系列全站仪(如图 4-1 所示)为例,介绍全站仪的结构与功能。

一、结构部件

1. 各部件名称

南方 NTS-332/5 系列全站仪构造图如图 4-1 所示。

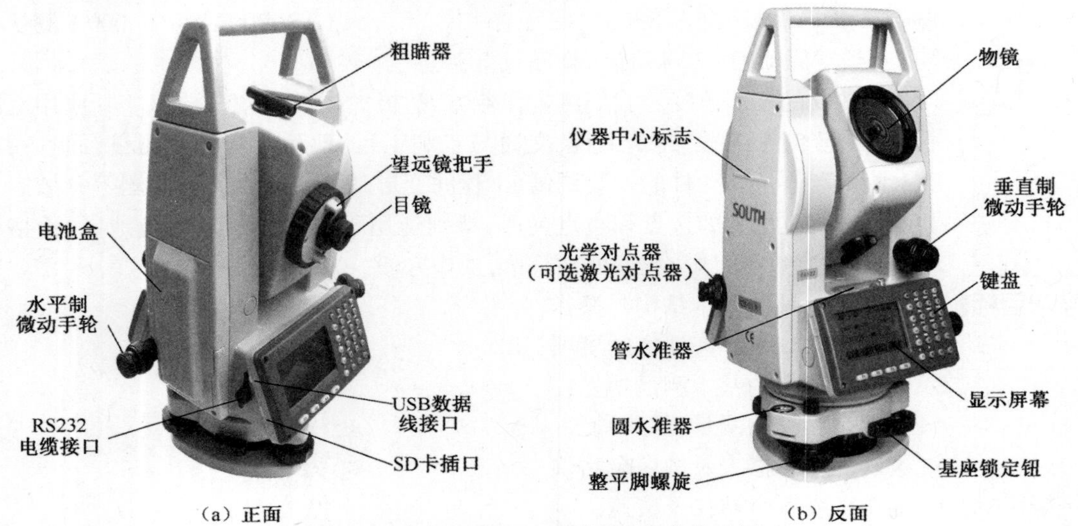

图 4-1　南方 NTS-332/5 系列全站仪构造图

2. 显示屏和操作键盘

全站仪使用时,除仪器对中、整平和照准外,主要是键盘操作。认识键盘功能是熟练全站仪的基础。不同品牌的全站仪,键盘布局、功能设置和显示符号都有些差别。现在的全站仪功能越来越多,操作键除数字和字母键用于数字和字母的输入外,一般的操作键对应一种功能。有些操作键还对应多种功能,在不同的状态下,可以实现不同的功能

(1)南方 NTS-332/5 系列全站仪的基本显示屏和操作键盘,如图 4-2 所示。

图 4-2　全站仪显示屏和键盘

（2）南方 NTS-332/5 系列全站仪显示符号及含义见表 4-1 和表 4-2。

表 4-1　键盘符号及含义

按键	名　称	功　能
ANG	角度测量键	进入角度测量模式
◢	距离测量键	进入距离测量模式
⊾	坐标测量键	进入坐标测量模式（▲上移键）
S.O	坐标放样键	进入坐标放样模式（▼下移键）
K1	快捷键 1	用户自定义快捷键 1（◀左移键）
K2	快捷键 2	用户自定义快捷键 2（▶右移键）
ESC	退出键	返回上一级状态或返回测量模式
ENT	回车键	对所做操作进行确认
M	菜单键	进入菜单模式
T	转换键	测距模式转换
★	星键	进入星键模式或直接开启背景光
⏻	电源开关键	电源开关
F1 - F4	软键（功能键）	对应于显示的软键信息
0 - 9	数字字母键盘	输入数字和字母
—	负号键	输入负号，开启电子气泡功能（仅适用 P 系列）
.	点号键	开启或关闭激光指向功能、输入小数点

表 4-2　显示符号及含义

显示符号	内　　容
V	垂直角
V%	垂直角（坡度显示）
HR	水平角（右角）
HL	水平角（左角）
HD	水平距离
VD	高差
SD	斜距
N	北向坐标
E	东向坐标
Z	高程
*	EDM（电子测距）正在进行
m/ft	米与英尺之间的转换
m	以米为单位
S/A	气象改正与棱镜常数设置
PSM	棱镜常数（以 mm 为单位）
（A）PPM	大气改正值（A 为开启温度气压自动补偿功能，仅适用于 P 系列）

二、与 PC 同步

1. 安装 Microsoft ActiveSync

在提供给用户的产品盒中有一张光盘是 Microsoft ActiveSync。首先将 Microsoft ActiveSyn 安装到桌面计算机上并建立桌面计算机与掌上计算机的通信，如图 4-3 所示。

在安装之前，请仔细阅读下面的文字：

(1)在安装过程中需要重新启动您的计算机，所以安装前请保存工作并退出所有应用程序。

(2)为安装 Microsoft ActiveSync，需要一根 USB 电缆(在产品盒中有提供)以连接掌上计算机和桌面计算机。

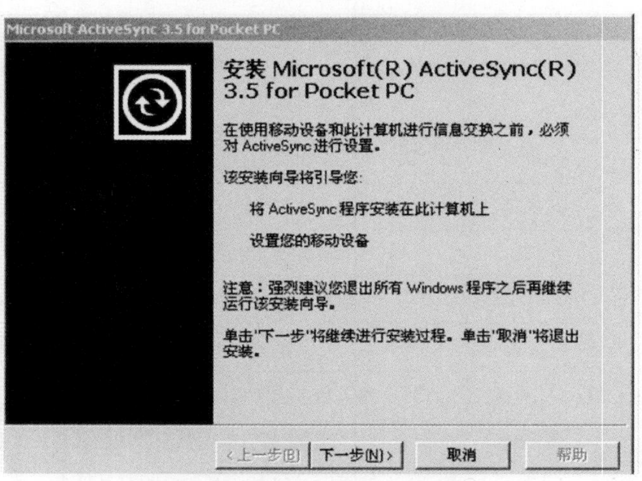

图 4-3　Microsoft ActiveSync 程序安装

(3)将“Microsoft ActiveSync 桌面计算机软件”光盘放入光驱。Microsoft ActiveSync 安装向导将自动运行。如果该向导没有运行，可到光驱所在盘符根目录下找到 setup. exe 后双击它运行。

(4)单击下一步以安装 Microsoft ActiveSync。

2. 连接全站仪与 PC

安装 Microsoft ActiveSync 后，重新启动计算机。

(1)使用连接电缆，将电缆的一端插入全站仪键盘旁边的 USB 接口，另一端插入桌面计算机的某一通信端口。详细情况，请参阅硬件手册。

(2)打开全站仪，软件将检测掌上计算机并配置通信端口。如果连接成功，屏幕会显示如图 4-4 所示信息。

(3)使用“浏览”功能。当全站仪与电脑同步后，单击[浏览]按钮，可浏览移动设备(全站仪)中的所有内容，如图 4-5 所示。同时也可进行文件的删除、拷贝等操作。

三、WinCE(R)全站仪的认识

按下 POWER 键开机。进入 WIN 全站仪欢迎界面，如图 4-6 所示。

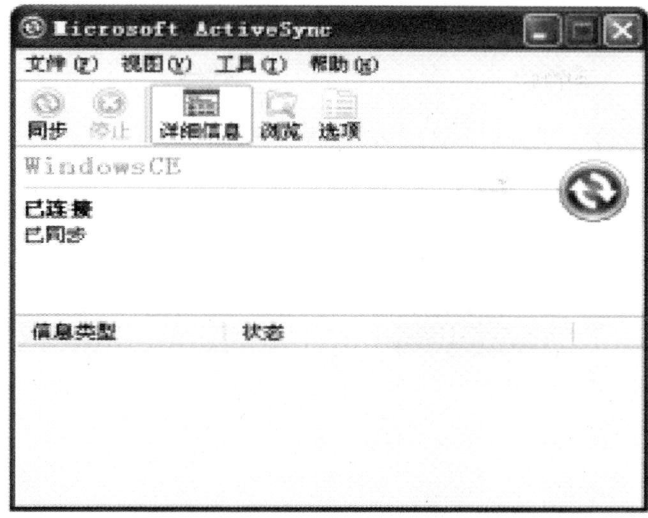

图 4-4　屏幕显示信息

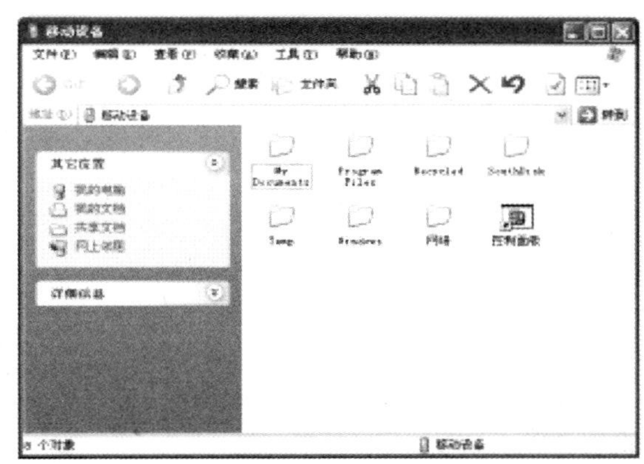

图 4-5　[浏览]按钮

图 4-6　WIN 全站仪界面

四、星(☆)键模式

按下(☆)键可看到仪器常用的若干操作选项。由星键(☆)可作如下仪器操作:

(1)电子圆水准器图形显示。

(2)设置温度、气压、大气改正值(PPM)和棱镜常数值(PSM)。

(3)设置目标类型、十字丝照明和接收光线强度(信号强弱)显示。

1. 电子圆水准器图形显示

电子圆水准器可以用图形方式显示在屏幕上。当圆气泡难以直接看到时,利用这项功能整平仪器就方便许多,如图 4-7 所示。一边观测电子气泡显示屏,一边调整脚螺旋,整平之后单击[返回]键可返回先前模式。

2. 设置温度、气压、大气改正值(PPM)、棱镜常数值(PSM)

单击[气象]即可查看温度、气压、PPM 和 PSM 值。若要修改参数,用笔针将光标移到待修改的参数处,输入新的数据即可,如图 4-8 所示。

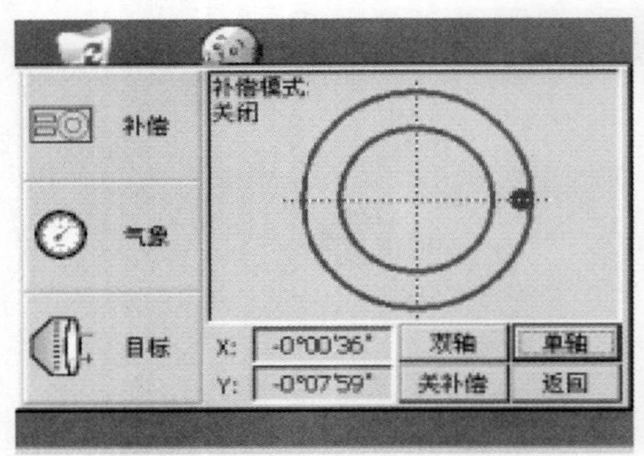

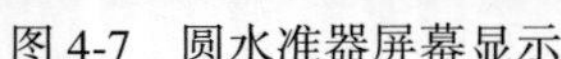
图 4-7　圆水准器屏幕显示

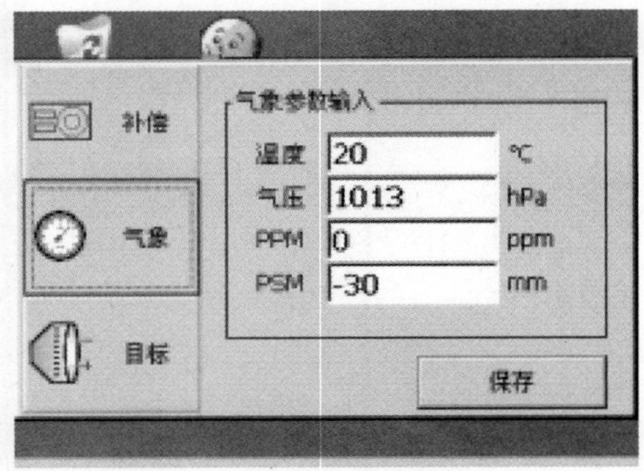

图 4-8　气象参数设置

3. 设置目标类型、十字丝照明和检测信号强度

单击[目标]键可设置目标类型、十字丝照明等功能。

(1)设置目标类型

WinCE(R)系列全站仪可设置为红色激光测距和不可见光红外测距,可选用的反射体有棱镜、无棱镜及反射片。用户可根据作业需要自行设置。WinCE 系列全站仪只具有红外测距功能,使用时所用的棱镜需与棱镜常数匹配。

1)用笔针点击各种目标,选项有无棱镜、反射片、棱镜,如图 4-9 所示。

2)关于各种反射体测距的参数请参见相关技术说明。

(2)设置十字丝照明

WinCE(R)型全站仪可调整十字丝照明的亮度。

1)用笔针移动滑块可设置十字丝照明亮度。

暗:表示十字丝照明亮度微弱。

亮:表示十字丝照明亮度很强。

2)从左到右移动滑块,可使十字丝照明亮度由弱变强,如图 4-10 所示。

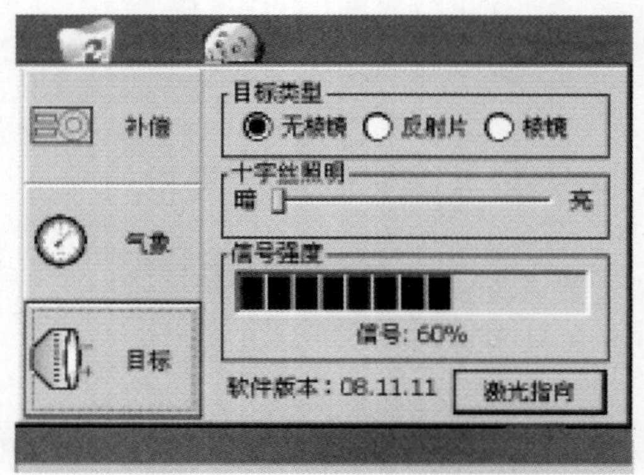

图 4-9　目标类型设置

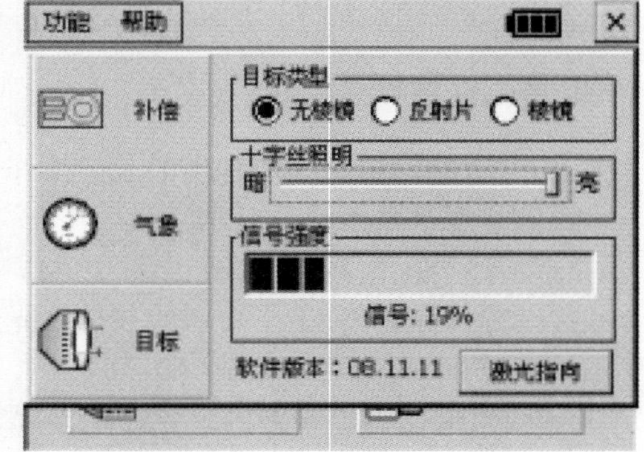

图 4-10　十字丝照明设置

(3)设置回光信号模式

该模式显示接收到的光线强度(信号强弱)。一旦接收到来自棱镜的反射光,仪器会发出

蜂鸣声。当目标难以寻找时,使用该功能可以很容易地照准目标。接收到的回光信号强度用条形图形显示,如图4-11所示。

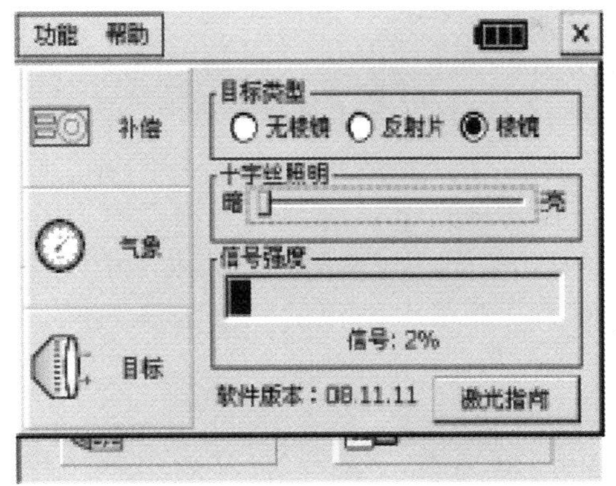

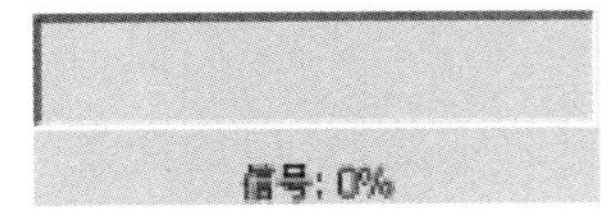

（a）无回光信号

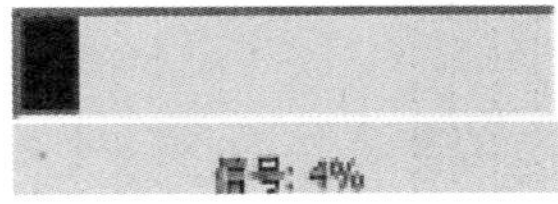

（b）弱回光信号

（c）强回光信号

图4-11　回光信号设置

项目二　全站仪操作及注意事项

【项目描述】

随着建筑工程技术的不断更新,全站仪在建筑工程施工中得到了普遍应用,测绘作业手段也有了一个质的飞跃,测量仪器由光学经纬仪,逐渐过渡到全站仪。随着测绘仪器设备的不断创新,测绘野外作业的劳动强度不断减轻,工作效率随之不断提高。同时在日常的使用中注意全站仪的保养与维护,注意全站仪电池的充放电,才能延长全站仪的使用寿命,保证全站仪的功效发挥最大。

【相关知识】

一、测量前的准备

1. 仪器开箱和存放

(1)开箱

轻轻地放下箱子,让其盖朝上,打开箱子的锁栓,开箱盖,取出仪器。

(2)存放

盖好望远镜镜盖,使照准部的垂直制动手轮和基座的水准器朝上,将仪器平卧(望远镜物镜端朝下)放入箱中,轻轻旋紧垂直制动手轮,盖好箱盖,并关上锁栓。

2. 安置仪器

将仪器安装在三角架上,精确整平和对中,以保证测量成果的精度。

(1) 架设三角架

将三角架伸到适当高度,确保三腿等长并打开,使三角架顶面近似水平,且位于测站点的正上方。将三角架腿支撑在地面上,使其中一条腿固定。

(2) 安置仪器和对点

将仪器小心地安置到三角架上,拧紧中心连接螺旋(如图 4-12),调整光学对点器,使十字丝成像清晰。双手握住另外两条未固定的架腿,通过对光学对点器的观察调节两条腿的位置。当激光对点器大致对准测站点时,使三角架三条腿均固定在地面上。调节全站仪的三个脚螺旋,使光学对点器精确对准测站点。

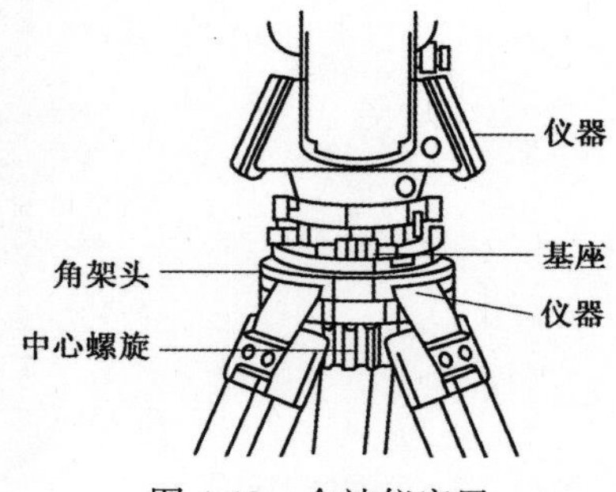

图 4-12　全站仪安置

(3) 利用圆水准器粗平仪器

调整三角架三条腿的长度,使全站仪圆水准气泡居中。

(4)利用管水准器精平仪器

1)松开水平制动螺旋,转动仪器,使管水准器平行于某一对脚螺旋 A、B 的连线。通过旋转脚螺旋 A、B,使管水准器气泡居中。

2)将仪器旋转 90°,使其垂直于脚螺旋 A、B 的连线。旋转脚螺旋 C,使管水准器泡居中,如图 4-13 所示。

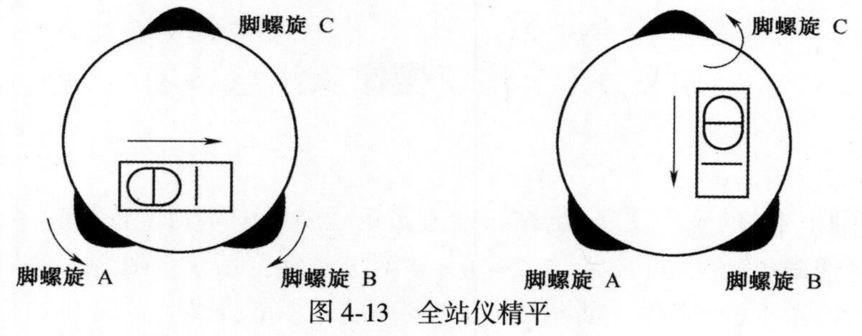

图 4-13　全站仪精平

(5) 精确对中与整平

通过对激光对点器的观察,轻微松开中心连接螺旋,平移仪器(不可旋转仪器),使仪器精确对准测站点。再拧紧中心连接螺旋,再次精平仪器。

此项操作重复步骤(4)中的 1)、2),直到四个位置上气泡居中,仪器精确对准测站点为止。

3. 反射棱镜

当全站仪用红外光进行距离测量等作业时,需在目标处放置反射棱镜。反射棱镜分为单棱镜、三棱镜、微棱镜和反射片。三棱镜一般由基座与三脚架连接安置,适用远距离测量。单棱镜常用对中杆及支架安置。微棱镜用于狭小空间和短距离作业。反射片用于粘贴物体的被测部位。棱镜组由用户根据作业需要自行配置,公司生产的棱镜组,如图 4-14 所示。

4. 基座的装卸

(1)拆卸

如有需要,三角基座可从仪器(含采用相同基座的反射棱镜基座连接器)上卸下,先用螺

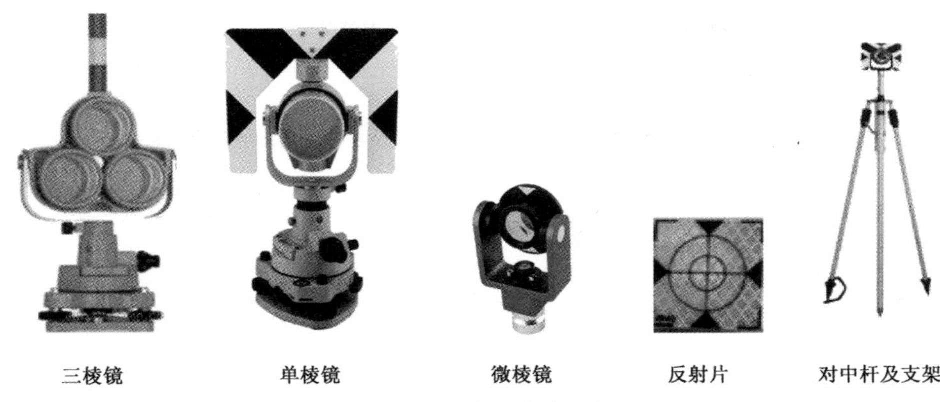

图 4-14　全站仪的合作目标

丝刀松开基座锁定钮固定螺丝,然后逆时针转动锁定钮约 180°,即可使仪器与基座分离。

(2)安装

将仪器的定向凸出标记与基座定向凹槽对齐,把仪器上的三个固定脚对应放入基座的孔中,使仪器装在三角基座上,顺时针转动锁定钮约 180°,使仪器与基座锁定,再用螺丝刀将锁定钮固定螺丝旋紧。

5. 望远镜目镜调整和目标照准

(1)对准明亮地方,旋转目镜筒,调焦看清十字丝(先朝一个方向旋转目镜筒,再慢慢旋进调焦看清十字丝)。

(2)利用粗瞄准器内的三角形标志的顶尖瞄准目标点,照准时眼睛与瞄准器之间应保持一定距离。

(3)利用望远镜调焦螺旋使目标成像清晰。

(4)当目镜端上下或左右移动发现有视差时,说明调焦或目镜屈光度未调好(这将影响观测的精度),应仔细调焦并调节目镜筒消除视差。

6. 垂直角和水平角的倾斜改正

当启动倾斜传感器功能时,将显示由于仪器不严格水平而需对垂直角和水平角自动施加的改正数。为确保精密测角,必须启动倾斜传感器。当系统显示仪器补偿对话框时,表示仪器已超过自动补偿范围(±3.5′),必须人工整平仪器。

(1)WinCE(R) 系列全站仪可对仪器竖轴在 X、Y 方向倾斜而引起的垂直角和水平角读数误差进行补偿改正。

(2)WinCE(R) 系列全站仪的补偿设置有:关闭补偿、单轴补偿和双轴补偿三种选项。

1)双轴补偿:改正垂直角指标差和竖轴倾斜对水平角的误差。当任一项超限时,系统会出现仪器补偿对话框,提示用户必须先整平仪器。

2)单轴补偿:改正垂直角指标差。当垂直角补偿超限时,系统才出现补偿对话框。

3)关闭补偿:补偿器关闭。

(3)操作示例

1)若仪器位置不稳定或受刮风影响,则所显示的垂直角或水平角也不稳定。此时可关闭垂直角和水平角自动倾斜改正的功能。

2）若补偿模式设置为打开（单轴或双轴），在仪器没有整平的状态下，可根据图中电子气泡的移动方向来整平仪器，如图 4-15 所示。

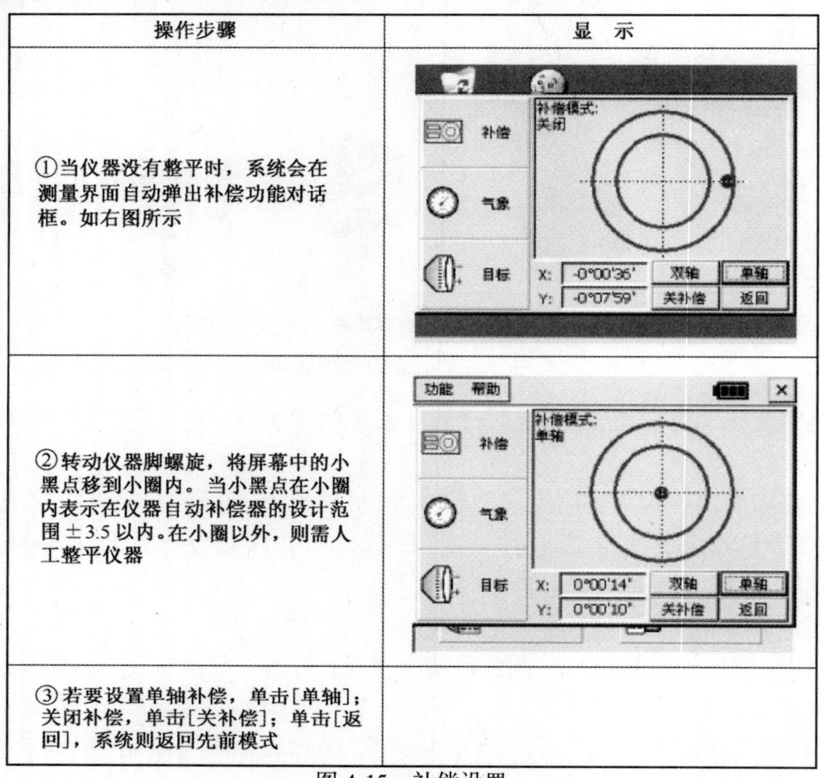

操作步骤	显　示
①当仪器没有整平时，系统会在测量界面自动弹出补偿功能对话框。如右图所示	
②转动仪器脚螺旋，将屏幕中的小黑点移到小圈内。当小黑点在小圈内表示在仪器自动补偿器的设计范围±3.5以内。在小圈以外，则需人工整平仪器	
③若要设置单轴补偿，单击[单轴]；关闭补偿，单击[关补偿]；单击[返回]，系统则返回先前模式	

图 4-15　补偿设置

二、全站仪操作注意事项

为确保安全操作，避免造成人员伤害或财产损失，在全站仪操作过程中应注意如下两个方面，以宾得 R-300x 系列全站仪为例。

1. 安全预防措施

（1）警告

1）禁止在高粉尘、无通风、易燃物附近等环境下使用仪器、自行拆卸和重装仪器，禁止用望远镜观察经棱镜或其他反光物体反射的阳光。

2）禁止坐在仪器箱上或使用锁扣、背带、手提柄损坏的仪器箱；严禁直接用望远镜观测太阳，以免造成电路板烧坏或眼睛失明；确保仪器提柄固定螺栓和三角基座制动控制杆紧固可靠。

3）禁止使用电压不符的电源或受损的电线、插座等；严禁给电池加热或将电池扔入火中，用湿手插拔电源插头，以免爆炸伤人或造成触电事故；确保使用指定的充电器为电池充电。

4）禁止将三脚架的脚尖对准他人；确保脚架的固定螺旋、三角基座制动控制杆和中心螺旋紧固可靠。

5）务必正确地关上电池护盖，套好数据输出和外接电源插口的护套。

6）禁止电池护盖和插口进水或受潮，保持电池护盖和插口内部干燥、无尘；确保装箱前仪器和箱内干燥。

（2）注意

1）出于安全的考虑，每隔一段时间做开箱检查，并加以调整。

2）当激光进入眼睛，可能一个意外事故因为眨眼而发生，所以在架设产品时，一定要避免在司机和行人的眼部高度摆放。

3）除了使用激光测距，还必须关闭激光的电源或者用帽子遮盖住激光束。

4）不要将电池或充电器的两极靠近，否则可能短路而引起着火或烧伤。

5）仪器长期不使用时，应将仪器上的电池卸下分开存放。电池应每月充电一次。

6）仪器使用完毕后，用绒布或毛刷清除仪器表面灰尘。仪器被雨水淋湿后，切勿通电开机。

7）应用干净软布擦干并在通风处放一段时间。

8）作业前应仔细全面检查仪器，确保仪器各项指标、功能、电源、初始设置和改正参数均符合要求时再进行作业。

9）即使发现仪器功能异常，非专业维修人员也不可擅自拆开仪器，以免发生不必要的损坏。

10）搬运角架时不要把脚上的金属对准人，否则可能使他人受伤。

2. 使用注意事项

测量仪器是高精度仪器。为保证所购的 R–100 系列全站仪产品的最大使用寿命，请认真阅读使用手册的注意事项。确保任何时候都按指导原则正确使用产品。

（1）太阳观看

不要用望远镜直视太阳，否则可能引起失明。不要把望远镜的目镜对准太阳，否则可能破坏内部组件。当用仪器对太阳观察时，务必保证在目镜上安装为本产品设计的特殊的太阳滤色镜（MU64）。

（2）激光束

不要对着激光束观看。R-100 是Ⅱ级激光产品（免棱镜型为Ⅲa（3R）级）。

（3）EDM 轴

R 系列的 EDM 是采用红色可见激光束且很细，以物镜中心和基轴中心定点，EDM 轴与望远镜视准轴一致。

（4）目标常数

在测量之前请确定仪器中的目标常数。如果仪器中使用的是不同的常数，请一定使用正确的常数值。当仪器关机时，常数被存储于内存中。

（5）免棱镜及反射片

测距范围是由对准仪器的 Kodak 灰度卡的白面及其周围的亮度决定的，如 R-315N 等系列全站仪。

1）当实际测量时如果目标环境不满足上述条件时测距范围可能有变化。

2）当用免棱镜测距时，注意以下几点。万一得到一个低精度的结果，请用反射片或棱镜进行距离测量。

3）当激光从对角射向目标时，可能由于激光的散失或削弱导致无法得到正确的测距值。

4）当仪器在道路上测量时，可能由于来自前方或后方反射的激光导致无法正确地计算出结果。

5）当操作者测量斜面、球体或崎岖的表面时，实际测量出的距离可能由于组合数值被用于计算而比实际距离长或短。在目标前走动的人或汽车可能导致仪器接收反射激光时无法正确计算结果。

6）当使用反射片时，将反射面尽量垂直于视准线。如果反射片没有放置在恰当的方位上，可能由于激光的散失或削弱而导致无法得到正确的距离值。

（6）电池及充电器

1）不要使用除 BC03 充电器以外的任何充电器对电池充电，否则可能导致仪器的损坏。

2）如果不小心将水溅到仪器或电池上，迅速将水拭去同时将它放于干燥的地方。在没有彻底干之前不要将其放于仪器箱中，否则可能损坏仪器。

3）当从仪器上取下电池之前务必首先关闭仪器的电源。否则可能导致仪器的损坏。

4）仪器显示窗中显示的电池电量只是电池剩余电量的近似值并非准确值。当电池电量快用完时尽快取下旧电池换上新电池，因为电池充电一次的使用时间受环境温度及测量模式的影响而有所不同。

5）在测量之前确保电池剩余电量保持在足够的水平。

（7）自动聚焦

1）自动聚焦装置非常精确但并非在任何条件下都起作用。它受到目标亮度、对比度、形状及尺寸的影响。在这种情况下，按下自动聚焦按钮<AF>，用电动聚焦开关<Power focus key>和调焦环<AF ring>聚焦到目标上。

2）R-326 型无自动调焦功能。

3）[LD 激光导向] 可以用 LD 导向的功能将激光束打在墙上，做一个记号，再用十字丝照准该记号，并估算出两点的差距。

（8）存放及使用环境

为防止从仪器箱中取出的电池及充电器在存放时短路，要用绝缘带封住电池的两极。小心存放电池及充电器，否则容易引起火灾或灼伤。

避免将仪器存放于容易遭受极端高温、低温或温度急剧变化的地方（使用时环境温度范围：-20 ℃～+50 ℃）。

1）当大气状况不好，如：有热气流时测距时间可能会变长。存放仪器时，尽量将仪器存放在仪器箱中，避免存放在多灰尘的场所或容易遭受振动、高温或潮湿的地方。

2）当仪器存放环境与使用环境有较大的温差时，在使用之前使仪器静置 1 h 或更长时间以适应环境的温度。避免仪器使用时遭受强光直射。

3）当考虑测量精度及大气条件的影响时，将测量的空气温度及气压数值手工输入仪器比自动大气改正功能得到的精度高。

4）当仪器长期存放时，应确保电池一个月充电一次。仪器亦应时常从仪器箱中取出通风。

除了以上这些注意事项外，任何时候都应按照操作手册的不同章节规定小心提放仪器以保证安全及正确的测量。

（9）检测与维修

在工作之前经常检测仪器保证仪器处于良好的精度状态。宾得原厂及其经销商对没有经过检测而使用得到的错误结果不承担任何责任。

即使发现仪器、电池或充电器使用不正常，也不要私自拆卸。否则可能由于短路而引起失火或电击。若发现产品需要维修，联络购买仪器的经销商或授权维修点。

项目三　全站仪的基本测量功能

【项目描述】

全站仪是一种电子、机械及光学器械构成的高技术测量仪器,是集水平角、垂直角、斜距、平距、高差测量等功能于一体的测绘仪器,因其功能强大且使用方便,被广泛用于地面大型建筑和隧道施工等精密工程测量或变形监测领域。在工程施工中使用全站仪可以明显的提高测量精度,而且能减轻测量人员的劳动强度,提高工作效率。本节介绍了全站仪的几种专项测量功能及其基本原理。

【相关知识】

一、功能菜单键

在 WinCE 桌面上双击图标进入 Win 全站仪功能主菜单,如图 4-16 所示。

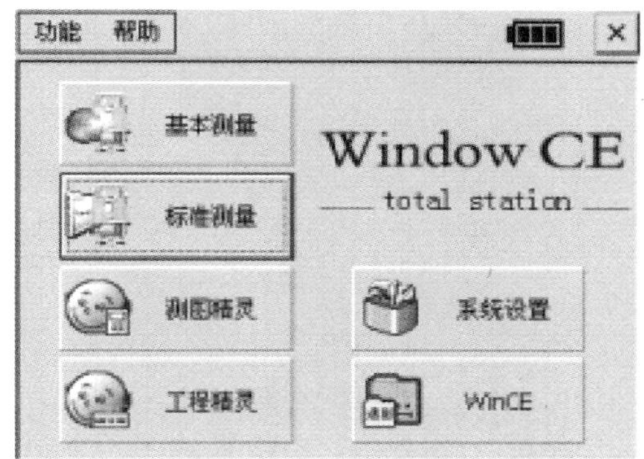

图 4-16　Win 全站仪功能主菜单

单击"基本测量",进入基本测量功能,屏幕显示,如图 4-17 所示。

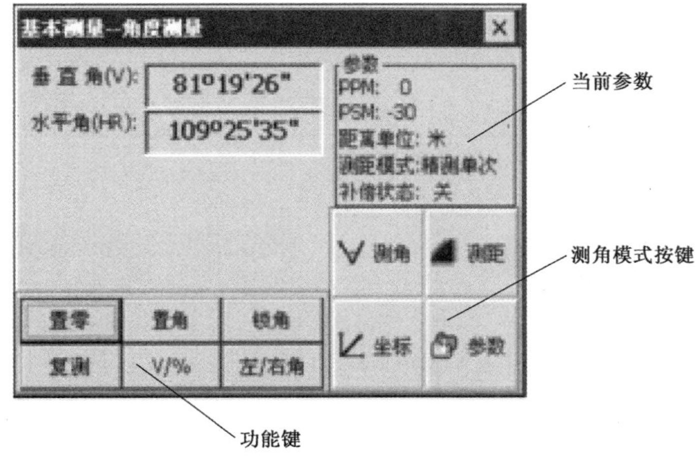

图 4-17　Win 全站仪基本测量功能

以 WinCE 系列全站仪为例,功能键显示在屏幕底部,并随测量模式的不同而改变。各种测量模式下的功能键说明见表 4-3。

表 4-3　测量模式功能键

模式	显示	软键	功　能
测角	置零	1	水平角置零
	置角	2	预置一个水平角
	锁角	3	水平角锁定
	复测	4	水平角重复测量
	V%	5	垂直角/百分度的转换
	左/右角	6	水平角左角/右角的转换
测距	模式	1	设置单次精测/N 次精测/连续精测/跟踪测量模式
	m/ft	2	距离单位米/国际英尺/美国英尺的转换
	放样	3	放样测量模式
	悬高	4	启动悬高测量功能
	对边	5	启动对边测量功能
	线高	6	启动线高测量功能
坐标	模式	1	设置单次精测/N 次精测/连续精测/跟踪测量模式
	设站	2	预置仪器测站点坐标
	后视	3	预置后视点坐标
	设置	4	预置仪器高度和目标高度
	导线	5	启动导线测量功能
	偏心	6	启动偏心测量(角度偏心/距离偏心/圆柱偏心/屏幕偏心)功能

二、基本测量

1. 角度测量

(1)确认在角度测量模式下,水平角(右角)和垂直角测量操作步骤见表 4-4。

表 4-4　水平角(右角)和垂直角测量

操作步骤	按　键	显　　示
①照准第一个目标(A)	照准 A	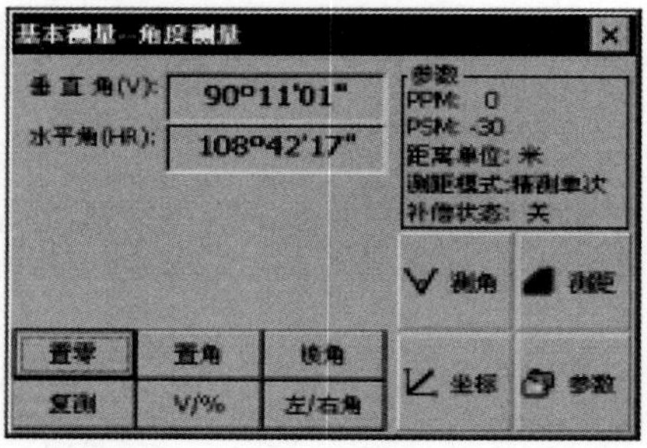

续上表

操作步骤	按　键	显　　示
②设置目标 A 的水平角读数为 0°00′00″; 单击[置零]键,在弹出的对话框选择[OK]键确认	[置零] [OK]	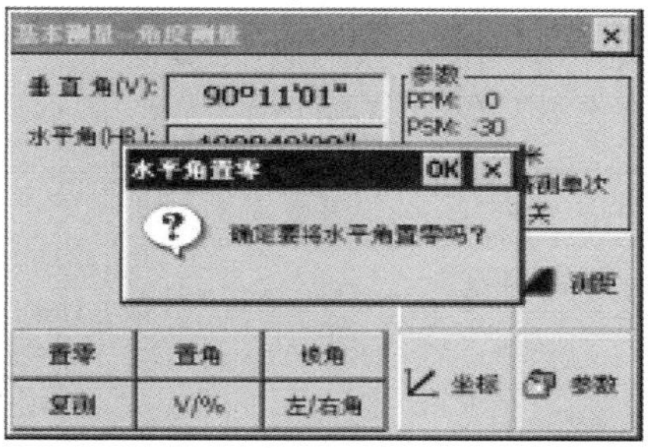
③照准第二个目标(B),仪器显示目标 B 的水平角和垂直角	照准 B	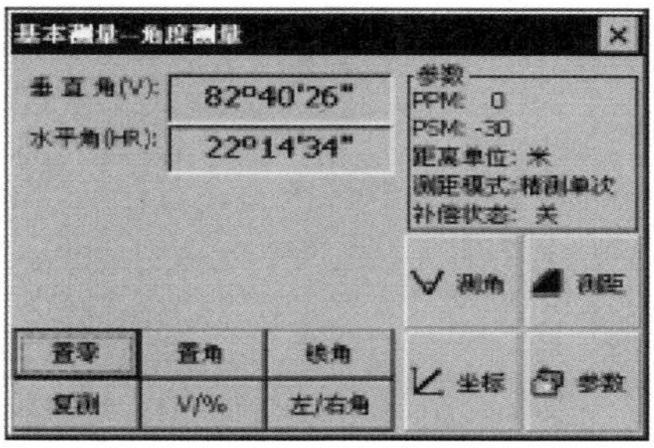
照准目标的方法(供参考) ①将望远镜对准明亮地方,旋转目镜筒,调焦看清十字丝(先朝自己方向旋转目镜筒,再慢慢旋进调焦,使十字丝清晰)。 ②利用粗瞄准器内的三角形标志的顶尖瞄准目标点,照准时眼睛与瞄准器之间应保持一定距离。 ③利用望远镜调焦螺旋使目标成像清晰。 ☆当眼睛在目镜端上下或左右移动发现有视差时,说明调焦不正确或目镜屈光度未调好,这将影响观测的精度。应仔细进行物镜调焦和目镜屈光度调节即可消除视差		

(2)确认在角度测量模式下,水平角测量模式(右角/左角)的转换操作步骤见表 4-5。

表 4-5　水平角测量模式(右角/左角)的转换

操作步骤	按　键	显　　示
①确认在角度测量模式下		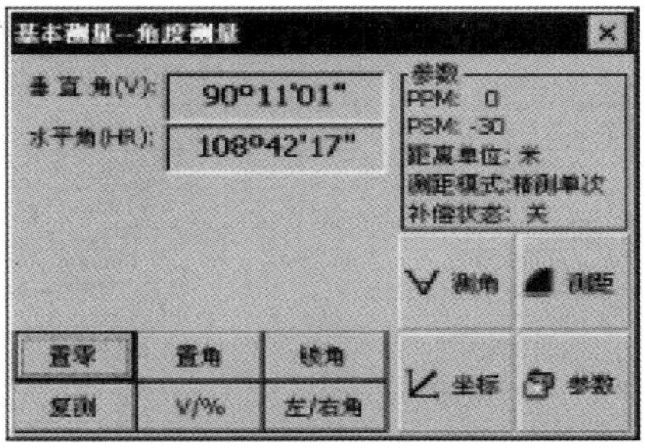

续上表

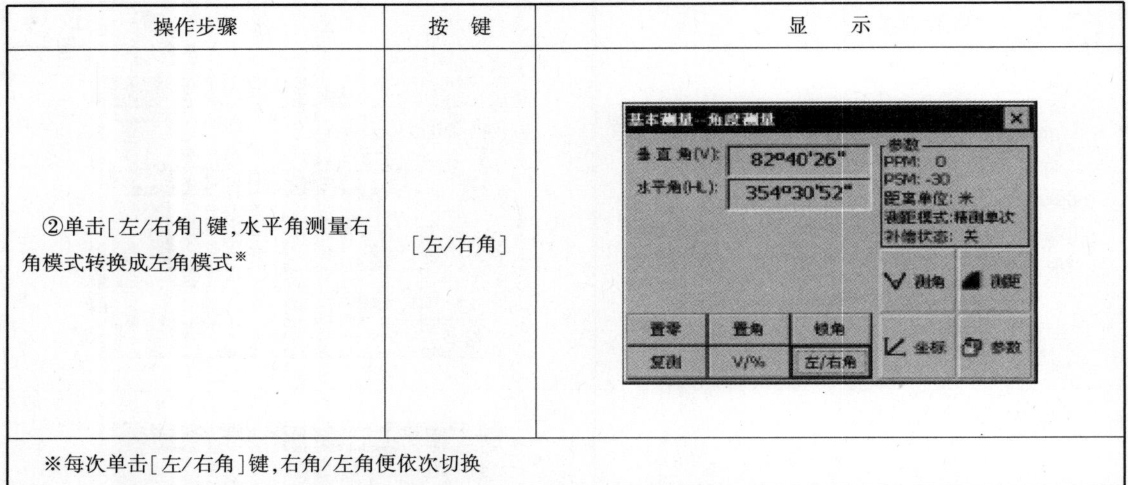

操作步骤	按 键	显 示
②单击[左/右角]键,水平角测量右角模式转换成左角模式※	[左/右角]	
※每次单击[左/右角]键,右角/左角便依次切换		

(3)确认在角度测量模式下,水平度盘读数的设置操作步骤见表4-6。

1)利用[锁角]设置水平角

表4-6 利用[锁角]设置水平角

操作步骤	按 键	显 示
①利用水平制动与微动螺旋将水平度盘转到需要的水平方向		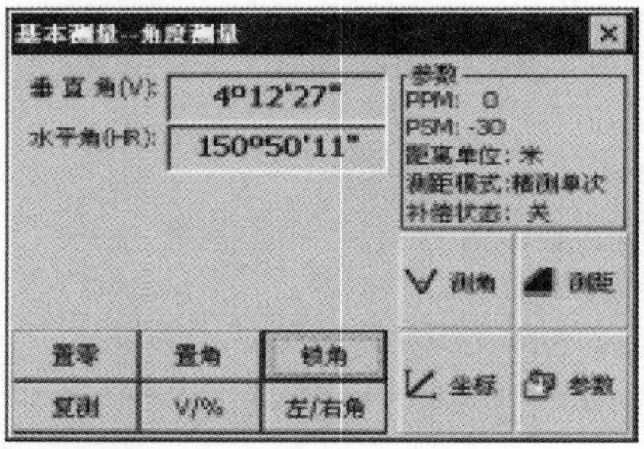
②单击[锁角]键,启动水平度盘锁定功能	[锁角]	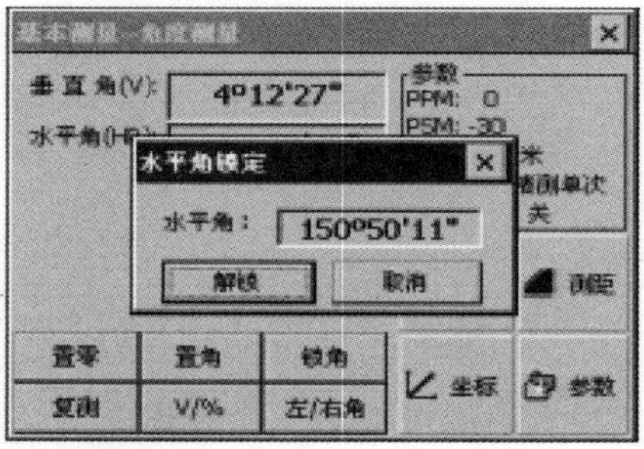
③照准用于定向的目标点※		

续上表

操作步骤	按　键	显　示
④单击[解锁]键或按[ENT]键，取消水平度盘锁定功能。屏幕返回到正常的角度测量模式，并将当前的水平角设置为刚才的角度	[解锁]	
※要返回到先前模式，可单击[取消]或按[ESC]键		

2）利用输入模式设置水平角，见表4-7。

表4-7　利用输入模式设置水平角

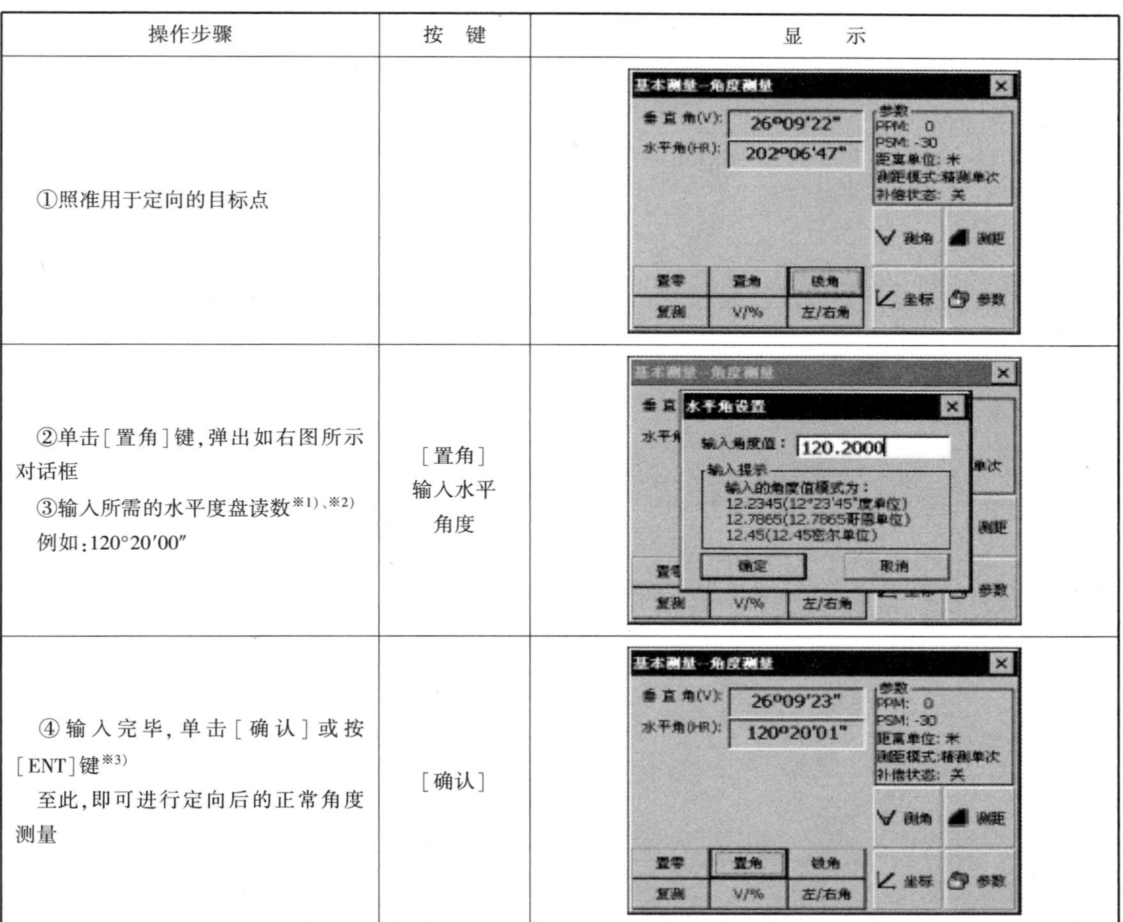

操作步骤	按　键	显　示
①照准用于定向的目标点		
②单击[置角]键，弹出如右图所示对话框 ③输入所需的水平度盘读数※1)、※2) 例如：120°20′00″	[置角] 输入水平角度	
④输入完毕，单击[确认]或按[ENT]键※3) 至此，即可进行定向后的正常角度测量	[确认]	

※1）可按[▣]键打开输入面板，依次单击数字进行输入，也可按键盘上的数字键。

※2）若输入有误，可用笔针或按[▶]/[◀]键，将光标移到需删除的数字右旁，单击输入面板上的[⬅]或按[B. S.]键删除错误输入，再重新输入正确值。

※3）若输入错误数值（例如70′），则设置失败。单击[确定]或按[ENT]键系统无反应，须重新输入

(4) 确认在角度测量模式下,垂直角模式操作步骤见表 4-8。

表 4-8　垂直角模式操作步骤

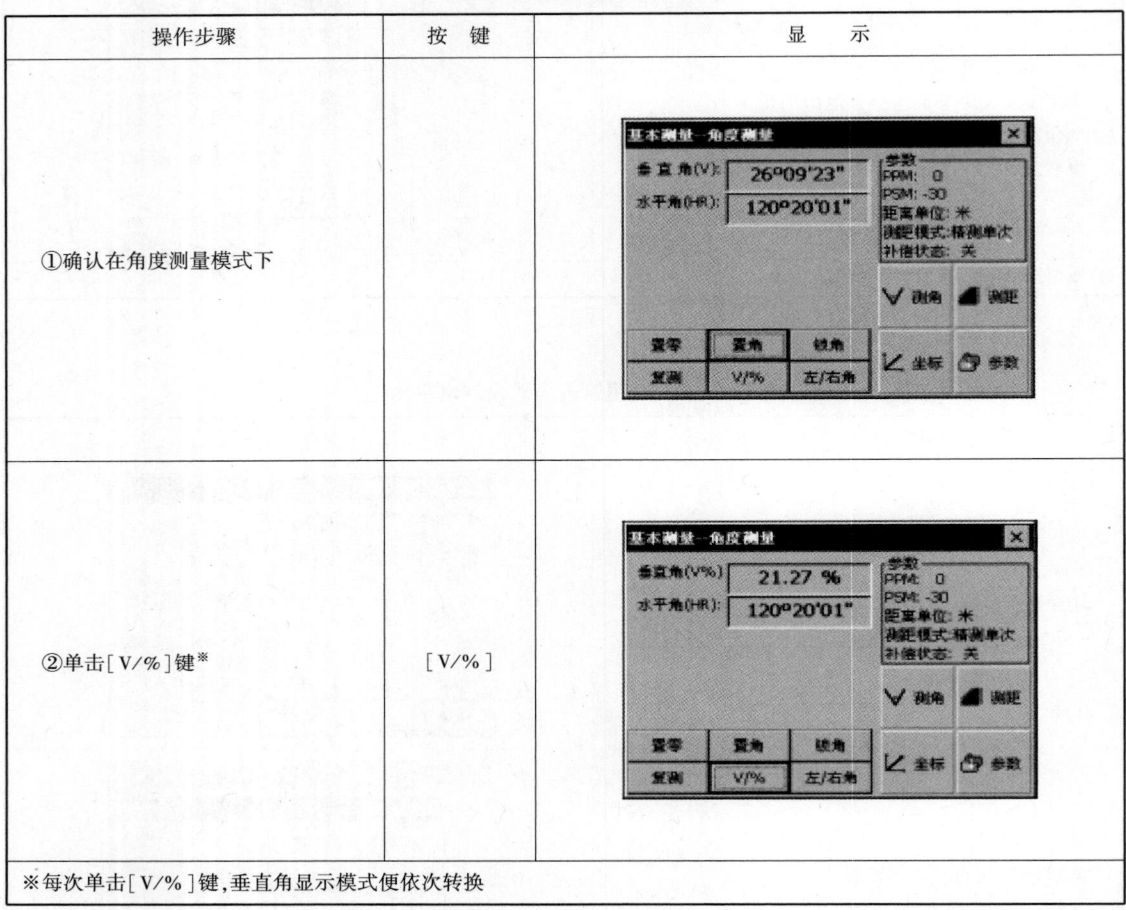

操作步骤	按　键	显　　示
①确认在角度测量模式下		
②单击[V/%]键※	[V/%]	
※每次单击[V/%]键,垂直角显示模式便依次转换		

(5)确认在角度测量模式下,角度复测操作步骤见表 4-9。

表 4-9　角度复测

操作步骤	按　键	显　　示
①单击[复测]键,进入角度复测功能	[复测]	

续上表

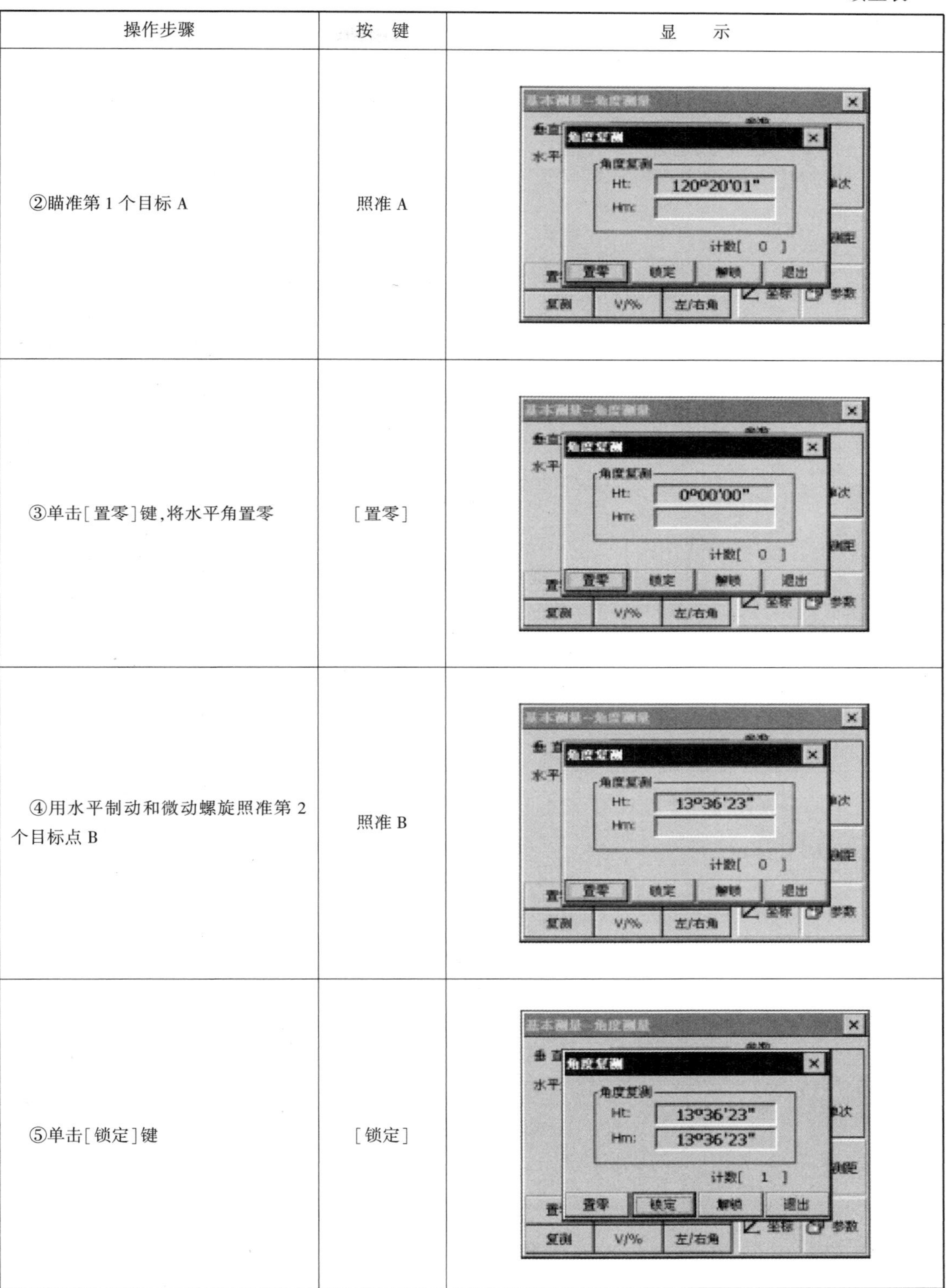

操作步骤	按 键	显 示
②瞄准第 1 个目标 A	照准 A	
③单击[置零]键,将水平角置零	[置零]	
④用水平制动和微动螺旋照准第 2 个目标点 B	照准 B	
⑤单击[锁定]键	[锁定]	

续上表

操作步骤	按　键	显　　示
⑥用水平制动和微动螺旋重新照准第 1 个目标 A ⑦单击[解锁]键	重新照准 A [解锁]	基本测量—角度测量 角度复测 Ht: 13°36′23″ Hm: 13°36′23″ 计数[1] 置零　锁定　解锁　退出 复测　V/%　左/右角　坐标　参数
⑧用水平制动和微动螺旋重新照准第 2 个目标 B ⑨单击[锁定]键。 屏幕显示角度总和与平均角度	重新照准 B [锁定]	基本测量—角度测量 角度复测 Ht: 27°16′37″ Hm: 13°38′18″ 计数[2] 置零　锁定　解锁　退出 复测　V/%　左/右角　坐标　参数
⑩根据需要重复步骤⑥~⑨,进行角度复制※		
※单击[退出]或按[ESC]键便结束角度复测功能		

该程序用于累计角度重复观测值,显示角度总和及全部观测角的平均值,同时记录观测次数,如图 4-18 所示。

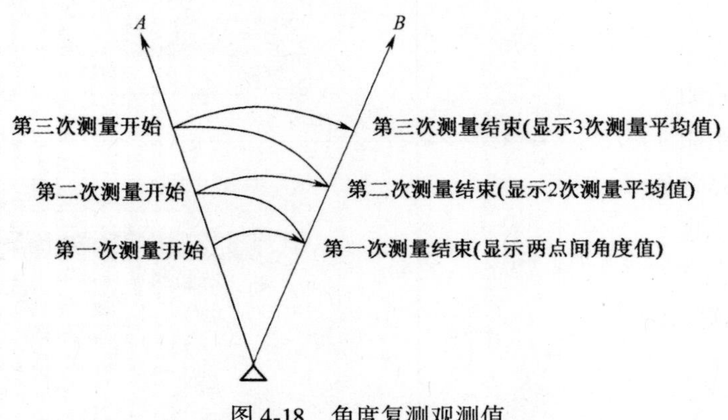

图 4-18　角度复测观测值

2. 距离测量

在基本测量初始屏幕中,单击[测距]键进入距离测量模式,如图 4-19 所示。

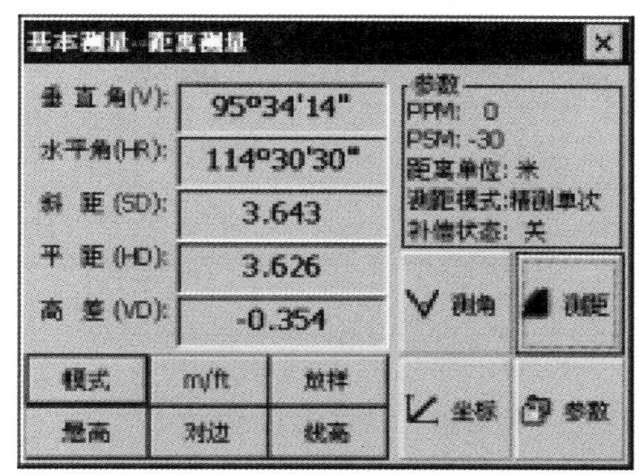

图 4-19　距离测量模式图

(1)无棱镜测距

1)确保激光束不被靠近光路的任何高反射率的物体反射。

2)当启动距离测量时,EDM 会对光路上的物体进行测距。如果此时在光路上有临时障碍物(如通过的汽车,或下大雨、雪或是弥漫着雾),EDM 所测量的距离是到最近障碍物的距离。

3)当进行较长距离测量时,激光束偏离视准线会影响测量精度。这是因为发散的激光束的反射点可能不与十字丝照准的点重合。因此建议用户精确调整以确保激光束与视准线一致。

4)不要用两台仪器对准同一个目标同时测量。

(2)棱镜测距

对棱镜精密测距应采用标准模式(红外测距模式);红色激光配合反射片测距;激光也可用于对反射片测距。同样,为保证测量精度,要求激光束垂直于反射片,且需经过精确调整。确保不同反射棱镜的正确附加常数。

1) 设置大气改正

距离测量时,距离值会受测量时大气条件的影响。为了顾及大气条件的影响,距离测量时须使用气象改正参数修正测量成果,操作步骤如下:

①温度:仪器周围的空气温度;

②气压:仪器周围的大气压;

③PPM 值:计算并显示气象改正值。

2)大气改正的计算

①大气改正值是由大气温度、大气压力、海拔高度、空气湿度推算出来的。改正值与空气中的气压或温度有关。计算方式如下(计算单位:m):

$$\mathrm{PPM}=273.8-\frac{0.2900\times\text{气压值(hPa)}}{1+0.00366\times\text{温度值(℃)}}$$

②WinCE 系列全站仪标准气象条件(即仪器气象改正值为 0 时的气象条件):气压为 1 013 hPa;温度为 20 ℃。

③不顾及大气改正时,请将 PPM 值设为 0,见表 4-10。

表 4-10　气压、温度参数设置表

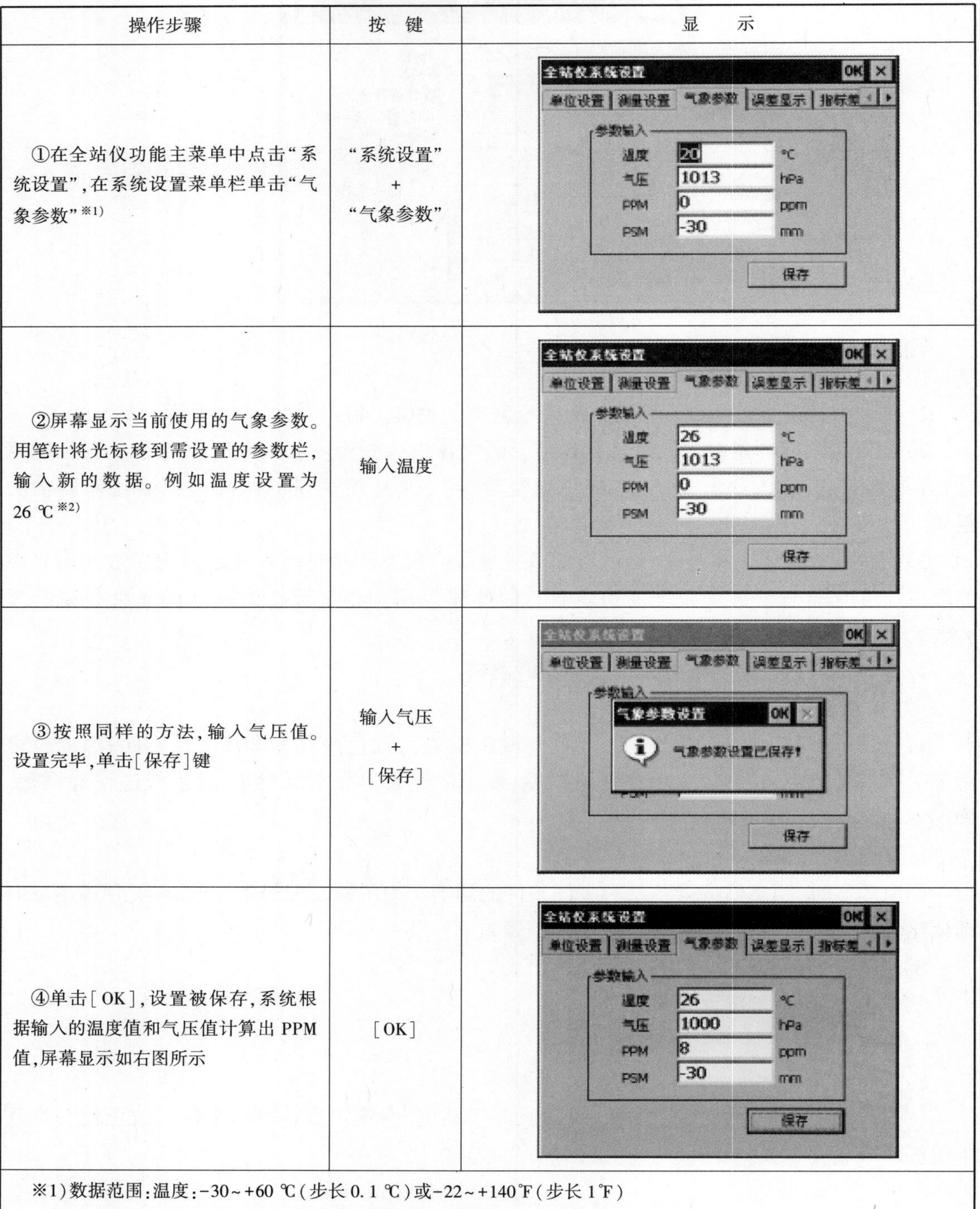

操作步骤	按　键	显　　示
①在全站仪功能主菜单中点击“系统设置”,在系统设置菜单栏单击“气象参数”※1)	“系统设置” + “气象参数”	全站仪系统设置 OK × 单位设置 测量设置 气象参数 误差显示 指标差 参数输入 温度 20 ℃ 气压 1013 hPa PPM 0 ppm PSM -30 mm 保存
②屏幕显示当前使用的气象参数。用笔针将光标移到需设置的参数栏,输入新的数据。例如温度设置为 26 ℃※2)	输入温度	全站仪系统设置 OK × 单位设置 测量设置 气象参数 误差显示 指标差 参数输入 温度 26 ℃ 气压 1013 hPa PPM 0 ppm PSM -30 mm 保存
③按照同样的方法,输入气压值。设置完毕,单击[保存]键	输入气压 + [保存]	全站仪系统设置 OK × 单位设置 测量设置 气象参数 误差显示 指标差 参数输入 气象参数设置 OK × 气象参数设置已保存! 保存
④单击[OK],设置被保存,系统根据输入的温度值和气压值计算出 PPM 值,屏幕显示如右图所示	[OK]	全站仪系统设置 OK × 单位设置 测量设置 气象参数 误差显示 指标差 参数输入 温度 26 ℃ 气压 1000 hPa PPM 8 ppm PSM -30 mm 保存

※1) 数据范围:温度:-30～+60 ℃(步长 0.1 ℃)或-22～+140 ℉(步长 1 ℉)

气压:420～800 mmHg(步长 1 mmHg)或 560～1 066 hPa(步长 0.1 hPa)

16.5～31.5 inchHg(步长 0.1 inchHg)

大气改正数 PPM:-100～+100 PPM(步长 1 PPM)

※2) 仪器根据输入的温度和气压来计算大气改正值

3）直接输入大气改正值

测定温度和气压，并由大气改正公式求得大气改正值（PPM），操作步骤见表 4-11。

表 4-11　大气改正值参数设置

操作步骤	按　键	显　示
①在全站仪功能主菜单中点击“系统设置”，在系统设置菜单栏单击“气象参数”	“系统设置” + “气象参数”	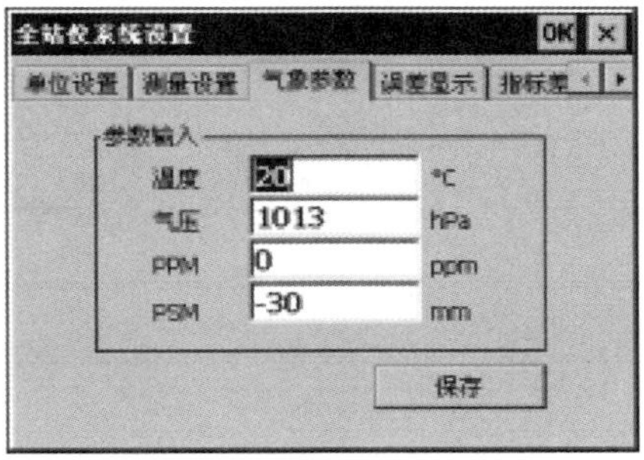 全站仪系统设置 OK × 单位设置 测量设置 气象参数 误差显示 指标差 参数输入 温度 20 ℃ 气压 1013 hPa PPM 0 ppm PSM -30 mm 保存
②清除已有的 PPM 值，输入新值※	输入 PPM 值	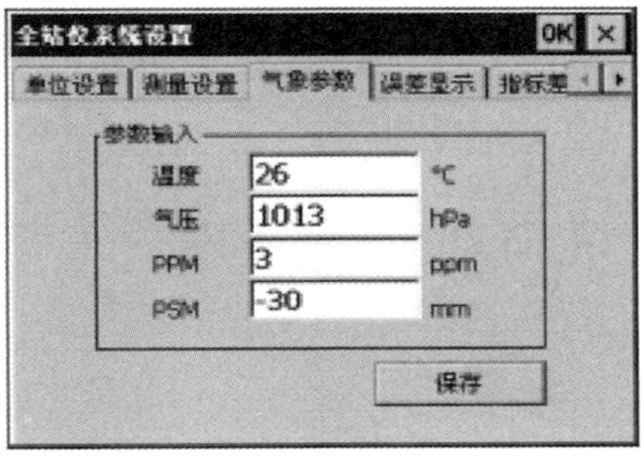 全站仪系统设置 OK × 单位设置 测量设置 气象参数 误差显示 指标差 参数输入 温度 26 ℃ 气压 1013 hPa PPM 3 ppm PSM -30 mm 保存
③单击[保存]键	[保存]	 全站仪系统设置 OK × 单位设置 测量设置 气象参数 误差显示 指标差 参数输入 气象参数设置 OK × 气象参数设置已保存！ 保存
※大气改正数的输入范围：-100～+100 PPM（步长 1 PPM）		

注：在星（★）键模式下也可以设置大气改正值。

（3）设置目标类型

WinCE（R）系列全站仪可设置为红色激光测距和不可见光红外测距，可选用的反射体有棱镜、无棱镜及反射片。用户可根据作业需要自行设置。WinCE 系列全站仪只具有红外测距功能，使用时所用的棱镜需与棱镜常数匹配。在星（★）键模式下可以进行目标类型的设置，操作步骤见表 4-12。

表 4-12 目标设置操作步骤

操作步骤	按 键	显 示
①在全站仪面板上按[☆]键置进入星键模式	[☆]	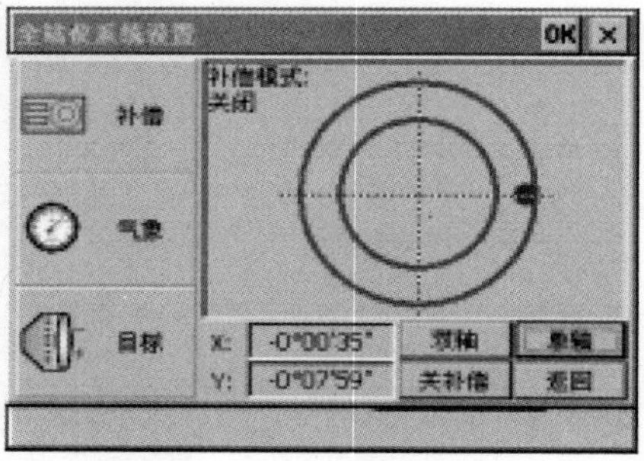
②单击[目标]键进入目标类型设置功能	[目标]	
③用笔针点击目标类型。WinCE(R)型全站仪的选项有无棱镜、反射片、棱镜。WinCE 型全站仪则只有棱镜选项※		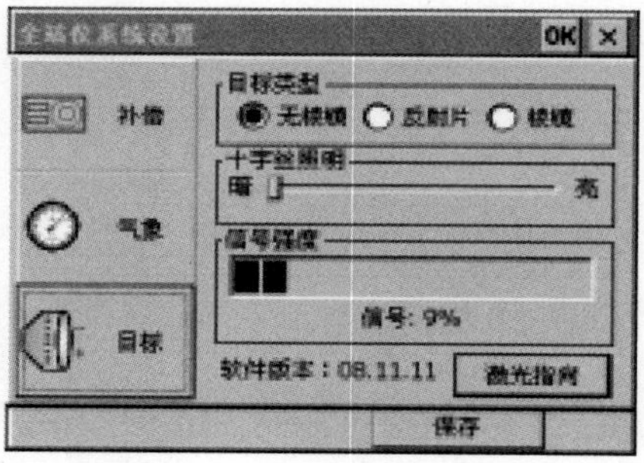
④设置完毕,按[ENT]键退出	[ENT]	
※目标类型的说明: ☞无棱镜:可见红色激光测距,无需反射棱镜测距,可对所有目标进行测量。 ☞反射片:用反射片作合作目标。 棱 镜:用反射棱镜作合作目标		

(4)设置棱镜常数

当用棱镜作为反射体时,需在测量前设置好棱镜常数。一旦设置了棱镜常数,关机后该常数将被保存,操作步骤见表 4-13。

表 4-13　棱镜常数设置

操作步骤	按　键	显　　示
①在全站仪功能主菜单中点击“系统设置”，在系统设置菜单栏单击“气象参数”	“系统设置” + “气象参数”	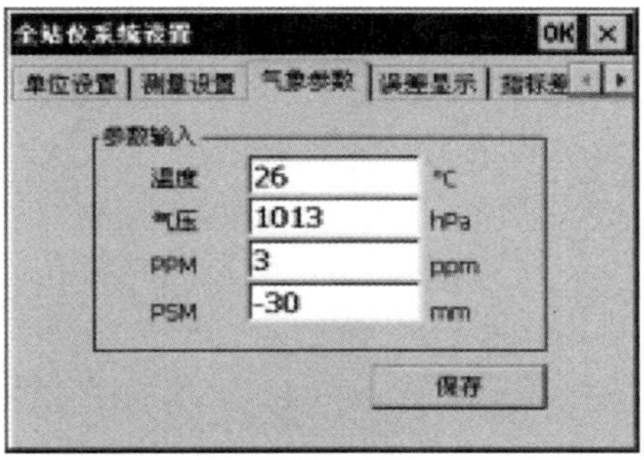
②屏幕显示当前使用的气象参数。用笔针将光标移到 PSM 处，清除数据，输入新值※	输入数据	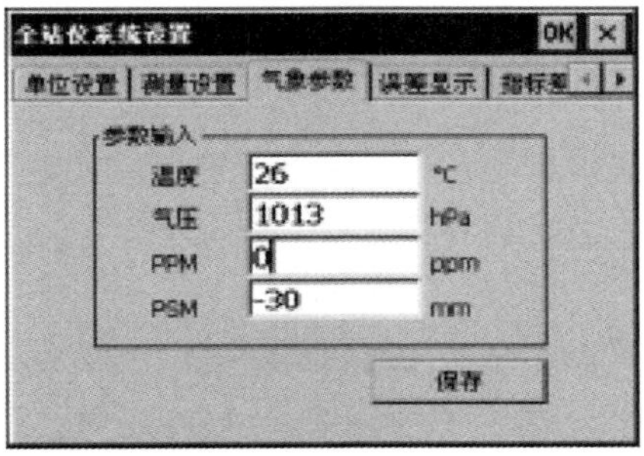
③单击[保存]或按[ENT]键	[保存]	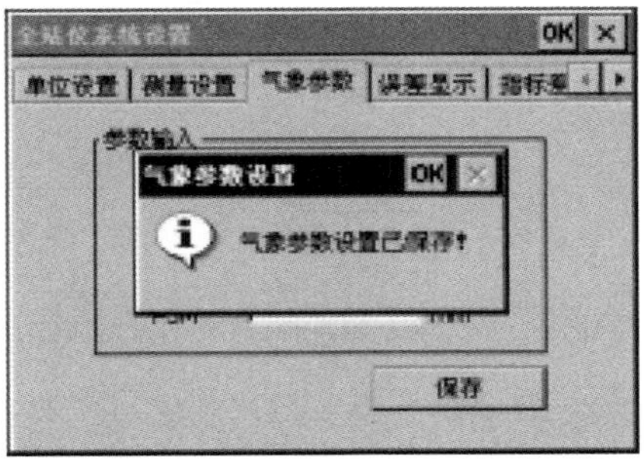
④单击[OK]，设置被保存	[OK]	
※棱镜常数 PC 的输入范围：-100mm～+100mm(步长 1mm)		

注：在星(★)键模式下也可以设置棱镜常数。

(5)距离测量(连续测量)

确认在角度测量模式下，操作步骤见表 4-14。

表 4-14　距离测量(连续)模式

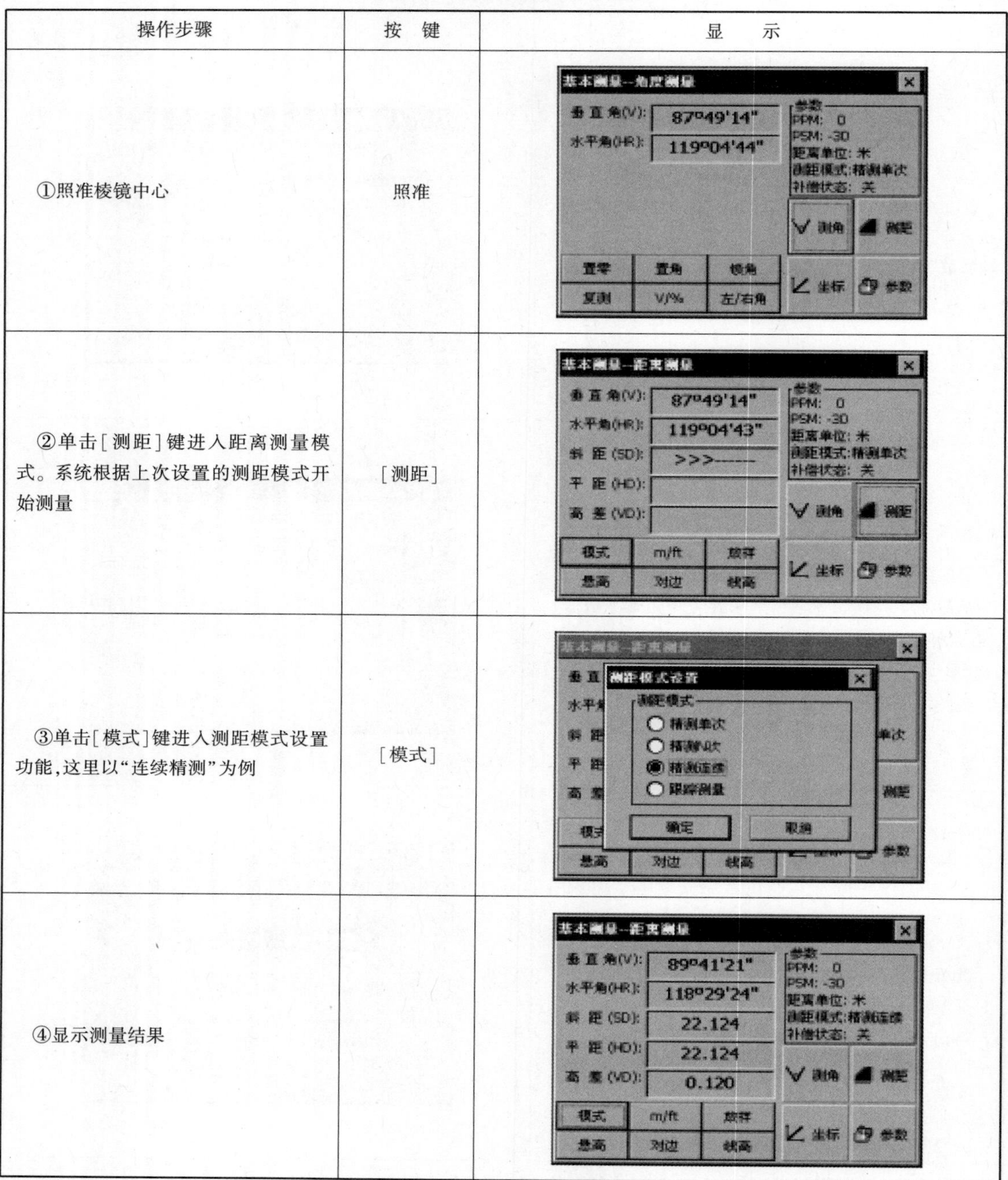

操作步骤	按　键	显　　示
①照准棱镜中心	照准	
②单击[测距]键进入距离测量模式。系统根据上次设置的测距模式开始测量	[测距]	
③单击[模式]键进入测距模式设置功能,这里以“连续精测”为例	[模式]	
④显示测量结果		

注:1. 若再要改变测量模式,单击[模式]键,如步骤③那样进行设置;
2. 测量结果显示时伴随着蜂鸣声;
3. 若测量结果受到大气折光等因素影响,仪器会自动进行重复观测;
4. 返回角度测量模式,可按(测角)键。

(6) 距离测量(单次/*N* 次测量)

当预置了观测次数时,仪器就会按设置的次数进行距离测量并显示出平均距离值。若预置为单次观测，故不显示平均距离。仪器出厂时设置的是单次观测，设置观测次数操作步骤见表4-15。

表4-15　距离测量(单次/N次)模式

操作步骤	按　键	显　　示
①在测距模式下，单击［模式］键进入测距模式设置功能。系统默认设置为"精测单次"	［模式］	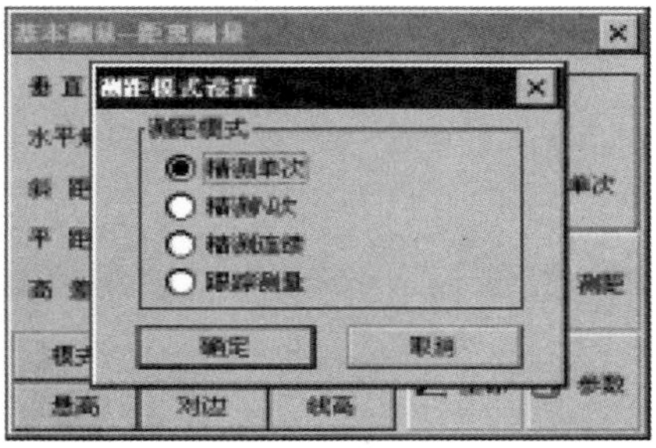
②用笔针单击［精测N次］或按［▲］/［▼］键。屏幕右上方会显示"次数"栏，用笔针单击空白方框，待光标出现，输入N次精测的观测次数	［精测N次］输入精测次数	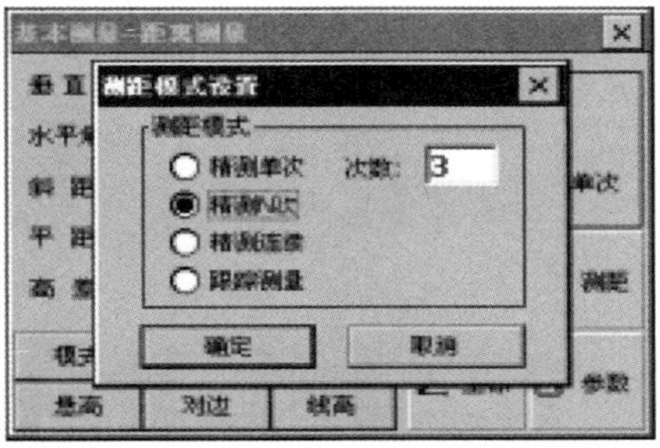
③单击［确定］或按［ENT］键，照准目标棱镜中心，系统按照刚才设置进行启动测量※	［确定］	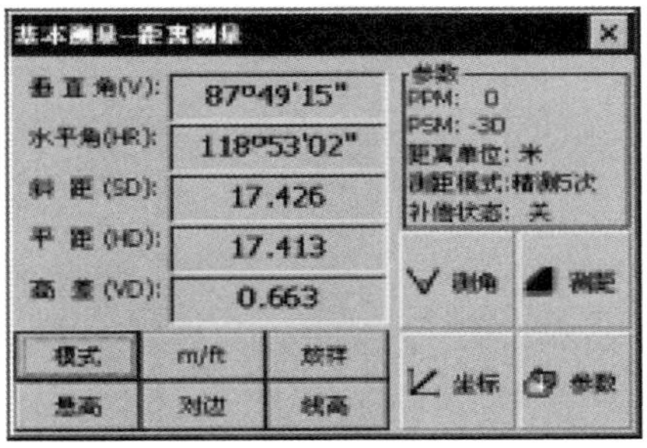
※按(测角)键返回到角度测量模式		

(7)精测/跟踪模式

1)精测模式：这是正常距离测量模式。

2)跟踪模式：此模式测量时间要比精测模式短。主要用于放样测量。在跟踪运动目标或工程放样中非常有用。操作步骤见表4-16。

表 4-16 距离测量(精测/跟踪)模式

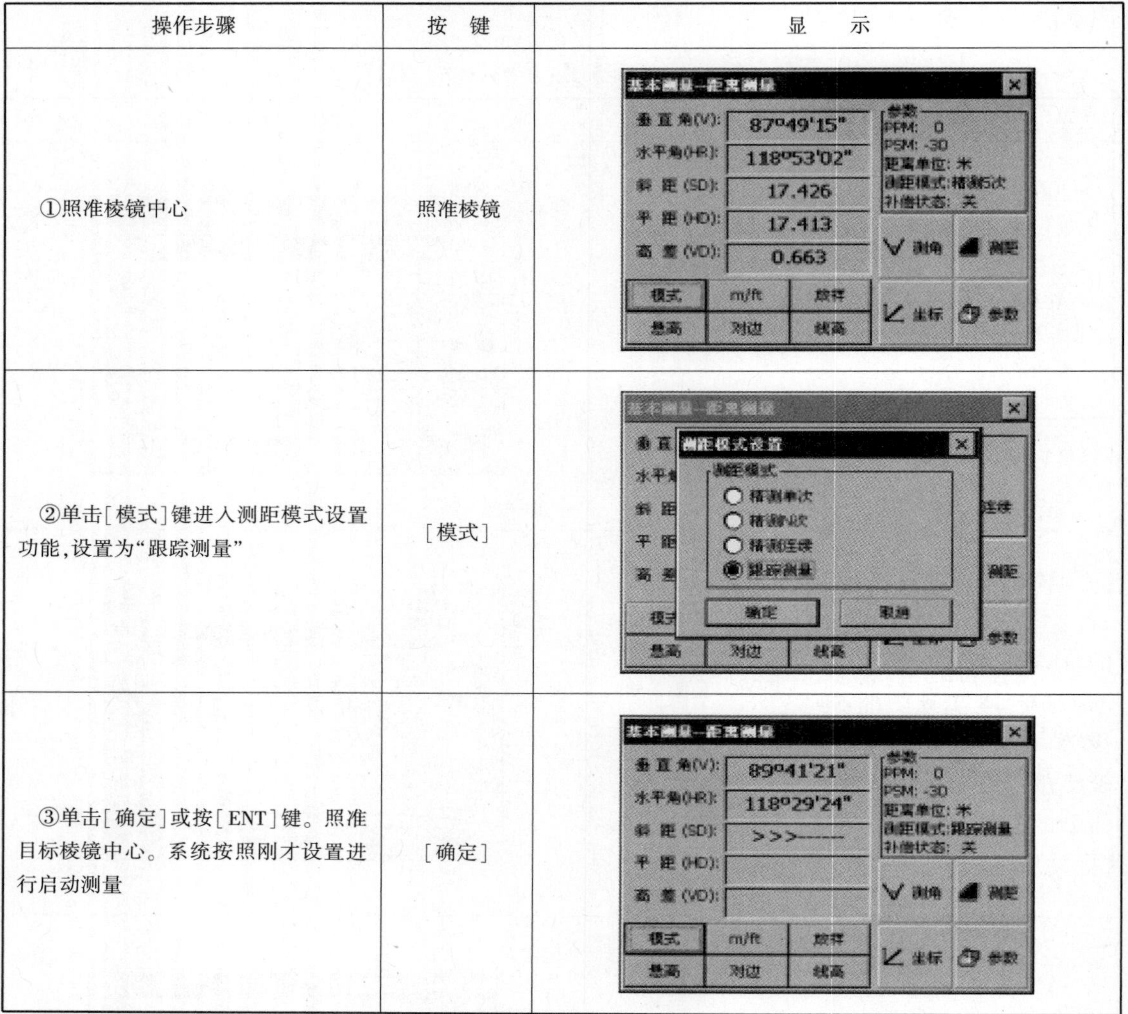

操作步骤	按　键	显　　示
①照准棱镜中心	照准棱镜	
②单击[模式]键进入测距模式设置功能,设置为“跟踪测量”	[模式]	
③单击[确定]或按[ENT]键。照准目标棱镜中心。系统按照刚才设置进行启动测量	[确定]	

(8)距离单位的转换

在距离观测显示屏幕通过模式也可改变距离单位。操作步骤见表 4-17。

表 4-17 距离单位的转换

操作步骤	按　键	显　　示
①单击[m/ft]键	[m/ft]	基本测量--距离测量 垂直角(V): 89°41'21" 水平角(HR): 118°49'10" 斜 距 (SD): 14.201 平 距 (HD): 14.201 高 差 (VD): 0.077 参数 PPM: 0 PSM: -30 距离单位: 米 测距模式:跟踪测量 补偿状态: 关 模式 m/ft 放样 悬高 对边 线高 测角 测距 坐标 参数

续上表

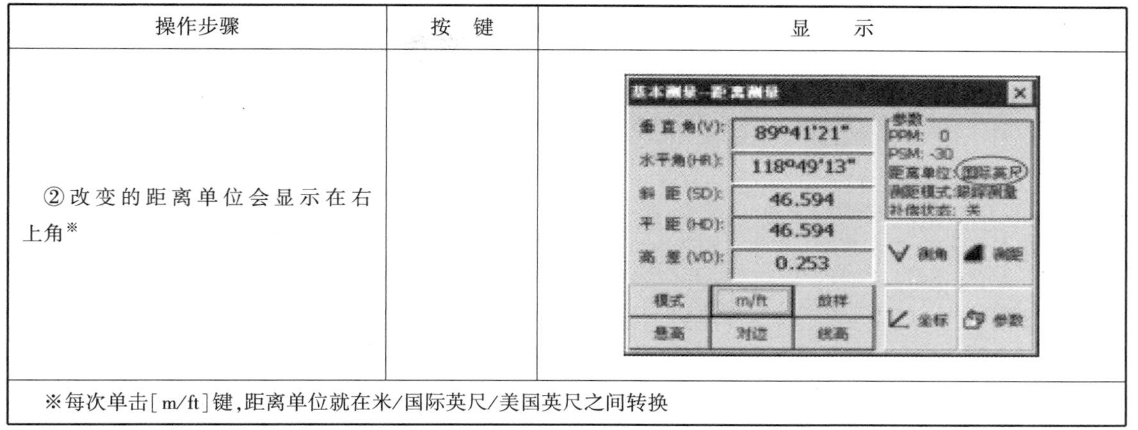

操作步骤	按　键	显　　示
②改变的距离单位会显示在右上角※		基本测量—距离测量 垂直角(V): 89°41′21″ 水平角(HR): 118°49′13″ 斜距(SD): 46.594 平距(HD): 46.594 高差(VD): 0.253 参数 PPM: 0 PSM: -30 距离单位:国际英尺 测距模式:单次测量 补偿状态:关 测角 测距 坐标 参数 模式 m/ft 放样 悬高 对边 线高
※每次单击[m/ft]键,距离单位就在米/国际英尺/美国英尺之间转换		

项目四　全站仪的程序测量功能

【项目描述】

全站仪是在工程测量中广泛应用的高精度仪器,对于测角和测边具有精度高、速度快的优点。本文介绍了全站仪坐标测量、放样测量、悬高测量、对边测量、后房交会测量的基本原理和在工程中的应用。全站仪在工程测量工作中具有准确性、简捷性和观测精度高的优势,目前被广泛应用于工程测量中。全站仪能满足工程施工测量过程中的基本要求,集施工放样、导线控制测量等测量功能于一体。它是测绘、工程施工等方面广泛应用的一种新型的测量仪器。

【相关知识】

一、坐标测量

1. 设置测站点坐标

设置好测站点(仪器位置)相对于原点的坐标后,仪器便可求出显示未知点(棱镜位置)的坐标,如图4-20所示。

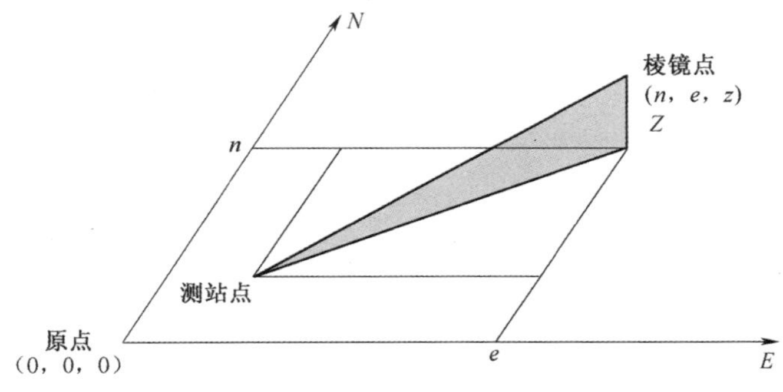

图4-20　测站点坐标设置

设置测站点坐标测量操作步骤见表4-18。

表 4-18 测站点坐标设置

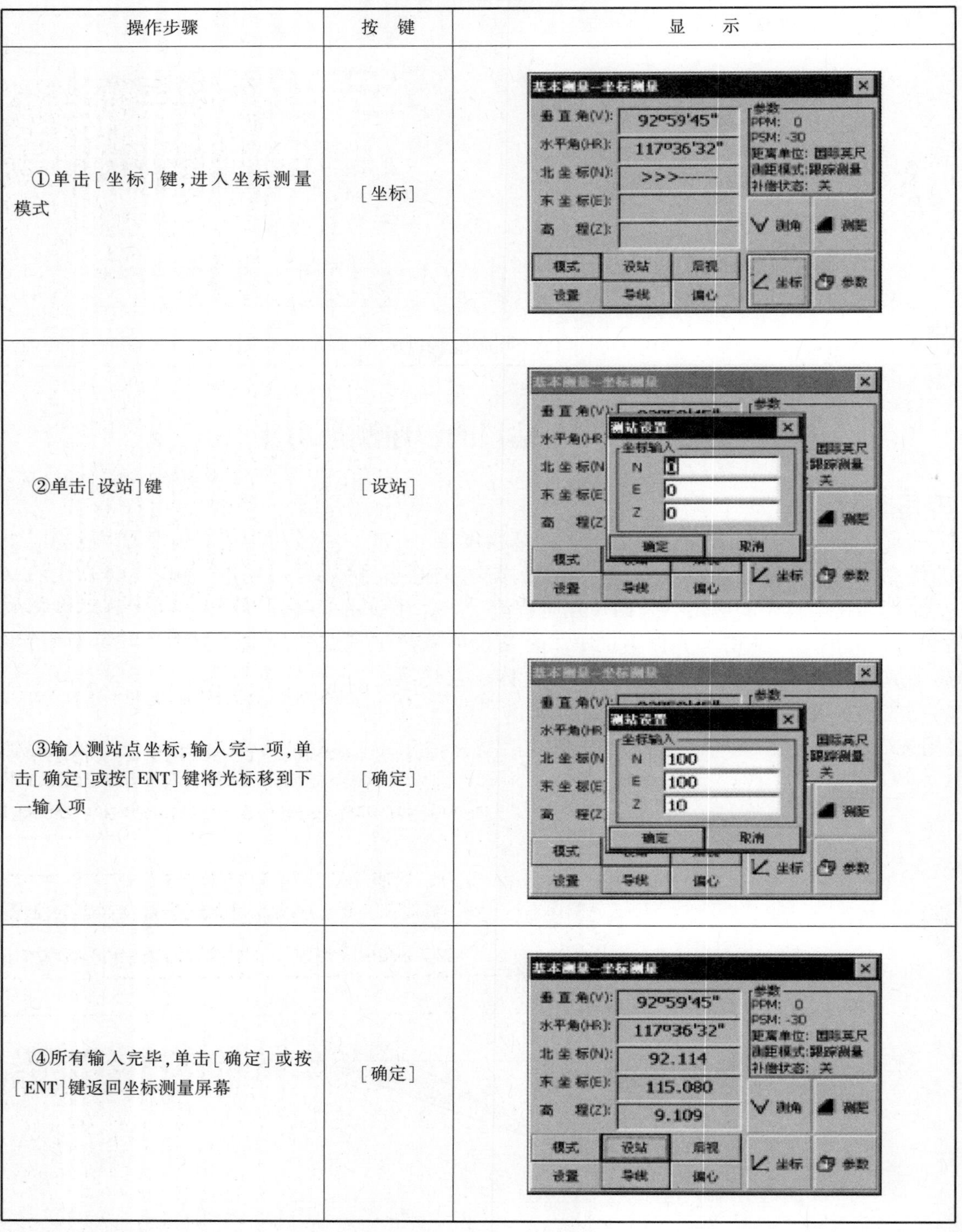

操作步骤	按 键	显 示
①单击[坐标]键，进入坐标测量模式	[坐标]	
②单击[设站]键	[设站]	
③输入测站点坐标，输入完一项，单击[确定]或按[ENT]键将光标移到下一输入项	[确定]	
④所有输入完毕，单击[确定]或按[ENT]键返回坐标测量屏幕	[确定]	

2. 设置后视点

设置后视点操作步骤见表 4-19。

表 4-19　后视点坐标设置

操作步骤	按　键	显　　示
①单击[后视]键,进入后视点设置功能	[后视]	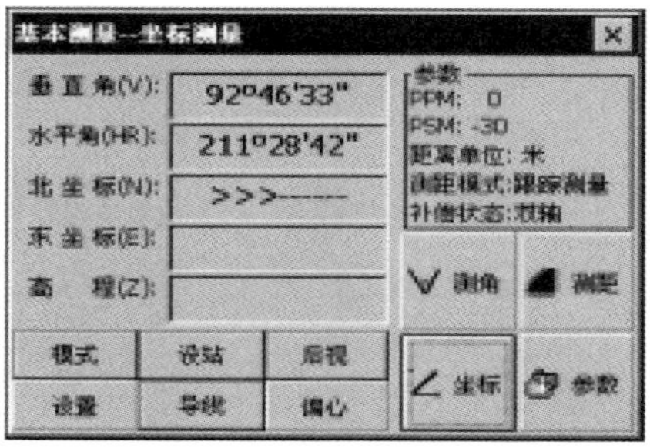
②输入后视点坐标,输入完一项,单击[确定]或按[ENT]键将光标移动到下一输入项	[确定]	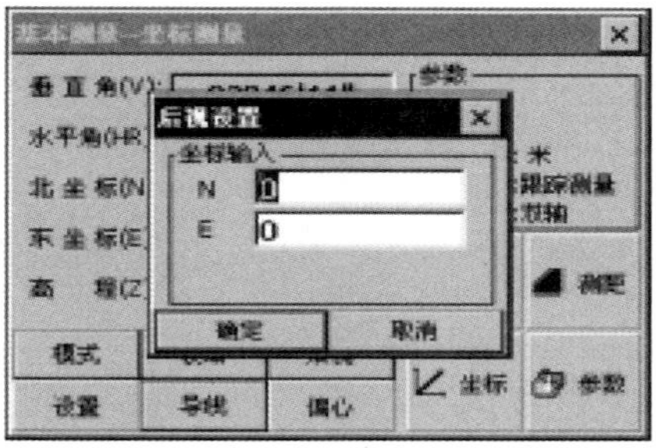
③输入完毕,单击[确定]	[确定]	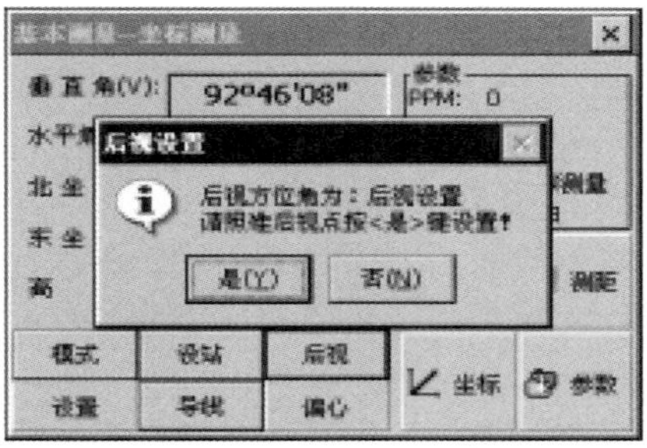
④照准后视点,单击[是]。系统设置好后视方位角,并返回坐标测量屏幕。屏幕中显示刚才设置的后视方位角	[是]	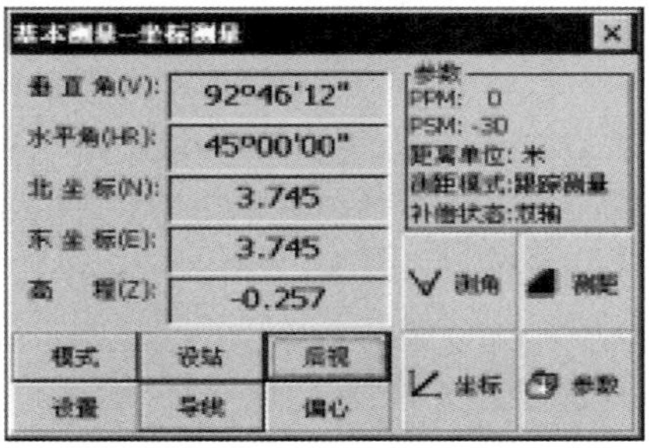

3. 设置仪器高/棱镜高

坐标测量须输入仪器高与棱镜高,以便直接测定未知点坐标,操作步骤见表 4-20。

表 4-20　仪器高/棱镜高设置

操作步骤	按　键	显　　示
①单击[设置]键,进入仪器高、目标高设置功能	[设置]	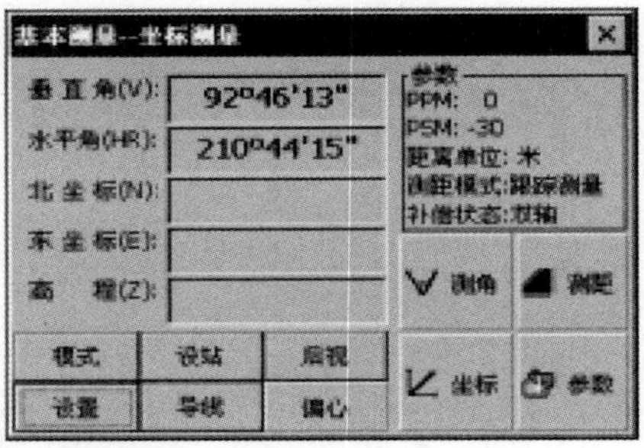
②输入仪器高和目标高,输入完一项,单击[确定]或按[ENT]键将光标移到下一输入项	输入仪器高和目标高	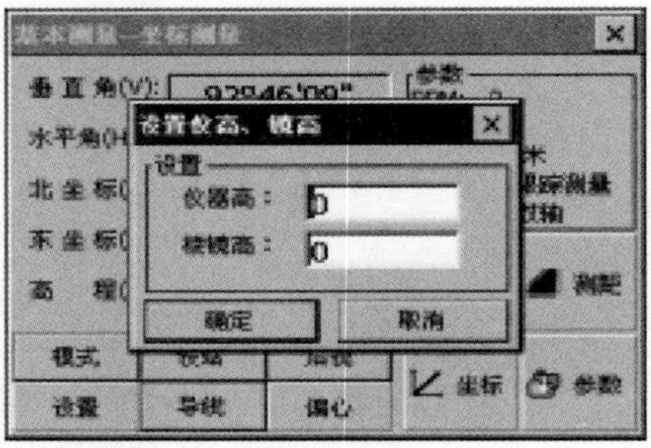
③所有输入完毕,单击[确定]或按[ENT]键返回坐标测量屏幕	[确定]	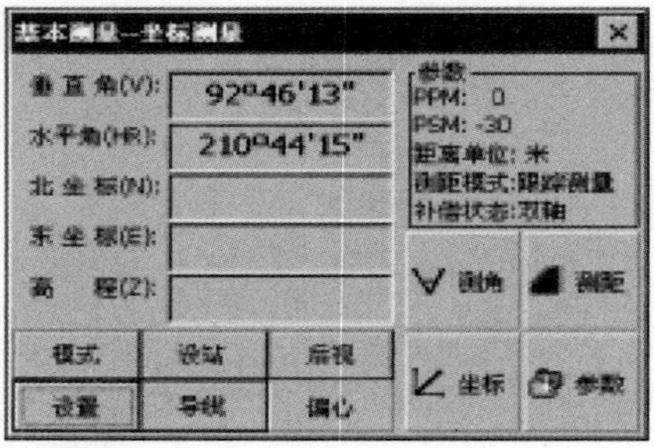

4. 坐标测量

在进行坐标测量时,通过设置测站坐标、后视方位角、仪器高和棱镜高,即可直接测定未知点的坐标。

设置测站点坐标的方法,见设置测站点坐标。设置仪器高和棱镜高,见设置仪器高和棱镜高。未知点坐标的计算和显示过程(图 4-21)如下:

测站点坐标:(N_0, E_0, Z_0)

仪器中心至棱镜中心的坐标差:(n,e,z)

未知点坐标:(N_1,E_1,Z_1)

$N_1 = N_0 + n$

$E_1 = E_0 + e$

$Z_1 = Z_0 +$ 仪器高 $+ z -$ 棱镜高

坐标测量操作步骤见表 4-21。

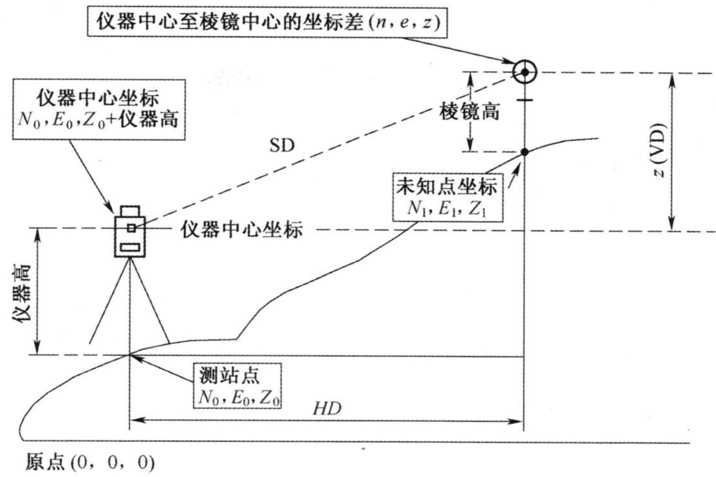

图 4-21　全站仪坐标测量

表 4-21　未知点的坐标测量

操作步骤	按　键	显　　示
①设置测站坐标和仪器高/棱镜高； ②设置后视方位角； ③照准目标点		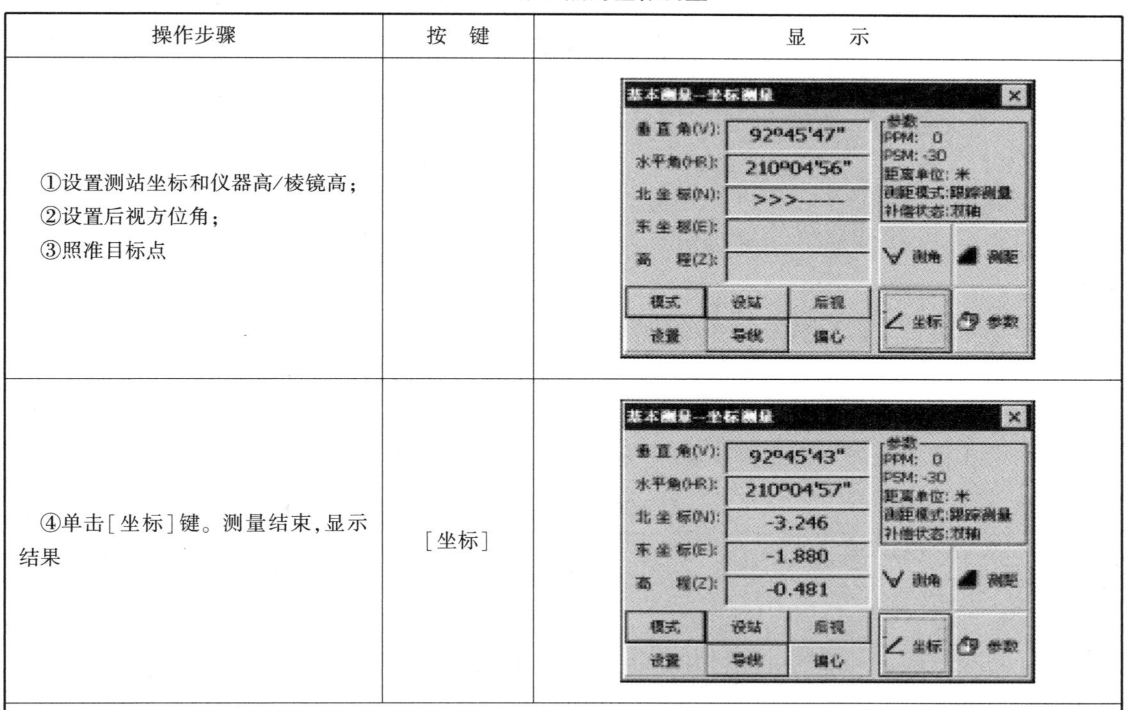
④单击[坐标]键。测量结束，显示结果	[坐标]	
1. 若未输入测站点坐标，则以上次设置的测站坐标作为缺省值。若未输入仪器高和棱镜高，则亦以上次设置的代替。 2. 单击[模式]键，可更换测距模式(单次精测/N 次精测/重复精测/跟踪测量)。 3. 要返回正常角度或距离测量模式可单击[测角]/[测距]键		

二、程序测量

1. 放样测量

放样测量就是根据已有的控制点，按工程设计要求，将建(构)筑物的特征点在实地标定出来。工程建(构)筑物的特征点就是放样点。测量工作一般是将实地上的特征点测绘到图纸上,放样测量则是将图纸上的特征点测设到实地上。因此,可以说放样测量是测量工作的逆过程。放样测量通常又称为测设,是工程施工部门主要的测量工作。

放样测量分为平面位置放样测量和高程放样测量。平面位置放样测量主要确定建(构)筑物的轴线、轮廓和尺寸。高程放样测量主要确定建(构)筑物各细部空间位置的高低。在满足施工精度要求时,也可以将平面位置放样测量和高程放样测量一并进行,即三维放样测量。

放样测量必须在已知点上进行。在放样测量过程中,仪器通过对预估位置的棱镜进行角度、距离或坐标的测量,显示出预先输入的放样值与实测值的差值来指导放样的进行,如图4-22所示。

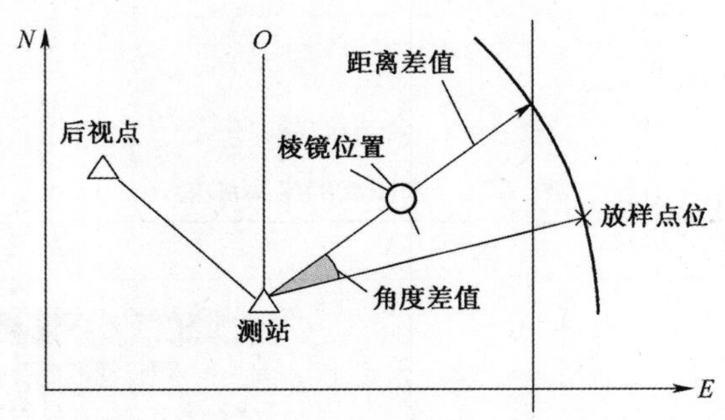

图 4-22　全站仪放样测量

放样测量是一个逐渐趋近的过程,当仪器显示的差值满足放样距离要求时,棱镜点就是放样点。

采用全站仪进行放样测量时,需要实时观测测站点至棱镜点之间的距离。为了保证放样测量的质量,放样测量时,应注意全面检查和正确设置仪器有关测距的参数和模式。

显示值=观测值—标准(预置)距离

可进行各种距离测量模式如斜距、平距或高差的放样。放样测量操作步骤见表4-22。

表 4-22　放样测量模式

操作步骤	按　键	显　　示
①在距离测量模式下,单击[放样]键	[放样]	

续上表

操作步骤	按　键	显　　示
②选择待放样的距离测量模式（斜距/平距/高差），输入待放样的数据后，单击[确定]或按[ENT]键※		基本测量--距离测量 垂直角(V): 91°32'29" 水平角(HR): 斜　距(dS 平　距(H 高　差(V 参数 PPM: 0 PSM: -30 放样 斜距(SD): 2.230 确定　取消 测距 模式　m/ft　放样 悬高　对边　线高 坐标　参数
③开始放样		基本测量--距离测量 垂直角(V): 91°32'22" 水平角(HR): 213°06'30" 斜　距(dSD): 19.977 平　距(HD): 22.199 高　差(VD): -0.597 参数 PPM: 0 PSM: -30 距离单位: 米 测距模式: 跟踪测量 补偿状态: 双轴 测角　测距 模式　m/ft　放样 悬高　对边　线高 坐标　参数
※系统弹出的对话框中首先提示输入待放样的斜距，输入数据后单击[确定]或按[ENT]键即可进行斜距放样。若要进行平距放样，需在斜距对话框中输入“0”值，单击[确定]或按[ENT]键，系统会继续弹出输入平距对话框。输入平距后，单击[确定]或按[ENT]键即可进行平距的放样。若需进行高差放样，则需在斜距和平距对话框中输入“0”值，系统才会弹出对话框提示输入待放样的高差		

2. 悬高测量

在工程建设中，有些悬空点或人员难以到达的点无法安置棱镜，如果需要确定该点的高度，就需要通过悬高测量来完成。悬高测量用于无法在其上设置棱镜的物体高度的测量，如高压电线、悬高电缆、桥梁、发射塔等高度的测量。

如图4-23所示，若要观测目标 M 距地面的高度，先在目标点附近安置全站仪，把反射棱镜

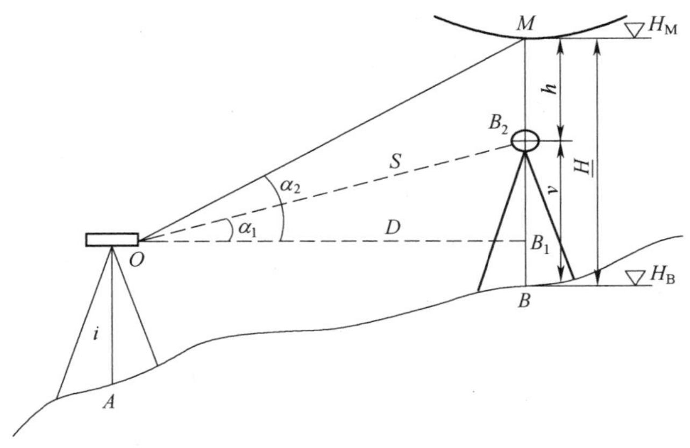

图4-23　全站仪悬高测量

设在目标点 M 的正下方 B 点处，输人棱镜高 v；然后照准棱镜进行距离测量；最后在悬高测量模式下，照准目标点 M，仪器即直接显示目标点 M 到地面的高度 H。

悬高测量显示的高度值按以下公式计算所得：

$$H=h+v$$

$$h = S\cos\alpha_1\tan\alpha_2 - S\sin\alpha_1$$

式中 H——目标高度，m；

h——目标到棱镜高，m；

v——棱镜高，m；

S——斜距，m；

α_1、α_2——竖直角。

悬高测量不需要在已知点上安置仪器，也不需要进行测站设置，仪器可以安置在任何方便工作的地方。

该程序用于测定遥测目标相对于棱镜的垂直距离（高度）及其离开地面的高度（无需棱镜的高度）。使用棱镜高时（如图 4-24），悬高测量以棱镜作为基点；不使用棱镜时（如图 4-25），则以测定垂直角的地面点作为基点，上述两种情况下基准点均位于目标点的铅垂线上。

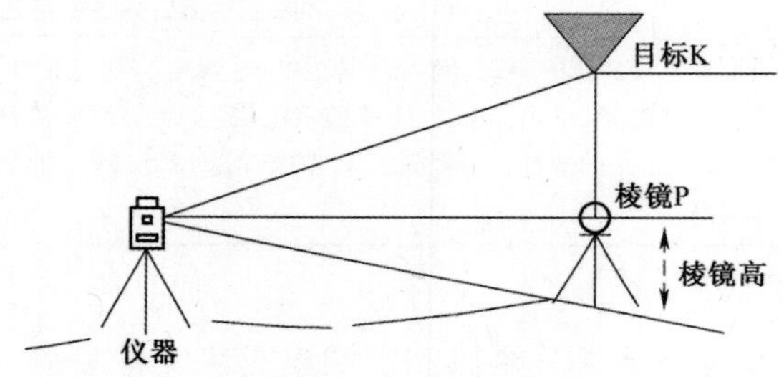

图 4-24 悬高测量使用棱镜

悬高测量的操作步骤见表 4-23。

（1）输入棱镜高

表 4-23 悬高测量（输入棱镜高）

操作步骤	按 键	显 示
①在距离测量模式下，单击［悬高］键进入悬高测量功能	［悬高］	基本测量--距离测量 垂直角(V): 92°17'24" 水平角(HR): 65°45'06" 斜距(dSD): >>>----- 平距(HD): 高差(VD): 参数 PPM: 0 PSM: -30 距离单位:米 测距模式:跟踪测量 补偿状态:双轴 测角 测距 模式 m/ft 放样 悬高 对边 线高 坐标 参数

续上表

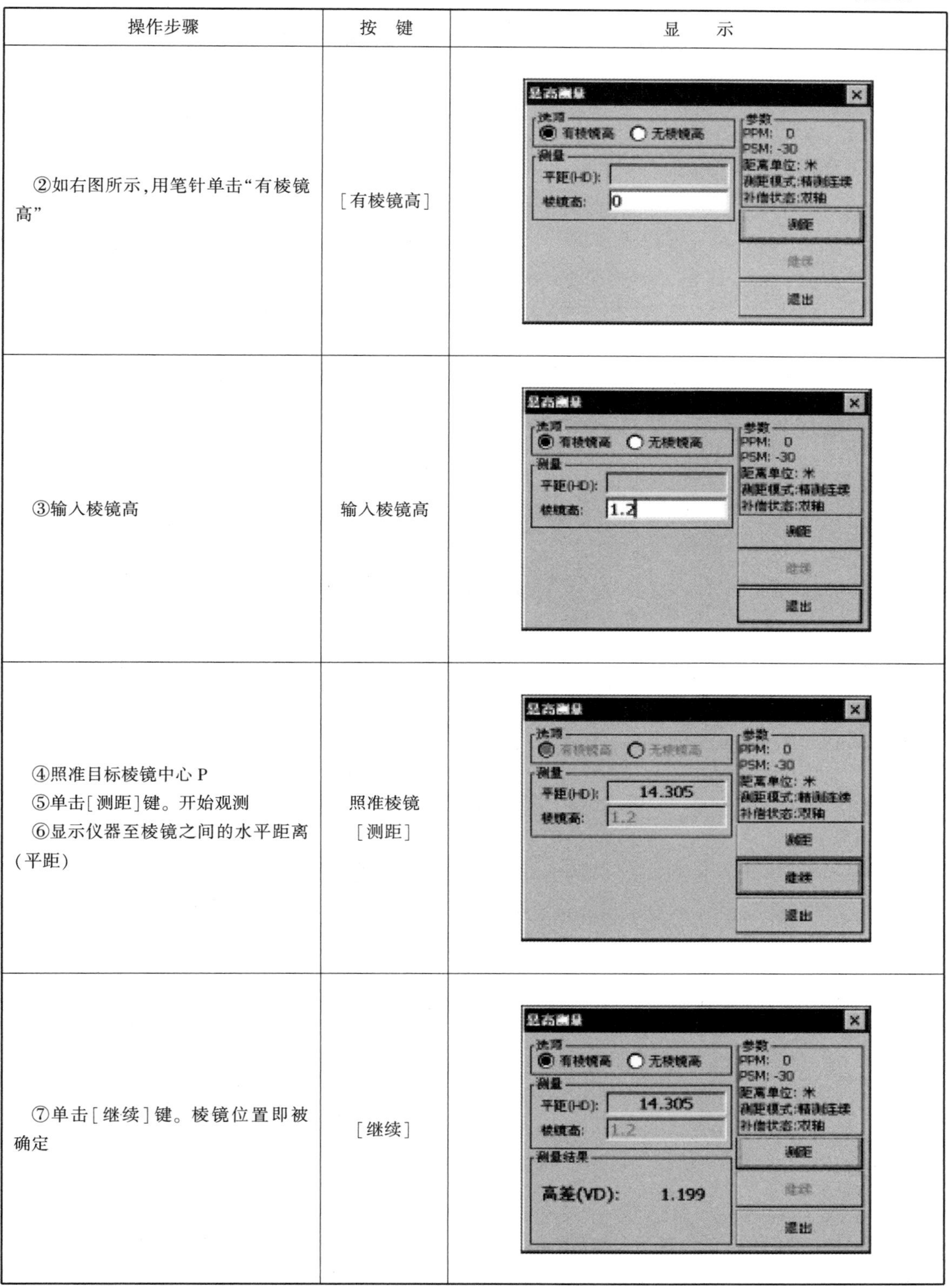

操作步骤	按　键	显　　示
②如右图所示，用笔针单击“有棱镜高”	[有棱镜高]	显高测量 选项：有棱镜高　无棱镜高 测量：平距(HD)：　棱镜高：0 参数：PPM：0　PSM：-30　距离单位：米　测距模式：精测连续　补偿状态：双轴 测距　继续　退出
③输入棱镜高	输入棱镜高	显高测量 选项：有棱镜高　无棱镜高 测量：平距(HD)：　棱镜高：1.2 参数：PPM：0　PSM：-30　距离单位：米　测距模式：精测连续　补偿状态：双轴 测距　继续　退出
④照准目标棱镜中心 P ⑤单击[测距]键。开始观测 ⑥显示仪器至棱镜之间的水平距离(平距)	照准棱镜 [测距]	显高测量 选项：有棱镜高　无棱镜高 测量：平距(HD)：14.305　棱镜高：1.2 参数：PPM：0　PSM：-30　距离单位：米　测距模式：精测连续　补偿状态：双轴 测距　继续　退出
⑦单击[继续]键。棱镜位置即被确定	[继续]	显高测量 选项：有棱镜高　无棱镜高 测量：平距(HD)：14.305　棱镜高：1.2 测量结果：高差(VD)：1.199 参数：PPM：0　PSM：-30　距离单位：米　测距模式：精测连续　补偿状态：双轴 测距　继续　退出

续上表

操作步骤	按　键	显　　示
⑧照准目标 K。显示垂直距离(高差)	照准 K	悬高测量 选项：◉有棱镜高 ○无棱镜高 测量：平距(HD): 14.305　棱镜高: 1.2 测量结果：高差(VD): 9.760 参数：PPM: 0　PSM: -30　距离单位:米　测距模式:精测连续　补偿状态:双轴 测距　继续　退出

注:若要退出悬高测量,单击[退出]或按[ESC]键。

(2)不输入棱镜高

悬高测量不使用棱镜,如图 4-25 所示。悬高测量不输入棱镜高操作步骤见表 4-24。

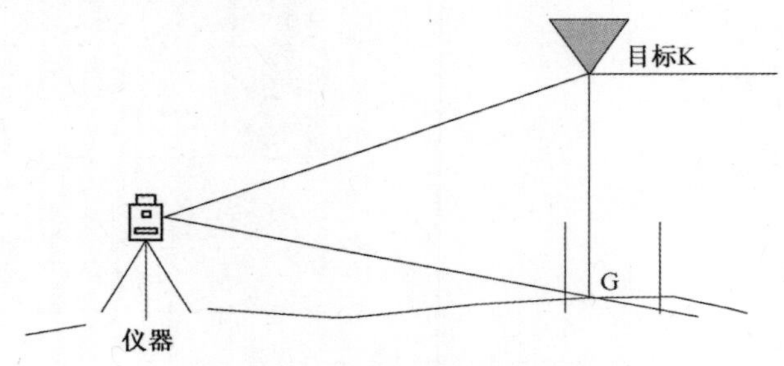

图 4-25　悬高测量不使用棱镜

表 4-24　悬高测量(不输入棱镜高)

操作步骤	按　键	显　　示
①用笔针单击“无棱镜高”	无棱镜高	悬高测量 选项：○有棱镜高 ◉无棱镜高 测量：平距(HD): 参数：PPM: 0　PSM: -30　距离单位:米　测距模式:精测连续　补偿状态:双轴 测距　继续　退出
②照准目标棱镜中心 P ③单击[测距]键。开始观测 ④显示仪器至棱镜之间的水平距离(平距)	照准棱镜 [测距]	悬高测量 选项：○有棱镜高 ◉无棱镜高 测量：平距(HD): 14.298 参数：PPM: 0　PSM: -30　距离单位:米　测距模式:精测连续　补偿状态:双轴 测距　继续　退出

续上表

操作步骤	按　键	显　　示
⑤单击[继续]键。 G点位置即被确定	[继续]	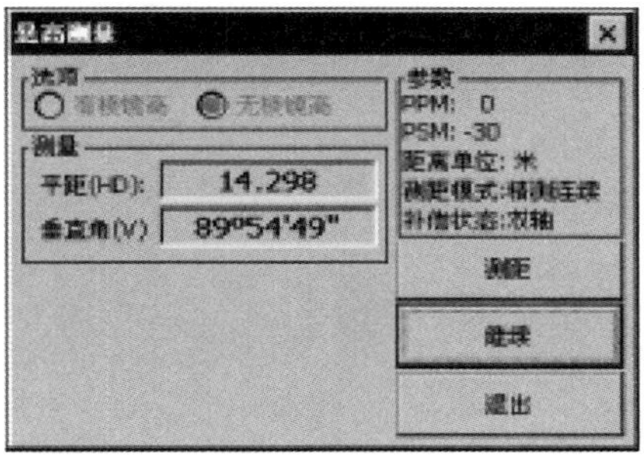 悬高测量 选项：有棱镜高　无棱镜高 测量：平距(HD): 14.298　垂直角(V): 89°54′49″ 参数：PPM: 0　PSM: -30　距离单位: 米　测距模式:精测连续　补偿状态:双轴 测距　继续　退出
⑥单击[继续]键	[继续]	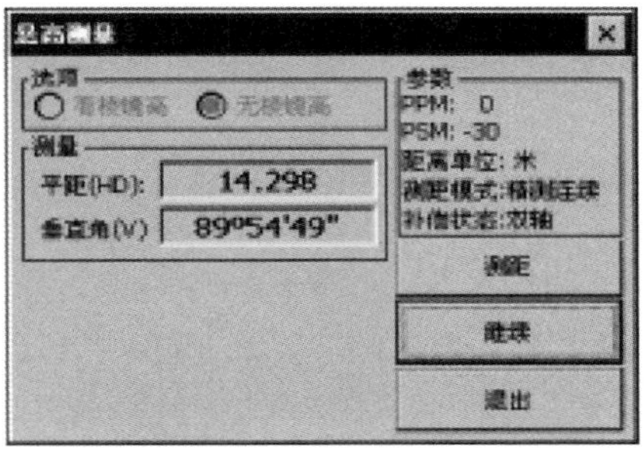 悬高测量 选项：有棱镜高　无棱镜高 测量：平距(HD): 14.298　垂直角(V): 89°54′49″ 参数：PPM: 0　PSM: -30　距离单位: 米　测距模式:精测连续　补偿状态:双轴 测距　继续　退出
⑦照准目标K。 显示垂直距离(高差)	照准目标	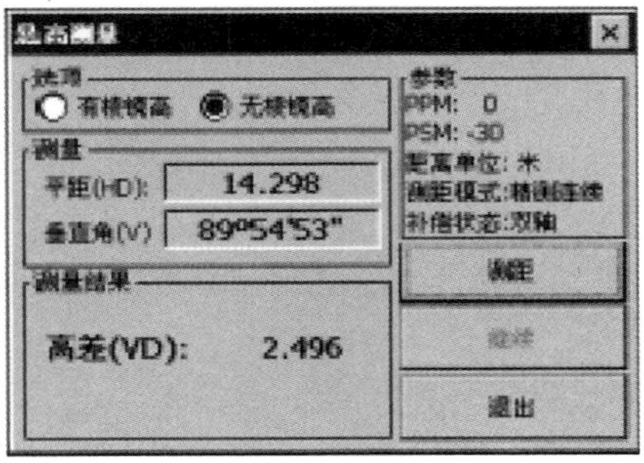 悬高测量 选项：有棱镜高　无棱镜高 测量：平距(HD): 14.298　垂直角(V): 89°54′53″ 测量结果：高差(VD): 2.496 参数：PPM: 0　PSM: -30　距离单位: 米　测距模式:精测连续　补偿状态:双轴 测距　继续　退出

注：若要退出悬高测量，单击[退出]或按[ESC]键。

3. 对边测量

全站仪对边测量是指通过对两目标点的坐标测量实时计算并显示两点间的相对量，如斜距($S_{A\text{-}B}$、$S_{A\text{-}C}$)、平距(D)和高差(h)。

(1)对边测量可以连续进行，有两种模式可选：

1)显示连续观测点均相对于第一点的相对量(射线式)，如图4-26(a)所示。

(A-B,A-C)：测量A-B,A-C,A-D……

2)显示连续观测点均相对于前一点的相对量(折线式)，如图4-26(b)所示。

(A-B,B-C)：测量A-B,B-C,C-D……

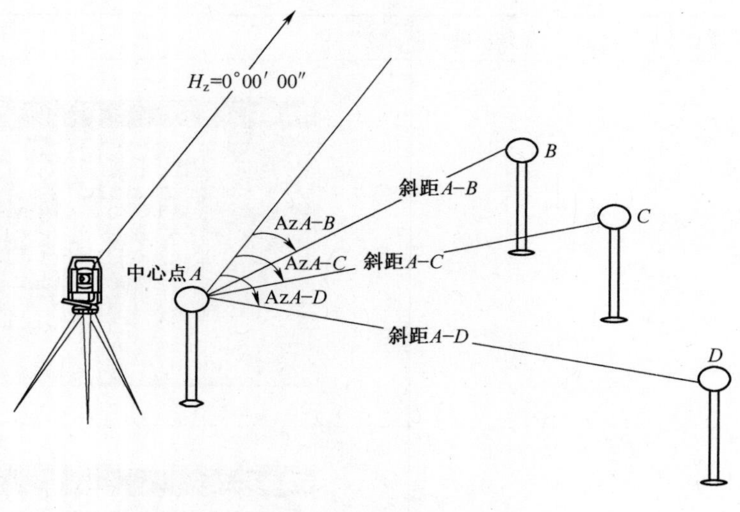

（a）射线式

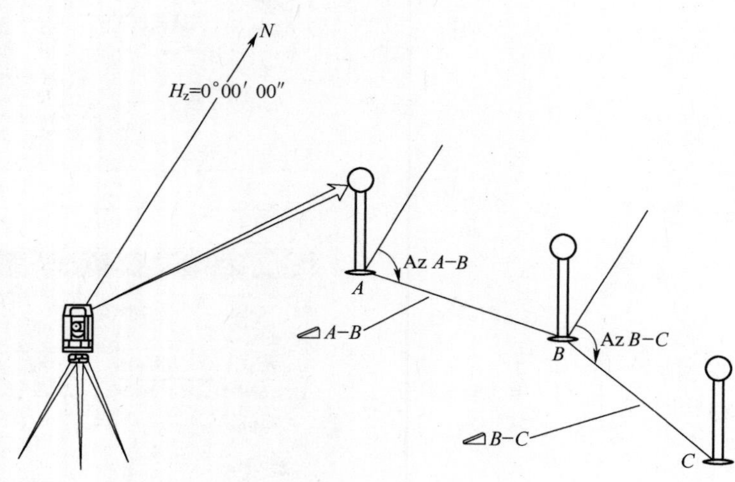

（b）折线式

图 4-26　全站仪对边测量

对边测量在不搬动仪器的情况下直接测量多个目标点相对于某一起始点间的斜距、平距和高差，为某类工程测量提供了方便，如线路横断面测量。

对边测量的测站点，可以安置在已知点上，也可以安置在任意适当的地方。可以设置测站，也可以不设置测站。不进行测站设置时，仪器以(0,0,0)为当前测站点坐标，以当前水平方向为方位角，进行坐标测量，并计算两点的相对量。对边测量时，各坐标点的棱镜高应保持不变。

(2)对边悬高测量的操作步骤见表 4-25。

1)(*A-B*,*A-C*)模式：

表 4-25　对边测量

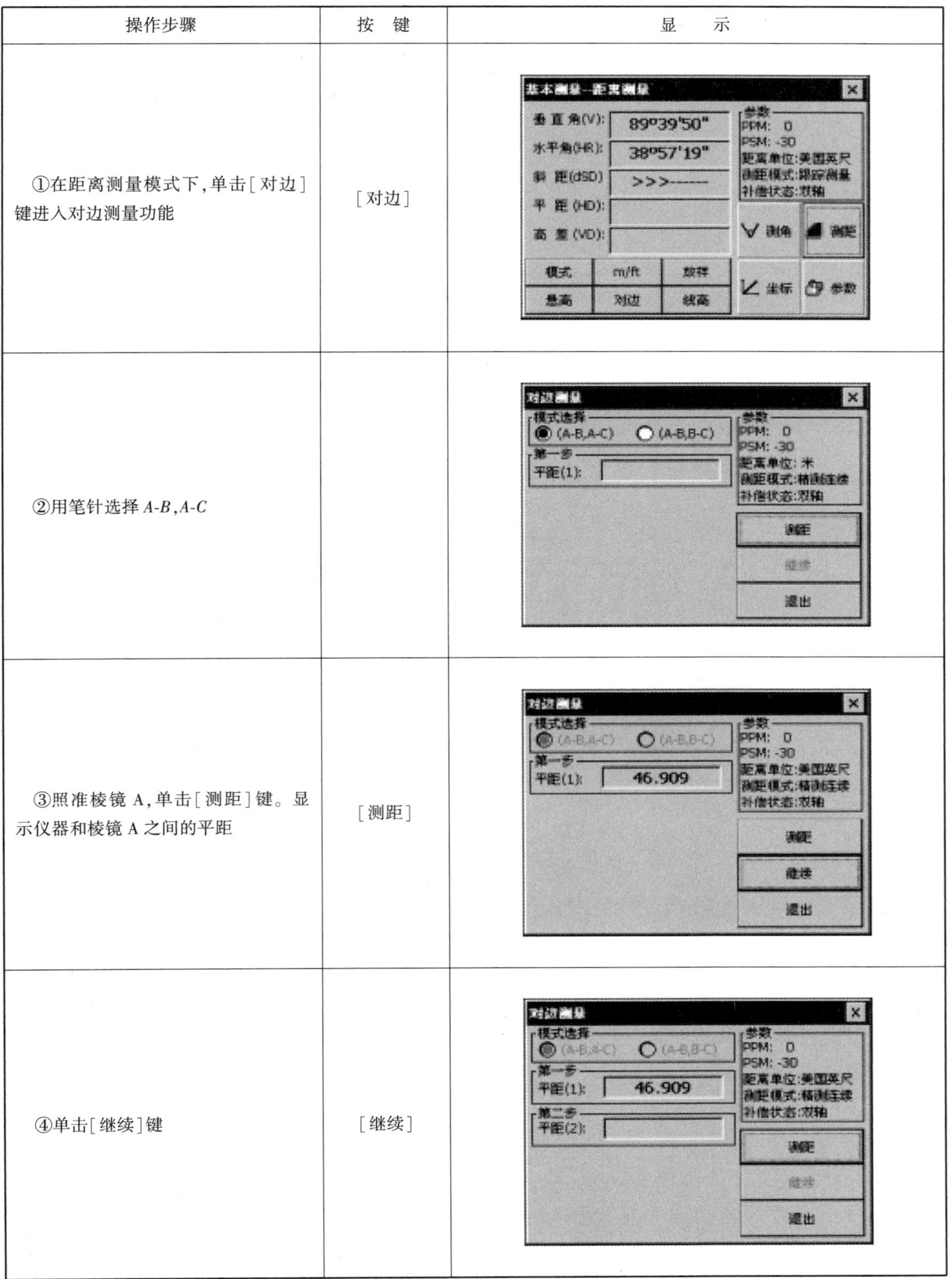

操作步骤	按　键	显　　示
①在距离测量模式下，单击［对边］键进入对边测量功能	［对边］	基本测量--距离测量 垂直角(V): 89°39'50" 水平角(HR): 38°57'19" 斜距(dSD): >>>------ 平距(HD): 高差(VD): 参数 PPM: 0 PSM: -30 距离单位:美国英尺 测距模式:跟踪测量 补偿状态:双轴 测角 测距 坐标 参数 模式 m/ft 放样 悬高 对边 线高
②用笔针选择 *A-B*，*A-C*		对边测量 模式选择 (A-B,A-C) (A-B,B-C) 第一步 平距(1): 参数 PPM: 0 PSM: -30 距离单位:米 测距模式:精测连续 补偿状态:双轴 测距 继续 退出
③照准棱镜 A，单击［测距］键。显示仪器和棱镜 A 之间的平距	［测距］	对边测量 模式选择 (A-B,A-C) (A-B,B-C) 第一步 平距(1): 46.909 参数 PPM: 0 PSM: -30 距离单位:美国英尺 测距模式:精测连续 补偿状态:双轴 测距 继续 退出
④单击［继续］键	［继续］	对边测量 模式选择 (A-B,A-C) (A-B,B-C) 第一步 平距(1): 46.909 第二步 平距(2): 参数 PPM: 0 PSM: -30 距离单位:美国英尺 测距模式:精测连续 补偿状态:双轴 测距 继续 退出

续上表

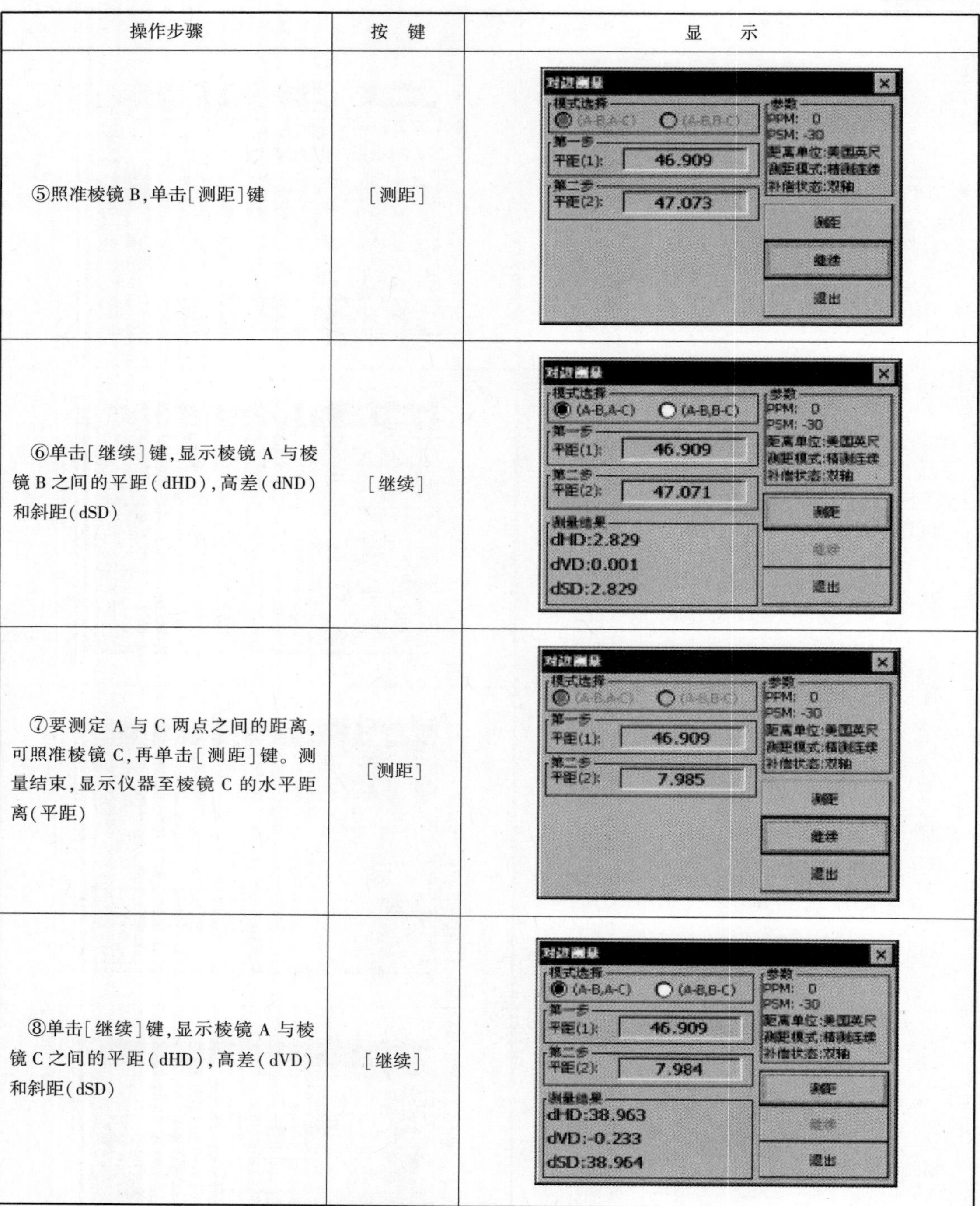

操作步骤	按　键	显　　示
⑤照准棱镜 B,单击[测距]键	[测距]	对边测量 模式选择 (A-B,A-C) (A-B,B-C) 第一步 平距(1): 46.909 第二步 平距(2): 47.073 参数 PPM: 0 PSM: -30 距离单位:美国英尺 测距模式:精测连续 补偿状态:双轴 测距 继续 退出
⑥单击[继续]键,显示棱镜 A 与棱镜 B 之间的平距(dHD),高差(dND)和斜距(dSD)	[继续]	对边测量 模式选择 (A-B,A-C) (A-B,B-C) 第一步 平距(1): 46.909 第二步 平距(2): 47.071 测量结果 dHD:2.829 dVD:0.001 dSD:2.829 参数 PPM: 0 PSM: -30 距离单位:美国英尺 测距模式:精测连续 补偿状态:双轴 测距 继续 退出
⑦要测定 A 与 C 两点之间的距离,可照准棱镜 C,再单击[测距]键。测量结束,显示仪器至棱镜 C 的水平距离(平距)	[测距]	对边测量 模式选择 (A-B,A-C) (A-B,B-C) 第一步 平距(1): 46.909 第二步 平距(2): 7.985 参数 PPM: 0 PSM: -30 距离单位:美国英尺 测距模式:精测连续 补偿状态:双轴 测距 继续 退出
⑧单击[继续]键,显示棱镜 A 与棱镜 C 之间的平距(dHD),高差(dVD)和斜距(dSD)	[继续]	对边测量 模式选择 (A-B,A-C) (A-B,B-C) 第一步 平距(1): 46.909 第二步 平距(2): 7.984 测量结果 dHD:38.963 dVD:-0.233 dSD:38.964 参数 PPM: 0 PSM: -30 距离单位:美国英尺 测距模式:精测连续 补偿状态:双轴 测距 继续 退出

注:单击[退出]或按[ESC]键,可返到主菜单。

2)(A-B,B-C)模式:与(A-B,A-C)模式操作步骤完全相同。

4. 导线测量(保存坐标)

在该模式中前视点坐标测定后被存入内存,用户迁站到下一个点后该程序会将前一个测站点作为后视定向用;迁站安置好仪器并照准前一个测站点后,仪器会显示后视定向边的反方位角。若未输入测站点坐标,则取其为零(0,0,0)或上次预置的测站点坐标,如图 4-27 所示。

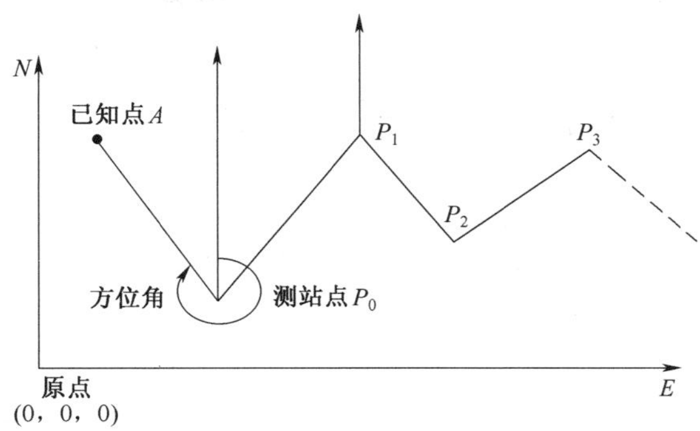

图 4-27　全站仪导线测量

设置好测站点 P_0 的坐标和 P_0 至已知点 A 的方位角,操作步骤见表 4-26。

表 4-26　导线测量

操作步骤	按　键	显　　示
①单击[导线]键	[导线]	
②用笔针选择“存储坐标”	[存储坐标]	
③单击[设置]键可重新设置仪器高或棱镜高。设置完毕,单击[确定]或按[ENT]键退出	[设置]	

续上表

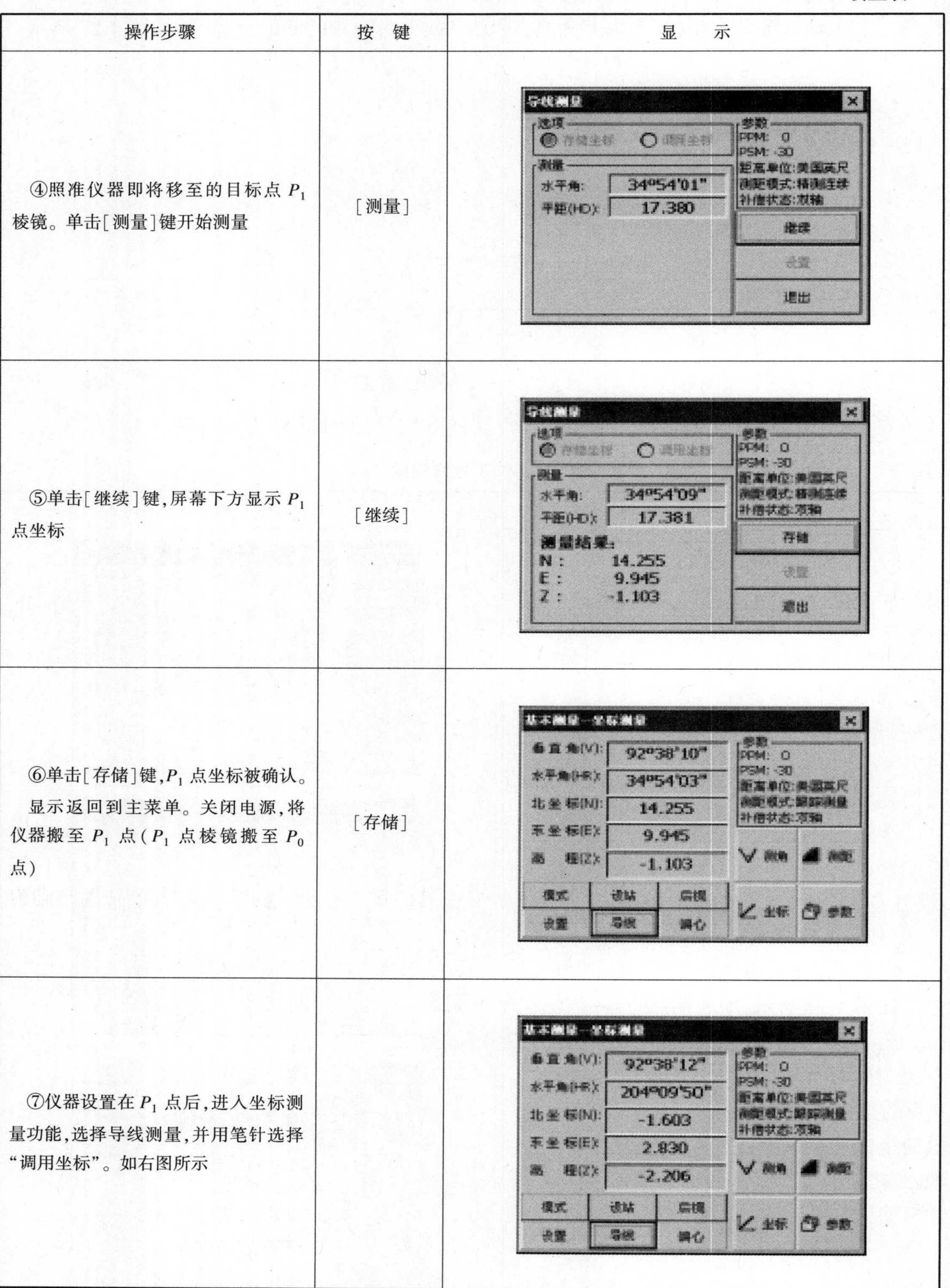

操作步骤	按 键	显 示
④照准仪器即将移至的目标点 P_1 棱镜。单击[测量]键开始测量	[测量]	导线测量 选项 存储坐标 调用坐标 参数 PPM: 0 PSM: -30 距离单位:美国英尺 测距模式:精测连续 补偿状态:双轴 测量 水平角: 34°54'01" 平距(HD): 17.380 继续 设置 退出
⑤单击[继续]键,屏幕下方显示 P_1 点坐标	[继续]	导线测量 选项 存储坐标 调用坐标 参数 PPM: 0 PSM: -30 距离单位:美国英尺 测距模式:精测连续 补偿状态:双轴 测量 水平角: 34°54'09" 平距(HD): 17.381 测量结果: N: 14.255 E: 9.945 Z: -1.103 存储 设置 退出
⑥单击[存储]键,P_1 点坐标被确认。 显示返回到主菜单。关闭电源,将仪器搬至 P_1 点(P_1 点棱镜搬至 P_0 点)	[存储]	基本测量—坐标测量 垂直角(V): 92°38'10" 水平角(HR): 34°54'03" 北坐标(N): 14.255 东坐标(E): 9.945 高程(Z): -1.103 参数 PPM: 0 PSM: -30 距离单位:美国英尺 测距模式:跟踪测量 补偿状态:双轴 测角 测距 坐标 参数 模式 设站 后视 设置 导线 偏心
⑦仪器设置在 P_1 点后,进入坐标测量功能,选择导线测量,并用笔针选择“调用坐标”。如右图所示		基本测量—坐标测量 垂直角(V): 92°38'12" 水平角(HR): 204°09'50" 北坐标(N): -1.603 东坐标(E): 2.830 高程(Z): -2.206 参数 PPM: 0 PSM: -30 距离单位:美国英尺 测距模式:跟踪测量 补偿状态:双轴 测角 测距 坐标 参数 模式 设站 后视 设置 导线 偏心

续上表

操作步骤	按　键	显　　示
⑧照准前一个仪器站点 P_0。单击[设置]键。 P_1 点坐标及 P_1 至 P_0 的方向角即被设置。显示返回主菜单		基本测量—坐标测量 垂直角(V): 92°38′12″ 水平角(HR): 204°09′50″ 北坐标(N): -1.603 东坐标(E): 2.830 高　程(Z): -2.206 参数 PPM: 0 PSM: -30 距离单位:美国英尺 测距模式:跟踪测量 补偿状态:双轴 测角 测距 坐标 参数 模式 设站 后视 设置 [illegible] [illegible]
⑨重复步骤①~⑧,按照导线的顺序进行下去,直到完成整个导线的测量		

注:若要退出,单击[退出]或按[ESC]键。

5. 后方交会测量

全站仪后方交会测量是指通过观测待定点到两个控制点的水平距离来快速确定待定点的平面坐标(两边交会)。

全站仪后方交会测量用于仪器安置在未知点上时的测站点设置,包括测量测站点的坐标和设置测站后视方位角。全站仪后方交会测量需要至少观测 2 个已知点(测边模式下)或 3 个已知点(测角模式下),全站仪通过对已知点的观测,实时计算测站点的坐标,并可将其设置为测站点坐标。另外,不需要已知点之间相互通视,不必考虑大气折光对长距离测角的影响,且大多数全站仪都有该方法的固化程序模块等优势,一般来说,观测的已知点数量越多,观测距离越长,计算所得坐标精度也越高。有多余观测时,仪器会显示观测结果的残差和标准差,以便检查观测质量。后方交会测量最多可观测的已知点为 7~10 个,不同的仪器稍有差别。

全站仪后方交会测量是一种很有用的功能。在有足够的已知点可观测的情况下,仪器可以安置在任意未知位置进行数据采集或施工放样,这为野外测量工作带来了极大的方便。因此,在控制、监测等实际测量工作中得到非常广泛的应用。一般在保证已知点位精度的前提下,所观测的已知点越多,待定点的精度也就越高。

(1)后方交会测量的原理

如图 4-27 所示:A、B 为两个已知点,坐标分别为 (x_A,y_A)、(x_B,y_B),两点之间的距离为 S_0,P 为待定点,在 P 点上设置全站仪,测距离 S_1 和 S_2,即可确定 P 点的坐标 (x_P,y_P)。为讨论方便,建立如图 4-28 所示的坐标系统,即以 A 为坐标系原点,AB 方向为 y 轴,与之垂直方向为 x 轴,则交汇点 P 的坐标计算数学模型为:

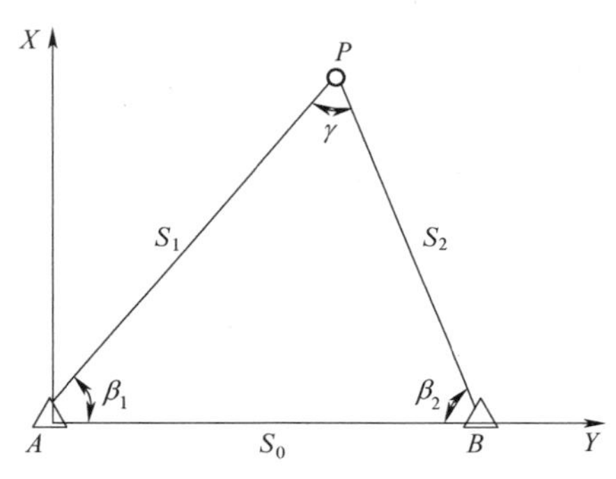

图 4-28　全站仪后方交会测量

$$\left.\begin{aligned} x_P &= S_1\sin\beta_1 \\ y_P &= S_1\cos\beta_1 \end{aligned}\right\} \tag{4-1}$$

在 ΔPAB 中利用余弦定理有：

$$S_2^2 = S_1^2 + S_0^2 - 2S_1S_0\cos\beta_1$$

即

$$\cos\beta_1 = \frac{S_1^2 + S_0^2 - S_2^2}{2S_1S_0} \tag{4-2}$$

为确保待定点的观测精度，两点后方交会应注意的几个问题如下：

1）保证已知点坐标值输入的正确性。

2）应注意待定点与各已知点的夹角合理性。

3）若两个已知点之间的夹角十分狭小时则不能准确计算出测站点坐标。在测站与已知点的距离过长时，一般这个角度应在30°~150°之间，应避免待定点（测站）与已知点位于同一圆周（危险圆）上。

（2）后方交会测量程序

在测站点坐标未知的情况下，可通过执行［后方交会］程序将该测站点坐标计算出来。［后方交会］程序是通过在测站上测量至少两个已知点的坐标来计算该测站的坐标的。

后方交会测量的方法有两种：①测量距离和角度；②只测量角度。

计算的方法取决于可用的数据，至少需要观测两个点的角度和距离，或观测三个点的角度。后方交会测量的操作步骤见表4-27。

表 4-27　后方交会测量

操作步骤	按　键	显　　示
①在［测站、后视设置］菜单中输入测站点名，单击［后方交会］键。若内存中没有该输入的点名，会提示输入该点坐标。保存测站数据后，再次单击［后方交会］键	［后方交会］	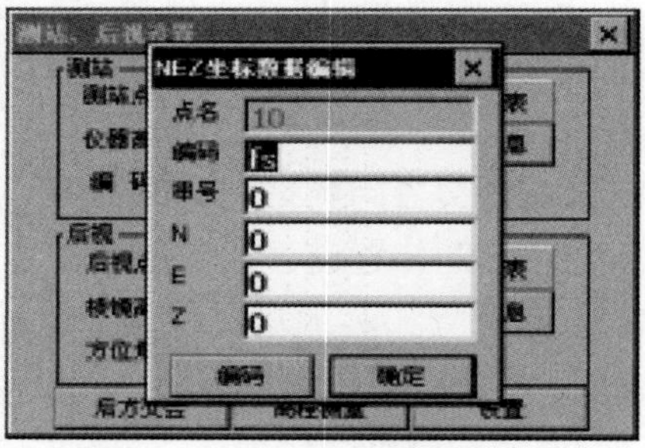 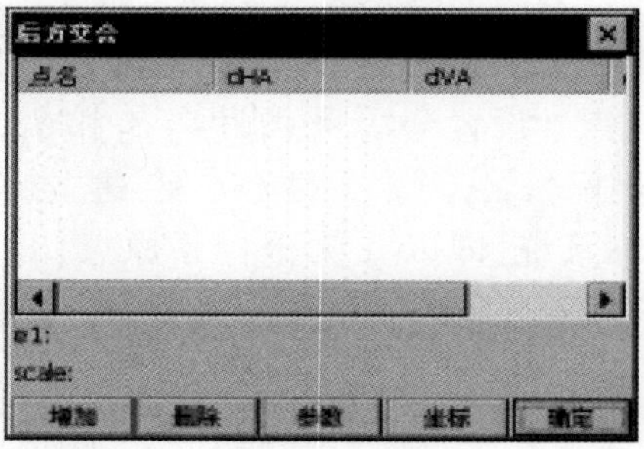

续上表

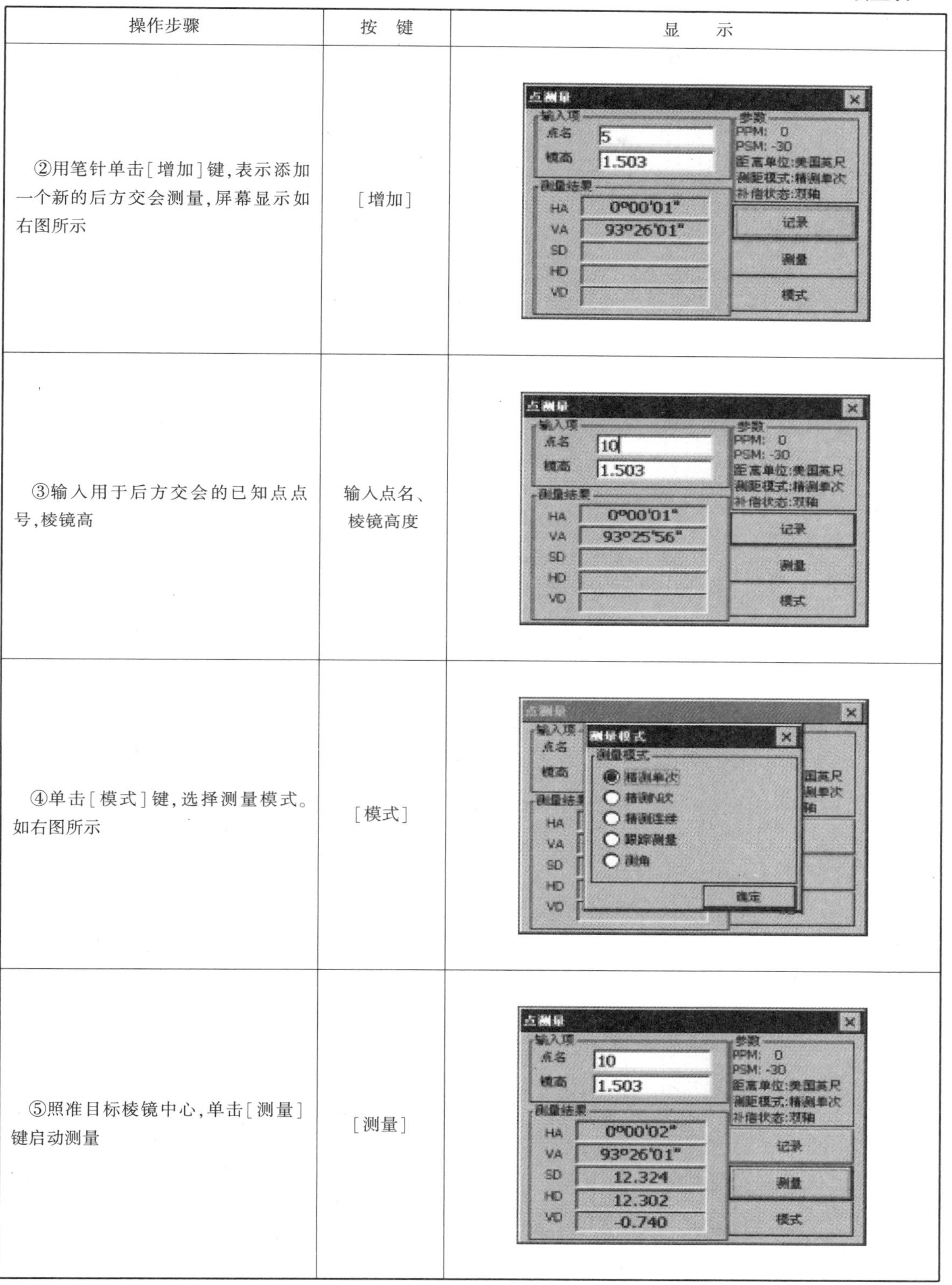

操作步骤	按　键	显　　示
②用笔针单击[增加]键，表示添加一个新的后方交会测量，屏幕显示如右图所示	[增加]	
③输入用于后方交会的已知点点号，棱镜高	输入点名、棱镜高度	
④单击[模式]键，选择测量模式。如右图所示	[模式]	
⑤照准目标棱镜中心，单击[测量]键启动测量	[测量]	

续上表

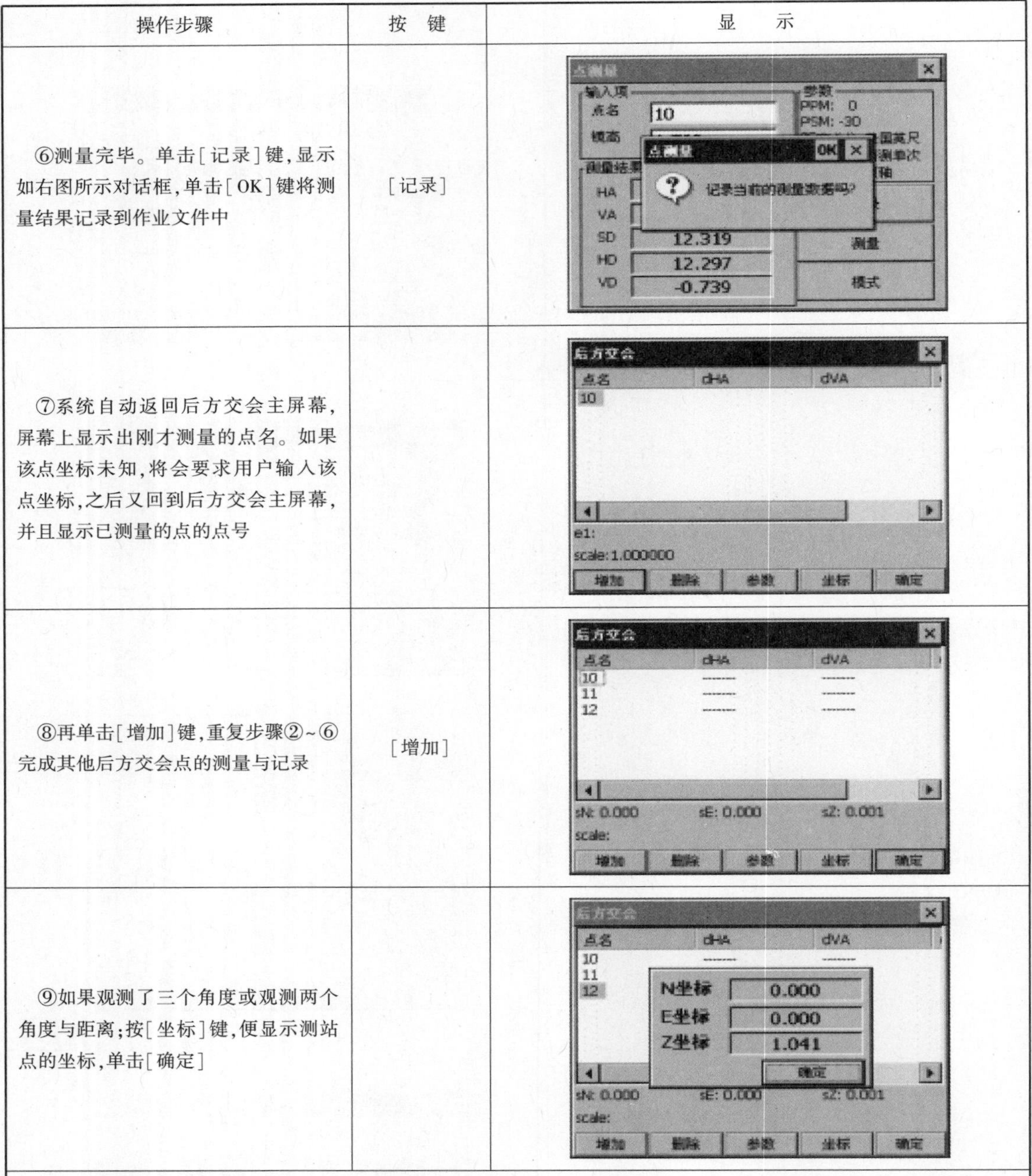

操作步骤	按　键	显　　示
⑥测量完毕。单击[记录]键,显示如右图所示对话框,单击[OK]键将测量结果记录到作业文件中	[记录]	
⑦系统自动返回后方交会主屏幕,屏幕上显示出刚才测量的点名。如果该点坐标未知,将会要求用户输入该点坐标,之后又回到后方交会主屏幕,并且显示已测量的点的点号		
⑧再单击[增加]键,重复步骤②~⑥完成其他后方交会点的测量与记录	[增加]	
⑨如果观测了三个角度或观测两个角度与距离;按[坐标]键,便显示测站点的坐标,单击[确定]		

1. 在屏幕下方将显示测站点的($e1$)互差或N、E、Z方向上(sN,sE,sZ)的标准差。如果测量两点间的距离将显示互差。计算公式如下:

$$e1 = HD12(\text{实测值}) - HD12(\text{理论值})$$

$HD12$ 表示第一点和第二点之间的平距

2. 如果测量了三点或更多点的距离或四点或更多点的角度,便显示标准差而不显示互差。显示的残差数据取决于参数的选择;一般来说,不好观测的残差大,可以通过箭头键移动光标到该数据处按[删除]键,删除该记录;该记录便从表中清除,测站点的坐标,标准差或互差和其他观测值的残差将会自动重新计算

● 通过单击[参数]键可选择后方交会计算中的参数,屏幕显示如图 4-29 所示。

● 可以选择是否计算测站点的高程、比例因子、后视方位角;此外还可以选择是否存储计算的比例因子或存储标准偏差的测量成果。

● 设置完毕,单击[确定]便返回后方交会主屏幕,存储改变的模式、存储重新计算测站点坐标、残差和需要的参数。

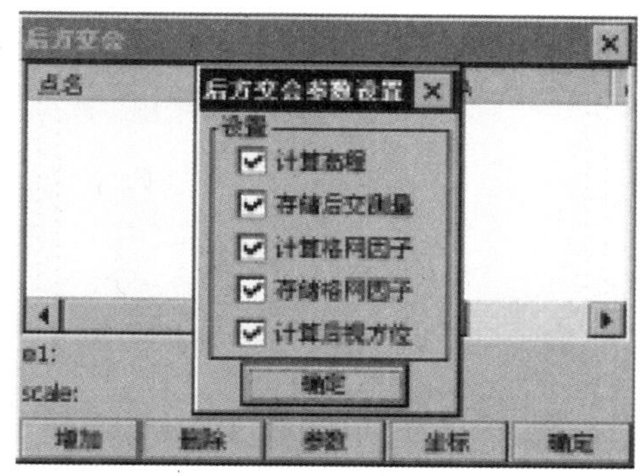

图 4-29　后方交会参数设置

在后方交会主屏幕中单击[确定]或按[ENT]键,将退出后方交会并存储测站点的坐标,如果在参数设置中"存储后交测量"为选择状态,就可存储已观测过并显示在框中的测量成果。

如果在参数设置中"计算后视方位"为选择状态,通过单击[确定]或按[ENT]键,便会计算并设置后视方位角,并退出后方交会主屏幕。

计算中会用到框中显示的全部测量数据。为了得到高精度的后视方位角应注意:

1)水平角的残差值应很小。

2)用户在退出后方交会主屏幕时不要改变水平角。测量可按任何顺序进行,后方交会主屏幕显示的点号和水平角将一起被存储在内存中。当用三点进行角度后方交会时,应考虑危险圆。

如图 4-30 所示,如果 $P1$、$P2$、$P3$ 和测站点在同一圆上,则不计算测站点坐标。如果测站点靠近 $P1$、$P2$、$P3$ 点所形成的圆,也不计算测站点坐标。

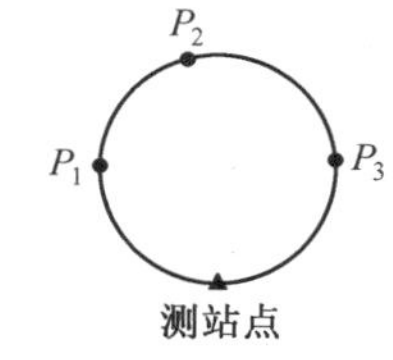

图 4-30　后方交会圆

3)在后方交会计算中残差可用来剔除精度低的观测值;若观测值点少或观测点的几何关系不好,则一个精度低的观测值将影响几个的残差。

4)残差的单位和测量数据的单位相同,而水平角和垂直角的残差总是以小数表示。如 3°49′50″,显示为 3.4950。

5)如果计算出的比例因子不在 0.9~1.1 范围内,则显示"不计算测站点坐标"。

6)在后方交会中同一点可以进行多次观测,在这种情况下,该点后面显示一个星号"＊",计算中采用该点测量的平均值。

7)表 4-28 中表示显示的是哪一种残差。

ΔH_A 表示水平角残差 ,ΔV_A 表示垂直角残差 ,ΔS_D 表示斜距残差。

表 4-28　残差的测量模式

	计算高程:开	计算高程:关
测量模式:HA/VA/SD　ΔH,	ΔV,ΔSD	ΔH
测量模式:HA/VA　ΔH,	ΔV	ΔH

注:显示哪一种残差取决于测量模式和是否计算高程。

6. 横断面测量

横断面测量先将全站仪架设在视野开阔处,通过两个已知坐标点,用后方交会的方法测量出置镜点的平面坐标和高程（如图 4-31），并将测站点和后视点的大地坐标转换成施工坐标，把转换后的坐标输入到全站仪的坐标程序中，里程输入到 N 坐标中，距中线距离输入到 E 坐标中，高程输入到 Z 坐标中。横断面测量用于测量横断面上的点，并将数据按照桩号、距离、高程的格式输出。横断面测量的操作类似于中视测量。任何一横断面都必须有一条中线，用于计算桩号和距离。

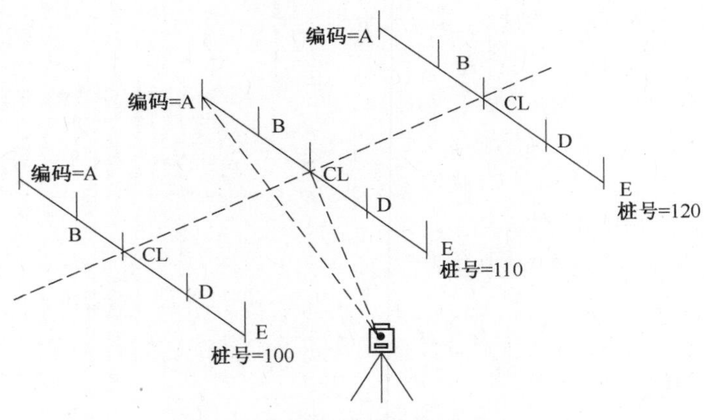

图 4-31 横断面测量

横断面测量的操作步骤见表 4-29，请先设置好测站点和后视方位角。

表 4-29 横断面测量

操作步骤	按 键	显 示
①在[记录]菜单中单击[横断面测量]，弹出如右图所示对话框。输入中心线的编码和串号，并单击[确定]	[横断面测量] 输入中心向的编码和串号	
②开始横断面测量。先测量中心线上的点，输入中心线的编码（这里的编码必须和上一屏幕的编码一样，程序会自动识别这是进行中心线测量）。单击[测量]键进行测量	[测量]	

续上表

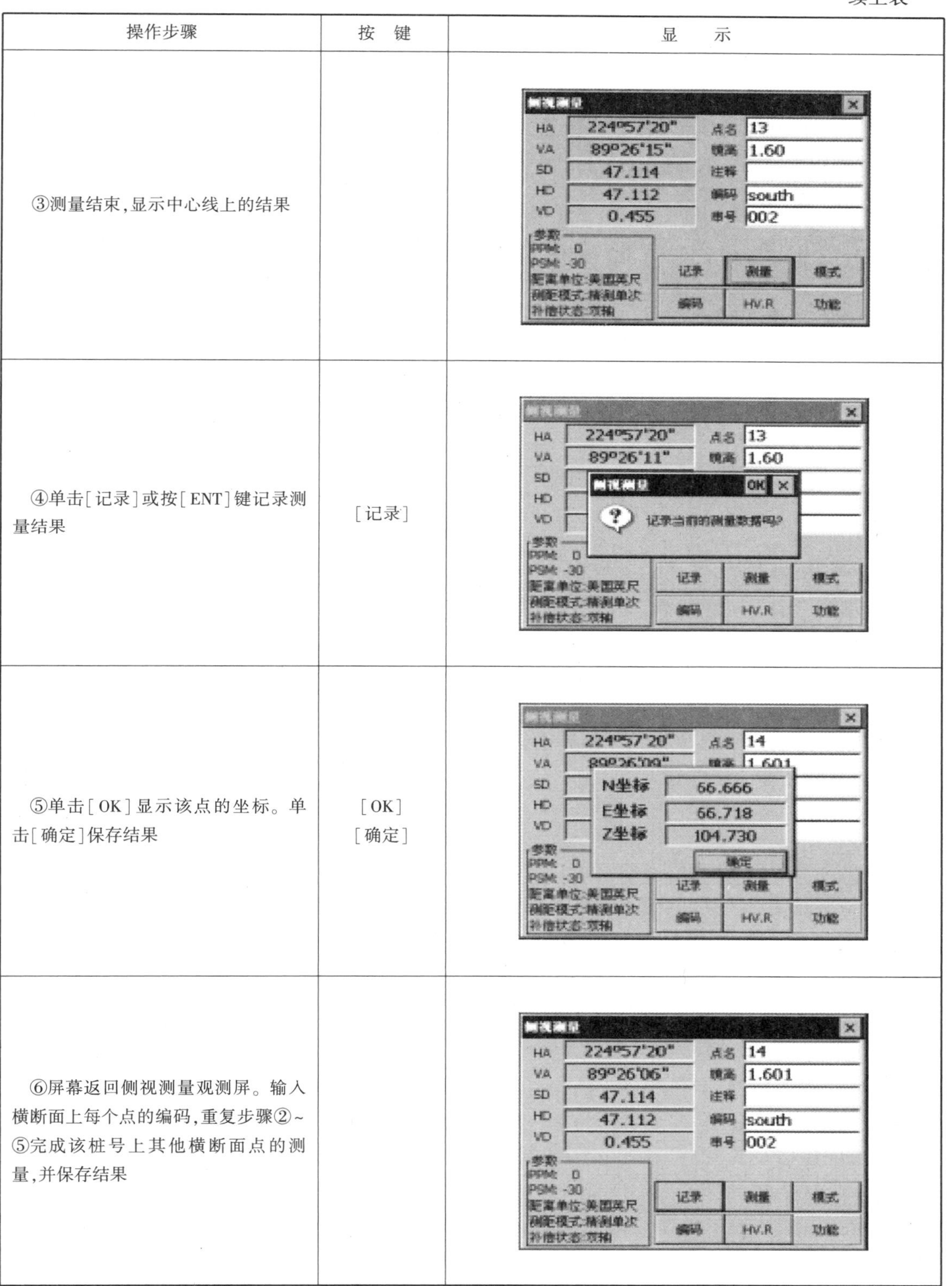

操作步骤	按 键	显 示
③测量结束,显示中心线上的结果		
④单击[记录]或按[ENT]键记录测量结果	[记录]	
⑤单击[OK]显示该点的坐标。单击[确定]保存结果	[OK] [确定]	
⑥屏幕返回侧视测量观测屏。输入横断面上每个点的编码,重复步骤②~⑤完成该桩号上其他横断面点的测量,并保存结果		

续上表

操作步骤	按　键	显　　示
⑦当采集完该桩号上的所有横断面点时，单击侧视测量右上角的[×]，弹出如右图所示对话框。输入以上横断面的桩号（第一个横断面的桩号必须手工输入，随后的横断面桩号可以进行计算）		侧视测量 HA 229°30'34"　点名 18 VA 89°26'14"　镜高 1.601 SD HD VD 输入桩号 桩号 0 确定 参数 PPM: 0 PSM: -30 距离单位:美国英尺 测距模式:精测单次 补偿状态:双轴 记录　测量　模式 编码　HV,R　功能
⑧继而弹出中心线编码、串号输入对话框。单击[确定]接收同样的编码，也可输入新的编码。 单击"[×]"则退出横断面测量记录功能	[确定]	工程　记录　编辑　程序 工程信息 当前工程: default.npj 横断面测量 CL 编码 south 串号 002 确定 标准测量程序
⑨重复步骤②~⑧完成其他桩号上的横断面点的测量		侧视测量 HA 229°53'23"　点名 18 VA 89°26'11"　镜高 1.601 SD　注释 HD　编码 south VD　串号 002 参数 PPM: 0 PSM: -30 距离单位:美国英尺 测距模式:精测单次 补偿状态:双轴 记录　测量　模式 编码　HV,R　功能

注：每个横断面的最多点数为 60。自动显示的桩号由其测站到中心的平距计算而得。

三、启动标准测量程序

在全站仪功能主菜单上，单击"标准测量"键，进入标准测量程序。屏幕显示如图 4-32 所示，标准测量程序的主要特点是：

1. 多个作业文件

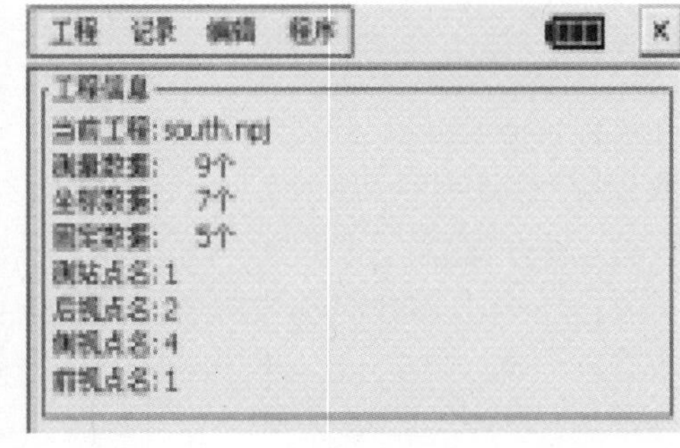

图 4-32　标准测量程序

标准测量程序对原始数据、坐标和字符串分别使用带作业名的相应文件。对每一作业，数据存储在指定文件中，包括原始数据、坐标和字符串。作业名可用字母和数字构成，在仪器中，可设置多个作业。要存储数据，可建立一个新的作业，可以打开一个已存在的作业文件,也可删除某些作业文件。

2. 导线和地形测量记录顺序

后视和前视观测选择项中,用户可以任何顺序记录导线或多次观测值。前视和后视的多次观测值可取平均值。

极坐标选择项既可进行地形测量的数据采集,也可以将导线测量与地形测量组合起来采集。

3. 目标偏心测量

单一偏差选择项可由一个功能键启动,并可手工输入垂直偏差或计算偏差,包括由第二个角度读数获得的悬高。

4. 点的坐标和字符的产生

坐标可实时地按可选存储方式产生。存储的坐标可调用为测站坐标和用于后视(起始)方位的计算。

5. 水平度盘设置

后视方位角可由坐标计算或手工输入并设置在仪器中。

6. 固定点坐标库

各个固定点坐标库可由各作业提供经常要用到的坐标。固定点坐标可手工输入或由计算机转存。

7. 点编码库

点编码可在库文件中选择。

8. 编辑和删除数据

原始数据、点的坐标(测站、后视、放样、控制等)和编码可在全站仪中进行编辑和删除。

9. 点的放样

标准的放样程序计算方位角和距离,并在每次放样测量后显示被测点到放样点的偏差。放样点的坐标可以存储并且偏差可存储在填/挖文件中。

注意:计算放样距离时,将用到设置功能中定义的比例因子。可以对各种坐标系中的点进行放样。

10. 串放样

点的放样可按串(点的编码)进行,并允许对由设计程序确定的一条线上的一组点进行放样。

11. 道路放样

可以根据道路设计确定的桩号和偏差来对设计点进行放样,详见道路定线设计。

12. 导线平差

可以通过输入起始点、终止点和由前视观测确定的中间点,用 Bowditch 配赋法进行导线平差,参照导线平差。

13. 后方交会

可由若干已知点来计算测站点坐标。计算方法取决于可用的数据,至少需要观测两个点的角度和距离,或观测三个点的角度。当观测的点数多于三个时(最多可观测十个点),则可使用最小二乘法进行平差。

注意:计算放样距离时,将用到【系统设置】功能中定义的比例因子。

14. 测站点的高程计算

通过观测一个已知点来确定(反算)测站点的高程。

15. 前方交会

坐标也可从两个已知点观测方位角或距离来计算。

16. 坐标反算

通过两个已知点来计算方位角和距离。注意在计算距离时要用到在【设置】菜单中定义的比例因子。

17. 面积计算

通过点编码定义的一系列坐标点来计算面积。

18. 极坐标计算

可通过输入方位角和距离来计算点的坐标。

19. 对边测量

两点之间的斜距、平距和垂距可自动计算。

20. 龙门板标识

在建筑工地进行放样程序。如果两点不能放样,龙门板可以放置在附近。两放样点连线和龙门板的交点可以找到。

21. 钢尺联测

钢尺联测是用全站仪和钢尺结合起来测量,这在快速测量一物体时很有用。

四、数据导出/导入

1. 数据的导出

测量数据、坐标、填挖数据和横断面数据可以输到指定的路径下。操作步骤见表 4-30。

表 4-30　数据导出表

操作步骤	按　键	显　示
①在工程菜单中单击[数据导出]	[数据导出]	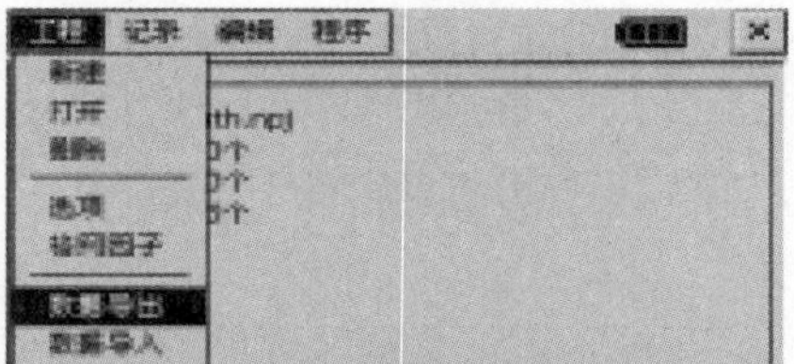 工程　记录　编辑　程序 新建 打开 删除 选项 比例因子 数据导出 数据导入 最近工程 ▸ 退出 th.npj 0个 0个 0个 标准测量程序
②在系统弹出的对话框中,用笔针单击需导出的数据类型,并单击[导出]或按[ENT]键	[导出]	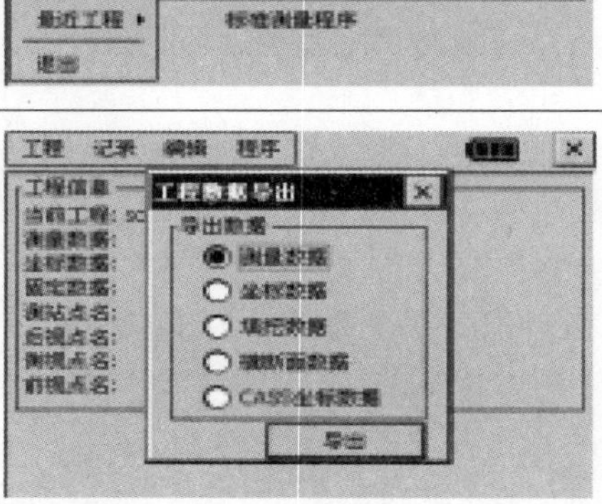 工程　记录　编辑　程序 工程信息 当前工程: SC 测量数据: 坐标数据: 固定数据: 测站点名: 后视点名: 测视点名: 前视点名: 工程数据导出 导出数据 ◉ 测量数据 ○ 坐标数据 ○ 填挖数据 ○ 横断面数据 ○ CASS坐标数据 导出

续上表

操作步骤	按　键	显　　示
③选择导出文件的保存位置。在名称栏输入文件名		
④单击[OK]数据被导出到指定位置,并返回到标准测量程序主菜单	[OK]	

2. 数据的导入

用于放样的坐标文件、固定点库文件、编码库文件以及用于放样的定线和横断面文件应先在电脑上编辑并保存后,拷贝到全站仪中,再使用导入功能。操作步骤见表 4-31。

表 4-31　数据导入表

操作步骤	按　键	显　　示
①在工程菜单中单击[数据导入]	[数据导入]	
②选择需导入的数据类型,并单击[导入]或按[ENT]键	[导入]	

续上表

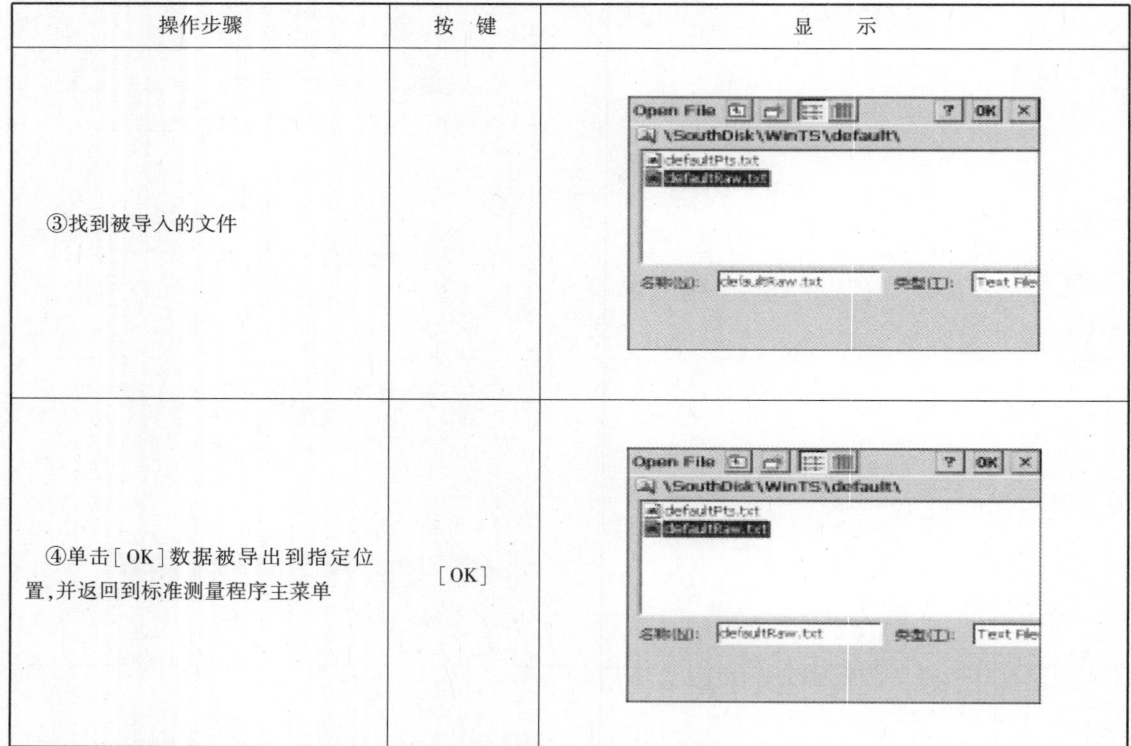

操作步骤	按　键	显　　示
③找到被导入的文件		
④单击[OK]数据被导出到指定位置,并返回到标准测量程序主菜单	[OK]	

(1)水平定线数据:装入用于道路设计放样的水平定线数据。一组水平定线数据只能有一个起始点,否则出错。

(2)垂直定线数据:装入用于道路设计放样的垂直定线数据。

(3)横断面数据:装入用于道路设计放样的横断面设计数据文件,装入的横断面设计数据不能进行编辑或传输。

项目五　测量机器人

【项目描述】

测量机器人也就是自动电子全站仪,可自动寻找并精确照准目标,像机器人一样对成百上千个目标作持续和重复观测,具有在线、灵活、高效等特点。

测量机器人优势是显而易见的,它的发展和使用,在一定程度上改变了我们的工作方式,大大提高了生产效率。目前测量机器人广泛应用于自动变形观测、精密轨道测量与监测、自动引导测量、自动扫描测量、精密工程控制网测量等领域。

【相关知识】

测量机器人,又称智能全站仪、自动全站仪,是在普通全站仪的基础上,采用伺服电机驱动和其他光电技术,使仪器具有自动寻找目标和自动调焦的性能,从而实现观测过程的自动化。它是一种集自动目标识别、自动照准、自动测角与测距、自动目标跟踪、自动记录于一体的测量平台。

一、技术组成及用途

测量机器人的技术组成包括：坐标系统、操纵器、换能器、计算机和控制器、闭路控制传感器、决定制作、目标捕获和集成传感器等八大部分。

1. 坐标系统

坐标系统为球面坐标系统，望远镜能绕仪器的纵轴和横轴旋转，在水平面 360°、竖直面 180°范围内寻找目标。

2. 操纵器

作用是控制机器人的转动。

3. 换能器

可将电能转化为机械能以驱动马达运动。

4. 计算机和控制器

功能是自始至终操纵系统、存储观测数据并与其他系统接口，控制方式多采用连续路径或点到点的伺服控制系统。

5. 闭路控制传感器

将反馈信号传送给操纵器和控制器，以进行跟踪测量或精密定位。

6. 决定制作

主要用于发现目标，如采用模拟人识别图像的方法(称试探分析)或对目标局部特征分析的方法(称句法分析)进行影像匹配。

7. 目标捕获

用于精确地照准目标，常采用开窗法、阈值法、区域分割法、回光信号最强法以及方形螺旋式扫描法等。

8. 集成传感器

包括采用距离、角度、温度、气压等传感器获取各种观测值。由影像传感器构成的视频成像系统通过影像生成、影像获取和影像处理，在计算机和控制器的操纵下实现自动跟踪和精确照准目标，从而获取物体或物体某部分的长度、厚度、宽度、方位、二维和三维坐标等信息，进而得到物体的形态及其随时间的变化。

有些测量机器人还为用户提供了一个二次开发平台，利用该平台开发的软件可以直接在全站仪上运行。用户根据自身业务特点设计专用的作业程序，可实现测量过程、数据记录、数据处理和报表输出的自动化。

二、常规注意事项

在使用仪器之前，务必检查并确认该仪器各项功能运行正常。

1. 不要将仪器直接对准太阳

将仪器直接对准太阳会严重伤害眼睛。若仪器的物镜直接对准太阳，也会损坏仪器。为此，建议使用太阳滤光镜以减弱这一影响。

2. 将仪器架设到脚架上

在架设仪器时，若有可能，请使用木脚架。使用金属脚架时可能引起的振动会影响测量精度。

3. 安装基座

若基座安装不正确,也会影响测量精度。请经常检查基座上的调节螺旋,并确保基座连接照准部的螺杆是锁紧的。基座上的中心固定螺旋旋紧。

4. 使仪器免受振动

当搬运仪器时,应进行适当保护,使振动对仪器造成的影响降到最小。

5. 提仪器要点

当提仪器时,请务必抓住仪器的手把。

6. 高温环境

不要将仪器放在高温环境中的时间过长,否则会影响仪器的性能。

7. 温度突变

仪器或棱镜的温度突变会引起测程的缩短,如将仪器从热的汽车中取出,这时应将仪器放置一段时间使之适应环境温度,再开始测量。

8. 电池检查

在作业前请确认电池中所剩容量。

9. 内存保护

仪器中有一内藏电池用于内存保护。若该电池容量低,就会显示"Back up battery empty"。这时请与代理商、维修站联系更换该电池。

10. 取出电池

建议当处于仪器开机状态时不要取出电池。否则,所有存储的数据可能会丢失。正确操作为仪器关机后安装和取出电池。

11. 关于内存数据的责任

拓普康公司对因意外而引起的内存数据的丢失概不负责。

12. 电池盖

在使用 GTS-900A/GPT-9000M 之前盖紧电池盖。如果电池盖没有完全盖紧,无论使用电池还是外接电源,GTS-900A/GPT-9000M 不会正常工作。当 GTS-900A/GPT-9000A/GPT-9000M 在操作过程中电池盖被打开,操作会自动暂停。

13. 关闭电源

当关闭电源时,请确认关闭 GTS-900A/GPT-9000A/GPT-9000M 的电源开关。不要直接取掉电池来关闭电源。

当使用外接电源时,不要使用 GTS-900A/GPT-9000A/GPT-9000M 的外接电源开关来关机。如果没有遵循上述的操作注意事项,下次打开电源时,必须要重启 GTS-900A/GPT-9000A/GPT-9000M。

14. 外接电源

仅使用推荐的电池或者外接电源。若不使用推荐的电池或外接电源可能会导致仪器不能使用。

三、徕卡几款典型测量机器人

目前,我国工程建设领域中使用的测量机器人主要是瑞士徕卡(Leica)的产品,日本拓普康(Topcon)公司的测量机器人在一些工程项目上也得到了应用。下面介绍几款典型测量机器人。

1. 徕卡 TCA2003 测量机器人

徕卡 TCA2003 测量机器人如图 4-33 所示，是徕卡测量系统于 1998 年推出市场的世界上第一台带有目标自动照准功能的全自动全站仪，开始被称作“测量机器人”，测角精度为 0.5″，测距精度 1 mm+1×$10^{-6}D$。

徕卡 TCA2003 测量机器人从 1999 年进入中国市场开始，先后在大型水电站和水利枢纽大坝、地铁隧道和基坑、核电站和大型锅炉等工业现场高精度测量及自动化监测项目中投入使用，并收到良好的工程应用效果，得到众多用户的赞许。此后，徕卡 TCA2003 测量机器人在浦东磁悬浮、卢浦大桥、青藏铁路、武广高速铁路、国家大剧院、“鸟巢”、广州电视台发射塔等一批国家重大工程和特殊建筑物建设项目中得到应用。

2. 徕卡 TM30 精密测量机器人

徕卡 TM30 精密测量机器人如图 4-34 所示，是徕卡 TCA2003 测量机器人的换代产品，其主要特色有：

图 4-33　徕卡 TCA2003 测量机器人

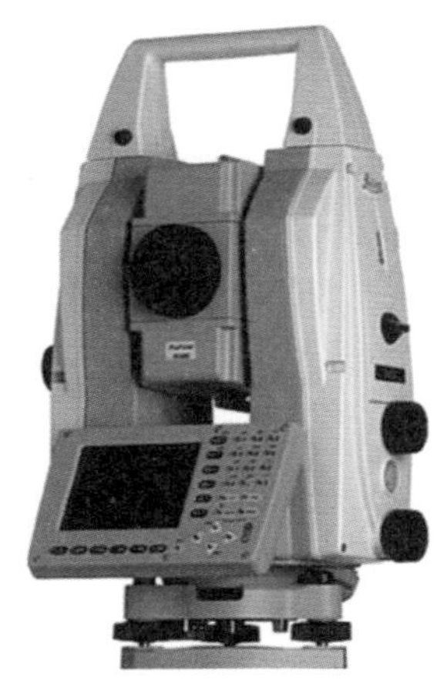

图 4-34　徕卡 TM30 精密测量机器人

(1)精确、高速、低噪声

徕卡 TM30 精密测量机器人测角精度为 0.5″，有棱镜测距精度为 0.6 mm+1×$10^{-6}D$，无棱镜测距精度为 2 mm+2×$10^{-6}D$。徕卡 TM30 精密测量机器人使用压电陶瓷驱动技术，使仪器不仅转速快而且噪声低。

(2)坚实、可靠

当建筑物和自然地物需要连续实时的安全监测时，徕卡 TM30 精密测量机器人可满足 24 h×7 d 每周不间断的监测任务要求，不受野外较大温差、风雨、沙尘天气的影响，更不受白天黑夜的限制。

防盗 PIN 码及键盘锁定功能可以防止未经授权的用户使用。没有正确的许可码，就不能正常使用仪器和修改数据，从而保证数据安全，降低他人干扰风险。

(3)智能、自动化

徕卡 TM30 精密测量机器人带有智能识别系统，集合了长距离自动目标识别技术、小视场技术、数字影像采集技术。长距离自动目标识别的测程可达 3 000 m 且精度可达到毫米级；小视场技术有效提高了 ATR 对棱镜的识别分辨力;数字影像采集技术可以实时监视测站环境。

智能识别系统让仪器快速准确锁定目标,通过程序控制,自动完成测量任务。测量数据实时显示并保存,也可通过数据电缆、电台、移动电话或因特网进行实时数据传输。

3. 徕卡 TS30 超高精度全站仪

徕卡 TS30 超高精度全站仪是徕卡公司最新推出的第 4 代产品。徕卡 TS30 超高精度全站仪如图 4-35 所示。

图 4-35 徕卡 TS30 超高精度全站仪

徕卡 TS30 超高精度全站仪的主要特点有:

(1)高精度

徕卡 TS30 超高精度全站仪测角精度为 0.5″,测距精度:棱镜模式为 $0.6\ \text{mm}+1\times10^{-6}D$,免棱镜模式为 $2\ \text{mm}+2\times10^{-6}D$,自动目标识别(ATR)定位精度为1 mm,是高精度全站仪的代表产品。

(2)动态跟踪

(3)自动目标搜索

(4)操作简单,功能强大

统一的 TPS 和 GNSS 操作平台使得用户能够轻松地在徕卡 TPS 和 GNSS 设备上进行快速切换。此外,灵活的输入输出方式方便 Smanworx、LGO 和其他软件之间实现数据流通。

(5)较长的免维护期

徕卡 TS30 超高精度全站仪不受野外较大温差、风雨、沙尘天气的影响,抗恶劣环境能力强,具有较长的免维护期。

(6)成熟的产品组合

徕卡 TS30 超高精度全站仪不仅是一台全站仪,更是徕卡测量全面解决方案中的一个重要成员。徕卡 TS30 超高精度全站仪和 System1200 的附件可以完全兼容,为用户提供了更好的灵活性及可扩展性。

(7)自动化的单人测量系统

配合徕卡 360°棱镜协同作业,徕卡 TS30 超高精度全站仪能在远程遥控模式下使用人性化设计的手簿实现单人测量。

(8)GNSS 扩展功能:与 GNSS 组合使用

嵌入 GNSS 智能天线的徕卡 TS30 超高精度全站仪可以直接获取测站坐标,而且整合 GNSS 智能天线和棱镜后组成的镜站仪能够实现快速设站和定向。徕卡 TS30 超高精度全站仪扩展了 GNSS 的应用,从而提高了作业效率。

四、拓普康几款典型测量机器人

1. 拓普康 GTS-900A/GPT-9000A 系列测量机器人

拓普康 GTS-900A/GPT-9000A 系列测量机器人(图 4-36),是拓普康家族的新成员,是世界第一台 WinCE 测量机器人,集中了拓普康成熟而先进的光电仪器设计制造技术,品质卓越,性能非凡，是当今最好的测量机器人系统之一。

采用 XTRAC 跟踪技术，超长距离（大于 1 000 m）自动跟踪、自动照准范围，15°/s 最大自动跟踪速度；自动照准更准确快捷，降低外业强度，提高工作效率，保证测量精度。

高级的系统设计。WinCE 操作系统，革新的无线设计，彩色触摸屏，新型超快速伺服马达驱动（85°/s），无干扰的测量机器人数据通信技术。

优秀的计算机单元及多种数据通信手段，6′大范围倾斜补偿，适应更多的复杂环境，增强型电池容量（5000mAh），外业无忧。独特的单人测量系统，配置了拥有最新移动科技的新型 FC-250 野外控制器。

图 4-36　拓普康 GTS-900A 测量机人

GPT-9000A 提供世界上最长的无棱镜激光测距，这是拓普康 XTREME 第三代无棱镜测距技术的傲人成果。2 000 m（柯达白）的无棱镜测程确保了可以测量 350 m 范围内的任何颜色、任何材质的目标，并且采用最安全的一级激光。主要特点为：

（1）WinCE 全站仪的操作界面可视化技术

1）WinCE 操作系统：多线程、多任务的嵌入式操作系统；Windows 桌面技术，图形界面；方便的数据存储和共享；开放式系统，便于二次开发；广泛的应用于 PDA 市场、Pocket PC、工业控制、Smartphone 和医疗等领域。

2）WinCE 二次开发：隧道断面测量软件 TOPTunnel；武汉大学测绘学院金球软件——实现内外业一体化（图 4-37）；云维集团工业；中铁四院外业常规测量软件——应用于导线测量，道路测量，断面测量（图 4-38）。

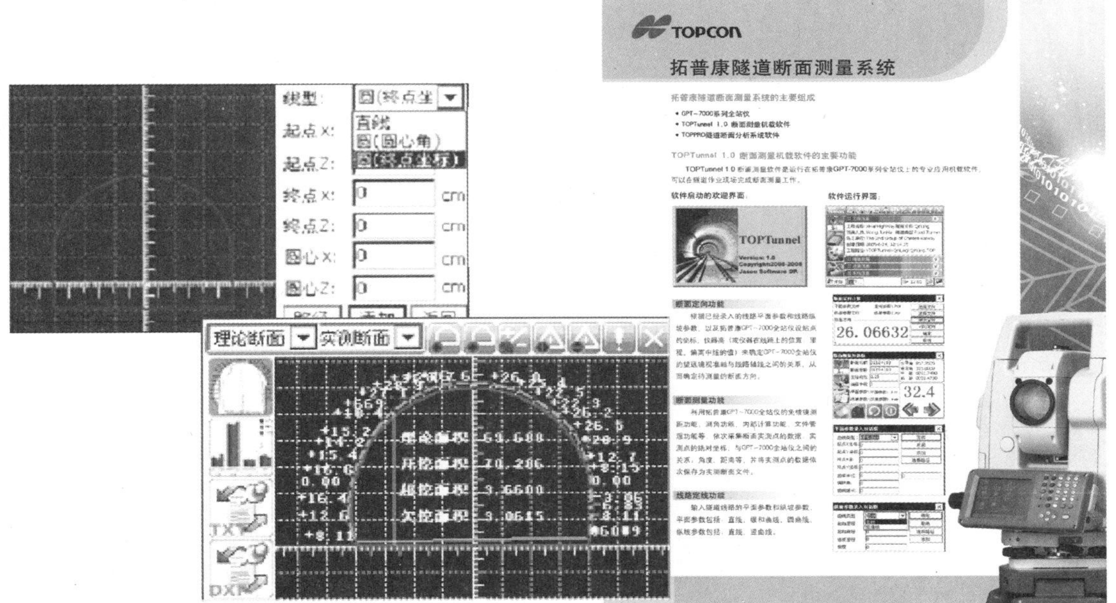

图 4-37　拓普康隧道断面测量系统

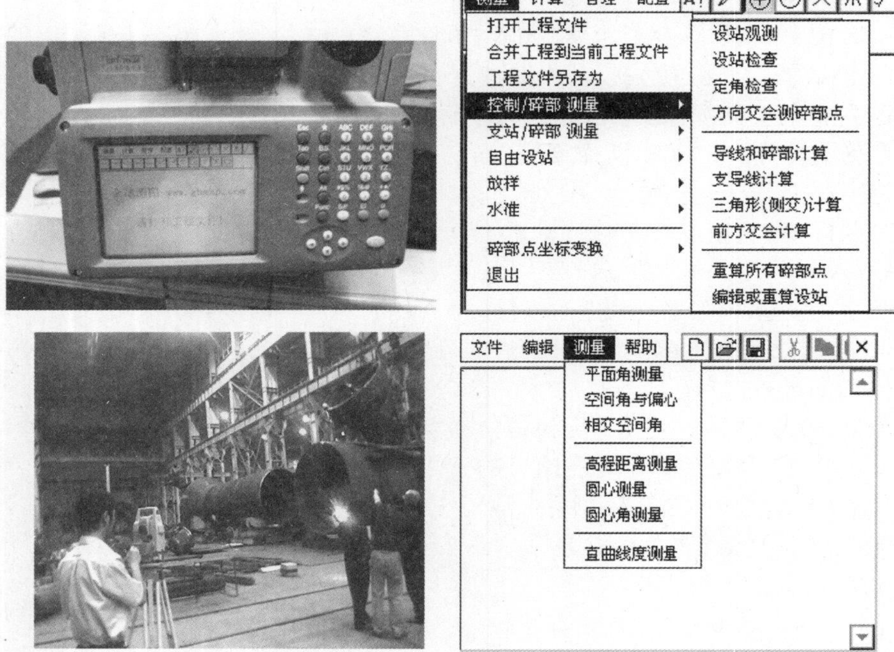

图 4-38 外业常规测量软件

总之,WinCE 二次开发具有方便而强大的二次开发功能;丰富的应用软件,强大的可扩充性;外业数据采集图形化,实现数字测图;无限拓展全站仪的测量视野。

(2)2 000 m 长测程无棱镜测距

1)激光安全等级的分类及特点

第一级:在正常操作情况下,不会产生对人有伤害的光辐射。

第二级:其辐射范围在可见光谱区,其 AEL 值相当于在第一级产品的辐射中暴露 0.25 s 时的值。该级产品需要附加警告标记,进行安全测试。

第三级:分成 3a 与 3b 两级。3a 级别对于具有对强光正常躲避反应的人来说,不会对裸眼造成伤害,但是对于通过使用透镜仪器进行观察的情况,就会对人眼造成伤害。3b 裸眼直视就会造成意外伤害,对其管理及控制要比第二级严格。3R 激光介于 2 类激光和 3b 激光之间。

拓普康 GTS-900A/GPT-9000A 系列测量机器人在长测程无棱镜测距中采用一级激光,使外业作业过程更安全。

2)更加准确的测量结果——50 m 光斑比较,如图 4-39 所示。

3)自动化测量

自动照准——只需按键,仪器就能自动照准棱镜中心。这样既可降低外业强度,又无人工照准误差,可保证精度。

自动跟踪——自动跟踪棱镜的移动,保持测量状态。这样无需重新搜寻目标、调焦照准,始终保持照准状态。仅仅在有棱镜模式情况下才可能进行自动跟踪,如图 4-40 所示。

2. 拓普康 GPT-7000i 图像全站仪

拓普康 GPT-7000i 图像全站仪是将数码相机内置到全站仪内,并且是广焦和长焦两台相机。实现了全站仪测量和数字摄影测量的结合,同时在摄影测量应用之外,为实际测量带来了

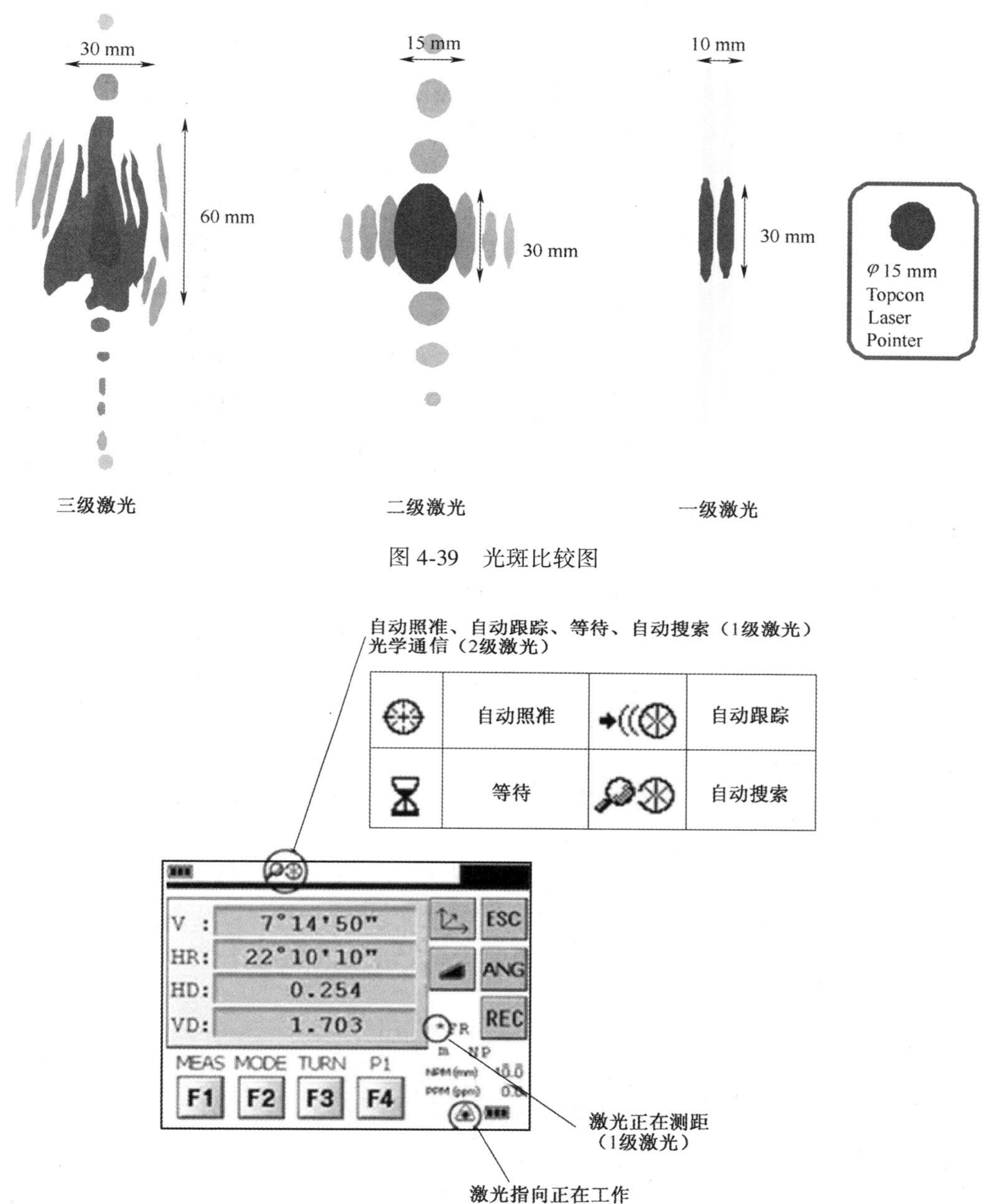

图 4-39　光斑比较图

图 4-40　测量自动化功能

实实在在的创新和便利。拓普康 GPT-7000i 图像全站仪是世界上第一台 WinCE 图像全站仪（图 4-41），相应的机载测量软件和后处理软件与硬件一起构成了一个全新系统，为我们带来了一种新的测量方式和体验。而目前还没有与之类似的其他产品出现，因此，GPT-7000i 可谓是“独一无二”。

（1）主要性能指标

1）CCD 相机：30 万像素。广角镜头：$f=8$ mm。取景器镜头：$f=248.46$ mm。

2)距离测量:*NP* 为 1.5~2.50 m,3 000 m(单棱镜)。

3)测量精度:*P* 为±5 mm,*P* 为±(2 mm+2 ppm)(25 m+)。

4)N 激光级别:一级。

5)Windows CE:Microsoft Windows CE. NET 4.2。

6)内存:128M RAM。

7)屏幕:QVGA TFT 彩色液晶显示器。

8)应用软件:

①机载软件:TopSurv;影像辅助测量;影像辅助放样;Field Orientation。

②后处理软件:PI-3000;影像 3 维测量。

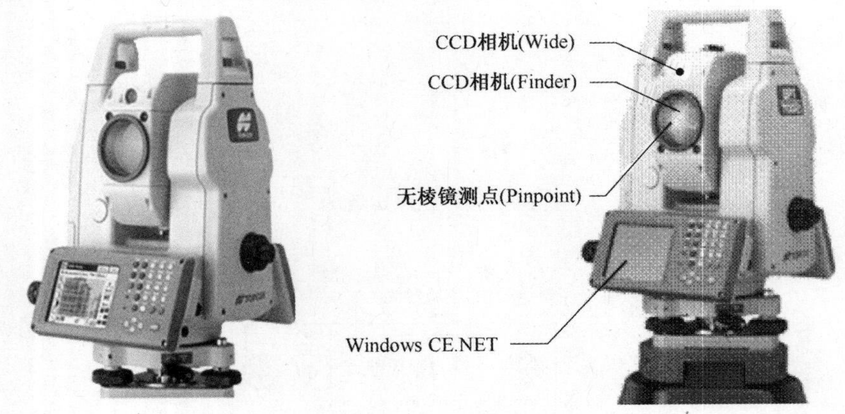

图 4-41　拓普康 GPT-7000i 图像全站仪结构图

(2)主要特点

1)可视化外业

已测点将在全站仪 LCD 取景器上标记出来,外业流程变得可视化,更易于理解和整体把握;放样时,输入到仪器里的设计点也会在屏幕上标记出来,方便目标寻找,定位更加简便快捷,有“视”无恐。

2)数字做主,影像为证

测点间同步记录影像,能够减轻甚至减免外业草图工作,提高外业效率,方便内业检查,同时图片可存档备查,也可作为 GIS 图片数据;在特殊领域,如在交通事故中,图片可作为证据,将外业时空永久保存。

3)真正无接触测量

有些测量中,需要在目标上布设控制点,例如近景摄影测量,而对于陡峭岩壁、滑坡这样的目标,布设标志点则很困难甚至是无法实现的。GPT-7000i 长焦相机主光轴和望远镜视准轴同轴,测点时可同时获得点的影像信息,配合广角影像就可以方便识别外业测量,相当于在目标上做了标记,GPT-7000i 利用影像标定控制点,是无接触测量的一个很好的解决方案。有些情况下,可以减免外业专门布设控制点的麻烦,降低劳动强度。

4)三维建模

利用 GPT-7000i 进行三维建模分为简单和高精度两种模式,均采用摄影测量方法。简单模式下利用 7000i 的影像进行三维建模,而高精度模式需要高分辨率数码相机的参与,GPT-

7000i 影像则起到了标定控制点的独特作用,实现真正的无接触测量。两种模式都在后处理软件 PI-3000 中实现三维建模。

(3)使用 GPT-7000i 拍摄的广角影像进行三维测量

利用影像全站仪进行近景摄影测量在世界上还属于领先地位,更多功能与发展方向还有待于开发和利用,其优点必定使其应用前景越来越广阔。

1)简单测量模式

图像全站仪分别安置在两个测站上对准目标进行摄影,获得一个立体像对。由于已知方位元素,可以对此立体像进行立体量测无需定向(相当有 POS 数据),适用于低精度测量。

2)高精度测量模式

使用数码相机拍摄的影像和 PI-3000 进行三维测量,GPT-7000i 作为测量工具进行野外定向。适用于高精度、高密度测量,如图 4-42 所示。

①系统中需要另一台大幅面的数码相机,用于测绘(摄影测量);

②全站仪的作用是测量像控点的坐标影像(X,Y,Z);

③Finder 相机记录像控点的位置(影像)。

图 4-42　高精度测量模式

(4)应用数字影像三维建模工作站 PI-3000 进行数字三维建模的特点及应用前景

PI-3000 所处理的数据包括:7000i 的数据(测量数据——影像)和数码相机获得的影像(或含测量数据)。

1)PI-3000 功能特点为点线自动量测;

2)TIN 格网模型;

3)自动纹理贴图;

4)体积/面积/距离量算;

5)自动等高线、断面图生成;

6)正射影像制作;

7)三维建模生成、交互;

8)广泛的数据格式支持(DXF,CSV,VRML)。

9)应用前景

①三维场景建模和可视化

首先通过无棱镜模式对若干像控点进行测量,然后使用数码相机对目标区域进行拍照,把数码相机和 GPT-7000i 的数据传输到计算机中,通过 PI-3000 软件对测量影像进行配准,最后进行三维建模。

②土方计算

通过 GPT-7000i 进行数据采集,将数据传输到 PI-3000 软件进行土方的计算。

③古建筑遗产保护重建

古建筑遗产保护重建就是三维场景建模和可视化的一种应用。

④地形、地籍测量

目标被测点将在全站仪 LCD 取景器上标记出来,外业流程变的可视化,更易于理解和控制;放样时,输入到仪器里的设计点也会在屏幕上标记出来,方便目标寻找,定位更加简便快捷。

⑤工业测量

适用于大型设备的安装,通过免棱镜功能实现高精度的测量,减少了安装棱镜的麻烦,提高工作效率。

⑥滑坡监测(非接触测量)

通过免棱镜功能进行非接触测量,不但能够对滑坡进行监测,而且安全性有很大的提高。

⑦事故调查

进行交通事故的调查,通过全站仪进行位置测量并且留下影像数据。

3. 拓普康 IS—IMAGING STATION 影像型三维扫描全站仪

拓普康 IS—IMAGING STATION 影像型三维扫描全站仪(图4-43),是拓普康公司继 2003 年推出影像全站仪 GPT-7000i 之后,最新推出的一款集测量机器人、图像、视频、自动调焦、三维扫描及 2 km 无棱镜测距等功能于一身的三维影像工作站。

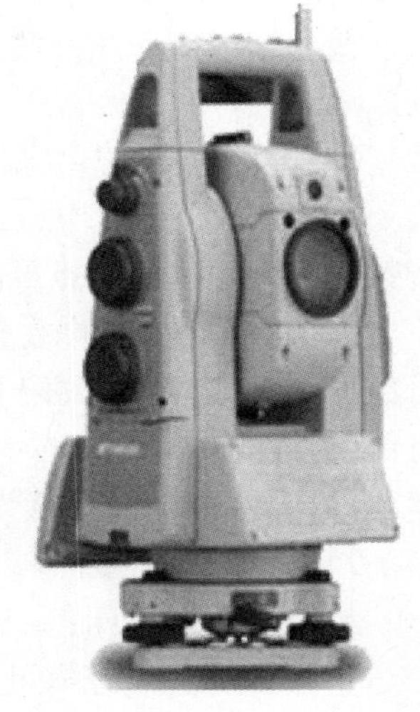
图 4-43　拓普康 IS 影像型三维扫描全站仪

(1)产品特点

1)Touch Drive 技术:即点即测,在屏幕上点击哪个目标,仪器就会自动转到相应位置。长焦镜头提供了和望远镜相同的放大倍率,通过长焦相机画面,利用“Touch Drive”技术就可以实现精确照准,和使用望远镜具有相同的效果。

2)远程视频控制:Image Master 通过 WLAN 卡实现 WiFi 通信,对 IS 实现影像和扫描的无线控制,遥控操作,现场如在身边。

3)影像辅助测量:观测的点都会在屏幕上标识出来,方便检查。当放样的点位于视场内,屏幕上就会出现特殊标记来提示放样点所在的位置,点击“放样”,仪器就会自动精确转到待放样点的正确方向上。

4)全新的扫描方式:

“特征扫描”——辅助扫描,这种方法自动通过区域影像来提取特征点,并进行测量。

“格网扫描”——高速扫描,通过高速的格网扫描来获得目标表面的 3D 数据,并通过 Topcon 的影像分析软件,来创建三维模型。

5)辅助调焦:仪器具有自动调焦功能,而辅助调焦旋钮也有助于在望远镜里获得清晰的视野。

6)利用影像测量倾角大的目标:对于倾角太大的目标,观测较为困难,有时必须要用弯管目镜,而 IS 让这个问题不复存在。

7)2 000 m 超长距离的免棱镜测距:IS 可以免棱镜测量 2 000 m 距离处的白色物体,可以免棱镜测量 500~800 m 距离处较暗的表面,如岩石或混凝土。

(2)配套软件

拓普康 IS 影像型三维扫描全站仪安装了高效的数据处理软件 Image Master,可以通过多种方式来处理影像、3D 数据或立体像对。Image Master 可以通过对立体像进行自动量测,从而生成 3D 模型。Image Master 在进行 3D 数据处理时,可以很容易生成等高线及断面图等成果。

(3)应用领域

IS 具备扫描功能,对于小区域高精度的地形可以方便地进行三维点云的扫描。

4. 拓普康 MS 系列精密三维测量机器人

拓普康 MS 系列全站仪,是以超精密三维自动化测量而著称的新型测量机器人,是拓普康家族的新成员。它们以独特的各项专利创新技术,提供了空前的 0.5″测角精度和亚毫米级测距精度,以及卓越的测量机器人智能一体化功能,代表着测绘、工程、建筑和三维工业测量等广大应用领域的最高水准。

MS 系列全站仪采用了三大最新的拓普康专利技术,IACS 测角技术、RED-tech EX 测距技术、多棱镜目标识别技术,并且具备三大特点,高精度、高性价比和自动化测量。

高精度无疑代表着 MS 系列全站仪最突出的优点所在,0.5″的测角精度更是完美的符合了最新出台的“测绘资质分级标准”中的要求;高性价比是它在同类全站仪中脱颖而出的必备条件,也是客户所看重的特点。

而强大的测量机器人自动化测量特性,为 MS 系列全站仪中的 MS05A/MS1A 所具备,装载了拓普康先进的电动驱动,可以实现包含自动跟踪、自动照准、智能识别、遥测控制等功能在内的自动化测量,极大提高了测量效率。

此外,MS 系列全站仪还具备隧道测量激光指示,LED 照明,Windows CE 操作系统,特殊的反射片功能,并包含无棱镜测量功能。

作为拓普康品牌的旗舰产品,MS 系列全站仪可应用于所有测量、建筑、土木、精密测量领域,可以为各种测量任务提供完美解决方案。MS 系列全站仪,开创了超精密三维自动化测量的新时代。

拓普康 MS 系列全站仪(图 4-44),是精密三维自动化测量的新型测量机器人。

(1)产品特点

1)0.5″/1″测角精度;

2)0.5 mm+1×$10^{-6}$$D$ 测距精度;

3)目标智能识别与自动照准;

4)隧道测量激光指示;

5)Windows CE 操作系统;

6)IP64 防尘防水保护。

(2)配套软件及应用领域系列

针对不同测量任务,拓普康 MS 系列全站仪提供了相应的解决方案。可应用于高速铁路建设、水利设施建设、船舶制造测量、隧道工程测量、桥梁工程测量、三维工业测量等多个领域。

图 4-44　拓普康 MS 系列精密三维测量机器人

【思考与练习题】

1. 普通全站仪有哪几种工作模式？

2. 仪器操作时应注意的事项有哪些？

3. 免棱镜测量时应注意什么？

4. 利用全站仪的坐标测量功能完成五边形 5 个顶点的坐标测量(已知的测站点的坐标及后视方位角由指导教师提供)。

5. 列举出几款测量机器人,并说出主要的技术性能指标。

单元五　全站仪在工程中的应用

【学习导读】随着计算机技术的不断发展与应用，以及用户的特殊要求与其他工业技术的应用，全站仪迎来了一个新的发展时期，出现了带内存、防水型、防爆型、电脑型等的全站仪。

全站仪已经达到令人不可致信的角度和距离测量精度，既可人工操作也可自动操作，远距离遥控运行也可在机载应用程序控制下使用，也可使用在精密工程测量、变形监测、几乎是无容许限差的机械引导控制等应用领域。

【学习目标】通过生产实践案例证明，使用全站仪可提高测量精度，减轻测量人员的劳动强度，提高工作效率，特别在大型工程施工使用具有明显的优势。全站仪是施工测量的一种现代化工具，以其强大的功能，突出的性能在工程中得到了广泛的应用。

1. 了解全站仪在使用中应注意的问题；
2. 了解全站仪在工程测量中的应用；
3. 了解全站仪在数字测图中的应用。

【技能目标】

1. 能使用全站仪进行导线测量和断面测量；
2. 能使用全站仪进行线路施工测量；
3. 能使用全站仪进行桥梁变形监测；
4. 能使用全站仪进行数据采集。

项目一　全站仪应用中注意的问题

【项目描述】

全站仪与传统的测量仪器相比具有很多优点。但在使用过程中，人们往往过分依赖和信任它并用传统的测量方式及习惯理解它，常常出现概念和操作错误；实质上它完全是按人们预置的作业程序、功能和参数设置进行工作的。

【相关知识】

一、全站仪的应用

1. 控制测量

在控制测量中，使用全站仪的基本测量功能布设全站仪导线，特别适用于带状地形和隐蔽地区，如线路控制测量和城市控制测量；布设导线网和边角网十分灵活，观测方便，精度高；特别是与 GPS 全球定位系统配合，布网形式更灵活，观测更方便，精度更可靠。平面和高程控制可同时进行，用全站仪三角高程测量完全可以代替四等水准测量，仪器安置于两个测点之间并使两个棱镜同高,不需要量取仪器高和棱镜高,可以提高观测精度。

2. 地形测量

在地形测量过程中,使用全站仪的程序测量功能进行三维坐标测量、前方交会、后方交会等,不但操作简单,而且速度快、精度高;并可将控制测量和碎部点测量同时进行;通过传输设备可将全站仪与计算机、绘图机相连形成内外一体的测绘系统,从而大大提高地形图测绘质量和效率。

3. 工程放样

使用全站仪放样测量功能可将设计好的建(构)筑物、道路、管线等设施的位置,按图纸要求快速、准确地测设到施工现场的实地,作为施工的依据,特别是一些造型复杂、要求高、规模大的建(构)筑物等。

4. 变形监测

在建(构)筑物的变形观测、地质灾害的动态监测中,使用全站仪的坐标测量功能对变形部位的三维坐标进行实时监测,可以及时掌握变形规律,保障结构安全。

二、全站仪的使用应注意以下几个问题

1. 全站仪的测量功能

全站仪是一个由测距仪、电子经纬仪、电子补偿器、微处理机组合的一个整体。测量功能可分为基本测量功能和程序测量功能。基本测量功能包括电子测距、电子测角(水平角、垂直角);程序测量功能包括水平距离和高差的切换显示、三维坐标测量、对边测量、放样测量、偏心测量、后方交会测量、面积计算等。应特别注意的是,只要开机,电子测角系统即开始工作并实时显示观测数据;其他测量功能只是测距及数据处理。全站仪的程序测量功能均为单镜位观测数据或计算数据。在地形测量和一般工程测量、施工放样测量中精度已足够;但在等级测量中仍需要按规范要求进行观测、检核、记录、平差计算等。

2. 全站仪的观测数据

全站仪尽管生产厂家、型号繁多,其功能大同小异,但原始观测数据只有倾斜距离(斜距)、水平方向值和天顶距;电子补偿器检测的是仪器垂直轴倾斜在 X 轴(视准轴方向)和 Y 轴(水平轴方向)上的分量,并通过程序计算自动改正由于垂直轴倾斜对水平角度和竖直角度的影响。所以,全站仪的观测数据为水平角度、竖直角度、倾斜距离,其他测量方式实际上都是由这三个原始观测数据通过内置程序间接计算并显示出来的。应特别注意的是,所有观测数据和计算数据都只是半个测回的数据。在等级测量中不能用内存功能,因此记录水平角、竖直角、倾斜距离这三个原始数据是十分必要的。

3. 全站仪的度盘配置

光学经纬仪在进行等级测量时,为了消除度盘的分划误差,各测回之间需要进行度盘配置。因为光学仪器度盘上的分划是固定的,每一角度值在度盘上的位置固定不变。而电子仪器由于采用的是电子度盘,每一度盘的位置可以设置为不同的角度值。如仪器照准某一后视方向设置为0°,顺时针转动30°,显示角度为30°;再次照准同一个后视方向设置为30°,再顺时针转动30°,则显示角度变为60°,而电子度盘的位置实际上并未改变。所以使用时应注意,只要仪器在不同的测站点对中、整平后,对应电子度盘的位置已经固定;即使后视角度设置不同,角度值并不固定地对应度盘上某个位置,测量时无须进行度盘配置。

4. 全站仪的正、倒镜观测

光学经纬仪采用正、倒镜的观测方法可以消除仪器的视准轴误差、水平轴倾斜误差、度盘指标差。全站仪虽然具有自动补偿改正功能，视准轴误差和度盘指标差也可通过仪器检验后的参数预置自动改正。但在不同的观测条件下，预置参数可能会发生变化导致改正数出现错误，另外仪器自动改正后的残余误差也会给观测结果带来影响。所以，在等级测量中仍需要正、倒镜观测，同样需要做记录、检核。

5. 全站仪的左、右角观测

全站仪的右角观测（水平度盘刻度顺时针编号）是指仪器的水平度盘在望远镜顺时针转动时水平角度增加，逆时针转动时水平角度减少；左角观测则正好相反（水平度盘刻度顺时针编号）。电子度盘的刻度可根据需要设置左、右角观测（一般为右角）。这一点非常重要，在水平电子度盘设置时应特别注意，否则观测的水平角度会出现错误。如水平角实际为 30°则显示为 330°。特别是在平面坐标测量和施工放样测量中设置后视方位时，如果设置为左角就会出现测定点和测设点沿后视方位左右对称错位。如设置后视方位 0°，顺时针转角 90°时方位应为 90°，而仪器显示的坐标是按 270°方位计算的。

6. 全站仪的放样功能

全站仪显示的度盘读数中已经对仪器的三轴误差影响进行了自动改正，因此在放样时需要特别注意。例如：放样一条直线时，不能采取与传统光学经纬仪相同的方法（只纵向转动望远镜），而应采取旋转照准部 180°的方法测设；放样一条竖线时，应使用水平微动螺旋使水平角度显示的读数完全一致，而不能只简单地转动望远镜；因为望远镜的水平方向和垂直方向不同，补偿改正数的大小也不同。使用距离和角度放样测量、坐标放样测量时，注意输入测站点坐标、后视点坐标后再对测站点坐标逆行一次确认，并测量后视点坐标与已知后视点坐标进行检核。

7. 全站仪的补偿功能

仪器误差对测角精度的影响主要是由于仪器三轴之间关系的不正确造成的。光学经纬仪主要是通过对三轴之间关系的检验校正来减少仪器误差对测角精度的影响；而全站仪则主要是通过补偿改正实现的。最新的全站仪已实现了三轴补偿功能，三轴补偿的全站仪是在双轴补偿器的基础上，用机内计算软件来改正因横轴误差和视准轴误差对水平度盘读数的影响。即使当照准部水平方向固定，只要上下转动望远镜水平度盘的显示读数仍会有较大的变化，而且与垂直角的大小、正负有关。

8. 全站仪的电子整平

全站仪的电子整平，当 X、Y 方向的倾斜均为零时，从理论上讲，当照准部水平方向固定上下转动望远镜时，水平度盘读数就不会发生变化；但有些仪器在进行上述操作后水平度盘读数仍会发生变化，这是因为全站仪补偿器有零点误差存在。所以在使用时应注意，对补偿器进行零点误差的检验和校正；电子气泡的居中必须以长水准气泡的检验校正为准，检验时先长水准气泡然后电子气泡。

9. 全站仪的坐标显示

全站仪的坐标显示有两种设置方式，即（N,E,Z）和（E,N,Z）。测量常用的坐标表示为（X,Y,H）与（N,E,Z）相同。如果设置错误就会造成测量结果的错误。如：在一次测量带状地形图时，同时四个组作业，观测数据导入计算机后，发现一个组的数据与前后都对接不上，结果发现这个组的仪器坐标设置方式错误。

10. 全站仪的存储器

全站储仪的存储器分为内部和外部两种。内部存储器是全站仪整体的一个部分；而电子记录簿、存储卡、便携机则是配套的外围设备。目前，全站仪大多采用内部存储器对所采集的数据进行存储。如 SET500 全站仪的内存可存储多达 4 000 个测点的观测数据，对于 1 d 的外业测量数据已经足够。外业工作结束后应及时传输数据；在数据的初始化前应认真检查所存储的数据是否已经导出，确认无误后方可进行。使用数据存储虽然省去了记录的麻烦，避免了记录错误，但存储器不能进行各项限差的检核，因此等级测量中不应使用存储器记录，仍需人工记录、检核。

11. 全站仪的误操作

全站仪在操作过程中难免发生错误，无论在何种情况发生误操作均可回到基本测量模式，再进入相应的测量模式进行正确操作。角度测量模式除外的其他测量模式均为测距，如果没有信号可回到基本模式，再准确瞄准棱镜进行相应的测量工作，否则应检查棱镜是否正对仪器。当视线接近正对太阳光时应加望远镜遮光罩，否则将无法测距。

12. 全站仪的电池

目前，全站仪的电池大多是可充电的锂电池，使用中应注意以下几点：

(1) 电池一定要在仪器对中整平前装好，以免因振动影响仪器的对中整平；关机后再取出，以免丢失数据。

(2) 电源应在对中整平后打开，搬动仪器前关闭，因为全站仪的自动补偿器在倾斜状态耗电量特别大。

(3) 距离测量的耗电量远远大于角度测量，测量过程中应尽量减少测距次数。特别在程序测量功能下，显示测量数据后应立即按停止，否则测距一直在进行。

(4) 电池容量不足应及时停止测量工作，长期不用应每月充电一次。

(5) 仪器长期不用应至少三个月通电检测一次，防止电子元器件受潮。

以上问题，在测量过程中只要观测者认真、仔细观察仪器的工作状态和数据显示内容，完全可以及时发现和避免错误发生。所以，只有掌握全站仪的工作原理、熟悉操作步骤、明确测量功能、合理设置仪器参数、正确选择测量模式，才能真正充分发挥全站仪在测量工作中的优势。

项目二　全站仪在工程测量中的应用

【项目描述】

全站仪在工程平面控制测量中的应用，主要使用其基本测量功能进行测角、测距，布设闭合导线、附合导线。在施工测量中的应用，主要使用其程序测量功能进行三维坐标测量、施工放样测量。

【相关知识】

一、导线测量的应用

1. 以一个顶管施工的工程实例说明

某工程施工顶管长约 2 km，由于该工程仅提供了两个导线点 A、B 的坐标作为起算数据，要放样出 10 个工作井、接收井的中心桩,工作井与接收井的最远距离为 350 m,横向贯通误差要求为±100 mm。因此,以 A、B 为起算点布设了一级闭合导线(如图 5-1),$R1$、$R2$、…、$R14$ 为待测导线点,1 号、2 号、…、10 号为要放样的工作井、接收井的中心桩位置。闭合导线的一边布设点数较多,导线点位均布设在工作井、接收井附近公路边上比较稳定的地方,可根据导线控制点方便对井位中心桩、轴线点进行放样。为了形成图形强度较好的闭合导线环,其闭合导线的另一边布设的点数较少。

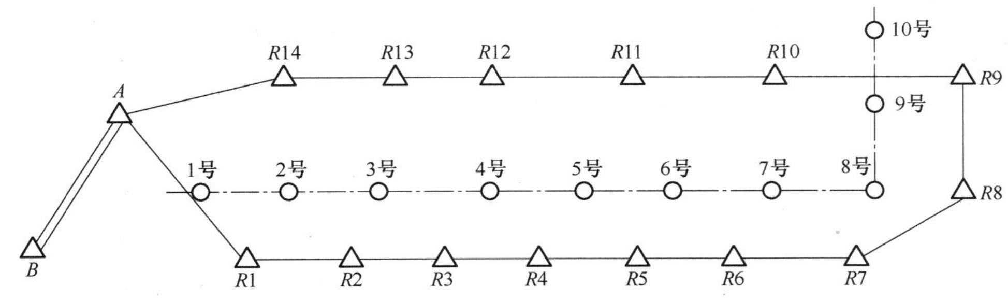

图 5-1　闭合导线

使用全站仪观测,严格按照《城市测量规范》(CJJ/T 8—2011)一级导线的要求执行。施测时,在测站点对全站仪输入温度、气压及仪器的加常数、乘常数,可直接测出闭合导线点的水平角及水平距离,水平距离一般取 4 次读数平均值。全站仪闭合导线的实测边长的相对精度见表 5-1。

表 5-1　导线测量边长的相对精度

边　长	往测 D(mm)	返测 D_1(m)	较差 d(mm)	边长的相对精度
A—$R1$	355.872	355.873	-1	1/350 000
$R1$—$R2$	199.949	199.952	-3	1/66 000
$R2$—$R3$	184.791	184.795	-4	1/46 000
$R3$—$R4$	209.312	209.317	-5	1/41 000
$R4$—$R5$	312.288	312.294	-6	1/52 000
$R5$—$R6$	381.480	381.484	-4	1/95 000
$R6$—$R7$	144.333	144.335	-2	1/72 000
$R7$—$R8$	251.066	251.070	-4	1/62 000
$R8$—$R9$	311.970	311.966	4	1/78 000
$R9$—$R10$	299.934	299.929	5	1/59 000
$R10$—$R11$	483.835	483.826	9	1/53 000
$R11$—$R12$	430.035	430.037	-2	1/215 000
$R12$—$R13$	470.039	470.036	3	1/156 000
$R13$—$R14$	283.857	283.854	3	1/94 000
$R14$—A	361.229	361.231	-2	1/180 000

从表 5-1 可看出测量边长的相对精度较高,其最低的为 $R3$—$R4$ 边长,相对精度为 1/41 000,但完全满足规范规定的 1/3 000 的要求。而闭合导线角度闭合差为+10″,远小于规范规定的 $10\sqrt{n}$ 。

测距边的单位权中误差按下列公式计算:

$$\mu = \sqrt{\frac{[pdd]}{2n}} = 0.99\ \text{mm} \tag{5-1}$$

式中 n——测距边的个数;

d——各边往返距离的较差,mm;

p——各边距离测量的权,其值为 $p = 1/m_D^2$,其中 m_D 为测距中误差,可按测距仪的标称精度计算。

按导线方位角闭合差计算测角中误差,按下列公式计算:

$$m_\beta = \pm\sqrt{\frac{1}{N}\left[\frac{f_\beta f_\beta}{n}\right]} = 2.8'' \tag{5-2}$$

式中 f_β ——闭合导线环的方位角闭合差;

n——计算 f_β 时的测站数;

N——闭合导线环的个数。

最后计算出的导线全长相对闭合差为 1/70 000,由此看出全站仪的测距、测角的精度都很高。

2. 放样及坐标测量

在导线测量野外工作结束以后,利用《导线网平差程序》对外业观测成果进行平差计算。根据平差后的导线点坐标即可进行工作井、接收井的中心桩位置及轴线的点位进行放样工作、断面测量等。在测站点对全站仪输入温度、气压及仪器的加常数、乘常数、测站点坐标、后视点坐标和所要放样井位的设计坐标,以测站点瞄准后视导线点进行定向,即可进行点位放样。开始放样时,全站仪显示照准方向与放样方向的水平角差值“dH_A”,直至 dH_A 的值为 0°00′00″时固定仪器,放样点位方向即可确定。在此方向线上竖立反射棱镜,即可进行水平距离的放样测量,沿视线方向向前或向后移动反射棱镜,直至水平距离的差 H 为 0 m,确定放样点的位置。用索佳全站仪 SET2CⅡ进行点位的放样测量极为便捷、快速、准确。

在导线控制点 R_1 上对 1 号中心桩位置进行放样,在导线点 $R2$ 上对之进行坐标测量的检查,依次对 10 个工作井、接收井的中心桩位置进行放样及检查,其结果见表 5-2。

表 5-2 坐标测量检查

井 号	设计坐标(m)	实测坐标(m)	差值 δ(mm)
1 号	X=3 029. 700 Y=3 226. 500	X=3 029. 702 Y=3 226. 504	−2 −4
1′号	X=2 803. 000 Y=3 226. 500	X=2 803. 003 Y=3 226. 498	−3 2
2 号	X=2 753. 000 Y=3 226. 500	X=2 753. 001 Y=3 226. 496	−1 4

续上表

井　　号	设计坐标(m)	实测坐标(m)	差值 δ(mm)
2′号	X=2 412.000 Y=3 226.500	X=2 412.006 Y=3 226.501	−6 −1
3 号	X=2 162.000 Y=3 226.500	X=2 161.997 Y=3 226.501	3 4
3′号	X=2 112.000 Y=3 226.500	X=2 112.002 Y=3 226.503	−2 −3
4 号	X=1 855.800 Y=3 226.500	X=1 855.803 Y=3 226.500	−5 0
4′号	X=1 597.800 Y=3 226.500	X=1 597.801 Y=3 226.503	−1 −3
5 号	X=1 339.800 Y=3 226.500	X=1 339.797 Y=3 226.505	3 −5
5′号	X=1 339.800 Y=3 575.600	X=1 339.799 Y=3 575.602	1 −2

根据表 5-2 可计算坐标差的中误差：$m = \pm\sqrt{\frac{[\delta\delta]}{n}} = \pm 3.15$ mm 。

通过对 10 个中心桩点位的放样，实测坐标与设计坐标最大的差为 6 mm，放样点位坐标的中误差仅 3.15 mm，完全满足施工测量的需要。

二、全站仪在隧道贯通测量中的应用

某地铁二号线（上、下行线），第一段单线长 961 m，其中有 R=500 m、L=175.5 m 的曲线段；第二段单线长 1 100 m，其中有 R=1 500 m、L=98.6 m 的曲线段。地铁施工竖井深度 20m。在盾构推进中，测量工作是该工程的重要组成部分，它指导着盾构的推进方向，担负着极为重要的责任，不允许有任何差错，否则将会造成严重的经济损失。

在地铁二号线的施工建设中，使用全站仪进行隧道贯通测量，具体工作如下：

1. 平面控制测量

平面控制测量采用三等导线测量，测点布置如图 5-2 所示。$T2$、$T3$、$T4$、$T5$ 为地铁公司提供的第一段区间两侧的地铁三等平面控制点，A、B 为竖井洞口附近的坐标传递点，E、F 为地下第一和最后一个固定观测站。

地面控制测量以 $T3$ 设站联测 $T2$、$T4$；$T4$ 设站联测 $T3$、$T5$；并实测边长检测，当其固定角偏差±3″时，建议地铁公司对地铁三等平面控制点进行复测后使用。

(1)按四等导线测量的要求，以 $T2$、$T4$ 点为导线的首级控制点，分别引至上、下行线竖井附近的 A、B 点，水平角连测时，观测 9 个测回；

(2)通过竖井联系测量将地面坐标、高程、方位传递到井下隧道内；

(3)地下导线的角度测量采用左、右角观测取平均值，(左角)+(右角)−360° = ε 进行检

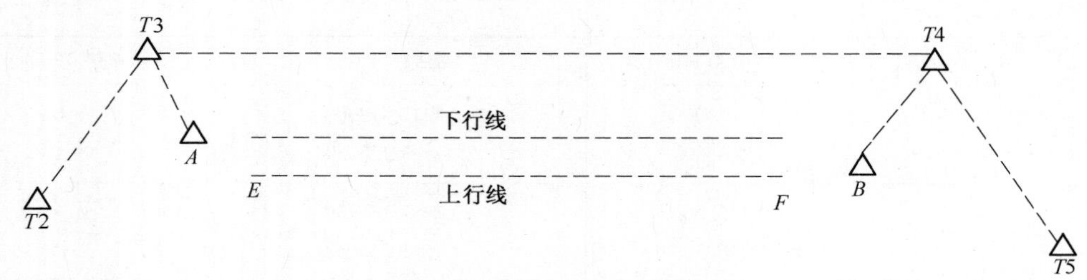

图 5-2　平面控制测量

核，所计算的 ε 值不超过±3″。其水平角观测的各项限差见表 5-3。

表 5-3　水平角观测的各项限差

两次读数较差	半测回归零差	一测回 2c 互差	同一方向各测回互差
±1″	±6″	±9″	±6″

(4)全站仪测距标称精度为±($2\ \text{mm}+2\times10^{-6}D$)，往返观测两测回，每一测回读数 4 次，一测回读数较差为±3 mm，往返较差为±2($2\ \text{mm}+2\times10^{-6}D$)。

边长计算公式：

$$D = (S + \Delta D + K)\cos\alpha \tag{5-3}$$

式中　D——水平距离，m；

S——斜距，m；

ΔD——测距气象改正数，m；

K——测距加常数；

α——垂直角度。

2. 高程控制测量

地铁车站区间的隧道口附近，布设有地铁三等水准点，作为本工程高程控制起始点，采用威尔特 N3 型精密水准仪按三等、四等水准测量的精度要求施测。

三等往返限差：

$$\Delta H \leqslant \pm 4\sqrt{R}\ (\text{mm}) \tag{5-4}$$

四等往返限差：

$$\Delta H \leqslant \pm 12\sqrt{R}\ (\text{mm}) \tag{5-5}$$

式中　R——往返距离，km。

(1)地面高程、井底高程测量对相邻已知高程按要求进行检测，通过检测在限差范围内时方可使用。从已知高程点出发，将高程往返联测至竖井附近地面临时水准点上，再用竖井高程传递的方法，将高程传入井底事先选好的高程控制点上，然后用这些高程控制点按三等水准测量的精度要求测量至隧道内各高程点上。

(2)竖井高程传递在竖井中悬挂经检定后的钢尺，并挂 10kg 重量的垂球，同时用两台 N3 水准仪井上、井下同时观测。钢尺温度改正取井上、井下温度平均值计算。通过钢尺(加入尺长、温度改正)把高程传递到井底两固定点上。两次高程传递的较差±3 mm，取平均值为最后结果。

(3)上、下行隧道高程传递分别在盾构机掘进前、盾构机掘进隧道长度一半后及贯通前各进行一次,以保证高程贯通精度的要求。

3. 贯通测量的精度

地铁隧道贯通测量误差主要来自于以下五个测量工序:

(1)地面控制测量误差 m_1;

(2)盾构推进处竖井联系测量误差 m_2;

(3)盾构接受井洞口中心坐标测量误差 m_3;

(4)地下导线测量误差 m_4;

(5)盾构推进姿态的定位测量误差 m_5。

以上五个工序中:m_1、m_4、m_5 为主要误差来源。

根据经验,取用各项中误差为:$m_1=1m$;$m_2=2m$;$m_3=1m$;$m_4=3m$;$m_5=2m$。则区间隧道横向贯通的误差为:

$$M=\sqrt{m_1^2+m_2^2+m_3^2+m_4^2+m_5^2}=\sqrt{19}m=4.4m \tag{5-6}$$

式中　m——横向贯通误差测量中的误差。

根据要求,地铁隧道允许横向和高程贯通的极限误差为±50 mm,取极限误差为中误差的2倍,相应的贯通测量中误差为±25 mm,则 $m=25/4.4$(mm),从而可以求得每道工序的允许误差(取2倍中误差),即地面控制测量允许极限误差为 $M_1\leqslant11.4$ mm,盾构推进处竖井联系测量允许的极限误差为 $M_2\leqslant22.8$ mm,盾构接受井洞口中心坐标测量允许的极限误差为 $M_3\leqslant11.4$ mm,地下导线测量允许的极限误差为 $M_4\leqslant34.2$ mm,盾构姿态定位测量允许的极限误差为 $M_5\leqslant22.8$ mm。因此,只要以上各项工序将误差控制好,最终隧道贯通一定能控制在精度范围±50 mm以内。

4. 地下测量的特点

地下隧道内的控制导线与通常地面测量的导线相比较,具有如下一些特点:

(1)地下控制导线只能按隧道的形状进行布设,没有其他的选择余地。此外,这种导线在施工期间,只能布设为支导线的形式,因为地下导线随着盾构的不断推进逐渐向前伸展,当隧道还没有贯通时,不可能将两端布设的导线联系起来。

(2)地下导线可先布设边长较短的施工导线,当隧道推进到一定距离后,一般在50~100 m再布设隧道内的主要控制导线。

(3)在布设隧道内控制导线时,考虑贯通处的横向贯通误差不能超过允许的限值,应布设成长边的形式,这样可使整条导线点数和转折角个数明显减少,对提高支导线端点的点位精度有利。考虑到能满足盾构推进时的放样精度和测设的方便,施工时最好采用激光指向仪,按照仪器标定的设计方位给定中、腰线。

(4)施工导线是隧道施工中为了方便进行放样和指导盾构推进而布设的一种导线,其边长一般仅30~50 m。为准确地指导盾构推进的方向,一部分点将作为以后布设的控制导线点。而控制导线是为准确指导盾构推进、保证地铁隧道正确贯通而布设的边长为100~200 m且精度要求较高的导线。由于地下导线在施工期间只能布设为支导线的形式,为加强检核、保证隧道的贯通精度,导线测量中应采用往返观测。

(5)盾构推进是逐步向前掘进的,隧道内控制导线所测设的每一个新吊篮都离盾构机很近,而盾构推进时会在环片上有较大的反作用力,从而会使吊篮向后产生位移。为检验已测设吊篮控制点的稳定情况,在测定新点时,必须将作为隧道内控制导线的前几点进行检核测量。在实际测量中,直线型的隧道位移对方位角的影响较小,而对曲线型的隧道来说,这种位移对方位角的影响就较大,一般会有10″~30″的影响。因此,如果各点没有明显的位移,可取平均值作为最终的成果。如果表明有变动,则应根据最后一次的实测成果为依据,进行测量的计算和放样工作。

5. 全站仪在隧道测量中采取的措施

井上导线点与井下导线点的高差为8~15 m,而其水平距离一般只有10~20 m,即在该边上的倾角为30°~40°。在大倾角情况下进行水平角观测,仪器的垂直轴倾斜误差不能通过盘左盘右或多个测回数来消除,只有通过仪器的自动补偿解决。

(1)在竖井联系测量倾角很大的情况下,采用了全站仪直接传递坐标和方位。在井中适当位置砌造固定观测墩,如不能一次传入隧道内,则再经站厅砌造固定观测墩传至隧道内。这种方法必须解决仪器垂直轴倾斜误差影响和短边上的对中误差影响。经过实践,全站仪的这种补偿功能的作用是有效的。

(2)在短边上对中误差一般要求不大于0.1 mm(当边长在10~20 m时,则对水平角影响为$\Delta\beta=1''\sim2''$)。对中误差的产生往往是由于在仪器转站时或在同一测站上,觇牌中心与仪器旋转中心、觇牌中心与自身旋转轴不一致,以及基座连接装置的偏心等都会对方位角的传递产生较大的误差。这些误差大多是由于觇牌变形所致,因此对觇牌必须事先进行检验。在测量实践中,采用SET2100全站仪,井上、井下各6测回,在测量过程中,注意仪器气泡居中和觇牌的偏心问题,试验证明这个方法传递方位角精度可达到±3″。

(3)管片中心三维坐标测量:横、竖径测量用一根特制直尺,分别放置于环片上、下和左、右的中央(最大读数处)位置上,用全站仪的水平丝读取上、下读数,将读数相加便得到竖径;同理,用全站仪的垂直丝读取左、右的读数,相加后得到横径。

(4)管片中心点的确定:将一根特制直尺横在隧道环片两臂,用全站仪调整使其水平,再量取直尺的中心,在中心处用垂球将该点吊到环片底部,再实测底部点的坐标和高程,进而求取管片中心的三维坐标。

6. 实际贯通精度

二号地铁线的实际贯通测量,一号段上行线于2009年9月中旬贯通,下行线于2010年3月底贯通;二号段上行线于2009年10月底贯通,下行线于2010年4月底贯通。经验收,其横向贯通误差和高程贯通误差均在30 mm以内,完全满足50 mm的规定要求。其中,全站仪为工程的顺利完成提供了十分重要的保证。

三、全站仪在路线测量中的应用

传统的路线测量,非常不便。使用全站仪的坐标放样功能进行路线中线点放样时,可视现场情况任意设站,十分方便和安全。按数学模型编制放样程序,可实现中线点放样的现代化。如使用具有路线测量功能的全站仪会更加方便。

(一)放样中线点

1. 单圆曲线

如图5-3为单圆曲线。以ZY点为坐标原点,切线方向为X轴,过ZY点垂直切线方向为Y轴,建立假定坐标系;设i点为圆曲线上任意点,ϕ_i为ZY点至i点的圆弧所对的圆心角,则i

点的坐标为：

$$\left.\begin{aligned} x_i &= R\sin\phi_i \\ y_i &= R(1-\cos\phi_i) \end{aligned}\right\} \tag{5-7}$$

式中　$\phi_i = \dfrac{l_i}{R}\rho, \rho = 206265''$

l_i——i 点至 ZY 点之间的弧长；

R——圆曲线半径。

2. 带有缓和曲线的圆曲线

带有缓和曲线的圆曲线数学模型分为以下两部分。

(1)缓和曲线上点的数学模型

若中线点在缓和曲线段内(如图 5-4 中 ZH 点至 HY 点之间)，其数学模型为：

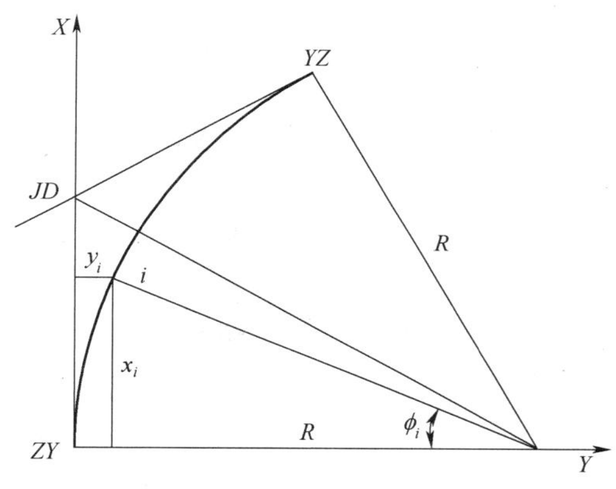

图 5-3　单线曲线

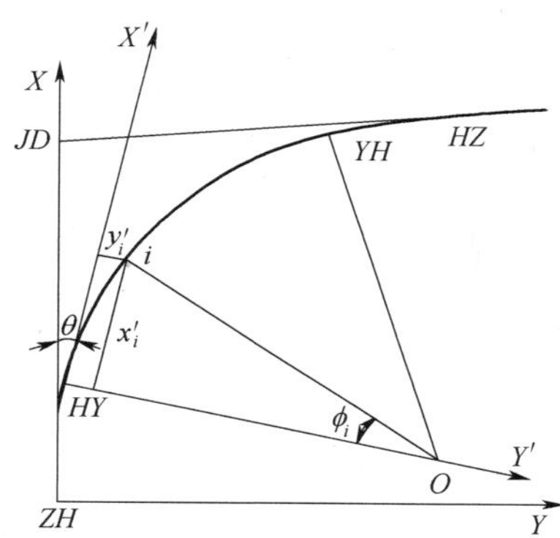

图 5-4　带缓和曲线的圆曲线

$$\left.\begin{aligned} x_i &= l_i - \frac{l_i^5}{40R^2 l_0^2} \\ y_i &= \frac{l_i^3}{6Rl_0} \end{aligned}\right\} \tag{5-8}$$

式中　l_i——ZH 点至 i 点之间的弧长；

l_0——缓相曲线长；

R——圆曲线半径。

(2)圆曲线上点的数学摸型

如图 5-4 所示，曲线独立坐标系仍为“X—ZH—Y”坐标系。为了推导数学模型方便，我们选择了“X'—HY—Y'”坐标系，该坐标系以 HY 点为原点。其切线方向为 X，过 HY 点垂直切线方向为轴(相当于单圆曲线独立坐标)，如图 5-4 所示。点 i 为圆曲线段上任意一点，仿照式(5-7)，点 i 的坐标为：

$$\left.\begin{aligned} x_i' &= R\sin\phi_i \\ y_i' &= R(1-\cos\phi_i) \end{aligned}\right\} \tag{5-9}$$

设两坐标系的纵轴间夹角为 θ，实际上 θ 为 HY 点的切线角，故：

$$\theta = \frac{l_0}{2R}\rho(\rho = 206\ 265'')$$

由坐标转换公式,可得 i 点在"$X—ZH—Y$"坐标系中的坐标为:

$$\left.\begin{aligned} x_i &= x_s + x_i'\cos\theta - y_i'\sin\theta \\ y_i &= y_s + x_i'\sin\theta + y_i'\cos\theta \end{aligned}\right\} \tag{5-10}$$

式(5-10)中 x_s、y_s 为 HY 点在独立坐标系中的坐标,可由式(5-8)算出:

$$\left.\begin{aligned} x_s &= l_0 - \frac{l_0^3}{40R^2} \\ y_s &= \frac{l_0^2}{6R} - \frac{l_0^4}{336R^3} \end{aligned}\right\} \tag{5-11}$$

3. 测站点

(1)测站点的设置

测站点是指安置全站仪或测距仪的点,可以设置在 ZH 点(若单圆曲线则设置在 ZY 点);当放样的方向受阻时,也可以设置在以 ZH 点(或 ZY 点)为起点,以切线($ZH—JD$)方向为后视方位的导线点上(如图 5-5),以便根据现场情况任意设置测站点。

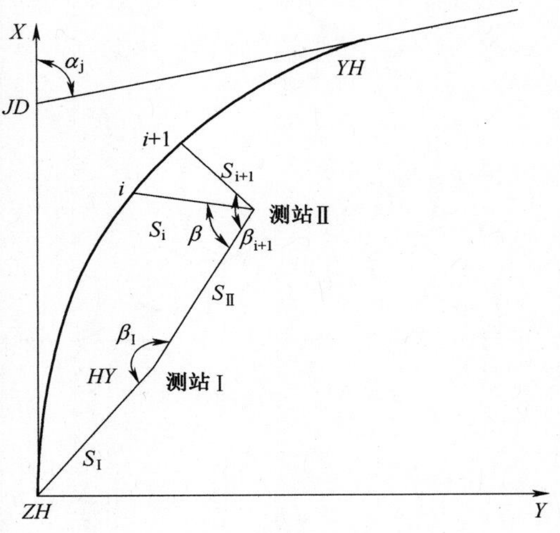

图 5-5　导线极坐标法测设中线点

(2)任意设置测站点的数学模型

所谓测站点的数学模型,是计算出和中线点(测点)同一坐标系统的测站点坐标,其模型为:

$$\left.\begin{aligned} x_j &= \sum_1^j s_j\cos\alpha_j + x_{ZH} \\ y_j &= \sum_1^j s_j\sin\alpha_j + y_{ZH} \end{aligned}\right\} \tag{5-12}$$

式中　x_j、y_j ——第 j 个测站点的坐标;

x_j ——第 j 个测站边的边长;

α_j ——第 j 个测站边的坐标方位角;

x_{ZH}、y_{ZH} ——ZH 点的坐标。

用全站仪的三维坐标测量功能,上述数学模型已固化在全站仪的程序测量功能内,它会自动测出测站点坐标。

4. 坐标换算

应用式(5-12)计算中线点坐标时,当中线点超过 YH 点时,按 HZ 点为原点的坐标系统(简称 HZ 坐标系统)计算坐标,如图 5-6 所示。为了使中线点和测站点的坐标在同一坐标系统中,还要换算成 ZH 坐标系统;反之亦然。

坐标换算公式为:

$$\left.\begin{aligned}x_i &= (T - x_i')\cos\alpha - y_i'\sin\alpha + T\\ y_i &= (T - x_i')\sin\alpha + y_i'\cos\alpha\end{aligned}\right\}\tag{5-13}$$

5. 程序使用方法

使用 PC-E500 编制计算程序，其程序设计框图(如图 5-7)，使用方法如下：

(1)计算机置 RUN 模式。按 RUN 键启动程序开始人机对话。屏幕上相继显示：曲线转向角 α；圆曲线半径 R；缓和曲线长 1；若为单圆曲线则输入 10=0；直缓点里程 $ZH-K$；转向角是右角还是左角；问坐标原点是 ZH 还是 HZ。输入上述数据后，相继在屏幕上重复显示，检查校对无误后，接着显示切线长 T。

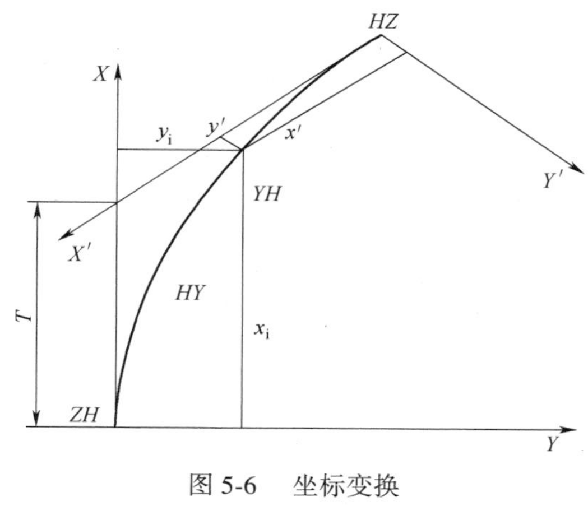

图 5-6　坐标变换

(2)每按动一次 ENTER 键，屏幕显示曲线元素及各主点里程。接着显示测站导线水平角 B；导线边长 S。

(3)显示 K 时，则要求输入中线点的里程，输入后则显示放样要素：极角 β_i 值。按 *ENTER* 键显示极距 *DI* 值(图 5-7 中的 *Si* 值)，此时便可在测站点用极坐标法放样中线点Ⅱ。

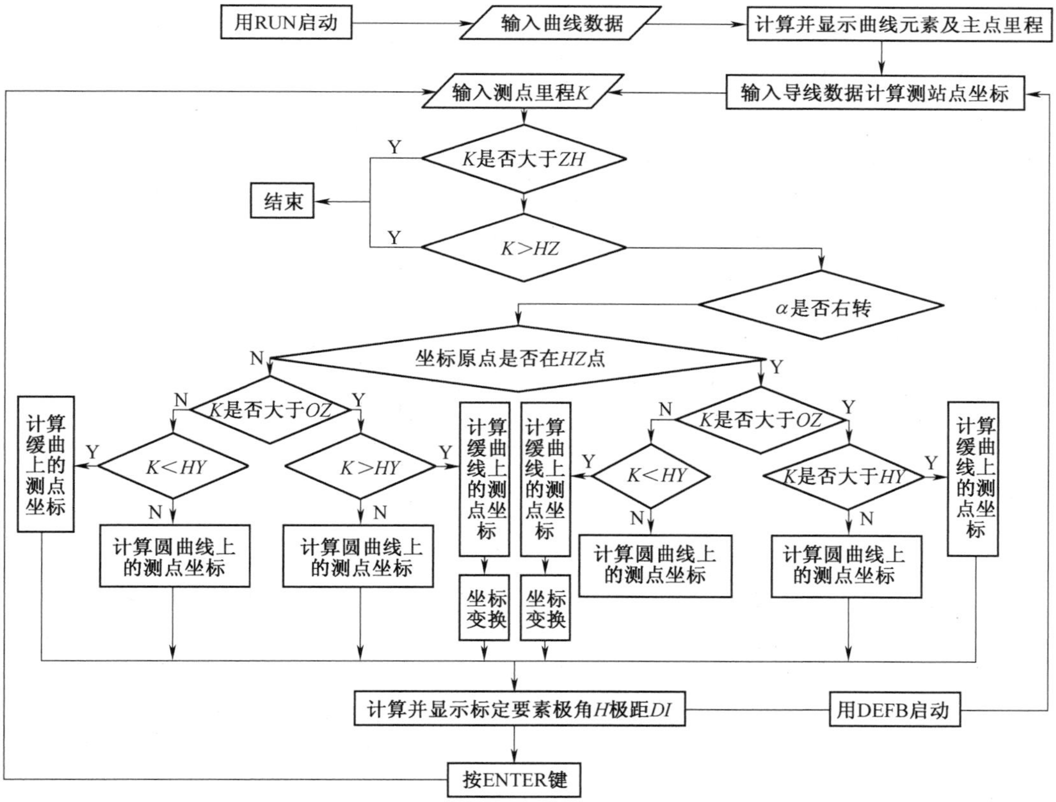

用RUN启动
输入曲线数据
计算并显示曲线元素及主点里程
输入导线数据计算测站点坐标
输入测点里程K
K是否大于ZH
结束
K>HZ
α是否右转
坐标原点是否在HZ点
K是否大于OZ
K<HY
K>HY
计算缓曲上的测点坐标
计算圆曲线上的测点坐标
坐标变换
K是否大于OZ
K<HY
K是否大于HY
计算圆曲线上的测点坐标
计算缓曲线上的测点坐标
计算并显示标定要素极角H极距DI
用DEFB启动
按ENTER键

图 5-7　程序设计框图

(4)再按 ENTER 键,重复第(3)步骤,以计算并显示出下一中线点的放样要素,如此重复。

(二)相关案例

1. 案例

(1)某国道,曲线转向角。$\alpha_{右}$ = 58°21′08″,圆曲线半径 R=500 m,缓和曲线长 L=100 m,ZH 点里程 ZH=K1+191. 574。

选择测站Ⅰ:β_0 = 145°00′00″,S_{I} =100 m;测站Ⅱ:β_{I} = 190°30′00″,S_{II} =50 m。

放样中线点里程见表 5-4 和表 5-5,测站的放样要素见表 5-6。

表 5-4　当用测站 I 时各中线点里程

中线点	里　程
1	K1+201. 574
2	K1+211. 574
3	K1+221. 574

表 5-5　当用测站Ⅱ时各中线点里程

中线点	里　程
1	K1+496. 183
2	K1+506. 183
3	K1+516. 183

表 5-6　测站的放样要素

站Ⅰ			站Ⅱ		
中线点	极角 H	极距 DI	中线点	极角 H	极距 DI
1	3°34′25″	91. 985	1	150°44′57″	166. 896
2	7°47′58″	84. 382	2	152°35′32″	175. 208
3	12°48′24″	77. 297	3	154°19′44″	183. 601

按上述程序使用方法,输入以上各值后运算结果(屏幕上显示)如下:

T_Z=329. 616

L=609. 219

E_0=73. 610

q_s=50. 013

(2)某铁路曲线,转向角 $\alpha_{右}$ = 20°14′53″,圆曲线半径 R=350 m,缓和曲线长 l_0=60 m,ZH 点里程 ZH=15+016. 480。

应用上述 PC-E500 机放样程序,计算出该曲线上部分中线点坐标见表 5-7。需要说明的是,中线点不一定均为 10 m 整桩,如线路交叉点,特殊地物点等需加桩,所以 PC-E500 机要带到观场,随机输入里程,便可计算出该点坐标,实地放样的方法如图 5-6 所示,全站仪可以在 ZH 点设站,此时测站坐标输 $x=0$,$y=0$;也可以现场地形情况随机设站,方法是:以 ZH—JD(即方位角为 0°00′00″)为后视方位,以 ZH 点为起点施测导线,利用全站仪的三维坐标功能,自然测出各测站点坐标。

表 5-7　中线点坐标

点号	里程	x(mm)	y(m)
ZH-K(1)	15+016. 480	0. 000	0. 000
2	15+036. 480	20. 000	0. 063
3	15+056. 480	39. 994	0. 508
HY-K(4)	15+076. 480	59. 956	1. 714
5	15+096. 480	79. 823	3. 994
QZ-K(6)	15+108. 324	91. 515	5. 878
⋮	⋮	⋮	⋮

由于表5-7中各中线点坐标和测站点坐标为同坐标系统，应用全站仪的放样功能进行中线点放样。

2. 特点

（1）效率高。在某铁路改扩建工程中，与传统方法比较提高工效5~10倍。

（2）精度高。放样中线点的最大误差，相当于以 *ZH* 点为起点的支导线终点位置误差。由计算可知，若曲线长600 m，测站个数取3，中线点的最大位置误差只有±0.02 m，其相对误差为1/27 000，远远高于公路勘测规范文献的要求。

（3）施工方便。由于测站点不在中线上，施测时非常安全，尤其在既有铁（公）路的修建时不影响施工。全站仪在测站上随时监测（放样）中线点位量，用于恢复路线的中线点位十分方便。

3. 注意事项

（1）用全站仪测设高等级公路平曲线的方法主要是任意设站极坐标法，这种方法的特点是点位误差不累积，受地形条件的影响小，可根据现场情况选择测站点，但没有可靠的校核条件检核测站点是否超限。这就需要保证水平角的观测精度，特别是引测站时需要测回法观测水平角，充分利用已知点和已知条件进行校核。

（2）全站仪的测距精度较高，一般可达±(5 mm+5 ppm)，只要测量不大于1 000 m，其最大误差也能满足公路曲线测设的精度要求。

（3）平曲线上各中线桩有其主点的坐标值，无论是设计还是现场计算的坐标，在曲线上点的位置测设之前，都要进行验算，以防出错。

（4）全站仪要经过有关仪器检定部门检定，在符合使用条件的前提下进行曲线测设。

（5）全站仪观测者要和棱镜站人员密切配合，持棱镜者要提高目估准确度，在测站点的指挥下，迅速定出桩点位置。

（三）用全站仪测量断面的方法

在实际测量中，利用全站仪的三维坐标测量程序功能，将断面方向线的方位角设置为0°，断面基点设置为坐标原点，断面方向线设置为 *X* 轴，断面方向线的垂直方向设置为 *Y* 轴；建立独立的断面坐标系，如图5-8所示。可以方便测量断面点到断面基点的水平距离（*X*）和高程（*Z*），绘制断面图。*Y* 值为点位偏离断面方向线的距离，右侧为正，左侧为负。

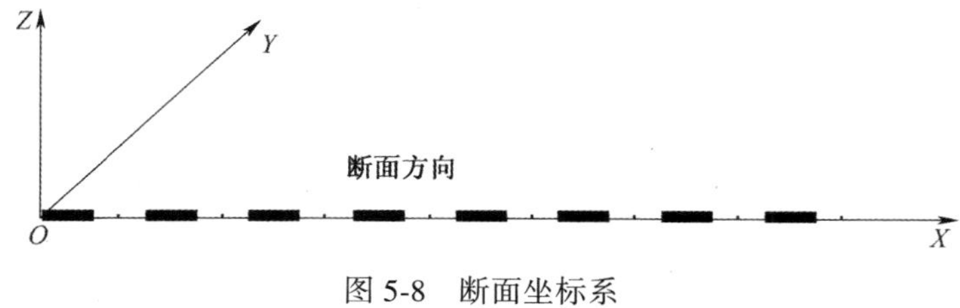

图5-8　断面坐标系

1. 断面线上无障碍物的测量方法

（1）在断面基点上设站，对中、安平仪器，选择三维坐标测量程序功能。

（2）设置断面左方向方位角为0°，测站点坐标 *N*、*E* 值为0，*Z* 值为断面基点的高程，输入仪器高和棱镜高。

（3）开始测量后，直接按坐标测量键，即可显示断面点的距离和高程，以及偏离断面的距离。显示屏上显示的 N 值的绝对值即为断面点至断面基点的距离，E 值为偏离方向线的值，Z 值为断面点的高程值。

(4)当需要转点时，记录下转点的 N、E、Z 值；在转点上安置仪器，输入测站点坐标为转点的 N、E、Z 值；设置后视方位为 0°或 180°(由视转点在基点的右方还是左方来定)，校核后视点无误，即可以继续测量断面点。在统一的独立坐标系中，屏幕上显示 N 值仍为断面点至断面基点的距离，Z 值为断面点的高程值。

2. 避开微地形测量横断面

在实际测量过程中，由于断面基点的选择不一定合适，经常在断面线上遇到微地形(即不能代表整体地形的局部地形)。为避开微地形在偏离方向线几米位置，能够代表地形处安置棱镜，测量显示的 N、Z 即代表整体地形的断面点距离和高程，这样就可以正确地计算工程土方量。

3. 当断面基点无法安置仪器时的测量方法

在线路的断面测量中。如新建堤防、新开挖河道、新建公路等，经常遇到在断面基点无法架设仪器的情况(如水稻田埂、悬崖峭壁边、淤泥滩地等)，可以采用移动测站点的方法：

(1)在断面方向线上延长或截取一点作为测站点，安置仪器。

(2)以断面基点为后视点，测量出两点的水平距离 D 和高差 h，由断面基点高程、仪器高、棱镜高，反算出测站点高程 HZ。

(3)若在延长线上时，测站点坐标 $N=-D, E=0, Z=HZ$，后视方位为 0°；若在断面方向线上截取一点时，测站点坐标 $N=D, E=0, Z=HZ$，后视方位为 180°。这样就建立了以断面基点为坐标原点，以断面方向线为 X 轴的独立断面坐标系，断面点的测量方法同前。

4. 断面图的绘制

分别以 X 和 Z 为断面图的纵、横坐标轴，首先选定纵坐标的比例(如 1 : 1 000)，横坐标的比例扩大 10~20 倍(如 1 : 100)，然后以 X 值和 Z 值绘制断面图。

(四)线路测量中确定方向转点的简便方法

在线路测量中，如铁路、公路、输电、输油、供水、供气管道等，一般直线段较多、较长。而线路测量的基本任务就是把图上定线设计的线路中线方向、交点按一定的间距中线点放样到实地位置。由于受多种因素的影响，长直线段的方向往往视线受阻，因此必须设立方向转点，用于传递直线方向的中线点。现介绍一种确定方向转点的简便方法——中线支距法。

1. 中线支距法的原理

如图 5-9 所示，M、N 为线路中线点，K_1、K_2、K_3 为线路控制测量时的导线点，d_1、d_2、d_3，为

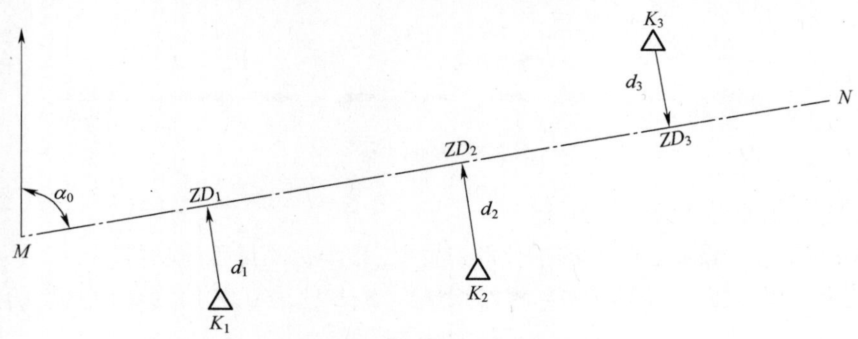

图 5-9　线路中线支距示意图

导线点至线路中心线的支线距离。中线支距法的原理，即以控制点至线路中心线的垂直距离及方位，标定线路中心线方向转点的方法。

首先根据线路的设计起点平面坐标及线路中心方向，列出线路中心线的直线方程：

$$Ax + By + C = 0 \tag{5-14}$$

然后按点到直线的距离公式计算导线控制点 K_i 到直线的距离：

$$d_i = \frac{Ax + By + C}{\sqrt{A^2 + B^2}} \tag{5-15}$$

式中　A、B、C——常数。

2. 中线支距法的参数计算

线路中心线的起点设计坐标（x_M, y_M）、线路中心线的设计方位 α、导线控制点的点位坐标（x_{Ki}, y_{Ki}）为已知参数。中线支距的方位 α_z、中线支距的距离 d_{K_i} 为标定线路中心线方向转点时所需中线支距参数。各参数的计算如下。

(1)根据线路的设计起点平面坐标（x_M, y_M）及线路中心方向 α_0，列出线路中线的直线方程：

点斜式
$$y - y_M = (x - x_M)\tan\alpha_0 \tag{5-16}$$

一般式
$$x\tan\alpha_0 - y + y_M - x_M\tan\alpha_0 = 0 \tag{5-17}$$

(2)按点到直线的距离公式计算导线控制点 K_i 到直线的距离：

$$d_{K_i} = \frac{(y_M - y_{K_i}) - (x_M - x_{K_i})\tan\alpha_0}{\sqrt{1 + \tan^2\alpha_0}} \tag{5-18}$$

当 d_{K_i} 为负值时，表示控制点在线路中线的右侧；当 d_{K_i} 为正值时，表示控制点在线路中线的左侧。

(3)根据中线支距与线路中线垂直的关系计算中线支距方位：

$$\alpha_z = \alpha_0 \pm 90° \tag{5-19}$$

当 d_{K_i} 为负值时，α_z 减 90°；当 d_{K_i} 为正值时，α_z 加 90°。

3. 计算案例

如某线路起点坐标（1 000.000，1 000.000），中线方位 36°。控制点的坐标值、中线支距的参数计算结果见表 5-8。

表 5-8　中线支距法的参数计算

已知参数	中线起点（或交点）x_0 = 1 000.000，y_0 = 1 000.000； 中线方位　$\alpha_0 = 36°00'00''$				
控制点号	K_1	K_2	K_3	K_4	K_5
x_{E_i}	1 076.604	1 397.689	1 889.539	2 261.931	2 446.663
y_{K_i}	1 064.279	1 302.825	1 446.382	1 709.697	2 2126.602
控制点方位	36°36′36″	16°26′26″	35°16′16″	66°06′06″	
中线支距	−6.976	−11.235	+161.726	+167.596	−61.113
支距方位	306°00′00″	306°00′00″	126°00′00″	126°00′00″	306°00′00″

4. 中线支距的标定方法

当线路中心的直线段较长、分段标定中心线受阻时，选择附近的控制点，可利用中线支距法标定中线方向的转点，进行中线放样。其标定方法为：

(1)选择控制点，安置仪器(对中、整平)。

(2)后视已知点，设置后视方位(水平度盘读数为后视方位角值)。

(3)顺时针转动仪器，使水平度盘读数为 α_z 值，水平转动仪器。

(4)在 α_z 方向上测量支距 d_{K_i}，定出方向转点 ZD_i。

(5)安置仪器在转点上，后视控制点，转动仪器 90°或 270°为线路中线方向。

四、全站仪在桥梁变形监测中的应用

招宝山大桥位于甬江入海口。主桥为独塔斜拉桥与连续桥梁结合组成的协作体系。大桥于 1995 年动工兴建，1998 年 3 月主塔封顶，1998 年 8 月中旬大桥主梁合龙，同年 9 月底建成通车。受大桥管理部门的委托，要求通过对大桥关键部位的空间位置及其变化做长时间定期监测，分析长期积累的数据，以确定现有结构的承载能力、使用耐久性等，确保桥跨结构处于良好的工作状态。为此开展了对大桥位移、沉降等内容的变形监测。

(一)全站仪自动坐形监测系统在大桥变形监测中的应用

1. 大桥主梁监测点分布介绍

招宝山大桥西接招宝山、东接金鸡山，桥梁主轴方位角约 110°。桥面宽约 24 m，双向 6 车道。大桥的主要特点是大跨度斜拉索结构。结合主梁应力(应变)测试，大桥主梁沉降监测断面如图 5-10 中的“三角符号”所示。其中 A ~ B 为主梁应力监测断面对应的沉降监测断面；1 号 ~9 号监测断面分别为各桥墩顶，第 2 跨的四等分点，第 3、4 跨的二等分点，全桥共有沉降监测断面 15 个，分上、下游两条线路布置，共计 30 个监测点。另外，在大桥上、下游的两个主塔顶各设 1 个位移沉降监测点。

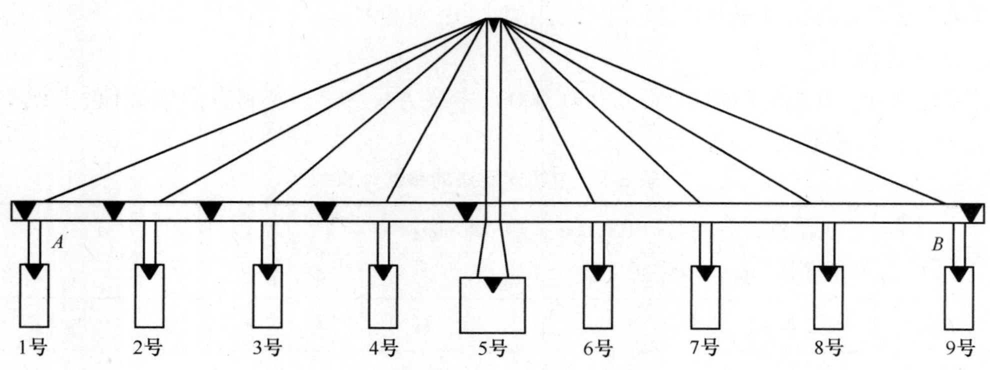

图 5-10　大桥监测断面分析

2. 大桥变形监测方案

(1)监测频率

大桥变形监测计划历时 3 年。第 1 年每月监测 1 次；第 2 年每季度监测 1 次；第 3 年每半年监测 1 次。

(2)监测速度和精度

为了尽量减小对社会交通的影响,大桥管理部门同意观测时,封闭桥梁时间为30 min。因此,大桥主梁和主塔上32个监测点的现场测量,工作要在30 min内完成,位移沉降监测精度要求为±1 mm。

(3)监测方案

采用常规水准测量方案,虽能保证必要的监测精度,但要在30 min内完成大桥主梁和桥塔上32个点的位移沉降监测困难较大。特别是大桥主塔塔顶距桥面高约100 m,常规方法难以解决其位移沉降的同步监测问题。参考国内外类似项目的监测方案,确定采用差分方式的全站仪自动化变形监测方案。

3. 监测基准网

为了给全站仪自动化变形监测提供差分基准,首先建立如图5-11所示的监测基准网。其中 QC_1、QC_3、QC_4 点为建在基岩上永久性标石,QC_5 为江边泵房顶的过渡点。利用徕卡TCAl800型自动化全站仪,按工程一等边角网的精度要求进行观测。

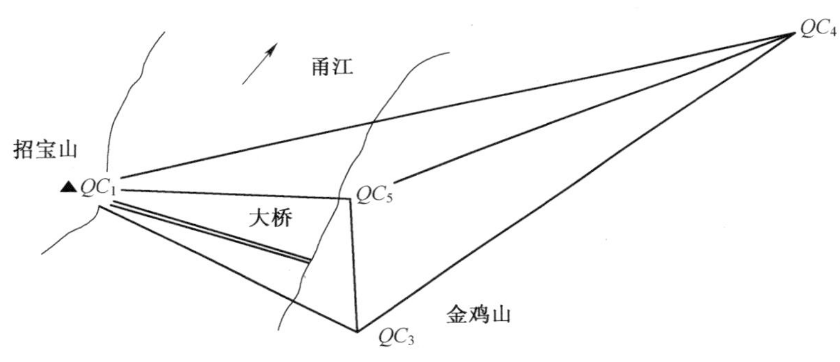

图5-11 监测基准网示意图

4. 变形点的差分自动化监测

使用TCA1800自动化全站仪与信息工程大学测绘学院研制开发的自动变形监控软件"ADMS"组合,构成招宝山大桥自动变形监测系统。在大桥主梁和主塔的32个变形监测点各安装一个圆形单棱镜,在 QC_1 基准点上安置全站仪。由于 QC_1 基准点几乎在桥轴线的延长线上,故大桥主梁30个监测点分布在左右宽约24 m、前后纵深约600 m的狭窄视场内。即使打开全站仪自动门标识别的小视场(8′×8′),也不能避免视场内有多个棱镜的干扰。因此,还需对图5-11所示的监测点位进行合理分组,在最大减少人工干预的前提下,尽快完成大桥主梁和主塔的32个点的变形监测。在实际监测过程中,夸虑现场大气等环境因素,选用 QC_3 为自动变形监测的差分基准点。

5. 大桥首次变形监测结果初步分析

2001年8月18日,招宝山大桥首次进行变形监测。在监测中,大桥连续封闭30 h。为了初步分析监测效果,以上游主桥塔位移沉降监测为例,三维分量变形趋势监测结果如图5-12~图5-14所示。其中各监测周期与时间对应关系见表5-9。

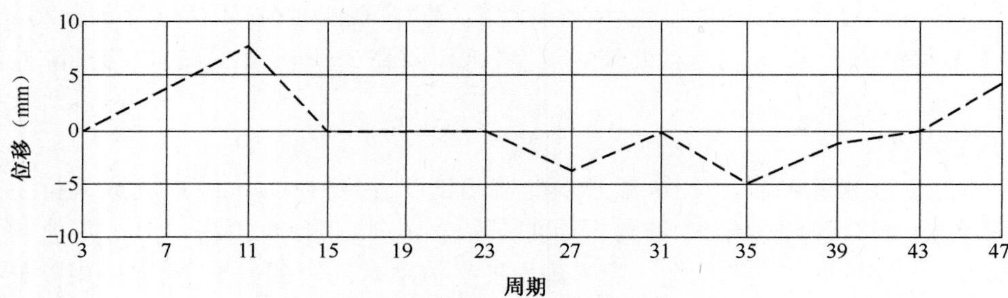

图 5-12 X 轴的方向平面位移趋势

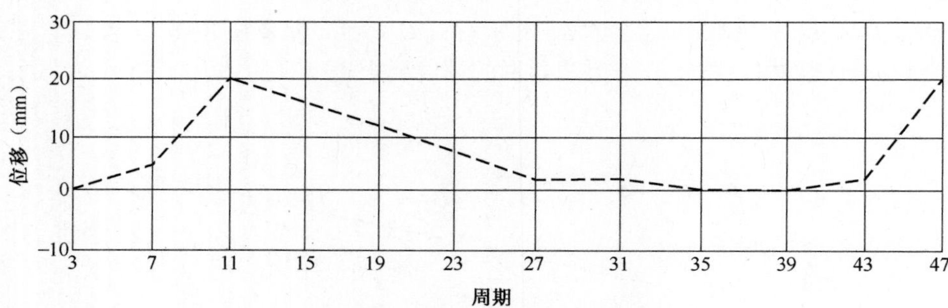

图 5-13 Y 轴的方向平面位移趋势

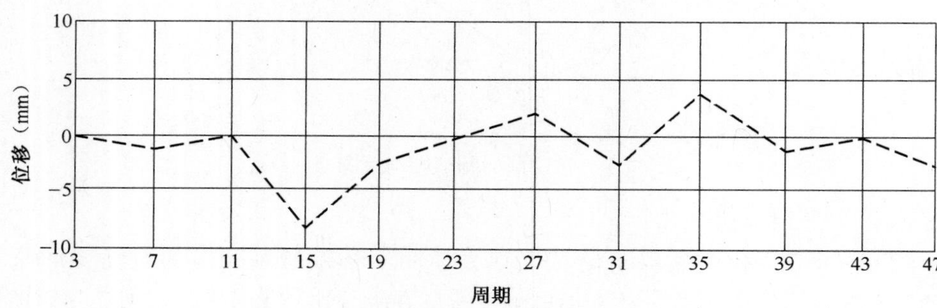

图 5-14 Z 轴的垂直位移趋势

表 5-9 观测周期与时间

周期	时间 （日 T 时:分）	周期	时间 （日 T 时:分）	周期	时间 （日 T 时:分）	周期	时间 （日 T 时:分）
3	18T05:00	15	18T12:57	27	18T19:20	39	19T01:25
7	18T07:20	19	18T15:20	31	18T21:05	43	19T04:50
11	18T11:00	23	18T16:50	35	18T23:53	47	19T10:50

结合表 5-9，分析图 5-12～图 5-14 三维分量的变形趋势图，有以下结果：

（1）大桥上游主桥塔顶监测棱镜点距 QC_1 监测站的平面距离约 390 m、高差 95 m。

（2）招宝山大桥地处甬江入海口，为海洋性气候。2001 年 8 月 18 日～19 日，晴天，日平均气温约20℃。

(3)大桥上游主桥塔的平面位移和竖向沉降具有明显的周日变化规律:上午时段(7、11、47周期),平面(X、Y)位移量逐渐增大,竖向有下沉趋势,11时(11、47周期),平面(X,Y)位移达到最大值;竖向(Z)下沉,在下午1时(15周期)达到最大值。下午时段(19、23周期),三维分量(X,Y,Z)的变形量趋向减小。夜间时段(27、31、35、39周期)三维分量(X,Y,Z)变形趋于稳定,变形量较小,以18日清晨5时的第3周期为参考周期,19日清晨5时同一时刻的第43周期三维分量(X,Y,Z)变形监测结果都趋近为零。

(4)对于大桥下游主桥塔变形监测结果的分析,有与上述相类似的结论。由此可见,全站仪自动监测系统对宝山大桥的变形监测结果是有效的,能反映出桥塔良好的柔性变形规律。

(5)招宝山大桥变形监测具有点位多、精度要求高、可利用监测时间短等特点。利用具有自动目标识别的全站仪,使用差分方式高精度、自动化监测大桥的位移与沉降的变形情况,最大的优势是可以实现三维监测同步,这一点对于高约100 m的主桥塔变形监测来讲,尤为重要。在具体监测过程中,如何合理建立差分基准网、选择差分基准点、在狭长视场范围内对多个变形监测点高效地分组监测等是招宝山大桥变形监测的关键技术,在这些方面取得的经验对于国内外都具有一定的参考价值。

(二)全站仪在大型网架变形观测中的应用

随着钢结构建筑的发展,采用大跨度大型网架结构随之增多。如大型体育馆、娱乐馆、展馆大厅、超级市场等;对于大型钢结构网架安装后的质量检测以及加载前后网架形变数据的观测分析,对设计、质检、安全运行是必不可少的。大部分网架都在高空,那么直接进行观测很困难,而利用全站仪的悬高测量功能进行观测就很方便。

1. 观测方法及要求

(1)根据需要选择网架上具有代表性的断面,如图5-15所示。

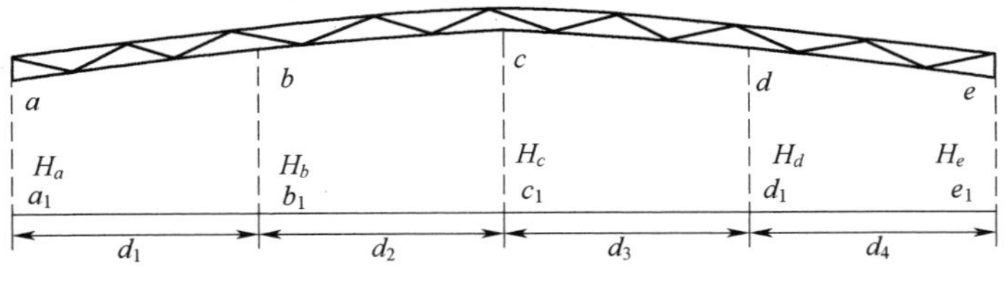

图5-15　测点布置

(2)确定观测点a、b、c、d、e,然后将点垂直投影到地面为a_1、b_1、c_1、d_1、e_1。

(3)安置仪器在断面垂直方向上,棱镜置于测点的地面投影点(如图5-16),若场地许可,尽量使距离D远些,以减少垂直角α对观测精度的影响。

(4)每个断面尽可能采用两个测站点进行观测,以提高观测质量并作数据检核。

(5)每站可观测各断面所有点(如图5-17中仅一个断面)。所有断面投影到地面点位的高程均采用四等水准测量确定。

2. 观测点的高程计算

观测点高程采用下列公式计算:

$$H_c = H_{c1} + h_c \tag{5-20}$$

$$h_c = v + D\tan\alpha_c + D\tan\alpha_{c1} \tag{5-21}$$

式中　H_{c1} ——观测点 c 的地面高程，m；

h_c ——观测点 c 到 c_1 的悬高，m；

v——棱镜高，m。

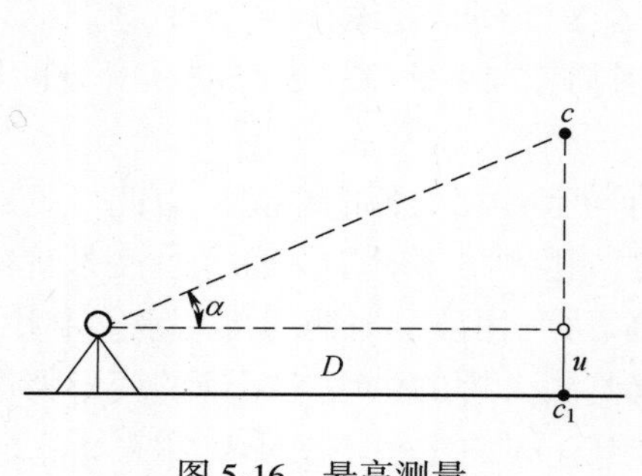

图 5-16　悬高测量

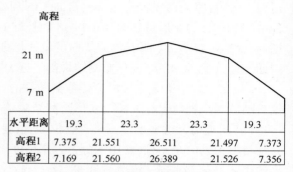

高程

21 m

7 m

水平距离	19.3		23.3		23.3		19.3	
高程1	7.375	21.551		26.511		21.497		7.373
高程2	7.169	21.560		26.389		21.526		7.356

图 5-17　网架观测数据（单位：m）

当每个断面的 H 值确定后，网架形状即可依据 H 和相对应的 D 给出，如图 5-17 所示。

3. 观测精度

因实际条件 α_{c1} 角很小，不影响精度探讨，为简便计算，采用 $h = D\tan\alpha_c$ 。观测点高程 $H = H_i + h + v$ 。

（1）v 为棱镜高，观测值中误差可达到±1 mm，最大误差±2 mm。

（2）H_i 为地面点高程，按四等水准精度 $f_{h容} = \pm 20\sqrt{L}$ mm，一般结构横断面在 80 m 左右，则 $f_{h容} \leqslant \pm 5.6$ mm，其中误差 $m_{Hi} = 3.9$ mm。

（3）$h = D\tan\alpha$ ，则 $m_h^2 = (\tan\alpha)^2 m_D^2 + (D/\cos\alpha)^2 \times (m_\alpha/\rho)^2$；设 D 最大值为 60 m，$\alpha = 22°30'$ ，测距误差±3 mm，则其平均中误差 $m_D = \pm 2.1$ mm。测角精度±2″，考虑到照准误差，设 $m_\alpha = \pm 10''$ ，则 $m_h = \pm 3.27$ mm。

（4）一般在点上观测两次取平均值，故 $m_h = \pm 3.27/\sqrt{2} = \pm 2.31$（mm）；若采用双仪高法观测，点位的精度还可提高 2 倍，$m_h = \pm 2.31/\sqrt{2} = \pm 1.63$（mm）。

（5）综上所述，点位中误差 $m_H^2 = m_{Hi}^2 + m_h^2 + m_v^2 = 3.9^2 + 1.63^2 + 1^2$，则 $m_H = \pm 4.23$ mm。若允许误差为 $2m_H$ ，则观测点位精度可达 $f_H = \pm 8.46$ mm，也就是点位观测精度可达到±1 cm 之内，这对于观测大型钢网架的安装精度及加载后形变情况可以满足。

五、全站仪在高程测量中的应用

随着全站仪在测角和测距方面的精度越来越高，越来越多的工程中使用全站仪测量高程来代替传统水准测量，大大提高了工作效率。全站仪三角高程测量代替四等水准测量，能避开施工现场各种人为因素和复杂地形对水准测量工作的影响，且方法简单易行，所得高程成果精度能满足四等水准测量的要求，为今后快速、准确建立工程施工高程控制网提供了新的途径。

随着全站仪在工程测量中的广泛使用，全站仪三角高程测量也得到广泛的应用。新颁布的《工程测量规范》对其主要技术要求作了具体规定，见表 5-10。

传统的几何水准测量在坡度较大的地区难以实施，由于测站太多，精度很难保证。利用三角高程测量时，由于大气折光误差、垂直角观测误差以及丈量仪器高和目标高的误差影响，精度很难有显著的提高。理论和实践表明,当距离小于 400 m 时,大气折光的影响不是主要的,因此只要采取一定的观测措施,达到毫米级的精度是可能的。

表 5-10　全站仪三角高程测量技术指标

等级	仪器	测回数		指标差较差	竖直角较差	对向观测高差	附合或环形
		三丝法	中丝法	(″)	(″)	较差(mm)	闭合差(mm)
四等	DJ_2		3	≤7	≤7	$40\sqrt{D}$	$20\sqrt{\Sigma D}$
五等	DJ_2	1	2	≤10	≤10	$60\sqrt{D}$	$30\sqrt{\Sigma D}$

通常的措施有:选择最佳时间进行测距、在最佳时间观测垂直角、采用合适的照准标志、精确地丈量仪器高和棱镜高。

如将全站仪当水准仪来使用,不必丈量仪器高和棱镜高,这样既能在地形起伏较大的地区快速进行高程传递,又能保证足够的精度。

(一)基本原理

如图 5-18 所示,图中 A 是高程已知的水准点,E 是待测点,B、C、D 是高程路线的转点,1、2、3、4 为全站仪的设站位置。

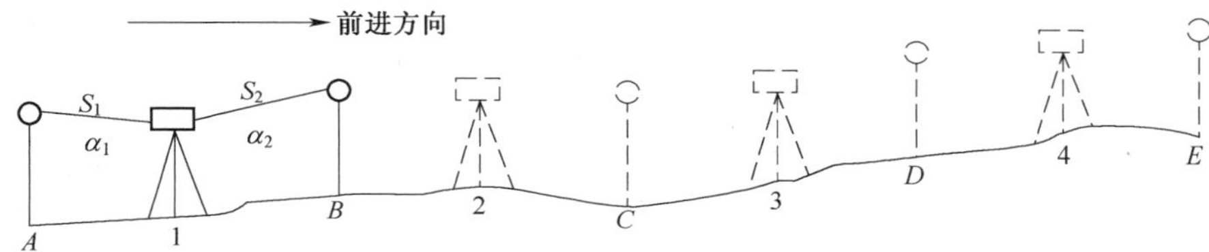

图 5-18　全站仪水准测量

因为用全站仪可以直接读取全站仪中心到棱镜中心的高差 Δh ,因此有:

$$\begin{aligned} h_{AB} &= h_{A1} + h_{1B} \\ &= -(\Delta h_{1A} + i_1 - v_A) + (\Delta h_{1B} + i_1 - v_B) \\ &= -\Delta h_{1A} + \Delta h_{1B} + v_A - v_B \\ &= \Delta h_1 + v_A - v_B \end{aligned} \tag{5-22}$$

同理可得:

$$h_{AE} = \sum_{i=1}^{n} \Delta h_i + v_A - v_E \tag{5-23}$$

式中　h——全站仪中心和棱镜照准标志之间的高差,m;

Δh_{1A}——1 点至 A 点的高差,m;

Δh_{1B}——1 点至 B 点的高差,m;

i——仪器高,m;

v_A、v_B——A、B 点的棱镜高,m。

显然,两点的高差中已经把仪器高抵消掉了。所有中间转点的棱镜高也被抵消掉了,公式中除了观测高差外,只有起点 A 的棱镜高和终点 E 的棱镜高。如果在观测过程中,使起点和终点的棱镜高度保持不变,那么式(4-23)变为

$$h_{AE} = \sum_{i=1}^{n} \Delta h_i \tag{5-24}$$

综上所述,用全站仪代替水准仪进行高程测量应满足以下条件:

(1)全站仪的设站次数为偶数,否则不能把转点棱镜高抵消掉;

(2)起始点和终点的棱镜高应保持相等;

(3)转点上的棱镜高在仪器搬动过程中保持不变;

(4)仪器在一个测站的观测过程中高度保持不变。

(二)精度分析

1. 垂直角和水平距离观测误差对观测高差的影响

由高差公式:

$$\Delta h = \Delta h_2 - \Delta h_1 = S_2 \sin\alpha_2 - S_1 \sin\alpha_1$$

按误差传播定律可得:

$$m_{\Delta h}^2 = (m_{S_2}\sin\alpha_2)^2 + \left(S_2 \frac{m_{\alpha_2}}{\rho\cos\alpha_2}\right)^2 + (m_{S_1}\sin\alpha_1)^2 + \left(S_1 \frac{m_{\alpha_1}}{\rho\cos\alpha_1}\right)^2 \quad (5\text{-}25)$$

式中 S_2、S_1——前视棱镜和后视棱镜的水平距离,m;

α_2、α_1——前视棱镜和后视棱镜的垂直角;

m——下标相应的中误差;

$\rho = 206\,265''$。

为了在高差测量中抵消地球曲率和大气折射的影响,一般要使前、后距离相等,因而 $m_{S_1} = m_{S_2}$;又因为垂直角的观测误差相同,即 $m_{\alpha_1} = m_{\alpha_2}$,则有:

$$m_{\Delta h}^2 = (\sin^2\alpha_2 + \sin^2\alpha_1) m_S^2 + \left(\frac{1}{\cos^2\alpha_1} + \frac{1}{\cos^2\alpha_2}\right)\left(\frac{m_\alpha}{\rho} S\right)^2 \quad (5\text{-}26)$$

因为 α 越大,$1/\cos^2\alpha$ 越大,因此在精度计算时,取 α_2、α_1 中的最大者,统一为 α,则式(5-26)变为:

$$m_{\Delta h}^2 = 2m_S^2 \sin^2\alpha + \frac{2S^2}{\cos^2\alpha}\left(\frac{m_\alpha}{\rho}\right)^2 \quad (5\text{-}27)$$

为了进行检核,在测站上变换仪器高两次观测取平均,此时 S 和 α 都不会有太大的变化,因此:

$$m_{\Delta h}^2 = m_S^2 \sin^2\alpha + \frac{S^2}{\cos^2\alpha}\left(\frac{m_\alpha}{\rho}\right)^2 \quad (5\text{-}28)$$

取 $m_\alpha = \pm 2''$,$m_S = \pm(3\ \text{mm} + 2\ \text{ppm}S)$。

对不同的边长 S 和不同的垂直角 α,按式(5-28)计算高差中误差,计算结果见表 5-11。

按表 5-11 的数据,可以计算出每公里的测站数 n 以及每公里观测高差的中误差,见表 5-12。

按照水准测量规范的规定,四等、三等、二等、一等水准测量往返测高差中数的偶然中误差分别为±5. 0 mm、±3. 0 mm、±1. 0 mm 和±0. 5 mm,那么单程观测高差的偶然中误差分别为±7. 1 mm、±4. 2 mm、±1. 4 mm 和±0. 7 mm。

比较表 5-12 的数据可知:

(1)用此精度的全站仪采用上述测量方法不能达到一等、二等水准测量的精度。

(2)当视距小于 300 m 时,可以达到三等水准测量的精度。

(3)当视距为 500 m 时,能够达到四等水准测量的精度。

(4)距离的观测误差在观测高差的误差中所占的比重,随垂直角的增大而增大。

表 5-11　一个测站观测高差的中误差(单位:mm)

S(m)	α			
	0°	2°	8°	14°
40	0. 39	0. 41	0. 59	0. 87
50	0. 48	0. 49	0. 66	0. 92
100	0. 97	0. 98	1. 09	1. 30
150	1. 45	1. 46	1. 55	1. 74
200	1. 94	1. 94	2. 04	2. 23
300	2. 91	2. 91	3. 01	3. 22
400	3. 88	3. 88	4. 00	4. 23
500	4. 85	4. 85	4. 97	5. 25

表 5-12　每公里观测高差的中误差(单位:mm)

S(m)	0°	2°	8°	10°	14°
40	12. 5	1. 38	1. 45	2. 09	3. 08
50	10	1. 52	1. 55	2. 09	2. 91
100	4	1. 94	1. 96	2. 18	2. 60
150	3. 3	2. 63	2. 65	2. 82	3. 16
200	2. 5	3. 06	3. 07	3. 23	3. 53
300	1. 67	3. 76	3. 76	3. 89	4. 16
400	1. 25	4. 34	4. 38	4. 47	4. 73
500	1	4. 85	4. 85	4. 97	5. 25

(5)垂直角的观测误差在观测高差的误差中所占的比重,随垂直角的增大而减少。

(6)在坡度小于 20°时,垂直角的误差是主要的。因此,要想提高观测精度,必须设法提高垂直角的精度。

2. 地球曲率和大气折光的影响

水准测量要求前后视距相等主要是为了抵消 i 角误差,同时也为了削弱地球曲率及大气折光的影响,用全站仪代替水准仪测量时,可以设置大气折光系数 k(一般取 0. 12),由仪器自动对地球曲率及大气折光的影响进行改正。如果把视距控制在 200 m 左右,前后视距差在 3m 之内,影响可以忽略不计。

3. 棱镜沉降、仪器沉降、棱镜倾斜的误差

与水准仪测量类似,用全站仪代替水准仪进行高程测量时同样存在棱镜沉降、仪器沉降的影响,观测时必须采取一定的措施来减弱或消除。

棱镜沉降主要发生在仪器的转站过程中,提高观测速度、采用往返观测的方法也可以抵消部分影响。

仪器沉降主要发生在一个测回的观测过程中,在一个测站上要变换仪器高观测两个测回,第二测回和第一测回采用相反的观测次序,即“后—前—前—后”或“前—后—后—前”,可以有效地减弱仪器沉降的影响。

觇标倾斜的影响与水准测量时水准尺的倾斜相似,只要仔细检验对中杆上的圆水准气泡,在立杆时保证气泡居中就可以消除此影响。

4. 竖直度盘指标差的影响

水准测量时主要存在 i 角误差的影响，为了消除 i 角误差对水准测量的影响，一般要求前后视距相等。用全站仪观测时，类似的误差是竖直度盘指标差，如果只用正镜或倒镜观测，该项误差的影响不容忽视。但是只要采用正倒镜观测，就可以抵消指标差的影响。

5. 垂直轴倾斜误差的影响

全站仪能够进行垂直轴倾斜的自动补偿，并且补偿后的精度能达到 0.1″，影响甚微。因此，垂直轴倾斜误差的影响可以忽略不计。

6. 垂线偏差的影响

在山区和丘陵地区用全站仪代替水准仪进行高程测量有显著的优点，但由于垂线偏差的变化较大，使得测点之间所观测的高差不等于这两点之间的正常高差，因此必须加一个垂线偏差改正。

在平原地区，前视和后视的平均垂线偏差基本相等，故垂线偏差的影响等于零。

在丘陵地区，垂线偏差的最大值为 2″，在几百米的范围内其变化不大，取 0.2″（最大值的 1/10），S=300 m，对高差的影响为 0.29 mm。

在山区，垂线偏差的最大值为 10″，在几百米的范围内其变化量也取最大值的 1/10（1″），S=300 m，则对高差的影响为 1.45 mm。

在大山区，垂线偏差的最大值为 20″，在几百米的范围内其变化量也取最大值的 1/10（2″），S=300 m，则对高差的影响为 0.29 mm。

综上所述，在山区和大山区垂线偏差对高程的影响是很大的，因此在这些地区测量时，应该适当减小视线的长度。

（三）工程实例

1. 测区概况

测区位于丘陵地区，面积约为 80 km^2，测区内高程最低为 32 m，最高为 361 m，平均高程为 67 m。

2. 高程控制网

高程控制网如图 5-19 所示，双线表示水准测量路线，单线表示全站仪观测路线，单线坡度起伏很大，很难用水准仪进行测量。

水准测量采用 S1 水准仪，按三等水准的方案观测，从交通局出发构成一个大闭合环，各测段之间进行单程观测，只有埋石点 1 到王庄采用往返观测。

3. 全站仪观测方案

（1）仪器的使用

垂直角观测精度为±2″，距离精度为±$(3\ mm+2\times10^{-6}D)$。该仪器可以进行自动气象改正，自动进行垂直轴倾斜补偿和指标差补偿。前、后采用配套的单棱镜、棱镜杆、尺垫，高度相等且测量过程中保持不变。

（2）观测步骤

观测过程为“后—前—前—后”。在两个测点中间适当位置，整平安置全站仪；盘左位置瞄准后视的标志中心，开始测量，读取水平距离和高差；然后，盘右位置瞄准后视的标志中心，开始测量，读取高差；取两次高差的平均值即为后视的高差。用同样的方法测得前视方向的水平距离和高差。以上为一个测回。

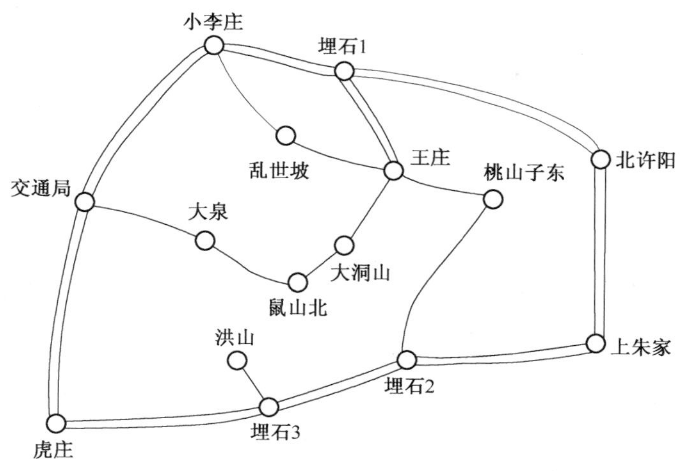

图 5-19　高程路线

变换仪器高,进行第二测回,先观测前视高差,后观测后视高差。野外记录和计算格式见表 5-13。

(3)观测限差

视距一般小于 200 m,最长为 240 m,前后视距差最大为 3 m,两次仪器高所测高差之差,当视距小于 160 m 时为 3 mm,当视距大于 160 m 时为 5 mm。往返测差值和环线的闭合差,应满足三等水准测量的要求,见表 5-14。

表 5-13　记录格式　　(单位:m)

<table>
<tr><td rowspan="2">第一测回</td><td>后视</td><td>盘左
盘右</td><td>-0.823
-0.835</td><td>平距
均值</td><td>183.182
-0.829 0</td><td>前视高差-
后视高差</td><td>高差之差</td></tr>
<tr><td>前视</td><td>盘左
盘右</td><td>-19.424
-10.429</td><td>平距
均值</td><td>183.056
-19.426 5</td><td>-18.597 5</td><td>-0.004 0</td></tr>
<tr><td rowspan="2">第二测回</td><td>后视</td><td>盘左
盘右</td><td>-0.696
-0.702</td><td>平距
均值</td><td>183.188
-0.699 0</td><td>前视高差-
后视高差</td><td>高差均值</td></tr>
<tr><td>前视</td><td>盘左
盘右</td><td>-19.295
-19.306</td><td>平距
均值</td><td>183.053
-19.300 5</td><td>-18.601 5</td><td>-18.599 5</td></tr>
</table>

表 5-14　闭合差统计

路　　线	长度(km)	闭合差(mm)	限差(mm)	备注
交通局—埋石 3—埋石 2—桃山子东—王庄—大洞山—鼠山北—大泉—交通局	32.2	+51.95	68.09	闭合环
埋石 2—上朱家—北许阳—埋石 1—王庄—桃山子东—埋石 2	22.7	+34.46	57.18	闭合环
小李庄—乱石坡—王庄—埋石 1—小李庄	10.6	-23.60	38.07	闭合环
小李庄—乱石坡—王庄—大洞山—鼠山北—大泉—交通局—小李庄	21.2	15.71	55.26	闭合环
埋石 3—洪山—埋石 3	1.2	1.50	13.14	往返测

（四）观测结果

由水准路线和全站仪观测路线构成了 4 个独立的闭合环，各闭合环的闭合差以及往返测路线的闭合差列在表 5-14 中。可以看出，所有的闭合差都在规定的限差之内，说明用全站仪三角高程测量能够达到三等水准测量的精度。

（五）全站仪观测的效率

用全站仪进行三角高程测量，在平地上其效率与水准仪测量相近，但是在丘陵和山区，其效率比水准测量要高许多。如图 5-20 所示，曲线表示沿大泉—鼠山北—大洞山—王庄观测路线上的断面图，每段曲线上面的数字表示用全站仪观测的测站数，下面的数字表示用水准仪观测时最少的测站数（按一站观测 2.5 m 的高差计算）。可以看出，全站仪观测效率非常高。

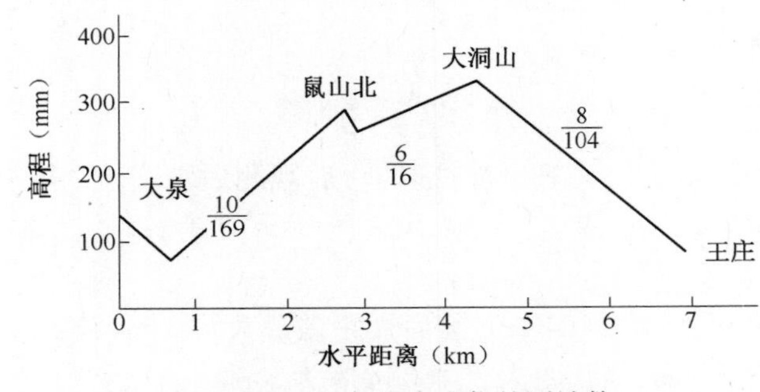

图 5-20　全站仪和水准仪的测站数

（六）结论

通过上面的讨论分析，可以得出下面的结论：

（1）全站仪三角高程测量按水准测量使用，不量仪器高和棱镜高，可以大大提高三角高程测量的精度，在一般条件下可以代替等级水准测量。

（2）用测角精度为±2″，测距精度为±$(3\ \text{mm}+2\times10^{-6}D)$ 的全站仪，当视线长度在 200 m 左右时，可以代替水准仪进行相当于三等水准的高程测量。

（3）起点和终点的棱镜高，保持相等不变，测站数为偶数，可以抵消棱镜高。

（4）垂直角的观测误差是主要的误差来源，在山区和大山区，垂线偏差的影响也不能忽视。因此，在这类地区测量时，应当尽量减小视线的长度。

（5）在山区和丘陵地区，视距控制在 300~500 m，可以代替三等、四等水准测量，大大提高了作业效率，保证测量精度。

项目三　全站仪在数字测图中的应用

【项目描述】

利用全站仪在野外进行地形数据采集，并用计算机辅助绘制大比例尺地形图的工作，简称数字测图。

【相关知识】

数字测图主要系统组成，如图 5-21 所示。

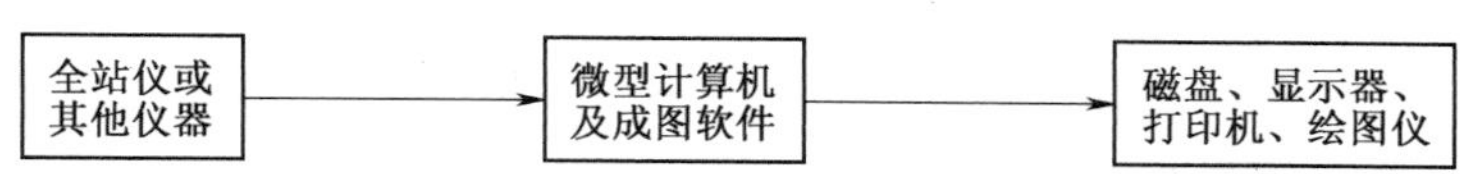

图 5-21　数字测图的系统组成

数字测图技术在野外数据采集工作的实质就是解析法测定地形点的三维坐标，是一种先进的地形图测绘方法。外业数据采集流程图，如图 5-22 所示。

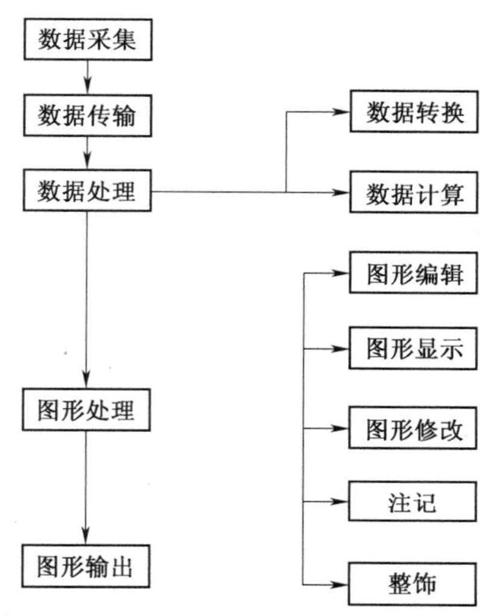

图 5-22　外业数据采集流程图

项目四　全站仪和编程计算器在工程测量中的应用

【项目描述】

在工程测量中，内业资料计算占有很重要的比重，内业资料计算的准确无误与速度直接决定了测量工作是否能够快速、顺利地完成。而内业资料的计算方法及其所需达到的精度，则又直接取决于外业所用仪器及具体的放样目标和内业计算所用到的办公软件和计算方法。计算机辅助设计（简称 CAD），是 20 世纪 80 年代初发展起来的一门新兴技术型应用软件。如今在各个领域均得到了普遍应用。它大大提高了工程技术人员的工作效率。AutoCAD 配合 AutoLisp 语言，还可以编制一些常用的计算程序，得到计算结果。AutoCAD 的特性提供了测量内业资料计算的另外一种全新直观明了的图形计算方法。

【相关知识】

结合使用的徕卡全站仪的情况，可以很方便地进行三维坐标的测量，通过 AutoCAD 的内业计算，在放样的过程中，可以用编程计算器结合全站仪，非常方便、快速地进行作业；运用 AutoCAD 进行计算结果的验证；随着全站仪的推广和普及，极坐标的放样越来越成为众多放样方法中备受测量人员青睐的一种，而坐标计算又是极坐标放样中的重点和难点，由于一般的红线放样，工程放样中的元素多为点、直线（段）、圆（弧）等，故可以充分利用 AutoCAD 的设定坐标系、绘图和取点的功能，以及结合外业所用计算器的功能，从而大大减轻外业的工作强度及内业的工作量。以下以冶勒电站厂区枢纽工程的一些实例来说明三者在工程测量中的应用。

一、测区概况

冶勒电站厂址位于石棉县李子坪乡南桠村，距坝址 11 km，距石棉县城 40 km。厂区枢纽工程主要包括通风洞、交通洞、出线洞、尾水洞及尾水明渠、主厂房、副厂房、安装间及压力管道、母线道、变电站等分部工程，地下洞长近 1 600 m，涉及到两台（单机为 12 万 kW）机组的安装定位。测量区域高程在海拔 1 990~2 200 m 之间，高差起伏大，夜晚及洞内外作业温差较大，给测量作业带来了一定的困难。

二、AutoCAD 的典型内业资料计算

在测区内加密控制点，经常使用测角交会、测距交会或两者相结合的方法，如果运用数学公式来计算，则非常繁琐，而且不易检查错误，例如在后方交会中的危险圆上。相反，如果利用 AutoCAD 来绘图计算，就简单多了。现针对测角和测距两种方法分别作如下说明：

1. 前方测角交会

如图 5-23 所示，A、B 为坐标已知的控制点，P 为待求点，在 A、B 两点已观测了角度 a 和 b。

我们就可以利用 AutoCAD 系统软件，根据 A、B 两点坐标在桌面绘制出 A、B 两个点，连接 AB 点得到 AB 线段，然后分别以 A 点和 B 点为基点旋转 AB 线段为轴旋转 a、b 角（从图上可直观地分辩方向）。使用 ID 命令选择交点 P，就可以得出 P 点坐标。如果图形有检校条件，仍然可以进行坐标差的计算。如果在近似平差的情况下能满足需要，则可以在图形上进行平均计算并作出标记。

2. 前方距离交会

如图 5-24 所示，A、B 为坐标已知的控制点，P 为待求点，在 A、B 两点已分别利用全站仪测了距离 S_a 和 S_b。

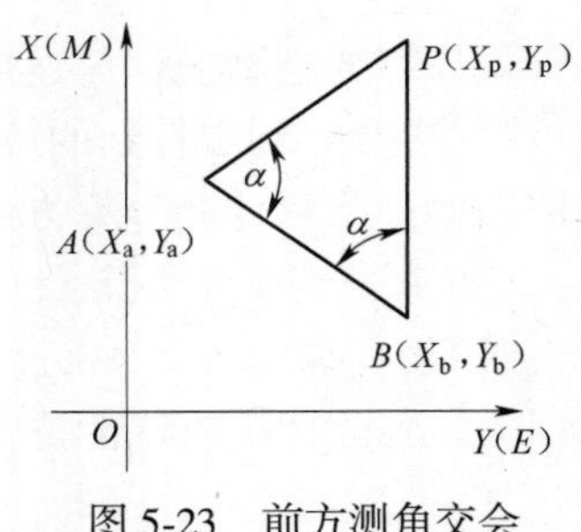

图 5-23 前方测角交会

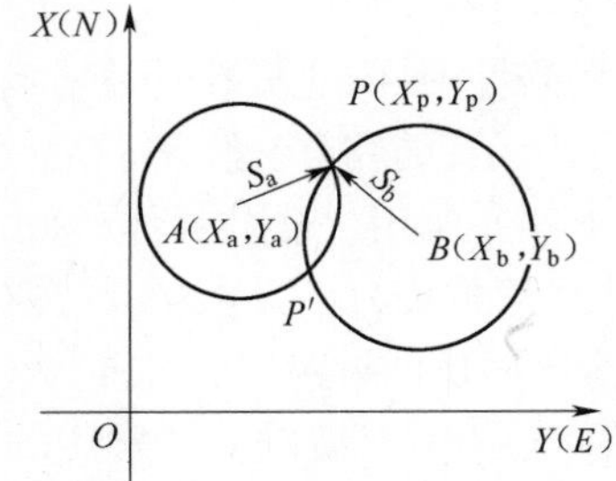

图 5-24 前方距离交会

同样可以利用 AutoCAD 系统软件，根据 A、B 两点坐标绘制出 A、B 两个点，连接 AB 点得到 AB 线段，然后分别以 A 点和 B 点为圆心，以 S_a 和 S_b 为半径作圆，则得到 P 点和 P' 点（对照现场的方位情况，从图上可直观地分辩出其中一点 P 为所求，而另一点 P' 则是虚点，是不需要的）。使用 ID 命令选择交点 P，就可以得出 P 点坐标。在实际工作过程中，通常会将前方测角交会与前方距离交会进行组合应用，那就不一定要将所有条件都完成测量了。另外对于以上几项对坐标的应用，应该注意的就是 AutoCAD 中的坐标顺序与测量中的大地坐标系是有区别的，也就是要注意 X 坐标和 Y 坐标的对应关系。

3. 对作业资料的管理

AutoCAD 在工程中除对测量内业资料计算有其优势一面,在外业资料的管理方面,同样有着非常广泛的应用。AutoCAD 作为有名的工程系列应用软件平台,已经为广大工程技术人员所熟悉并掌握。在测量外业资料中,主要是控制点网略图及其计算资料的管理,另一方面是各种开挖横断面、纵断面图的绘制,横断面面积的计算,以及其他一些需要的图纸的绘制。由于 AutoCAD 已经有很强的数学计算功能和很高的数学精度,其有效位数已完全能够满足在工程测量中的需要。在冶勒电站工作期间,将所有图纸、所有工程量表格及文档进行分类,其重点是对图纸文件利用 AutoCAD 进行总图的绘制,在以后的工作中,就可以在总图上进行查找了。

4. 应用实例

现结合工作实际,作一些实际应用上的说明:本课题组承担了冶勒水电站厂区枢纽工程的施工测量工作,进场之际就建立了一级导线闭合环,观测资料经平差后,将坐标点的大地坐标输入 AutoCAD 平台。随着工程的进行,陆续加密了一些支导线点,同样将坐标成果录入,这样从真正意义上,实现了坐标资料的数字化管理,这也方便了以后的坐标管理,同时也方便了以后在一些特殊情况下的图形应用。具体讲就是,依据设计提供的结构关系,在图中设立足够的施工坐标系(以在外业放样中设站所需为准)并保存。在以后的工程应用中,只需打开对应坐标系,利用 ID 命令点取需要的点,其对应坐标也就出来了。

下面举例说明:在尾水洞、尾闸室交叉段工程中,存在一个三直段夹两弧段的情形。

当时设计代表提供了图形尺寸关系,以及 C 点大地坐标和其以外段的大地方位角,尾闸室以内段的一些结构关系。如果单凭以往的经验和仪器条件,需要建立圆的方程,求解二元二次方程,才能求出圆弧对应圆心的大地坐标,之后才可进行下面的计算并结合仪器考虑放样方法。但是,将这个问题放到 AutoCAD 软件平台上来看,就变得非常简单了。具体操作如下:

(1)先在 AutoCAD 软件平台上,依据 C 点大地坐标将 C 点录入,并依据过 C 点的直段洞轴线方位角及其长度绘出过 C 点的洞轴线,依据设代提供的尺寸关系,得到 P_1、P_2 点,然后利用 AutoCAD 绘制圆弧,使其分别过 P_1、C 点和 P_2、C 点,使之满足 $R=28.00$ m,并符合图形方向。

(2)再利用 AutoCAD 的标注功能,分别进行两段圆弧的圆心标注 O_1、O_2 点,利用 AutoCAD 的 ID 命令就可以得到 O_1、O_2 点的大地坐标了。将之分别与 P_1、P_2 用直线段连接。

(3)考虑洞室的方向,再分别过 P_1、P_2 点作 P_1O_1、P_2O_2 的垂线 P_1X_1、P_2X_2,利用 AutoCAD 方便的坐标系设置功能,分别建立以 P_1 点、P_2 点为坐标系原点,P_1X_1、P_2X_2 为 X 轴的测量施工坐标系,然后再将其坐标系移到$(0,-N)$处并分别命名保存。

到此,两个辅助施工坐标系建立完成,这两个坐标系保证了 X 轴与过 P_1(或 P_2)的圆弧相切(这一点将非常有利于下一步的全站仪与编程计算器的应用)。将测得的控制点的大地坐标输入图形中,直接就可以得到该控制点的相应的施工坐标和施工坐标方位角了。

三、全站仪和编程计算器在外业中的应用

目前使用的全站仪为瑞士产徕卡 605L 型全站仪,其本身已具备利用坐标进行工作的能力。对实际工作中的一些三维坐标的放样,就可以利用 AutoCAD 建立数字化模型,先用编程计算器在计算机 AutoCAD 平台上进行模拟检验,经检验程序正确后,再将之用于外业放样。

对于露天点线，可以尽量直接利用全站仪的坐标放样功能，将所需放样点的施工坐标输入全站仪，正确操作就可以得到正确的所需点位。现在讨论的重点是针对地下工程中一些特殊情况下的点位放样。例如：地下厂房的开挖红线放样和有关结构点的放样，地下洞室的开挖红线放样，又特别是地下转弯段的开挖红线及其相关的一些结构点的放样。对地下厂房而言，其顶拱跨度大，主厂房达 24.36m，其顶拱半径也有 17m。在施工过程中，业主、监理、设代及施工四方均提出明确要求，要严格控制超挖，禁止欠挖，这就从放样方法上对测量人员提出了更高的要求。经过反复比较，最后决定利用全站仪结合编程计算器，在现场进行三维的施工坐标的测量，再进行相关的计算，从而放出所需的红线点，事实证明，方法是得当的、合理的，取得的效果也是较为理想的。下面分两个方面来说明。

1. 无平面转弯情况下的计算

其具体的编程思路，首先，建立以 B_1B_2 机组中心线为 E 方向，垂直 B_1B_2 方向向下游的方向为 N 方向，以 B_1 点坐标原点建立施工坐标系。

现假定要放顶拱的开挖红线，实测点 P 坐标为(E,N,H)，则利用几何关系，可以计算其对应 N 坐标下的设计 H 坐标或对应 H 坐标下的设计 N 坐标，这就与实测坐标产生了 H 坐标差 ΔH 或 N 坐标差 ΔN。则

$$\Delta H_1 = 2\,036.368 - 17.00 + \sqrt{17.00^2 - (N + 1.55)^2} - H$$

$$\Delta L_2 = 17.00 - \sqrt{(N + 1.55)^2 + (H - 2\,019.368)^2}$$

$$\Delta H_3 = 2\,035.368 - (15.36 - \sqrt{15.362 + (N + 1.55)^2}) - H$$

$$\Delta L_4 = 15.36 - \sqrt{(N + 1.55)^2 + (H - 2\,020.008)^2}$$

$$\Delta N = T \times (N + 1.55 - T \times \sqrt{17.00^2 - (17.00 - (2\,036.68 - H))^2})$$

上述诸式中，ΔH_1、ΔL_2 分别为开挖红线的高程差值和径向方向上的差值，ΔH_3、ΔL_4 分别为顶拱混凝土结构表面的高程差值和径向方向上的差值。

在 ΔN 式中：$T=1$，代表 $N \geqslant -1.55$，即厂房的下游侧；$T=-1$，代表 $N<-1.55$，即厂房的上游侧，厂房中心线与机组中心线的平行距为 1.55 m。

ΔH 为正，测点应上移 ΔH 距离即为红线，反之 ΔH 为负，测点应下移 ΔH 距离即为红线；ΔN 为正，测点应向靠近厂房中心线的方向移 ΔN 距离即为红线，反之 ΔN 为负，测点应向远离厂房中心线的方向移 ΔN 距离即为红线。

同样，在厂房顶拱的混凝土衬砌的过程中，需要对顶拱的立模线进行放样和模板检查，其混凝土结构下边沿线半径为 $R=15.36$ m，有跨度大和难度大的重要特点。在模板的放样过程中，其情况与开挖红线放样又有一些不同点，没有将其作出相对厂房轴线的上下游之分，根据施工现场的实际情况看来，其只有铅垂方向的调整。

在做模板检查时，相对来说，其作业环境将更加不利(有时可能无法通视)。针对实际情况，一般采用将反光三棱镜高度保持某一定值或者使用微棱镜，将其沿顶拱模板圆弧径向方向上放置，然后在计算时针对模板只有径向上的上下移动调整。在模板的放样及检查中，同样要利用编程计算器进行现场的计算，其计算原理类似于开挖红线放样的计算，只不过进行模板检查的计算时，其计算程序中的高程基准应以其混凝土结构面圆弧对应的圆心高程为基点，再结合其半径求其差值作调整。

在 AutoCAD 软件平台上,可以非常方便地进行放样点坐标和模板点坐标的有效验证。即通过在 AutoCAD 应用平台上建立地下厂房的三维模型。在这个三维坐标系中,直接任意输入一个在厂房平面范围内的三维点坐标,从应用平台上可以直观地看到该点是否为红线或与红线是否为模板点线的关系,同时用编程计算器对该输入三维点坐标进行计算,得出一个结论,就可以作为互相验证的依据了。

针对冶勒电站的情况及其在地下洞室设计上的要求,一般都有一定的坡度以利排水,传统的洞室开挖放样是在洞外或已开挖段布设基本导线,然后运用经纬仪和水准仪、钢尺的配合,在掌子面上寻找开挖断面圆心、中心线、腰线等。这种传统的作业方法在实际过程中很不易操作,而且误差较大,也易出错。一般情况下,掌子面不会是一个标准的铅垂面,而通常隧洞都具有一定的坡度,有时甚至坡度很大,这时应该先考虑将非铅垂面的设计开挖(结构)线进行相关的转换,具体操作可在 AutoCAD 软件平台上进行,也可直接在编程计算器上进行。如通风联系洞,坡度达 0. 303 9。其设计开挖顶拱为圆弧,而在铅垂面则为椭圆弧,可以利用 AutoCAD 软件平台建立其纵横断面的空间模型,求出该椭圆弧的长、短半轴,从而得到其对应的椭圆方程,再利用编程计算器编写相应的程序,之后在 AutoCAD 软件平台进行验证,结果良好。这样就可以充分避免一些特殊情况下易造成的欠挖(如掌子面不平整等)。

2. 有平面转弯情况下的计算

而对稍复杂一点的情况,如通风洞转弯段、尾水洞三叉口段,在开挖过程中,掌子面根本没法保证是同桩号,混凝土衬砌过程中为保证各仓号端面均为同桩号,则必须利用编程计算器在现场施工坐标系间坐标转换的计算。对于地下洞室的转弯段,则主要应考虑其施工坐标的平面转换,假如要采用一些传统的放曲线的方法,众所周知,由于地下通视不好,则很可能是没办法放样的,而利用全站仪结合编程计算器,进行一些优化后的施工坐标的测量,则变得容易多了。从冶勒水电站厂区枢纽工程的施工情况来看,运用上述组合方法,能够较好地控制超挖和保证开挖效果。

如图 5-27 所示,以尾水洞转弯段为例,通过前述的坐标设站,待测的坐标点,应用编程计算器将之转化成洞轴线(曲线)上的坐标,再进行相关对应断面的高程和平面坐标的计算。其具体的编程思路如下(以 P_1C 段为例)。

利用解析几何的关系,求出 O_1P 点的平面距离 S_{O_1P},则 $E'=28.00-S_{O_1P}$。计算出 O_1P_1,O_1P 的夹角 β,则可以得到 N',再以 E'、N'代入洞挖空间模型计算程序中,计算出高程位移 ΔH 和平面位移 ΔE 就可以了。其程序关键式如下:

$$Q=\tan\beta-(L-37.35)\div(28-D)$$

$$N=37.35+Q\times\pi\div180\times28$$

$$E=28-\sqrt{(28-D)^2+(L-37.35)^2}$$

$$I=2\,002.86+(343.947-N)\times0.003-(3.2-\sqrt{3.22-E^2})-H$$

$$J=1\,999.66+(343.947-N)\times0.003+\sqrt{2.82-E^2}-H$$

上述诸式中,直接的数据为设计提供图形尺寸,L、D 为纵、横坐标的观测值,N、E 为根据曲线关系计算而得的纵、横坐标值,I、J 为以所测点高程对应根据设计断面图形计算的顶拱开挖和顶拱结构混凝土表面高程的差值,即 ΔH。而 ΔE 就应以所计算的 E 与设计值进行比较而得,这里就不再赘述了。

四、结论

针对地下洞室的施工环境,如果能够运用更先进的、具有无标志测距、红外线导向功能的全站仪,如 TCRA1100 系列全站仪配合 TMS 断面测量系统后处理软件。目前较为先进的多功能全站仪断面测量系统是专为地下工程施工测量中断面测量及炮孔测设而研制开发的软硬件结合的自动化系统,其充分利用了徕卡 TCRA 型全站仪的激光无棱镜测距和马达驱动等功能,实现了断面测量野外数据采集软件控制和自动采集,从而达到在地下洞室断面测量的自动化、数据化及计算机化。这套系统组合的优点是:采用最新无反射棱镜技术和伺服马达技术,全自动完成断面测量、围岩变形测量、炮孔定位、容积测量等多项工作,真正做到一机多用、功能强大、品质卓越、经济实用。它们将可以更好地减轻测量人员的外业劳动强度,更好地提高测量作业效率和作业精度,但是随着更先进仪器的投入,必然存在成本的增加,对测量人员的能力要求必然也将更高。有理由相信,随着全站仪开发技术的提高和工程技术人员素质的提高,作为施工测量必将拥有更加广阔的发展空间。

【思考与练习题】

1. 以你所用的全站仪为例,说明全站仪在桥梁基础如何放样。
2. 以你所用的全站仪为例,说明全站仪在测图中操作步骤。

单元六　全球定位系统(GPS)认知

【学习导读】 全球定位系统(GPS)是利用人造卫星建立起来的,能对海上、陆地和空中设施实行三维定位和高精度导航的系统。随着这一系统的逐步完善和软、硬件的进一步研制、开发,不单在测量上能广泛运用,而且这一技术已经渗透到经济建设和科学技术的许多领域,也促进了相关学科的发展。

【学习目标】
1. 了解 GPS 卫星的作用;
2. 理解 GPS 卫星定位基本原理;
3. 理解 GPS 地面监控部分的组成及主控站、注入站和监测站的功能。

【技能目标】
1. 掌握 GPS 系统的组成;
2. 掌握 GPS 测量技术的特点;
3. 掌握 GPS 的定位方法和使用。

项目一　GPS 概述

【项目描述】

全球定位系统(GPS)的组成:该系统是由美国军方研发的卫星导航系统,能为用户提供三维坐标、速度和时间,对常规测量而言,主要采用 GPS 的相对定位功能,即只获取地面点的三维坐标。

GPS 技术应用在我国工程测量领域还不到十年,但其高效率、高质量以及良好的适应性等独特的优势使测量技术发生了质的飞跃。自 1992 年电力勘测系统开始拥有 GPS 设备以来,短短数年,大多数单位先后购进了各种 GPS 设备(如图 6-1),在测量生产的许多方面成功的应用了这一先进技术,取得了许多宝贵的经验。

图 6-1　全球定位系统(GPS)

【相关知识】

一、卫星导航定位系统简介

卫星定位测量,主要是针对多元化的全球空间卫星定位系统而提出的,如美国的 GPS、俄罗斯的 GLONASS、欧洲的 GALILEO 和北斗一号等卫星导航定位系统。这些系统都属于卫星定位系统,都具备进行地面点定位的功能。

1. 美国的 GPS

GPS 是 The Global Position System 的英文缩写,即全球定位系统。该系统于 1973 年由美国政府组织研究,耗费巨资,历经约 20 年,于 1993 年全部建成。该系统是伴随现代科学技术的迅速发展而建立起来的新一代精密卫星导航和定位系统,不仅具有全球性、全天候、连续的三维测速、导航、定位与授时能力,而且具有良好的抗干扰性和保密性。该系统的成功研制已成为美国导航技术现代化的重要标志,被视为 20 世纪继阿波罗登月计划和航天飞机计划之后的又一重大空间科技成就。

全球定位系统(GPS)由卫星星座(24 颗工作卫星+1 颗备用卫星)、地面监控部分(5 个地面监控站)和用户接受设备(GPS 接收机)组成,该系统采用的是 WGS-84 坐标系。

2. 俄罗斯的 GLONASS

GLONASS 起步比 GPS 晚 9 年。苏联在全面总结第一代卫星导航定位系统的优缺点的基础上,汲取美国 GPS 系统的建设经验,从 1982 年 10 月 12 日发射第一颗 GLONASS 卫星开始,到 1996 年全部建成,经历 13 年的周折,其间遭遇了苏联的解体,由俄罗斯接替部署,但始终没有中止或中断 GLONASS 卫星的发射。1995 年初只有 16 颗 GLONASS 卫星在轨工作,当年又进行了三次成功的发射,将九颗卫星送入轨道,完成了 24 颗工作卫星加 1 颗备用卫星的布局。经过数据加载、调整试验,整个系统已于 1996 年 1 月 18 日正式运行。该系统采用了 PZ-90 坐标系。GLONASS 的组成及工作原理与 GPS 类似,也是由空间卫星星座、地面监控以及用户设备三部分组成。

3. 欧盟的 GALILEO 研制发射计划

众所周知,目前世界上已有两大全球卫星导航定位系统在运行,即 GPS 和 GLONASS。这两个系统分别受到美俄两国军方的严密控制,其他民用部门使用该系统时,其信号的可靠性无法得到保证。长期以来,其他国家只能在美、俄的授权下从事接收机的制造、导航服务等从属性工作。为了能在卫星导航领域占有一席之地,欧盟认识到建立拥有自主知识产权的卫星导航系统的重要性和战略意义,同时在欧洲一体化的进程中,还会全面加强诸成员国间的联系与合作。在这种情况下,欧盟决定启动枷利略(CALILEO)计划:建设一个军民两用、与现有系统相兼容的、高精度、全开放的全球卫星导航系统——GNSS。中国也已加入了该计划。

枷利略(GALILEO)计划分四个阶段:论证阶段(1994 年~2001 年)、系统研制和在轨确认阶段(2001 年~2005 年)、星座布设阶段(2006 年~2007 年)、运营阶段(2008 年~今)。

GALILEO 系统由 30 颗卫星(27 颗工作+3 颗备用)组成,分布在 3 个中高度圆形轨道面上,轨道高度 23 616 km。每颗卫星除了搭载导航设备外,还增加了一台救援收发器,可以接收来自遇险用户的求救信号,并将该信号转发给地面救援协调中心,后者组织和调度对遇险用户的救援行动。

地面控制设备包括卫星控制中心和提供各项服务所必需的地面设备。

4. 中国的北斗卫星导航定位系统

中国北斗卫星导航系统(COMPASS，中文音译名称 BeiDou，北斗政府网站：www.beidou.gov.cn)，作为中国独立发展、自主运行的全球卫星导航系统，是国家正在建设的重要空间信息基础设施，可广泛用于经济社会的各个领域。

北斗卫星导航系统能够提供高精度、高可靠的定位、导航和授时服务，具有导航和通信相结合的服务特色。通过 19 年的发展，这一系统在测绘、渔业、交通运输、电信、水利、森林防火、减灾救灾和国家安全等诸多领域得到应用，产生了显著的经济效益和社会效益，特别是在四川汶川、青海玉树抗震救灾中发挥了非常重要的作用。

中国北斗卫星导航系统是继美国 GPS、俄罗斯 GLONASS、欧洲伽利略之后，全球第四大卫星导航系统。北斗卫星导航系统 2012 年覆盖亚太区域，2020 年将形成由 30 多颗卫星组网具有覆盖全球的能力。高精度的北斗卫星导航系统实现自主创新，既具备 GPS 和伽利略系统的功能，又具备短报文通信功能。

北斗卫星导航系统的建设目标是：建成独立自主、开放兼容、技术先进、稳定可靠的覆盖全球的北斗卫星导航系统，促进卫星导航产业链形成，形成完善的国家卫星导航应用产业支撑、推广和保障体系，推动卫星导航在国民经济社会各行业的广泛应用。北斗卫星导航系统由空间段、地面段和用户段三部分组成，空间段包括 5 颗静止轨道卫星和 30 颗非静止轨道卫星，地面段包括主控站、注入站和监测站等若干个地面站，用户段包括北斗用户终端以及与其他卫星导航系统兼容的终端。

图 6-2 为 2007 年 4 月 14 日 4 时 11 分，中国在西昌卫星发射中心用“长征三号甲”运载火箭，成功将一颗北斗导航卫星(二代)送入太空。

图 6-2　北斗导航卫星

截止到 2012 年 10 月 25 日 23 时 33 分，中国在西昌卫星发射中心用“长征三号丙”运载火箭，成功将第 16 颗北斗导航卫星发射升空并送入预定转移轨道。这是一颗地球静止轨道卫星，它与先期发射的 15 颗北斗导航卫星组网运行，形成区域服务能力。

2013 年上半年，北斗卫星导航系将向亚太大部分地区正式提供服务。

北斗卫星导航定位系统的工作原理为，定位时，终端设备接收两颗卫星的信号，解算出与它们的相对距离，从而得知自己处于以两颗卫星为圆心的球面交线上。与此同时，终端将自己的计算结果发往地面控制中心，由控制中心从存储在计算机内的数字化地形图查寻到用户高程值，由于知道用户处于某一与地球基准球面平行的球面上，从而中心控制系统可最终计算出用户所在点的三维坐标。这个坐标经加密由出站信号发送给用户。北斗定位系统可向终端设备提供全天候 24 h 的即时定位服务,定位最高精度可达 10 m。

2011 年 12 月 27 日起,北斗卫星导航系统开始向中国及周边地区提供连续的导航定位和授时服务的试运行服务。北斗系统试运行服务期间主要性能服务区为东经 84°到 160°,南纬 55°到北纬 55°之间的大部分区域;位置精度可达平面 25 m、高程 30 m;测速精度达到每秒 0.4 m;授时精度达 50 ns。

二、GPS 的组成

前已叙及,GPS 由三大部分组成:空间部分 GPS 卫星星座、地面控制部分地面监控系统、用户设备部分 GPS 信号接收机。三者关系如图 6-3 所示。

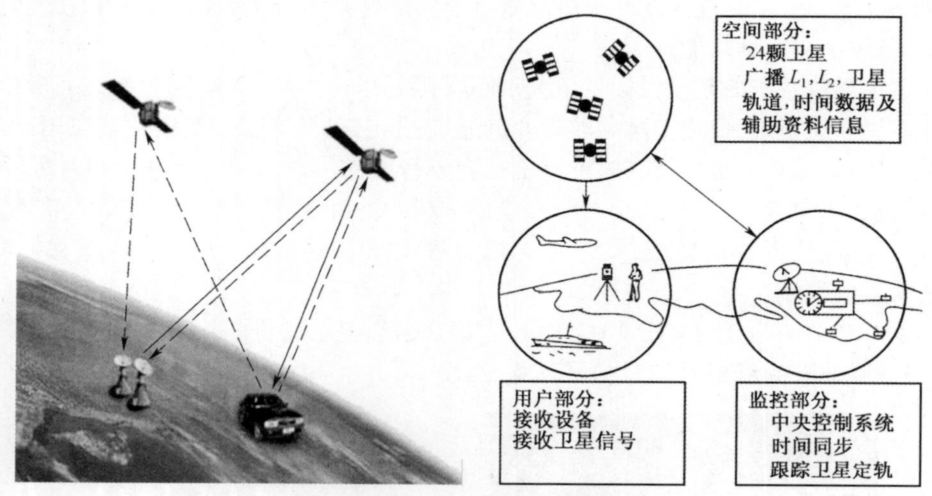

图 6-3 全球定位系统(GPS)构成

1. GPS 卫星星座

(1)GPS 卫星星座的构成

全球定位系统的卫星星座,由 21 颗工作卫星和 3 颗在轨备用卫星组成,记作(21+3)GPS 星座。24 颗卫星均匀分布在 6 个轨道面内,轨道倾斜角为 55°,各个轨道平面之间相距 60°,即轨道的升交点赤经各相差 60°。每个轨道面内各颗卫星之间的升交角距相差 90°,一轨道面上的卫星比西边相邻轨道平面上的相应卫星超前 30°。卫星轨道的平均高度约 20 200 km。当地球对恒星来说自转一周时,它们绕地球运行两周,即卫星绕地球一周的时间为 12 恒星时,对于世界时系统是 11 小时 58 分。这样,对于地面观测者来说,每天将提前 4 min 见到同一颗 GPS 卫星。位于地平线以上的卫星颗数随着时间和地点的不同而不同,最少可见到 4 颗,最多可见到 11 颗,GPS 卫星在空间的分布情况,如图 6-4 所示。

在用 GPS 信号导航定位时,为了解算测站的三维坐标,必须观测 4 颗 GPS 卫星,称为定位星座。这 4 颗卫星在观测过程中的几何位置分布对定位精度有一定的影响。

迄今,GPS 卫星已经设计了三代,分别为 Block Ⅰ、Block Ⅱ、Block Ⅲ。第一代(Block Ⅰ)卫星用于全球定位系统的实验,通常称为 GPS 实验卫星,这一代卫星共发射了 11 颗,设计寿命为 5 年,现已全部停止工作。第二代(Block Ⅱ、Block ⅡA)用于组成 GPS 工作卫星星座,通常称为 GPS 工作卫星,第二代卫星共研制了 28 颗,设计寿命为 7.5 年,从 1989 年年初开始,到 1994 年年初已发射完毕。第三代(BlockⅢ、BlockⅡR)卫星的设计与发射工作正在进行当中,以取代第二代卫星,进一步改善和提高全球定位系统的性能。

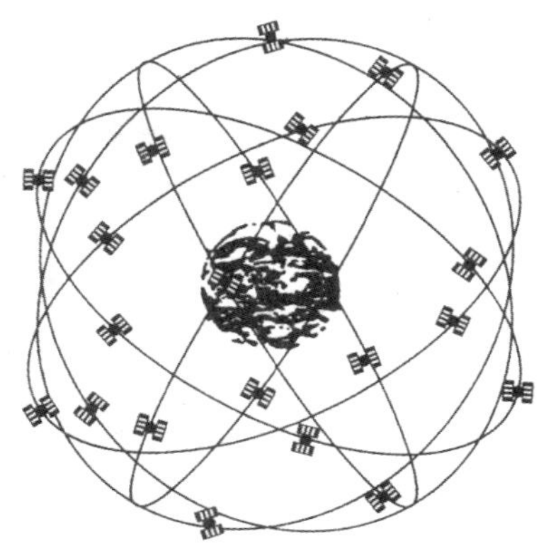

图 6-4　GPS 卫星星座

(2)GPS 卫星及其作用

GPS 卫星的主体成圆柱形,直径约为 1.5 m,重约 774 kg,两侧设有两块双叶太阳能板,能自动对日定向,以保证对卫星正常供电,如图 6-5 所示。

GPS 卫星的核心部件是高精度的时钟、导航电文存储器、双频发射器和接收机等。而对于 GPS 定位成功的关键在于高稳定度的频率标准,这种高稳定度的频率标准由高精度的原子钟提供。10^{-9} s 时间误差将会引起 30 cm 的站星距离误差,因此每颗卫星一般安设两台铷原子钟和两台铯原子钟。GPS 卫星虽然发射几种不同频率的信号,但是它们均源于一个基准信号(频率为 10.23 MHz),所以仅需启用一台原子钟,其余原子钟作为备用。

在 GPS 中,卫星的作用如下:

1)用 L 波段的两个无线波段(波长为 19 cm 和 24 cm)向用户连续不断地发送导航定位信号。用于粗略定位及捕获 P 码信号的伪随机码信号叫 C/A 码;用于精密定位的伪随机码信号叫 P 码。

2)在卫星飞越注入站上空时,接受由地面注入站用 S 波段(波长为 10 cm)发送给卫星的导航电文和其他信息,并通过 GPS 信号电路,实时地将其发送给广大用户。

3)通过星载的高精度的原子钟提供精密的时间标准。

4)接收地面主控站通过注入站发送到卫星的调度指令,适时地改正运行偏差或启用备用时钟等。

图 6-5　GPS 工作卫星

2. 地面监控系统

对于导航定位来说,GPS 卫星是一动态已知点。星的位置是依据卫星发射的星历(描述卫星运动及其轨道的参数)算得的。每颗 GPS 卫星所播发的星历,是由地面监控系统提供的。卫星上的各种设备是否正常工作,以及卫星是否一直沿着预定轨道运行,都要由地面设备进行监测和控制。地面监控系统另一重要作用是保持各颗卫星处于同一时间标准——GPS 时间系统。这就需要地面站监测各颗卫星的时间,求出钟差,然后由地面注入站发给卫星,卫星再由导航电文发给用户设备。

GPS 工作卫星的地面监控系统包括一个主控站、三个注入站和五个监测站,其分布如图 6-6 所示。

(1)监测站

现有的五个地面站均具有监测站的功能。监测站是在主控站的直接控制下的数据自动采集中心。站内设有双频 GPS 接收机、高精度原子钟、计算机、环境数据传感器。接收机对 GPS

卫星进行不间断观测，以采集数据和监测卫星的工作状况。原子钟提供时间标准，而环境传感器收集有关当地的气象数据。所有观测资料由计算机进行初步处理、存储和传送到主控站，并用以确定卫星的轨道。

图 6-6　GPS 地面监控站的分布

(2) 主控站

主控站只有一个，设在美国本土的科罗拉多斯普林斯（Colorado Springs）。主控站是全球定位系统的行政指挥中心，其主要任务如下：

1) 协调管理地面监控系统的全部工作；

2) 根据本站和其他监测站的所有观测资料，推算编制各卫星的星历、卫星钟差和大气层的修正参数等，并把这些数据传送到注入站；

3) 提供全球定位系统的时间基准。各监测站和 GPS 卫星的原子钟，均应与主控站的原子钟同步，或测出其间的钟差，并把这些信息编入导航电文，送到注入站；

4) 调整偏离轨道的卫星，使之沿预定的轨道运行；

5) 启用备用卫星以替代失效的工作卫星。

(3) 注入站

注入站现有三个，分别设在印度洋的迪戈加西亚（DiegoGarcia）、南大西洋的阿森松岛（Ascension）和太平洋的夸贾林（Kwajalein）。

注入站的主要设备包括一台直径为 3.6 m 的天线、一台 C 波段发射机和一台计算机。其主要任务是在主控站的控制下，将主控站推算和编制的卫星星历、钟差、导航电文和其他控制指令等，注入到相应卫星的存储系统，并监测注入信息的正确性。

整个 GPS 的地面监控部分，除主控站外均无人值守。各站间用现代化的通信网络联系起来，在原子钟和计算机的驱动和精确控制下，各项工作实现了高度的自动化和标准化。

3. GPS 信号接收机

全球定位系统的空间部分和地面监控部分，是用户应用该系统进行定位的基础，而只有通过用户部分才能实现 GPS 定位的目的。

GPS 接收机的任务是：接收 GPS 卫星信号，并跟踪这些卫星的运行，对所接收到的 GPS 信号进行变换、放大和处理，以便计算出 GPS 信号从卫星到接收机天线的传播时间，进而实时地计算出测站的三维位置。

接收机的硬件、机内软件以及 GPS 数据的后处理软件，构成完整的 GPS 用户设备。GPS 接收机的硬件分为天线单元和接收单元两大部分。对于测地型接收机来说，两个单元通常分成两个独立的部件，观测时将天线单元安置在测站上，接收单元置于测站附近的适当地方，用电缆线将两者连接成一个整体。也有的将天线单元和接收单元制作成一个整体，观测时将其安置在测站点上。而导航型 GPS 接收机功能简单，所以天线单元和接收单元均制作成一个整体。

GPS 接收机一般用蓄电池作电源。同时采用机内机外两种直流电源。设置机内电池的目的在于更换外电池时不中断连续观测。在用机外电池的过程中，机内电池自动充电。关机后，机内电池为 RAM 存储器供电，以防止丢失数据。

根据使用目的的不同，用户要求的 GPS 信号接收机也各有差异。目前世界上已有几十家工厂生产 GPS 接收机，产品也有几百种。这些产品可以按照用途、载波频率等来进行分类。

(1)按接收机的用途分类

1)导航型接收机

此类型接收机主要用于运动载体的导航，它可以实时给出载体的位置和速度。这类接收机一般采用 C/A 码伪距测量，单点实时定位精度较低，一般为±22 m，有 SA(Selective Availability)技术影响时为±100 m。这类接收机价格便宜，应用广泛。根据应用领域的不同，此类接收机还可以进一步分为：车载型用于车辆导航定位；航海型用于船舶导航定位；航空型用于飞机导航定位；星载型用于卫星的导航定位。

2)授时型接收机

授时型接收机，这类接收机主要利用 GPS 卫星提供的高精度时间标准进行授时，主要用于天文台、地面监控站及一些对时间精度要求较高的场合。

3)测地型接收机

测地型接收机主要用于精密大地测量和精密工程测量。特点为定位精度高、仪器结构复杂、价格较贵。

(2)按接收机的载波频率分类

1)单频接收机

单频接收机只能接收 L1 载波信号，测定载波相位观测值进行定位。由于不能有效消除电离层延迟影响，单频接收机只适用于短基线(<15 km)的精密定位。

2)双频接收机

双频接收机可以同时接收 L1、L2 载波信号。利用两种频率对电离层延迟的差异性，可以消除或减弱电离层对电磁波信号的延迟影响，因此，双频接收机可用于长达几千公里的精密定位。

三、GPS 测量技术的特点

相对于经典的测量技术(三角网、边角网、测边网和导线网)来说，GPS 测量技术的主要特点如下。

1. 定位精度高

应用实践已经证明，在 50 km 以内的基线上，GPS 相对定位精度可达到 $1\times10^{-6}D$；在 100~500 km 的基线上可达到 $0.1\times10^{-6}D$；当基线长度大于 1 000 km 时可达到 $0.001\times10^{-6}D$。在 300~1 500 m 的工程精密定位中，1 h 以上观测的平面位置误差小于 1 mm，与 ME-5000(目前最为精密的光电测距仪)电磁波测距仪测定的边长比较，其边长较差最大为 0.5 mm。

2. 观测时间短

随着 GPS 系统的不断完善，软件的不断更新，目前，20 km 以内相对静态定位，仅需观测 15~20 min，甚至更短；快速静态相对定位测量时，当每个流动站与基准站相距在 15 km 以内时,流动站观测时间只需 1~2 min。

3. 测站间无须通视

GPS 测量不要求测站之间互相通视,只需测站上空开阔即可,因此可节省大量的造标费用(一般造标费用是建立控制网总费用的 30%~50%)。由于无须点间通视,点的位置根据需要,可疏可密,使选点工作更为灵活,也可省去经典控制网中的传算点、过渡点的测量工作。

4. 可提供三维坐标

经典控制测量将平面与高程采用不同方法分别施测。GPS 可同时精确测定测站点的三维坐标。目前 GPS 水准可满足四等水准测量的精度,若进一步采取有关技术措施,甚至可以达到二等水准的精度。

5. 操作简便

随着 GPS 接收机不断改进,自动化程度越来越高,好多机型已达"傻瓜化"的程度;接收机的体积越来越小,重量越来越轻,极大地减轻了测量工作者的工作紧张程度和劳动强度。使野外工作变得轻松愉快。

6. 全天候作业

目前 GPS 观测可在一天 24 h 内的任何时间进行,不受阴天黑夜、起雾刮风、下雨下雪等气候的影响。

7. 功能多、应用广

GPS 系统不仅可用于测量、导航,还可用于测速、测时。测速的精度可达 0.1 m/s,测时的精度可达几十毫秒。其应用领域不断扩大。设计 GPS 系统的主要目的是用于导航、收集情报等军事目的。但是,后来的应用开发表明,GPS 系统不仅能够达到上述目的,而且用 GPS 卫星发来的导航定位信号能够进行厘米级甚至毫米级精度的静态相对定位,米级至亚米级精度的动态定位,亚米级至厘米级精度的速度测量和毫秒级精度的时间测量。因此,GPS 系统展现了极其广阔的应用前景。

四、GPS 卫星信号

1. GPS 卫星信号

GPS 卫星所发播的信号,包括载波信号、P 码(或 Y 码)、C/A 码和数据码(或称 D 码)等多种信号分量,而其中的 P 码和 C/A 码,统称为测距码。GPS 卫星信号的产生、构成和复制等,都涉及现代数字通信理论和技术方面的复杂问题,虽然 GPS 的用户,一般可以不去深入研究,但了解其基本概念,对理解 GPS 定位的原理仍是必要的。

2. GPS 的测距码

GPS 卫星采用的两种测距码,即 C/A 码和 P 码(或 Y 码),均属伪随机码。但因其构成的方式和规律更为复杂,故不详细地介绍,这里只介绍有关 GPS 测距码的性质、特点和作用。

(1)C/A 码

C/A 码是由两个 10 级反馈移位寄存器相组合而产生的。两个移位寄存器,于每星期日子夜零时,在置"1"脉冲作用下全处于 1 状态,同时在频率为 $f_1 = f_0/10 = 1.023$ MHz 时钟脉冲驱动下,两个移位寄存器分别产生码长为 $N_u = 2^{10} - 1 = 1\ 023$ bit,周期为 $N_u t_u = 1$ ms 的 m 序列 $G_1(t)$ 和 $G_2(t)$。这时 G2(t)序列的输出,不是在该移位寄存器的最后一个存储单元,而是选择其中两存储单元,进行二进制相加后输出,由此得到一个与 $G_2(t)$ 平移等价的 m 序列 G_{2i}。

再将其与 $G_1(t)$ 进行模二相加，便得到 C/A 码。由于 $G_2(t)$ 可能有 1 023 种平移序列，所以，其分别与 $G_1(t)$ 相加后，将可能产生 1 023 种不同结构的 C/A 码。这些相异的 C/A 码，其码长、周期和数码率均相同，即：

码长 $N_u = 2^{10} - 1 = 1\,023$ bit；

码元宽为 $t_u = 1/f_1 \approx 0.977\,52$ μs（相应距离为 293.1 m）；

周期 $T_u = N_u t_u = 1$ ms；

数码率 = 1.023 Mbit/s。

这样，就可能使不同的 GPS 卫星，采用结构相异的 C/A 码。

C/A 码的码长很短，易于捕获。在 GPS 定位中，为了捕获 C/A 码，以测定卫星信号传播的时延，通常需要对 C/A 码逐个进行搜索。因为 C/A 码总共只有 1 023 个码元，所以若以每秒 50 码元的速度搜索，只需要约 20.5 s 便可达到目的。

由于 C/A 码易于捕获，而且通过捕获的 C/A 码所提供的信息，又可以方便捕获 GPS 的 P 码。所以，通常 C/A 码也称为捕获码。

C/A 码的码元宽度较大。假设两个序列的码元对齐误差，为码元宽度的 1/100，则这时相应的测距误差可达 2.9 m。由于其精度较低，所以 C/A 码也称为粗码。

(2)P 码

GPS 卫星发射的 P 码，其产生的基本原理与 C/A 码相似，但其发生电路，是采用两组各由两个 12 级反馈移位寄存器构成的，情况更为复杂。而且线路设计的细节，目前也均是保密的。通过精心设计，P 码的特征为：

码长 $N_u \approx 2.35 \times 10^{14}$ bit；

码元宽度 $t_u \approx 0.097\,752$ μs（相应距离为 29.3 m）；

周期 $T_u = N_u t_u \approx 267$ d；

数码率 = 10.23 Mbit/s。

P 码周期如此之长，以至约 267 d 才重复一次。因此，实用上 P 码周期被分为 38 部分（每一部分周期为 7 d，码长约为 6.19×1 012 bit），其中有 1 部分闲置，5 部分给地面监控站使用，32 部分分配给不同的卫星。这样，每颗卫星所使用的 P 码不同部分，便都具有相同的码长和周期，但结构不同。

因为 P 码的码长，约为 6.19×1012 bit，所以，如果仍采用搜索 C/A 码的办法，来捕获 P 码，即逐个码元依次进行搜索，当搜索的速度仍为每秒 50 码元时，那将是无法实现的（约需 14×105 d）。因此，一般都是先捕获 C/A 码，然后根据导航电文中给出的有关信息，捕获 P 码。

另外，由于 P 码的码元宽度为 C/A 码的 1/10，这时若取码元的对齐精度仍为码元宽度的 1/100，则由此引起的相应距离误差约为 0.29 m，仅为 C/A 码的 1/10。所以 P 码可用于较精密的定位，故通常也称之为精码。

五、GPS 卫星定位基本原理

近年来中国广泛地开展了 GPS 的研究，且侧重于 GPS 定位的模型和数据处理软件。从 1988 年开始进行了大量的实际观测工作，特别是大陆架 GPS 卫星定位网的布设成功，标志着我国的卫星定位技术进入了一个新的阶段。为了提高广大普通民用定位系统的精度，出现一种新的 GPS 实时定位技术，该定位技术可分为两种：普通差分定位系统和广域差分定位系统。

前者即 GPS 系统，它是由主站（即中心站）和移动站（即用户站）构成，并通过数据传输链构成网络系统。

1. 基本原理

测量学中有测距交会确定点位的方法。与其相似，无线电导航定位系统、卫星激光测距定位系统，其定位原理也是利用测距交会的原理确定点位。

就无线电导航定位来说，设想在地面上有三个无线电信号发射台，其坐标为已知，用户接收机在某一时刻采用无线电测距的方法分别测得了接收机至三个发射台的距离 d_1,d_2,d_3，只需以三个发射台为球心，以 d_1,d_2,d_3 为半径作出三个定位球面，即可交会出用户接收机的空间位置。如果只有两个无线电发射台，则可根据用户接收机的概略位置交会出接收机的平面位置。这种无线电导航定位是迄今为止仍在使用的飞机、轮船的一种导航定位方法。

近代卫星大地测量中的卫星激光测距定位也是应用了测距交会定位的原理和方法。虽然用于激光测距的卫星（表面上安装有激光反射镜）是在不停地运动中，但总可以利用固定于地面上三个已知点上的卫星激光测距仪同时测定某一时刻至卫星的空间距离 d_1,d_2,d_3，应用测距交会的原理便可确定该时刻卫星的空间位置。如此，可以确定三个以上卫星的空间位置。如果在第四个地面点上（坐标未知）也有一台卫星激光测距仪同时参与测定了该点至三个卫星点的空间距离，则利用所测定的三个空间距离可以交会出该地面点的位置。

将无线电信号发射台从地面点搬到卫星上，组成一个卫星导航定位系统，应用无线电测距交会的原理，便可由三个以上地面已知点（控制站）交会出卫星的位置；反之利用三个以上卫星的已知空间位置又可交会出地面未知点（用户接收机）的位置。这便是 GPS 卫星定位的基本原理。

GPS 卫星发射测距信号和导航电文，导航电文中含有卫星的位置信息。用户用 GPS 接收机在某一时刻同时接收三颗以上的 GPS 卫星信号，测量出测站点（接收机天线中心）P 至三颗以上 GPS 卫星的距离并解算出该时刻 GPS 卫星的空间坐标，据此利用距离交会法解算出测站 P 的位置。

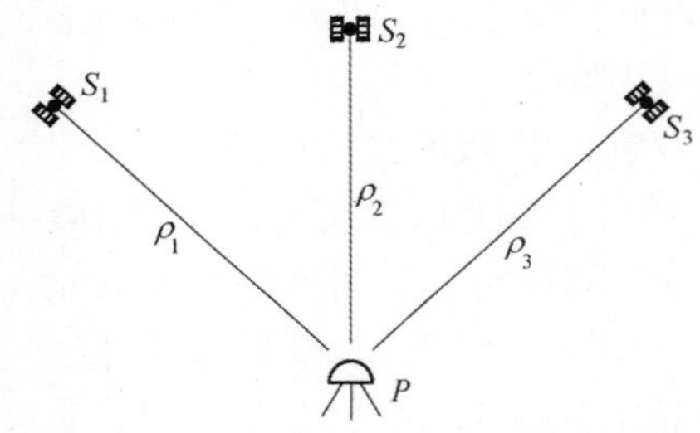

图 6-7　GPS 卫星定位原理

如图 6-7 所示，设时刻 t 在测站点 P 用 GPS 接收机同时测得 P 点至三颗 GPS 卫星 S_1,S_2,S_3 的距离 ρ_1,ρ_2,ρ_3，通过 GPS 导航电文解译出该时刻三颗 GPS 卫星的三维坐标分别为 (X^j,Y^j,Z^j)，$j=1,2,3$。用距离交会的方法求解 P 点的三维坐标 (X,Y,Z) 的观测方程为

$$\left.\begin{aligned}\rho_1^2 &= (X-X^1)^2+(Y-Y^1)+(Z-Z^1)^2\\ \rho_2^2 &= (X-X^2)^2+(Y-Y^2)+(Z-Z^2)^2\\ \rho_3^2 &= (X-X^3)^2+(Y-Y^3)+(Z-Z^3)^2\end{aligned}\right\} \tag{6-1}$$

在 GPS 定位中，GPS 卫星是高速运动的卫星，其坐标值随时间在快速变化着。需要实时由 GPS 卫星信号测量出测站至卫星之间的距离，实时由卫星的导航电文解算出卫星的坐标值，并进行测站点的定位。

依据测距的原理，其定位原理与方法主要有伪距法定位、载波相位测量定位以及差分 GPS

定位等。对于待定点来说,根据其运动状态又可以将 GPS 定位分为静态定位和动态定位。静态定位指的是对于固定不动的待定点,将 GPS 接收机安置于其上,观测数分钟乃至更长的时间,以确定该点的三维坐标,又叫绝对定位。若以两台 GPS 接收机分别置于两个固定不变的待定点上,则通过一定时间的观测,可以确定两个待定点之间的相对位置,又叫相对定位。而动态定位则至少有一台接收机处于运动状态,测定的是各观测时刻(观测历元)运动中的接收机的点位(绝对点位或相对点位)。

利用接收到的卫星信号(测距码)或载波相位,均可进行静态定位。实际应用中,为了减弱卫星的轨道误差、卫星钟差、接收机钟差以及电离层和对流层的折射误差的影响,常采用载波相位观测值的各种线性组合(即差分值)作为观测值,获得两点之间高精度的 GPS 基线向量(即坐标差)。

下面首先论述利用测距码进行伪距测量定位的原理,然后讨论载波相位测量观测值的数学模型,着重讨论静态相对定位的原理和方法,最后简述 GPS 动态定位的原理和差分 GPS 定位技术。

2. 伪距测量

伪距法定位是由 GPS 接收机在某一时刻测出的到四颗以上 GPS 卫星的伪距以及已知的卫星位置,采用距离交会的方法求定接收机天线所在点的三维坐标。所测伪距就是由卫星发射的测距码信号到达 GPS 接收机的传播时间乘以光速所得出的量测距离。由于卫星钟、接收机钟的误差以及无线电信号经过电离层和对流层中的延迟,实际测出的距离 ρ' 与卫星到接收机的几何距离 ρ 有一定差值,因此一般称量测出的距离为伪距。用 C/A 码进行测量的伪距为 C/A 码伪距,用 P 码测量的伪距为 P 码伪距。伪距法定位虽然一次定位精度不高(P 码定位误差约为 10 m,C/A 码定位误差为 20~30 m),但因其具有定位速度快,且无多值性问题等优点,仍然是 GPS 定位系统进行导航的最基本的方法。同时,所测伪距又可以作为载波相位测量中解决整波数(模糊度)不确定问题的辅助资料。因此,有必要了解伪距测量以及伪距法定位的基本原理和方法。

(1)伪距测量

GPS 卫星依据自己的时钟发出某一结构的测距码,该测距码经过 τ 时间的传播后到达接收机。接收机在自己的时钟控制下产生一组结构完全相同的测距码——复制码,并通过时延器使其延迟时间 τ',将这两组测距码进行相关处理,若自相关系数 $R(\tau') \neq 1$,则继续调整延迟时间 τ' 直至自相关系数 $R(\tau')=1$ 为止。使接收机所产生的复制码与接收到的 GPS 卫星测距码完全对齐,那么其延迟时间 τ' 即为 GPS 卫星信号从卫星传播到接收机所用的时间 τ。GPS 卫星信号的传播是一种无线电信号的传播,其速度等于光速 c,卫星至接收机的距离即为 τ' 与 c 的乘积。

GPS 卫星发射出的测距码是按照某一规律排列的,在一个周期内每个码对应着某一特定的时间。识别出每个码的形状特征,即用每个码的某一标志即可推算出时延值 τ' 进行伪距测量。但实际上每个码在生产过程中部带有随机误差,并且信号经过长距离传送后也会产生变形。所以根据码的某一标志来推算时延值 τ' 就会产生比较大的误差。因此采用码相关技术在自相关系数 $R(\tau')=\max$ 的情况下来确定信号的传播时间 τ。这样就排除了随机误差的影响,实质上就是采用了多个码特征来确定 τ 的方法。由于测距码和复制码在产生的过程中均不可避免地带有误差,而且测距码在传播过程中还会由于各种外界干扰而产生变形,因而自相关系数往往不可能避免地带有误差，自相关系数往往不可能达到“1”，只能在自相关系数为最大的情况下来确定伪距，也就是本地码与接收码基本上对齐。这样可以最大幅度地消除各种随机误差的影响，以达到提高精度的目的。

测定自相关系数 $R(\tau')$ 的工作由接收机锁相环路中的相关器和积分器来完成，如图 6-8 所示。由卫星钟控制的测距码 $a(t)$ 在 GPS 时间 t 时刻自卫星天线发出，经传播延迟 τ 到达 GPS 接收机，接收机所接收到的信号为 $a(t-\tau)$ 。由接收机钟控制的本地码发生器产生一个与卫星发播相同的本地码 $a'(t+\Delta t)$ ，Δt 为接收机钟与卫星钟的钟差。经过测距码移位电路将本地码延迟 τ'，送至相关器与所接收到的卫星发播信号进行相关运算，经过积分器后，即可得到自相关系数 $R(\tau')$ 输出：

$$R(\tau')=\frac{1}{T}\int_{T}a(t-\tau)a'(t+\Delta t-\tau')\mathrm{d}t \tag{6-2}$$

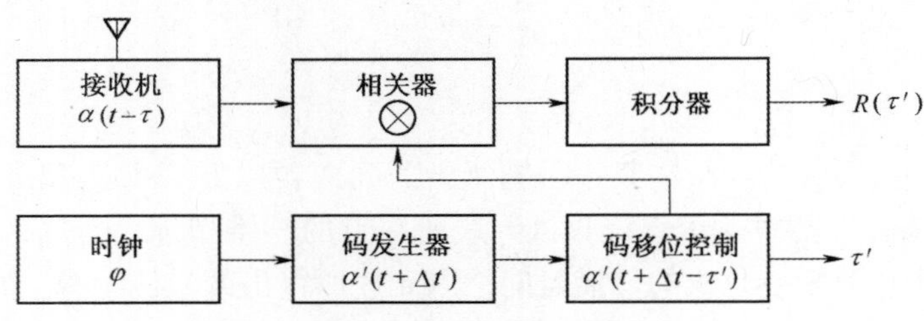

图 6-8 伪距测量原理

调整本地码延迟 τ'，可使相关输出达到最大值

$$\begin{gathered}R(\tau')=R_{\max}(\tau')\\ t-\tau=t+\Delta t-\tau'\end{gathered} \tag{6-3}$$

可得

$$\tau'=\tau+\Delta t \tag{6-4}$$

$$\rho'=\rho+c\Delta t \tag{6-5}$$

式中，ρ' 为伪距测量值；ρ 为卫星至接收机的几何距离；c 为信号传播速度。式(6-5)即为伪距测量的基本方程。

由式(6-5)可知，伪距观测值 ρ' 是待测距离与钟差等效距离之和。钟差 Δt 包含接收机钟差 δt_k 与卫星钟差 δt^j，即 $\Delta t=\delta t_k-\delta t^j$，若再考虑到信号传播经电离层的延迟和大气对流层的延迟，则式(6-5)改写为

$$\rho=\rho'+\delta\rho_1+\delta\rho_2+c\delta t_k-c\delta t^j \tag{6-6}$$

式(6-6)即为所测伪距与真正的几何距离之间的关系式。式中 $\delta\rho_1$、$\delta\rho_2$ 分别为电离层和对流层的改正项。δt_k 的下标 k 表示接收机号，δt^j 的上标 j 表示卫星号。

(2)伪距定位观测方程

从式(3-7)中可以看出，电离层和对流层改正可以按照一定的模型进行计算，卫星钟差 δt^j 可以自导航电文中取得。而几何距离 ρ 、卫星坐标(X_S,Y_S,Z_S)与接收机坐标(X,Y,Z)之间有如下关系

$$\rho^2=(X_S-X)^2+(Y_S-Y)^2+(Z_S-Z)^2 \tag{6-7}$$

式中，卫星坐标可根据卫星导航电文求得，所以式中只包含接收机坐标三个未知数。

如果将接收机钟差 δt_k 也作为未知数,则共有四个未知数,接收机必须同时至少测定四颗卫星的距离才能解算出接收机的三维坐标值。为此,将式(6-6)代入式(6-7),有

$$[(X_S^j - X)^2 + (Y_S^j - Y)^2 + (Z_S^j - Z)^2]^{\frac{1}{2}} - C\delta t_k = \rho'^j + \delta\rho_1^j + \delta\rho_2^j + c\delta t^j \tag{6-8}$$

式中,j 为卫星数,$j=1,2,3,\cdots$。式(6-9)即为伪距定位的观测方程组。

3. 载波相位测量

利用测距码进行伪距测量是全球定位系统的基本测距方法。然而由于测距码的码元长度较大,对于一些高精度应用其测距精度还显得过低无法满足需要。如果观测精度均取至测距码波长的1%,则伪距测量对P码而言量测精度为30 cm,对C/A码而言为3 m左右。而如果把载波作为量测信号,由于载波的波长短 $\lambda L_1 = 19$ cm, $\lambda L_2 = 24$ cm,所以就可达到很高的精度。目前,大地型接收机的载波相位测量精度一般为1~2 mm,有的精度更高。但载波信号是一种周期性的正弦信号,而相位测量又只能测定其不足一个波长的部分,因而存在着整周数不确定性的问题,使解算过程变得比较复杂。

在GPS信号中由于已用相位调制的方法在载波上调制了测距码和导航电文,因而接收到的载波的相位已不再连续,所以在进行载波相位测量以前,首先要进行解调工作,设法将调制在载波上的测距码和卫星导航电文去掉,重新获取载波,这一工作称为重建载波。重建载波一般可采用两种方法,一种是码相关法,另一种是平方法。采用前者,用户可同时提取测距信号和卫星电文,但用户必须知道测距码的结构;采用后者,用户无须掌握测距码的结构,但只能获得载波信号而无法获得测距码和卫星电文。

(1)载波相位测量原理

载波相位测量的观测量是GPS接收机所接收的卫星载波信号与接收机产生的参考信号的相位差。以 $\varphi_k^j(t_k)$ 表示 k 接收机在接收机钟面时刻 t_k 时所接收到的 j 卫星载波信号的相位值,$\varphi_k(t_k)$ 表示 k 接收机在钟面时刻 t_k 时所产生的本地参考信号的相位值,则 k 接收机在接收机钟面时刻 t_k 时观测 j 卫星所取得的相位观测量,可写为:

$$\varphi_k^j(t_k) = \varphi_k^j(t_k) - \varphi_k(t_k) \tag{6-9}$$

通常的相位或相位差测量只是测出一周以内的相位值,实际测量中,如果对整周进行计数,则自某一初始取样时刻(t_0)以后就可以取得连续的相位测量值。

如图6-9所示,在初始 t_0 时刻,测得小于一周的相位差为 $\Delta\varphi_0$,其整周数为 N_0^j,此时包含整周数的相位观测值应为:

$$\varphi_k^j(t_0) = \Delta\varphi_0 + N_0^j = \varphi_k^j(t_0) - \varphi_k(t_0) + N_0^j \tag{6-10}$$

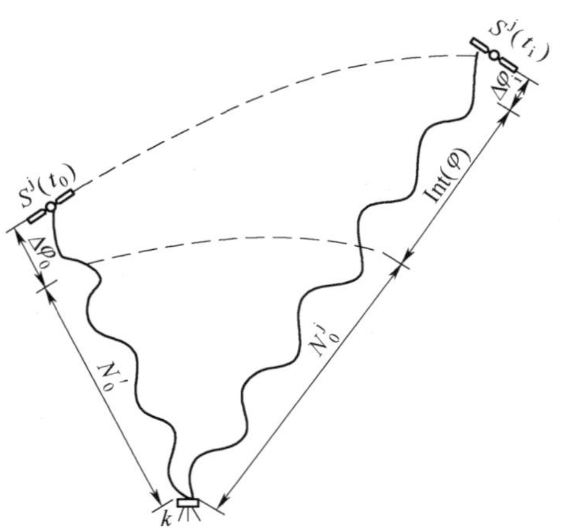

图6-9　载波相位测量原理

接收机继续跟踪卫星信号,不断测定小于一周的相位差 $\Delta\varphi(t)$,并利用整波计数器记录从 t_0 到 t_i 时间内的整周数变化量 Int(φ),只要卫星 S^j 从 t_0 到 t_i 之间卫星信号没有中断,则初始时刻整周模糊度 N_0^j 就为一常数,这样,任一时刻 t_i 卫星 S^j 到 k 接收机的相位差为

$$\varphi_k^j(t_i) = \varphi_i^j(t_i) - \varphi_k(t_i) + N_0^j + \mathrm{Int}(\varphi) \tag{6-11}$$

上式说明,从第一次开始,在以后的观测中,其观测量包括了相位差的小数部分和累计的整周数。

(2)载波相位测量的观测方程

载波相位观测量是接收机和卫星位置的函数,只有得到了它们之间的函数关系,才能从观测量中求解接收机(或卫星)的位置。

设在 GPS 标准时间 T 时刻卫星引发播的载波相位为 $\varphi^j(T)$,经过传播延迟 $\tau_K^j(T)$ 后为 k 接收机所接收。也就是说,k 接收机在钟面时刻 t_k 时所接收到的卫星 S^j 的载波相位 $\varphi_k^j(t_k)$ 就是卫星 S^j 在 GPS 时 T 时刻的载波相位 $\varphi^j(T)$,若再考虑到接收机钟面时与 GPS 标准时的钟差,则有

$$\varphi_k^j(t_k) = \varphi^j(T) \tag{6-12}$$

$$T = t_k + \delta t_k - \tau_k^j(T) \tag{6-13}$$

式中,δt_k 是接收机钟差;$\tau_k^j(T)$ 是卫星 S^j 至接收机 k 的传播延迟。在地固坐标系中,传播延迟是接收机与卫星位置的函数,又是时间的函数。

将式(6-13)代入式(6-12)即得

$$\varphi_k^j(t_k) = \varphi^j[t_k + \delta t_k - \tau_k^j(T)] \tag{6-14}$$

将式(6-14)代入式(6-12),并考虑到 t_k 时的整周数 N_k^j ,可得接收机 k 在其钟面时刻 t_k 时观测卫星 S^j 所取得的相位观测量

$$\varphi_k^j(t_k) = \varphi^j[t_k + \delta t_k - \tau_k^j(T)] - \varphi_k(t_k) + N_k^j \tag{6-15}$$

式中,N_k^j 可以认为是第一次观测时刻相位差的整周数——模糊度参数(设 t_k 为初始时刻),以后各次不同时刻的观测可以将整周累计数并入观测量中,式中仍保留初始整周数 N_k^j 。显然,对于不同的接收机、不同的卫星,其模糊度参数是不同的。一旦观测中断,因不能进行连续整周的计数,即使是同一台接收机观测同一颗卫星,也不能使用同一个模糊参数。

式(6-15)中包含了不同的时间参数,应将 $\tau_k^j(T)$ 中的参数 T 改化为统一的接收机钟面时刻 t_k ,由式(6-13)有

$$\tau_k^j(T) = \tau_k^j(t_k + \delta t_k - \tau_k^j(T)) = \frac{1}{c}[\rho_k^j(t_k + \delta t_k - \tau_k^j(T))] \tag{6-16}$$

将 $\tau_k^j(T)$ 和 φ^j 在 t_k 处展开,取至 $\left(\frac{1}{c}\right)^2$,得

$$\varphi_k^j(t_k) = \varphi^j(t_k) + f\delta t_k - \frac{1}{c}f\rho_k^j(t_k) - \frac{1}{c}f\rho_k^j(t_k)$$

$$\left[\delta t_k - \frac{1}{c}\rho_k^j(t_k)\right] - \varphi(t_k) + N_k^j \tag{6-17}$$

上式即为载波相位测量的观测方程式。式中,f 为载波频率。公式中包含了卫星至接收机的距离 $\rho_k^j(t_k)$ 及其随时间的变化率 $\rho_k^j(t_k)$,它们是卫星与接收机位置的函数。这正是利用载波相位观测量进行接收机定位或卫星定轨的理论基础。

如果传播延迟 $\tau_k^j(T)$ 中考虑到电离层和对流层的影响 $\delta\rho_1(t_k)$ 和 $\delta\rho_2(t_k)$,则载波相位观测方程有以下形式

$$\varphi_k^j(t_k)=\varphi^j(t_k)+f\delta t_k-\frac{1}{c}f\rho_k^j(t_k)-\frac{1}{c}(f\rho_k^j(t_k))$$

$$\left[\delta t_k-\frac{1}{c}(\rho_k^j(t_k))\right]-\varphi_k(t_k)+N_k^j+\frac{1}{c}f\delta\rho_1(t_k)+\frac{1}{c}f\delta\rho_2(t_k)$$

式中含有 $\frac{1}{c}(f\rho_k^j(t_k))$ 的项,对距离的影响很小,在相对定位中,如果基线较短(如小于10 km),则有关的项可以忽略,于是上式可简化为

$$\varphi_k^j(t_k)=\varphi^j(t_k)+f\delta t_k-\frac{1}{c}f\rho_k^j(t_k)-\varphi(t_k)+N_k^j+\frac{1}{c}f\delta\rho_1(t_k)+\frac{1}{c}f\delta\rho_2(t_k) \tag{6-18}$$

式中,$\varphi^j(t_k)$ 为卫星的载波相位(包含卫星钟差);δt_k 为接收机钟差;$\varphi_k(t_k)$ 为接收机参考信号相位,其余同前。以下在分析 GPS 定位原理时,均采用载波相位观测方程的简化形式(6-18)。

(3) 整周未知数 N_0 的确定

确定整周未知数 N_0 是载波相位测量的一项重要工作。常用的方法有下列几种:

1)伪距法

伪距法是在进行载波相位测量的同时又进行了伪距测量,将伪距观测值减去载波相位测量的实际观测值(化为以距离为单位)后即可得到 $\lambda\times N_0$。但由于伪距测量的精度较低,所以要有较多的 $\lambda\times N_0$ 取平均值后才能获得正确的整波段数。

2)将整周未知数当作平差中的待定参数——经典方法

把整周未知数当作平差计算中的待定参数来加以估计和确定有两种方法。

①整数解。整周未知数从理论上讲应该是一个整数,利用这一特性能提高解的精度。短基线定位时一般采用这种方法。具体步骤如下:

首先根据卫星位置和修复了整周跳变的相位观测值进行平差计算,求得基线向量和整周未知数。由于各种误差的影响,解得的整周未知数往往不是一个整数,称为实数解。然后将其固定为整数(通常采用四舍五入法),并重新进行平差计算。在计算中整周未知数采用整周值并视为已知数,以求得基线向量的最后值。

②实数解。当基线较长时,误差的相关性将降低,许多误差消除的不够完善。所以无论是基线向量还是整周未知数,均无法估计得很准确。在这种情况下再将整周未知数固定为某一整数往往无实际意义,所以通常将实数解作为最后解。

采用经典方法解算整周未知数时,为了能正确求得这些参数,往往需要一个小时甚至更长的观测时间,从而影响了作业效率,所以只有在高精度定位领域中才应用。

③多普勒法(三差法)。由于连续跟踪的所有载波相位测量观测值中均含有相同的整周未知数 N_0,所以将相邻两个观测历元的载波相位相减,就将该未知参数消去,从而直接解出坐标参数,这就是多普勒法。但两个历元之间的载波相位观测值之差受到此期间接收机钟及卫星钟的随机误差的影响,所以精度较低,往往用来解算未知参数的初始值。三差法可以消除许多误差,所以使用较广泛。

(4)快速确定整周未知数法

1990 年 E. Frei 和 G. Beutler 提出了利用快速模糊度(即整周未知数)解算法进行快速定位的方法。采用这种方法进行短基线定位时,利用双频接收机只需观测 1 min 便能成功地确定整周未知数。

六、GPS 绝对定位与相对定位

GPS 绝对定位也叫单点定位,即利用 GPS 卫星和用户接收机之间的距离观测值直接确定用户接收机天线在 WGS-84 坐标系中相对于坐标系原点——地球质心的绝对位置。绝对定位又分为静态绝对定位和动态绝对定位。因为受到卫星轨道误差、钟差以及信号传播误差等因素的影响,静态绝对定位的精度约为米级,而动态绝对定位的精度为 10~40 m。这一精度只能用于一般导航定位中,远不能满足大地测量精密定位的要求。

GPS 相对定位也叫差分 GPS 定位,是至少用两台 GPS 接收机,同步观测相同的 GPS 卫星,确定两台接收机天线之间的相对位置(坐标差)。它是目前 GPS 定位中精度最高的一种定位方法,广泛应用于大地测量、精密工程测量、地球动力学的研究和精密导航。

本节将分别介绍绝对定位和相对定位的原理和方法。

1. 静态绝对定位

接收机天线处于静止状态下,确定观测站坐标的方法称为静态绝对定位。这时,可以连续在不同历元同步观测不同的卫星,测定卫星至观测站的伪距,获得充分的多余观测量。测后通过数据处理求得观测站的绝对坐标。

(1)伪距观测方程的线性化

不同历元对不同卫星同步观测的伪距观测式(6-1)中,有观测站坐标和接收机钟差四个未知数。令 $(X_0,Y_0,Z_0)^{\mathrm{T}}$,$(\delta_x,\delta_y,\delta_z)^{\mathrm{T}}$ 分别为观测站坐标的近似值与改正数,将式(6-2)展为泰勒级数,并令

$$\left.\begin{aligned}\left(\frac{\mathrm{d}\rho}{\mathrm{d}x}\right)_{x_0}&=\frac{X_s^j-X_0}{\rho_0^j}=l^j\\\left(\frac{\mathrm{d}\rho}{\mathrm{d}y}\right)_{y_0}&=\frac{Y_s^j-Y_0}{\rho_0^j}=m^j\\\left(\frac{\mathrm{d}\rho}{\mathrm{d}z}\right)_{z_0}&=\frac{Z_s^j-Z_0}{\rho_0^j}=n^j\end{aligned}\right\}\tag{6-19}$$

式中,$\rho_0^j=[(X_s^j-X_0)^2+(Y_s^j-Y_0)^2-(Z_s^j-Z_0)^2]^{\frac{1}{2}}$,取至一次微小项的情况下,伪距观测方程的线性化形式为

$$\rho_0^j-(l^jm^jn^j)\begin{bmatrix}\delta_x\\\delta_y\\\delta_z\end{bmatrix}-c\delta t_k=\rho'^j+\delta\rho_1^j+\delta\rho_2^j-c\delta t^j\tag{6-20}$$

(2)伪距法绝对定位的解算

对于任一历元 t_i ,由观测站同步观测四颗卫星,则 $j=1,2,3,4$ 上述式(6-20)为一方程组,令 $c\delta t_k=\delta\rho$,则方程组形式如下(为书写方便,省略 t_i):

$$\begin{bmatrix}\rho_0^1\\\rho_0^2\\\rho_0^3\\\rho_0^4\end{bmatrix}-\begin{bmatrix}l^1m^1n^1 & -1\\l^2m^2n^2 & -1\\l^3m^3n^3 & -1\\l^4m^4n^4 & -1\end{bmatrix}\begin{bmatrix}\delta_x\\\delta_y\\\delta_z\\\delta_\rho\end{bmatrix}=\begin{bmatrix}\rho'^1+\delta\rho_1^1+\delta\rho_2^1-c\delta t^1\\\rho'^2+\delta\rho_1^2+\delta\rho_2^2-c\delta t^2\\\rho'^3+\delta\rho_1^3+\delta\rho_2^3-c\delta t^3\\\rho'^4+\delta\rho_1^4+\delta\rho_2^4-c\delta t^4\end{bmatrix}\tag{6-21}$$

令

$$A_i=\begin{bmatrix}l^1m^1n^1 & -1\\l^2m^2n^2 & -1\\l^3m^3n^3 & -1\\l^4m^4n^4 & -1\end{bmatrix},\delta_x=(\delta_x\delta_y\delta_z\delta_\rho)^{\mathrm{T}},L^j=(\rho'^j+\delta\rho_1^j+\delta\rho_2^j+c\delta t^j-\rho_0^j)^{\mathrm{T}},$$

$$L_i=(L^1L^2L^3L^4)^{\mathrm{T}}$$

式(6-21)可简写为

$$A_i\delta_x+L_i=0\tag{6-22}$$

当同步观测的卫星数多于四颗时,则须通过最小二乘平差求解,此时式(2-22)可写为误差方程组的形式

$$V_i=A_i\delta_x+L_i\tag{6-23}$$

根据最小二乘平差求解未知数

$$\delta_x=-(A_i^{\mathrm{T}}A_i)^{-1}(A_i^{\mathrm{T}}L_i)\tag{6-24}$$

未知数中误差

$$M_x=\sigma_0\sqrt{q_{ii}}\tag{6-25}$$

式中,M_x 为未知数中误差;σ_0 为伪距测量中误差;q_{ii} 为权系数阵 Q_X 主对角线的相应元素

$$Q_x=(A_i^{\mathrm{T}}A_i)^{-1}\tag{6-26}$$

在静态绝对定位的情况下,由于观测站固定不动,可以于不同历元同步观测不同的卫星,以 n 表示观测的历元数,忽略接收机钟差随时间变化的情况,由式(6-23)可得相应的误差方程式组

$$V=A\delta_x+L\tag{6-27}$$

式中,$V=(V_1V_2\cdots V_n)^{\mathrm{T}}$,$A=(A_1A_2\cdots A_n)^{\mathrm{T}}$,$L=(L_1L_2\cdots L_n)^{\mathrm{T}}$,$\delta X=(\delta_x\delta_y\delta_z\delta_\rho)^{\mathrm{T}}$

按最小二乘法求解得

$$\delta_x=-(A^{\mathrm{T}}A)^{-1}A^{\mathrm{T}}L\tag{6-28}$$

未知数的中误差仍按式(6-26)估算。

如果观测的时间较长,接收机钟差的变化往往不能忽略。这时,可将钟差表示为多项式的形式,把多项式的系数作为未知数在平差计算中一并求解。也可以对不同观测历元引入不同的独立钟差参数,在平差计算中一并解算。

在用户接收机安置在运动的载体上并处于动态情况下,确定载体瞬时绝对位置的定位方法,称为动态绝对定位。此时,一般同步观测四颗以上的卫星,利用式(6-25)即可求解出任一瞬间的实时解。

(3)应用载波相位观测值进行静态绝对定位

应用载波相位观测值进行静态绝对定位,其精度高于伪距法静态绝对定位。在载波相位

静态绝对定位中，应注意对观测值加入电离层、对流层等各项改正，防止整周跳变，以提高定位精度。整周未知数解算后，不再为整数，可将其调整为整数，解算出的观测站坐标称为固定解，否则称为实数解。载波相位静态绝对定位解算的结果可以为相对定位的参考站（或基准站）提供较为精密的起始坐标。

2. 静态相对定位

相对定位是用两台接收机分别安置在基线的两端，同步观测相同的 GPS 卫星，以确定基线端点的相对位置或基线向量（如图 6-10）。同样，多台接收机安置在若干条基线的端点，通过同步观测 GPS 卫星可以确定多条基线向量。在一个端点坐标已知的情况下，可以用基线向量推求另一待定点的坐标。

相对定位有静态相对定位和动态相对定位之分，这里仅讨论静态相对定位。

在两个观测站或多个观测站同步观测相同卫星的情况下，卫星的轨道误差、卫星钟差、接收机钟差以及电离层和对流层的折射误差等对观测量的影响具有一定的相关性，利用这些观测量的不同组合（求差）进行相对定位，可有效地消除或减弱相关误差的影响，从而提高相对定位的精度。

GPS 载波相位观测值可以在卫星间求差，在接收机间求差，也可以在不同历元间求差。各种求差法都是观测值的线性组合。

将观测值直接相减的过程叫做求一次差。所获得的结果被当作虚拟观测值，叫做载波相位观测值的一次差或单差。常用的求一次差是在接收机间求一次差。设测站 1 和测站 2 分别在 t_i 和 t_{i+1} 时刻对卫星 k 和卫星 j 进行了载波相位观测，如图 6-10 所示，t_i 时刻在测站 1 和测站 2，对 k 卫星的载波相位观测值为 $\varphi_1^k(t_i)$ 和 $\varphi_2^k(t_i)$，对 $\varphi_1^k(t_i)$ 和 $\varphi_2^k(t_i)$ 求差，得到接收机间（站间）对 k 卫星的一次差分观测值为

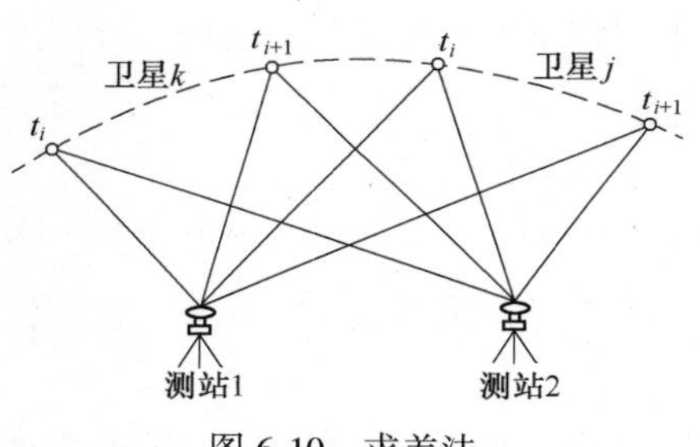

图 6-10　求差法

$$SD_{12}^k(t_i) = \varphi_2^k(t_i) - \varphi_1^k(t_i) \tag{6-29}$$

同样，对 j 卫星，其 t_i 时刻站间一次差分观测值为

$$SD_{12}^j(t_i) = \varphi_2^j(t_i) - \varphi_1^j(t_i) \tag{6-30}$$

对另一时刻 t_{i+1}，同样可以列出类似的差分观测值。

对载波相位观测值的一次差分观测值继续求差，所得的结果仍可以被当作虚拟观测值，叫做载波相位观测值的二次差或双差。常用的求二次差是在接收机间求一次差后再在卫星间求二次差，叫做星站二次差分。例如对在 t_i 时刻 k、j 卫星观测值的站间单差观测值 $SD_{12}^k(t_i)$ 和 $SD_{12}^j(t_i)$ 求差，得到站星二次差分 $DD_{12}^{kj}(t_i)$ 即双差观测值：

$$DD_{12}^{kj}(t_i) = SD_{12}^j(t_i) - SD_{12}^k(t_i) = \varphi_2^j(t_i) - \varphi_1^j(t_i) - \varphi_2^k(t_i) + \varphi_1^k(t_i) \tag{6-31}$$

同样在 t_{i+1} 时刻，对 k、j 卫星的站间单差观测值求差也可求得双差观测值。

对二次差继续求差称为求三次差。所得结果叫做载波相位观测值的三次差或三差。常用的求三次差是在接收机、卫星和历元之间求三次差。例如，将 t_i 时刻接收机 1、2 对卫星 k、j 的双差观测值 $DD_{12}^{kj}(t_i)$ 与 t_{i+1} 时刻接收机 1、2 对卫星 k、j 的双差观测值 $DD_{12}^{kj}(t_{i+1})$ 再求差；即

对不同时刻的双差观测值求差,便得到三次差分观测值 $TD_{12}^{kj}(t_i,t_{i+1})$,即三差观测值:

$$TD_{12}^{kj}(t_i,t_{i+1}) = DD_{12}^{kj}(t_{i+1}) - DD_{12}^{kj}(t_i) \tag{6-32}$$

上述各种差分观测值模型能够有效地消除各种偏差项。单差观测值中可以消除卫星的钟差项,双差观测值中可以消除接收机的钟差项,三差观测值中可以消除与卫星和接收机有关的初始整周模糊度项 N。因而差分观测值模型是 GPS 测量应用中广泛采用的平差模型。特别是双差观测值即站星二次差分模型,更是大多数 GPS 基线向量处理软件包中必选的模型。

七、GPS 测量的误差来源影响

1. 误差的分类

在 GPS 定位中,影响观测量精度的主要误差来源,可分为三类:与 GPS 卫星有关的误差;与信号传播有关的误差;与接收设备有关的误差。

这些误差的细节及其影响见表 6-1。为了便于理解,通常把各种误差的影响,投影到观测站至卫星的距离上,以相应的距离误差表示,并称为等效距离偏差。表 6-1 所列对观测距离的影响,即为与相应误差等效的距离偏差。

表 6-1 测码伪距的测量误差(单位:m)

误差来源	对伪距测量的影响	
	P 码	C/A 码
卫星部分		
星历误差与模型误差	4.2	4.2
钟差与稳定性	3.0	3.0
卫星摄动	1.0	1.0
相位不确定性	0.5	0.5
其他	0.9	0.9
合计	5.4	5.4
信号传播		
电离层折射	2.3	5.0~10.0
对流层折射	2.0	2.0
多路径效应	1.2	1.2
其他	0.5	0.5
合计	3.3	5.5~10.3
信号接收		
接收机噪声	1.0	7.5
其他	0.5	0.5
合计	1.1	7.5
总计	6.4	10.8~13.8

2. 与卫星有关的误差

与 GPS 卫星有关的误差,主要包括卫星的轨道误差和卫星钟的误差。

(1)卫星钟差

由于卫星的位置是时间的函数,所以 GPS 的观测量,均以精密测时为依据。而与卫星位置相应的时间信息,是通过卫星信号的编码信息传送给用户的。在 GPS 定位中,无论是码相位观测或载波相位观测,均要求卫星钟与接收机钟保持严格同步。实际上,尽管 GPS 卫星均设有高精度的原子钟(铷钟和铯钟),但它们与理想的 GPS 之间,仍存在着难以避免的偏差或漂移。这种偏差的总量约在 1 ms 以内,由此引起的等效距离误差,约可达 300 km。

对于卫星钟的这种偏差,一般可以通过对卫星钟运行状态的连续监测,而精确地确定,并表示为以下二阶多项式的形式:

$$\delta t^j = a_0 + a_1(t - t_{0e}) + a_2(t - t_{0e}) \tag{6-33}$$

式中,t_{0e} 为参考历元;a_0 为卫星钟的钟差;a_1 为卫星钟的钟速(或频率偏差);a_2 为卫星钟的钟速变率(或老化率)。

这些数值,由卫星的主控站测定,并通过卫星的导航电文提供给用户。

经以上钟差模型改正后,各卫星钟之间的同步差,可保持在 20 ns 以内,由此引起的等效距离偏差将不会超过 6 m。卫星钟差或经改正后的残差,在相对定位中,可以通过观测量求差(或差分)的方法消除。

(2)卫星轨道偏差

处理卫星轨道误差相对比较困难,其主要原因是,卫星在运行中要受到多种摄动力的复杂影响,而通过地面监测站,又难以充分可靠地测定这些作用力,并掌握它们的作用规律。目前,用户通过导航电文,所得到的卫星轨道信息,其相应的位置误差约为 20~40 m,但随着摄动力模型和定轨技术的不断完善,上述卫星的位置精度,将可提高到 5~10 m。

在 GPS 定位中,根据不同的要求,处理卫星轨道误差的方法原则上有三种。

1)忽略轨道误差。这时简单地认为,由导航电文所获知的卫星轨道信息,是不含误差的。很明显,这时卫星轨道实际存在的误差,将成为影响定位精度的主要因素之一。这一方法,广泛地应用于实时单点定位工作。

2)采用轨道改进法处理观测数据。这一方法的基本思想是,在数据处理中,引入表征卫星轨道偏差的改正参数,并假设在短时间内这些参数为常量,将其作为待估量与其他未知参数一并求解。

3)同步观测值求差。这一方法,是利用在两个或多个观测站上,对同一卫星的同步观测值求差,以减弱卫星轨道误差的影响。由于同一卫星的位置误差,对不同观测站同步观测量的影响,具有系统性质,所以通过上述求差的方法,可以明显地减弱卫星轨道误差的影响,尤其当基线较短时,其有效性甚为明显。这种方法,对于精密相对定位,具有极其重要的意义。

3. 卫星信号的传播误差

与卫星信号传播有关的误差,主要包括大气折射误差和多路径效应。

(1)电离层折射的影响

GPS 卫星信号和其他电磁波信号一样,当其通过电离层时,将受到这一介质弥散特性的影响,使信号的传播路径发生变化。电离层对信号传播路径影响的大小,主要取决于电子总量 N_Σ 和信号的频率 f。

对于 GPS 卫星信号来说,在夜间当卫星处于天顶方向时,电离层折射对信号传播路径的影响,将小于 5 m;在日间正午前后,当卫星接近地平线时,其影响可能大于 150 m。为了减弱电离层的影响,在 GPS 定位中通常采取以下措施。

1)利用双频观测

由于电离层的影响是信号频率的函数,所以,利用不同频率的电磁波信号进行观测,便可能确定其影响的大小,以便对观测量加以修正。

假设,$\Delta_{Ig}(L_1)$ 为用 L_1 载波的码观测时,电离层对距离观测值的影响,而 $\tilde{\rho}_{f_1}$ 和 $\tilde{\rho}_{f_2}$ 分别为载波 L_1 和 L_2 同步观测所得到的伪距,并取 $\delta\rho=\tilde{\rho}_{f_1}-\tilde{\rho}_{f_2}$,于是有

$$\Delta_{Ig}(L_1)=-1.5457\delta\rho \tag{6-34}$$

对于载波相位观测量的影响有

$$\delta\varphi_{IP}(L_1)=-1.5457(\varphi_{f_1}-1.2833\varphi_{f_2}) \tag{6-35}$$

式中,$\delta\varphi_{IP}(L_1)$ 为用频率 f_1 的载波观测时,电离层折射对相位观测量的影响;φ_{f_1} 和 φ_{f_2} 为相应于频率 f_1 和 f_2 的载波相位观测量。

实践表明,利用模型式(6-34)和式(6-35)进行修正,其消除电离层影响的有效性,将不低于95%。因此,具有双频的GPS接收机,在精密定位工作中得到了广泛的应用。不过应当指出,在太阳辐射强烈的正午,或在太阳黑子活动的异常期,虽经上述模型修正,但由于模型的不完善而引起的残差,仍可能是明显的。这在拟定精密定位的观测计划时,应慎重考虑。

2)利用电离层模型加以修正

对于单频GPS接收机的用户,为了减弱电离层的影响,一般是采用由导航电文所提供的电离层模型,或其他适宜的电离层模型对观测量加以改正。但是,这种模型至今仍在完善中。目前模型改正的有效性约为75%,也就是说,当电离层对距离观测值的影响力20 m时,修正后的残差仍可达5 m。

3)利用同步观测值求差

这一方法,是利用两台或多台接收机,对同一组卫星的同步观测值求差,以减弱电离层折射的影响。尤其当观测站的距离较近时(例如小于20 km),由于卫星信号到达不同观测站的路径相近,所经过的介质状况相似,所以,通过不同观测站对相同卫星的同步观测值求差,便可显著地减弱电离层折射影响,其残差将不会超过 $1\times10^{-6}D$。对单频GPS接收机的用户,这一方法的重要意义尤为明显。

(2)对流层折射的影响

对流层指从地面向上约40 km的大气底层。对流层的大气基本属于中性,电磁波的速度基本与频率无关,但是其中的各种天气现象、水滴、尘埃等对电磁波有很大影响。折射系数随高度下降。由于对流层的介质对GPS信号没有弥散效应,所以其群折射率与相折射率可认为相等。对流层折射对观测值的影响,可分为干分量与湿分量两部分,干分量主要与大气的温度与压力有关,而湿分量主要与信号传播路径上的大气湿度和高度有关。

当卫星处于天顶方向时,对流层干分量对距离观测值的影响,约占对流层影响的90%,且这种影响可以应用地面的大气资料计算。若地面平均大气压为1 013 MPa,则在天顶方向,干分量对所测距离的影响约为2.3 m,而当高度角为10°时,其影响约为20 m。湿分量的影响虽数值不大,但由于难以可靠地确定信号传播路径上的大气物理参数,所以湿分量尚无法准确地测定。因此,当要求定位精度较高,或基线较长时(例如>50 km),它将成为误差的主要来源之一。目前虽可用水汽辐射计,比较精确地测定信号传播路径的大气水汽含量,但由于设备过于庞大和昂贵,尚不能普遍采用。

关于对流层折射的影响,一般有以下几种处理方法。

1)定位精度要求不高时,可以简单地忽略;

2)采用对流层模型加以改正；

3)引入描述对流层影响的附加待估参数,在数据处理中一并求解；

4)观测量求差。与电离层的影响相类似,当两观测站相距不太远时(例如<20 km),由于信号通过对流层的路径相近,对流层的物理特性相似,所以,对同一卫星的同步观测值求差,可以明显地减弱对流层折射的影响。因此,这一方法在精密相对定位中,应用甚为广泛。不过随着同步观测站之间距离的增大,地区大气状况的相关性很快减弱。这一方法的有效性也将随之降低。根据经验,当距离>100 km 时,对流层折射对 GPS 定位精度的影响,将成为决定性的因素之一。

(3)多路径效应影响

多路径效应,通常也叫多路径误差,即接收机天线,除直接收到卫星发射的信号外,尚可能收到经天线周围地物一次或多次反射的卫星信号(如图 6-11)。两种信号叠加,将会引起测量参考点(相位中心)位置的变化,从而使观测量产生误差。这种误差随天线周围反射面的性质而异,难以控制。根据实验资料的分析表明,在一般反射环境下,多路径效应对测码伪距的影响可达米级,对测相伪距的影响可达厘米级。而在高反射环境下,不仅其影响将显著增大,而且常常导致接收的卫星信号失锁和使载波相位观测量产生周跳。因此,在精密 GPS 导航和测量中,多路径效应的影响是不可忽视的。

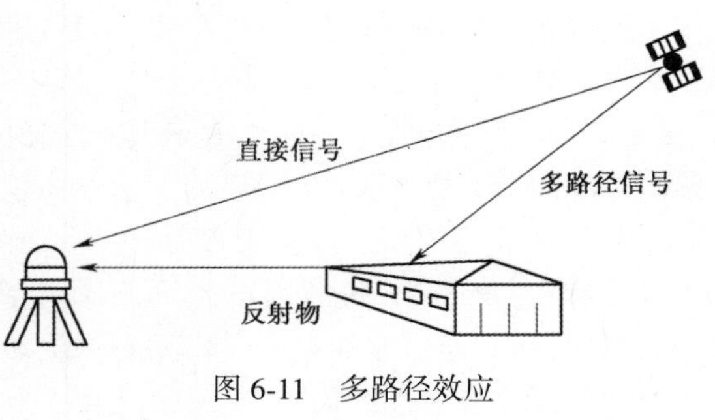

图 6-11　多路径效应

多路径效应的影响,一般包括常数部分和周期性部分,其中常数部分,在同一地点将会日复一日的重复出现。

目前,减弱多路径效应影响的措施,主要有：

1)安置接收机天线的环境,应避开较强的反射面,如水面、平坦光滑的地面和平整的建筑物表面等；

2)选择造型适宜且屏蔽良好的天线,例如,采用扼流圈天线等；

3)适当延长观测时间,削弱多路径效应的周期性影响；

4)改善 GPS 接收机的电路设计,以减弱多路径效应的影响。

4. 与接收设备有关的误差

与用户接收设备有关的误差,主要包括观测误差、接收机钟差、天线相位中心误差和载波相位观测的整周不定性影响。

(1)观测误差

这种误差,除观测的分辨误差之外,尚包括接收机天线相对测站点的安置误差,根据经验,一般认为观测的分辨误差约为信号波长的 1%。由此,对 GPS 码信号和载波信号的观测精度,见表 6-2。观测误差属偶然性质的误差,适当增加观测量,将会明显减弱其影响。

接收机天线相对观测站中心的安置误差,主要有天线的置平与对中误差和量取天线相位中心高度(天线高)的误差。例如,当天线高度为 1. 6 m 时,如果天线置平误差为 0. 1°,则由此引起光学对中器的对中误差,约为 3 mm。因此,在精密定位工作中,必须仔细操作,以尽量减小这种误差的影响。

表 6-2　码相位与载波相位的分辨误差

信号	波长	观测误差
P 码	29.3 m	0.3 m
C/A 码	293 m	2.9 m
载波 L_1	19.05 cm	2.0 mm
载波 L_2	24.45 cm	2.5 mm

(2)接收机的钟差

CPS 接收机一般设有高精度的石英钟,其日频率稳定度约为 10^{-6}。如果接收机钟与卫星钟之间的同步差为 1 μs,则由此引起的等效距离误差约为 300 m。

处理接收机钟差比较有效的方法,是在每个观测站上,引入一个钟差参数,作为未知数,在数据处理中与观测站的位置参数一并求解。这时,如假设在每一观测瞬间,钟差都是独立的,则处理较为简单。所以,这一方法广泛地应用于实时动态绝对定位。在静态绝对定位中,也可像卫星钟那样,将接收机钟差表示为多项式的形式,并在观测量的平差计算中,求解多项式的系数。不过,这将涉及在构成钟差模型时,对钟差特性所作假设的正确性。

在定位精度要求较高时,可以采用高精度的外接频标(即时间标准),如铷原子钟或铯原子钟,以提高接收机时间标准的精度。在精密相对定位中,还可以利用观测值求差的方法,有效地减弱接收机钟差的影响。

(3)载波相位观测的整周未知数

前已指出,载波相位观测法,是当前普遍采用的最精密的观测方法,它能精确地测定卫星至观测站的距离。但是,由于接收机只能测定载波相位非整周的小数部分,和从某一起始历元至观测历元间,载波相位变化的整周数,而无法直接测定载波相位应该起始历元,在传播路径上变化的整周数。因而,在测相伪距观测值中,存在整周未知数的影响,这是载波相位观测法的主要缺点。

另外,载波相位观测,除了存在上述整周未知数之外,在观测过程中,还可能发生整周跳变问题。当用户接收机收到卫星信号并进行实时跟踪(锁定)后,载波信号的整周数,便可由接收机自动计数。但在中途,如果卫星的信号被阻挡或受到干扰,则接收机的跟踪便可能中断(失锁)。而当卫星信号被重新锁定后,被测载波相位的小数部分,将仍和未发生中断的情形一样,是连续的,可这时整周数却不再是连续的。这种情况称为整周跳变或周跳,在载波相位测量中是经常发生的,它对距离观测的影响和整周未知数的影响相似,在精密定位的数据处理中,都是一个非常重要的问题。

(4)天线的相位中心位置偏差

在 GPS 定位中,无论是测码伪距或测相伪距,观测值都是以接收机天线的相位中心位置为准,而天线的相位中心与其几何中心,在理论上应保持一致。但实际天线的相位中心位置,随着信号输入的强度和方向不同而有所变化,即观测时相位中心的瞬时位置(一般称视相位中心),与理论上的相位中心位置有所不同。天线相位中心的偏差对相对定位结果的影响,根据天线性能的好坏,可达数毫米至数厘米,所以对于精密相对定位来说,这种影响也是不容忽视的,而如何减小相位中心的偏移,是天线设计中的一个迫切问题。

在实际工作中,如果使用同一类型的天线,在相距不远的两个或多个观测站上,同步观测同一组卫星,那么,便可以通过观测值的求差,来削弱相位中心偏移的影响。不过,这时各观测站的天线,均应按天线附有的方位标进行定向,使之根据罗盘指向磁北极。根据不同的精度要求,定向偏差应保持在3°~5°以内。有关天线相位中心的问题,读者可进一步参阅有关文献。

5. 其他误差来源

除上述几种误差的影响外,这里再简单地介绍一下其他一些可能的误差来源,如地球自转以及相对论效应对 GPS 定位的影响。

(1)地球自转的影响

在协议地球坐标系中,如果卫星的瞬时位置,是根据信号发播的瞬时计算的,那么尚应考虑地球自转的改正。因为当卫星信号传播到观测站时,与地球相固联的协议地球坐标系,相对卫星的上述瞬时位置,已产生了旋转(绕 Z 轴)。

(2)相对论效应的影响

根据狭义相对论的观点,一个频率为 f 的振荡器安装在飞行的载体上,由于载体的运动,对地面的观测者来说将产生频率偏移。因此,在地面上具有频率为 f_0 的时钟,安设在以速度 v_s 运行的卫星上后,钟频将发生变化。在狭义相对论的影响下,时钟安装在卫星上后将变慢。

另外,根据广义相对论,处于不同等位面的振荡器,其频率 f 将由于引力位不同而产生变化。这种现象,常称为引力频移。

虽然可以通过数学模型对相对论效应的影响加以改正,但其残差对卫星钟速的影响可达0.01 ns/s。显然,对于精密的定位工作来说,这种影响是不应忽略的。

最后需要指出,在 GPS 定位中,除上述各种误差外,卫星钟和接收机钟振荡器的随机误差、大气折射模型和卫星轨道摄动模型的误差、地球潮汐等,也都会对 GPS 的观测量产生影响。

6. 等效距离误差和几何精度因子

GPS 定位的精度取决于两个因素:测量误差和几何精度因子。GPS 测量实质是距离的测量,为了研究方便,总是将各项误差投影到测站至卫星的连线上,来讨论它们对距离测量的影响,并将该影响称为等效距离误差 σ_0。前面阐述了 GPS 卫星定位中各种误差来源、影响与减弱或消除各种误差的措施和方法,这些误差对 GPS 卫星定位的综合影响用上述精度指标(即等效距离误差 σ_0)来表示。等效距离误差是各项误差投影到测站至卫星的连线方向上的具体数值。若各项误差之间相互独立,就可以求出总的等效距离误差,因此,σ_0 可以作为 GPS 定位时衡量观测精度的客观指标。

GPS 定位的基本原理是空间距离后方交会,决定其定位精度的另一个因子即是几何图形的精度。GPS 星座与测站构成的几何图形不同,即使是相同精度的观测值所求得的点位精度也不会相同。因此需要研究卫星星座几何图形与定位精度之间的关系。在 GPS 测量中通常用图形强度因子(Dilutionof Precision,DOP)来表示几何图形精度,DOP 是描述卫星的几何位置对误差贡献的因子。GPS 的误差为等效距离误差与精度因子之乘积,即

$$m_x = \text{DOP} \cdot \sigma_0 \tag{6-36}$$

式中,m_x 为某定位元素的标准差;σ_0 为等效距离的标准差;DOP 为图形强度因子。

图形强度因子是一个直接影响定位精度但又独立于观测值之外的一个量,其值的大小随时间和测站位置可在1~10间变化,在 GPS 定位中,DOP 值越小越好。如在 GPS 观测中,要求

PDOP 值小于 6 才能进入观测。

在实际观测中,常根据不同的要求采用不同的评价模型和相应的图形强度因子。

HDOP(Horizontal DOP):平面位置精度因子,表征卫星几何位置布局对 GPS 平面位置精度影响的精度因子。

VDOP(Vertical DOP):高程位置精度因子,表征卫星几何位置布局对 GPS 高程位置精度影响的精度因子。

PDOP(Position DOP):位置精度因子,表征卫星几何位置布局对 GPS 三维位置精度影响的精度因子。

TDOP(Time DOP):时间精度因子,表征卫星几何位置布局对 GPS 时间精度影响的精度因子。

GDOP(Geometric DOP):几何精度因子,表征卫星几何位置布局对 GPS 三维位置误差和时间误差综合影响的精度因子。

分析表明,若测站与四颗卫星构成一个六面体,则图形强度因子 PDOP 与该六面体体积成反比。也就是说,所测卫星在空间分布越大,六面体的体积就越大,PDOP 值越小,图形强度越高,定位精度也越高。

项目二　GPS 定位的坐标系统及时间系统

【项目描述】

GPS 测量技术是通过安置于地球表面的 GPS 接收机,接收 GPS 卫星信号来测定地面点位置。观测站固定在地球表面,其空间位置随地球自转而变动,而 GPS 卫星围绕地球质心旋转且与地球自转无关。因此,在卫星定位中,需建立两类坐标系统和统一的时间系统,即天球坐标系与地球坐标系。天球坐标系是一种惯性坐标系,其坐标原点及各坐标轴指向在空间保持不变,用于描述卫星运行位置和状态,地球坐标系则是与地球相关联的坐标系,用于描述地面点的位置,并寻求卫星运动的坐标系与地面点所在的坐标系之间的关系,从而实现坐标系之间的转换。

【相关知识】

主要介绍几种天球坐标系和地球坐标系,坐标系之间的转换模型,以及 GPS 时间系统。

一、GPS 测量的坐标系统

1. 概述

由 GPS 定位的原理可知,GPS 定位是以 GPS 卫星为动态已知点,根据 GPS 接收机观测的星站距离来确定接收机或测站的位置。而位置的确定离不开坐标系,CPS 定位所采用的坐标系与经典测量的坐标系相同之处甚多,但也有其显著特点,主要有以下几点:

(1)由于 GPS 定位以沿轨道运行的 CPS 卫星为动态已知点,而 GPS 卫星轨道与地面点的相对位置关系是时刻变化的,为了便于确定 GPS 卫星轨道及卫星的位置,须建立与天球固连的空固坐标系。同时,为了便于确定地面点的位置,还须建立与地球固连的地固坐标系,因而,GPS 定位的坐标系既有空固坐标系,又有地固坐标系。

(2)经典大地测量是根据地面局部测量数据确定地球形状、大小,进而建立坐标系的,而

GPS 卫星覆盖全球,因而由 GPS 卫星确定地球形状、大小,建立的地球坐标系是真正意义上的全球坐标系,而不是以区域大地测量数据为依据建立的局部坐标系,如我国 1980 年国家大地坐标系。

(3) GPS 卫星的运行是建立在地球与卫星之间的万有引力基础上的,而经典大地测量主要是以几何原理为基础,因而 GPS 定位中采用的地球坐标系的原点与经典大地测量坐标系的原点不同。经典大地测量是根据本国的大地测量数据进行参考椭球体定位,以此参考椭球体中心为原点建立坐标系,称为参心坐标系。而 GPS 定位的地球坐标系原点在地球的质量中心,称为地心坐标系。因而进行 GPS 测量,常需进行地心坐标系与参心坐标系的转换。

(4) 对于小区域而言,经典测量工作通常无须考虑坐标系的问题,只需简单使新点与已知点的坐标系一致,而 GPS 定位中,无论测区多么小,也涉及到 WGS—84 地球坐标系与当地参心坐标系的转换问题。这就对从事简单测量工作的技术人员提出了较高的要求——必须掌握坐标系的建立与转换的知识。

由此可见,GPS 定位中所采用的坐标系比较复杂。为便于读者学习掌握,可将 GPS 定位中所采用的坐标系进行分类,见表 6-3。

表 6-3　GPS 定位中所采用坐标系统

坐标系分类	坐标系特征
①空固坐标系与地固坐标系	空固坐标系与天球固连,与地球自转无关,用来确定天体位置较方便;地固坐标系与地球固连,随地球一起转动,用来确定地面点位置较方便
②地心坐标系与参心坐标系	地心坐标系以地球的质量中心为原点,如 WGS—84 坐标系和 ITRF 参考框架均为地心坐标系;而参心坐标系以参考椭圆体的几何中心为原点,如北京“54”坐标系和“80”国家大地坐标系
③空间直角坐标系,球面坐标系、大地坐标系及平面直角坐标系	经典大地测量采用的坐标系通常有两种:一是以大地经纬度表示点位的大地坐标系;二是将大地经纬度进行高斯投影或横轴墨卡托投影后的平面直角坐标系。在 GPS 测量中,为进行不同大地坐标系之间的坐标转换,还会用到空间直角坐标系和球面坐标系
④国家统一坐标系与地方独立坐标系	我国国家统一坐标系常用的是“80”国家大地坐标系和北京“54”坐标系,采用高斯投影,分 6°带和 3°带,面对于诸多城市和工程建设来说,因高斯投影变形以及高程归化变形面引起实地上两点间的距离与高斯平面距离有较大差异,为便于城市建设和工程的设计、施工,常采用地方独立坐标系,即以通过测区中央的子午线为中央子午线,以测区平均高程面代替参考椭圆体面进行高斯投影而建立的坐标系

2. 高程系统

高程系统由于参考面的不同有以下几种,如图 6-12 所示。

(1) 正高

所谓正高,是指地面点沿铅垂线到大地水准面的距离。如图 6-13 所示,B 点的正高为:

$$H_{正}^{B} = \sum \Delta H_i \tag{6-37}$$

由于水准面不平行,从 O 点出发,沿 OAB 路线用几何水准测量 B 点高程,显然

$$\sum \Delta h_i \neq \sum \Delta H_i \tag{6-38}$$

为此,应在水准路线上测量相应的重力加速度 g_i,则 B 点的正高为:

$$H_{正}^{B} = \frac{1}{g_{m}^{B}} \int_{OAB} g\mathrm{d}h \tag{6-39}$$

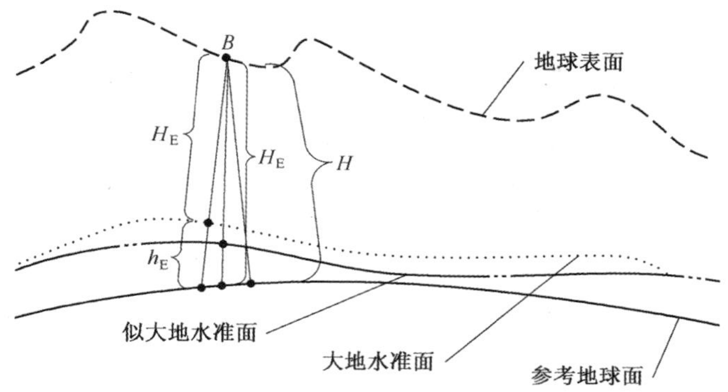

图 6-12　正高、正常高、大地高之间关系图

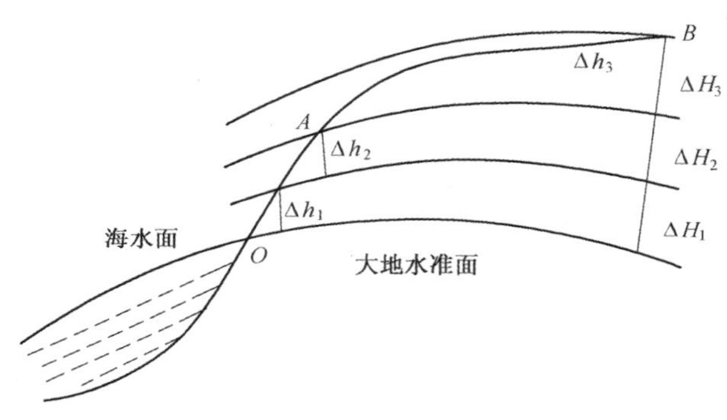

图 6-13　正高系统

式(6-39)中的 g 和 $\mathrm{d}h$ 可在水准路线上测得,而 g_{m}^{B} 为 B 点不同深度处的重力加速度平均值,只能由重力场模型确定, 在没有精确的重力场模型的情况下, $H_{正}^{B}$ 无法求得。

(2)正常高

在式(6-39)中,用 B 点不同深度处的正常重力加速度 γ_{m}^{B} 代替实测重力加速度 g_{m}^{B} ,可得 B 点正常高

$$H_{常}^{B} = \frac{1}{\gamma_{\mathrm{m}}^{B}}\int_{OAB} g\mathrm{d}h \tag{6-40}$$

从地面点沿铅垂线向下量取正常高所得曲面称为似大地水准面。我国采用正常高系统,也就是说,我国的高程起算面实际上不是大地水准面而是似大地水准面。似大地水准面在海平面上与大地水准面重合,在我国东部平原地区,两者相差若干厘米,在西部高原地区相差若干米。

(3)大地高

地面点沿椭球法线到椭球面的距离叫该点的大地高,用 H 表示。大地高与正常高有如下关系

$$\left.\begin{array}{l} H = H_{正} + N \\ H = H_{常} + \xi \end{array}\right\} \tag{6-41}$$

式中　N——大地水准面差距,m;

式中 ξ——高程异常,m。

3. GPS 测量中的常用坐标系

当涉及到坐标系的问题时,有两个相关概念应当加以区分。一是大地测量的坐标系,它是根据有关理论建立的,不存在测量误差。同一个点在不同坐标系中的坐标转换也不影响点位。二是大地测量基准,它是根据测量数据建立的坐标系,由于测量数据有误差,所以大地测量基准也有误差,因而同一点在不同基准之间转换将不可避免地要产生误差。通常,人们对两个概念都用坐标系来表达,不加严格区分。如 WGS—84 坐标系和北京“54”坐标系实际上都是大地测量基准。

(1)WGS—84 坐标系

WGS—84 坐标系是美国根据卫星大地测量数据建立的大地测量基准,是目前 GPS 所采用的坐标系。GPS 卫星发布的星历就是基于此坐标系的,用 GPS 所测的地面点位。如不经过坐标系的转换,也是此坐标系中的坐标。WGS—84 坐标系定义见表 6-4。

表 6-4 WGS—84 坐标系定义

坐标系类型	WGS—84 坐标系属地心坐标系
原点	地球质量中心
z 轴	指向国际时间局定义的 B1H1984. 0 的协议地球北极
x 轴	指向 BIH1984. 0 的起始子午线与赤道的交点
参考椭球	椭球参数采用 1979 年第 17 届国际大地测量与地球物理联合会推荐值
椭球长半径	a=6 378 137 m
椭球扁率	由相关参数计算的扁率:a=1/298. 257 223 563

(2)1954 年北京“54”坐标系

1954 年北京坐标系实际上是苏联的大地测量基准,属参心坐标系,参考椭球在苏联境内与大地水准面吻合最为,在我国境内大地水准面与参考椭球面相差最大为 67 m。1954 年北京坐标系定义见表 6-5。

表 6-5 1954 年北京坐标系定义

坐标系类型	1954 年北京坐标系属参心坐标系
原点	位于苏联的普尔科沃
z 轴	没有明确定义
x 轴	没有明确定义
参考椭球	椭球参数采用 1940 年克拉索夫斯基椭球参数
椭球长半径	a=6 378 245 m
椭球扁率	由相关参数计算的扁率:a=1/298. 3

1954 年“54”坐标系存在以下问题:

1)椭球参数与现代精确参数相差很大,且无物理参数;

2)该坐标系中的大地点坐标是经过局部分区平差得到的,在区与区的接合部,同一点在不同区的坐标值相差 1~2 m;

3)不同区的尺度差异很大;

4)坐标是从我国东北传递到西北和西南,后一区是以前一区的最弱部作为坐标起算点,因此有明显的坐标积累误差。

(3)1980 年国家大地坐标系

1980 年国家大地测量坐标系是根据 20 世纪 50~70 年代观测的国家大地网进行整体平差建立的大地测量基准。椭球定位在我国境内与大地水准面吻合最佳。1980 年国家大地测量坐标系定义见表 6-6。

1954 年北京坐标系和 1980 年国家大地坐标系中大地点的高程起算面是似大地水准面,是二维平面与高程分离的系统。而 WGS—84 坐标系中大地点的高程是以“84”椭球作为高程起算面的,所以是完全意义上的三维坐标系。

相对于 1954 年北京坐标系而言,1980 年国家大地坐标系的内符合性要好得多。

表 6-6　1980 年国家大地测量坐标系定义

坐标系类型	1980 年国家大地测量坐标系属参心坐标系
原点	位于我国中部——陕西省泾阳县永乐镇
z 轴	平行于地球质心指向我国定义的 1968.0 地极原点(JYD)方向
x 轴	起始子午面平行于格林尼治平均天文子午面
参考椭球	椭球参数采用 1975 年第 16 届国际大地测量与地球物理联合会的推荐值
椭球长半径	a=6 378 140 m
椭球扁率	由相关参数计算的扁率:a=1/298.257

(4)2000 国家大地坐标系

2000 国家大地坐标系是全球地心坐标系在我国的具体体现。国家大地坐标系的定义包括坐标系的原点、三个坐标轴的指向、尺度以及地球椭球的四个基本参数的定义。2000 国家大地坐标系的原点为包括海洋和大气的整个地球的质量中心。根据《中华人民共和国测绘法》,我国自 2008 年 7 月 1 日起启用 2000 国家大地坐标系。2008 年 7 月 1 日后新生产的各类测绘成果需采用 2000 国家大地坐标系。

4. 地方坐标系

(1)投影过程中产生的变形

为了便于绘制平面图形,地面点应沿椭球法线投影到椭球面上,再通过高斯投影将地面点在椭球面上的投影点投影到高斯平面上。地面点的位置最终以平面坐标 x、y 和高程 H 表示,在这一投影过程中会产生以下两种坐形。

1)高程归化变形。由于椭球面上两点的法线不平行,在不同高度上测量两点的两条法线之间的距离也不相同,高度越大,距离越长。如图 6-14 所示,将 A、B 两点沿法线投影到椭球面上,会引起椭球面上的距离 D_{AB} 与地面上的距离 S_{AB} 不等。其差值称为高程归化变形。对于一般工程而言,$(S_{AB}-D_{AB})/D_{AB}$ 应不超过 1/40 000。因 $(S_{AB}-D_{AB})/D_{AB}=H/R$,由此求得 H 应不超过 160 m。

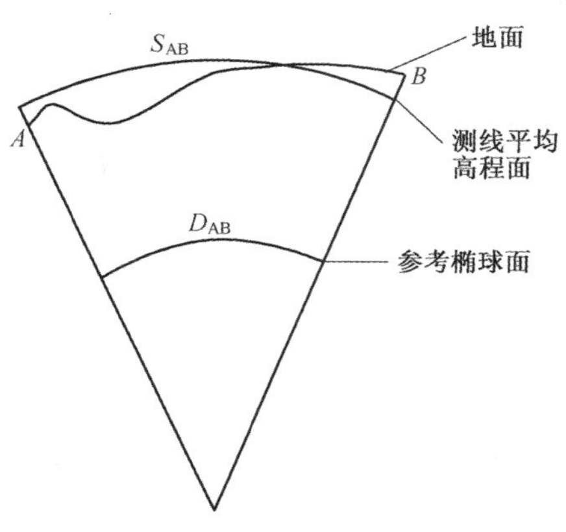

图 6-14　高程归化变形

在我国东部沿海地区,地面高程一般较小,可以不考虑高程归化变形。而对于中西部地区,地面高程较大,高程归化变形引起的图上长度与实地长度相差过大,不利于工程建设。所以需要用测区平均高程面代替椭球面,将地面点沿法线投影到测区平均高程面上之后,再进行高斯投影。

例如,某测区地面到北京“54”椭球的距离为 1 500~1 800 m。则可选择 1 650 m 的高程面作为测区平均高程面,也就是将北京“54”椭球的长半径由 6 378 245 m 增大到 63 279 895 m,而椭球扁率仍为 1/298. 3。

2)高斯投影长度变形。在高斯投影时,中央子午线投影后长度不变,离中央子午线越远,长度变形越大。设 A、B 两点在椭球面上的长度为 D_{AB},在高斯平面上的长度为 L_{AB},则

$$\frac{L_{AB}-D_{AB}}{L_{AB}}=\frac{y_m^2}{2R^2} \tag{6-42}$$

一般工程要求这一变形不超过 1/40 000,由此求得 AB 离中央子午线的距离应不超过 45 km。对于国家 3°带,离中央子午线的最大距离可达 167 km。所以,当测区到中央子午线的距离超过 45 km 时,应重新选择中央子午线。例如,某测区经度为 106°12′~106°30′,则该测区所在 3°带中央子午线经度为 105°,测区纬度为 32°30′~32°38′,该测区离 3°带中央子午线的最大距离为 150 km。因此,在高斯投影时应另行选择中央子午线经度为 106°21′。

(2)建立地方坐标系的方法

当测区高程大于 160 m 或离中央子午线距离大于 45 km 时,不应采用国家统一坐标系而应建立地万坐标系。建立地方坐标系的最简单的方法如下:

1)选择测区任意带中央子午线经度,使中央子午线通过测区中央,并对已知点的国家统一坐标(x_i、y_i)进行换带计算,求得已知点在该带中的坐标(x'_i、y'_i)。

2)选择测区平均高程面的高程 h_0,使椭球长半径增大 h_0,或者将已知点在该带中的坐际增量增大($1+h_0/R$)倍,求得改正后坐标增量($\Delta x'$,$\Delta y'$)。

$$\left.\begin{aligned}\Delta x' &= \Delta x\left(1+\frac{h_0}{R}\right)\\ \Delta y' &= \Delta y\left(1+\frac{h_0}{R}\right)\end{aligned}\right\} \tag{6-43}$$

3)选择一个已知点作为坐标原点,使该点坐标仍为该带坐标不变,即

$$\left.\begin{aligned}x''_0 &= x'_0\\ y''_0 &= y'_0\end{aligned}\right\} \tag{6-44}$$

或者给原点坐标加一个常数

$$\left.\begin{aligned}x''_0 &= x'_0 + C_x\\ y''_0 &= y'_0 + C_y\end{aligned}\right\} \tag{6-45}$$

或者直接取原点坐标为某值。

4)其他各已知点坐标按原点坐标和改正后坐标增量计算,即

$$\left.\begin{aligned}x''_i &= x''_0 + \Delta x'_{0\sim i}\\ y''_i &= y''_0 + \Delta y'_{0\sim i}\end{aligned}\right\} \tag{6-46}$$

(3)计算实例

【例题】 某测区位于东经 106°12′～106°30′,北纬 32°30′～32°38′,地面高程为 1 500～1 800 m,测区有 A、B、C 三个已知点,它们在“54”坐标系中 3°带的坐标见表 6-7。

试建立地方坐标系并求 A、B、C 三点在地方坐标系中的坐标。

表 6-7　A、B、C 三个已知点“54”坐标

A 点	x_A	3 597 360. 333 m
	y_A	35 613 557. 185 m
B 点	x_B	3 598 454. 256 m
	y_B	35 619 466. 228 m
C 点	x_C	3 605 432. 018 m
	y_C	35 614 772. 066 m

解:

1)选择中央子午线经度为 106°21′00″,对 A、B、C 三点进行换带计算,求得换带的坐标为:

$$\begin{cases} x'_A = 3\ 596\ 717.064\ \text{m} \\ y'_A = 499\ 832.492\ \text{m} \\ x'_B = 3\ 597\ 743.691\ \text{m} \\ y'_B = 505\ 752.578\ \text{m} \\ x'_C = 3\ 604\ 773.136\ \text{m} \\ y'_C = 501\ 138.759\ \text{m} \end{cases}$$

2)选择测区平均高程面的高程为 $h_0 = 1\ 650$ m ,并根据测区维度求得平均曲率半径为 $R = 6\ 369\ 200$ m ,由此求得改正后坐标增量为:

$$\begin{cases} \Delta x'_{AB} = +\ 1\ 026.893\ \text{m} \\ \Delta y'_{AB} = +\ 5\ 921.620\ \text{m} \\ \Delta x'_{AC} = +\ 8\ 058.159\ \text{m} \\ \Delta y'_{AC} = +\ 1\ 306.605\ \text{m} \end{cases}$$

3)选择 A 点为坐标原点,并取 A 点的地方坐标系坐标为:

$$\begin{cases} x''_A = 50\ 000.000\ \text{m} \\ y''_A = 50\ 000.000\ \text{m} \end{cases}$$

4)由式(5-19)算得 B、C 两点在地方坐标系中的坐标为:

$$\begin{cases} x''_B = 51\ 026.893\ \text{m} \\ y''_B = 55\ 921.620\ \text{m} \\ x''_C = 58\ 058.159\ \text{m} \\ y''_C = 51\ 306.605\ \text{m} \end{cases}$$

由于高程归化变形与高期投影变形的符号相反,所以可将地面长度投影到参考椭球面而不选择测区平均高程面,用适当选择投影带中央子午线的方法抵消高程归化变形。也可使中央子午线与国家统一坐标的中央子午线一致,而通过适当选择高程面来抵消高斯投影变形。这两种建立地方坐标系的方法与前述的第一种方法原理相同,计算方法大同小异,此处不再赘述。

5. 坐标系统的转换

GPS 采用 WGS—84 坐标系，而在工程测量中所采用的是北京“54”坐标系或西安“80”坐标系或地方坐标系。因此，需要将 WGS—84 坐标系转换为工程测量中所采用的坐标系。

(1)空间直角坐标系的转换

如图 6-15 所示，WGS—84 坐标系的坐标原点为地球质量中心，而北京“54”坐标系和西安“80”坐标系的坐标原点是参考椭球中心。所以在两个坐标系之间进行转换时，应进行坐标系的平移，平移量可分解为 Δx_0、Δy_0 和 Δz_0。又因为 WGS—84 坐标系的三个坐标轴方向也与北京“54”坐标系或西安“80”坐标系的坐标轴方向不同，所以还需将北京“54”坐标系或西安“80”坐标系分别绕 x 轴、y 轴和 z 轴旋转 ω_x、ω_y、ω_z。此外，两坐标系的尺度也不相同，还需进行尺度转换。两坐标系间转换的公式如下。

$$\begin{Bmatrix} x \\ y \\ z \end{Bmatrix}_{84} = \begin{Bmatrix} \Delta x_0 \\ \Delta y_0 \\ \Delta z_0 \end{Bmatrix} + (1+m)\begin{Bmatrix} 1 & \omega_z & -\omega_y \\ -\omega_z & 1 & \omega_x \\ \omega_y & -\omega_x & 1 \end{Bmatrix}\begin{Bmatrix} x \\ y \\ z \end{Bmatrix}_{54/80} \tag{6-47}$$

式中　m——尺度比因子。

要在两个空间直角坐标系之间转换，需要知道 3 个平移参数（Δx_0, Δy_0, Δz_0），3 个旋转参数（ω_x, ω_y, ω_z）以及尺度比因子 m。为求得 7 个转换参数，在两个坐标系中至少应有 3 个公共点，即已知 3 个点在 WGS—84 中的坐标和在北京“54”坐标系或西安“80”坐标系中的坐标。在求解转换参数时，公共点坐标的误差对所求参数影响很大，因此所选公共点应满足下列条件：

1)点的数目要足够多，以便检核；

2)坐标精度要足够高；

3)分布要均匀；

4)覆盖面要大，以免因公共点坐标误差引起较大的尺度比因子误差和旋转角度误差。

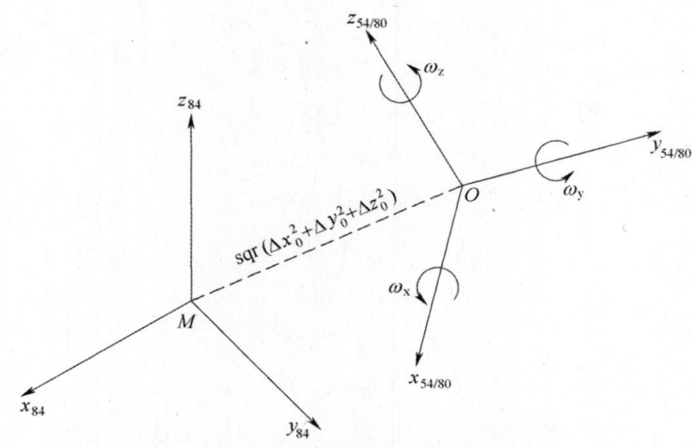

图 6-15　空间直角坐标系的转换

在 WGS—84 坐标系与北京“54”坐标系或西安“80”坐标系的大地坐标系之间进行转换，除上述 7 个参数外，还应给出两坐标系的两个椭球参数，一个是长半径，另一个是扁率。

以上转换步骤中,计算人员只需输入7个转换参数或公共点坐标,椭球参数,中央子午线经度和 x、y 加常数即可,其他计算工作由软件自动完成。

在WGS—84坐标系与地方坐标系之间进行转换的方法与北京“54”坐标系或西安“80”坐标系类似,但有如下三点不同:

1)地方坐标系的参考椭球长半径是在北京“54”坐标系或西安“80”坐标系的椭球长半径上加上测区平均高程面的高程 h_0;

2)中央子午线通过测区中央;

3)平面直角坐标 x、y 的加常数不是0和500 km,而加常数为:长半径 a=6 378 137 m;扁率 f=1:298.257 223 563。

(2)平面直角坐标系的转换

如图6-16所示,在两平面直角坐标系之间进行转换,需要有4个转换参数,其中2个平移参数(Δx_0, Δy_0),1个旋转参数 α 和1个尺度比因子 m。转换公式如式6-48:

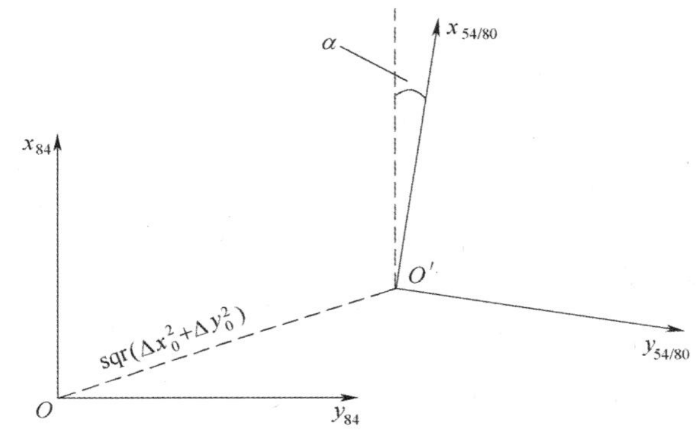

图6-16　平面直角坐标系的转换

$$\begin{pmatrix} x \\ y \end{pmatrix}_{84} = (1+m)\left[\begin{pmatrix} \Delta x_0 \\ \Delta y_0 \end{pmatrix} + \begin{pmatrix} \cos\alpha\sin\alpha \\ -\sin\alpha\cos\alpha \end{pmatrix}\begin{pmatrix} x \\ y \end{pmatrix}_{54/80}\right] \tag{6-48}$$

为求得4个转换参数,应至少有两个公共点。

(3)高程系统的转换

GPS所测得的地面高程是以WGS—84椭球面为高程起算面的,而我国的1956年黄海高程系和1985年国家高程基准是以似大地水准面作为高程起算面的。所以必须进行高程系统的转换。使用较多的高程系统转换方法是高程拟合法、区域似大地水准面精化法和地球模型法。因目前还没有适合于全球的大地水准面模型,所以此处只介绍前两种方法。

1)高程拟合法

虽然似大地水准面与椭球面之间的距离变化极不规则,但在小区域内,用斜面域二次曲面来确定似大地水准面与椭球面之间的距离还是可行的。

① 斜面拟合法

由式(6-48)知,大地高与正常高之差就是高程异常 ξ,在小区域内可将 ξ 看成平面位置 x、y 的一次函数,即

$$\xi = ax + by + c$$

或

$$H - H_{常} = ax + by + c \tag{6-49}$$

如果已知至少 3 个点的正常高 $H_{常}$ 并测出其大地高 H,则可解出式(6-23)中的系数 a、b、c,然后便可根据任一点的大地高按式(6-49)求得相应的正常高。

$$H_{常} = H - ax - by - c \tag{6-50}$$

②二次曲面拟合法

二次曲面拟合法的方程式为:

$$H - H_{常} = ax^2 + by^2 + cxy + dx + ey + f \tag{6-51}$$

如已知至少 6 个点的正常高并测得大地高,便可解出 a、b、… 、f 等 6 个参数,然后根据任一点的大地高便可求得相应的正常高。

2) 区域似大地水准面精化法

区域似大地水准面精化法就是在一定区域内采用精密水准测量、重力测量及 GPS 测量,先建立区域内精确的似大地水准面模型(如图 6-17),然后便可根据此模型快速准确地进行高

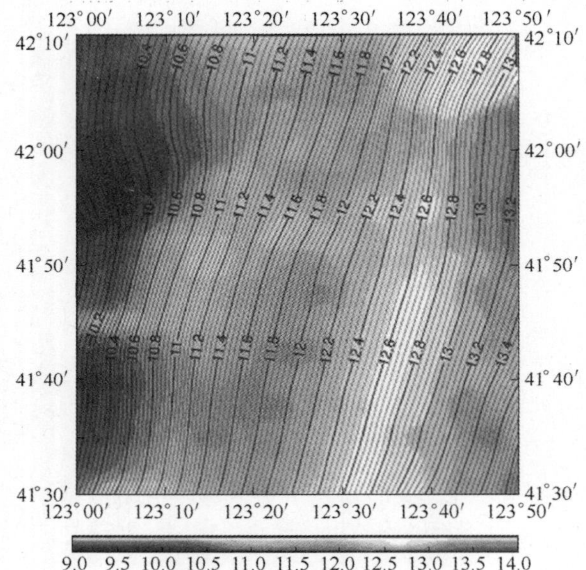

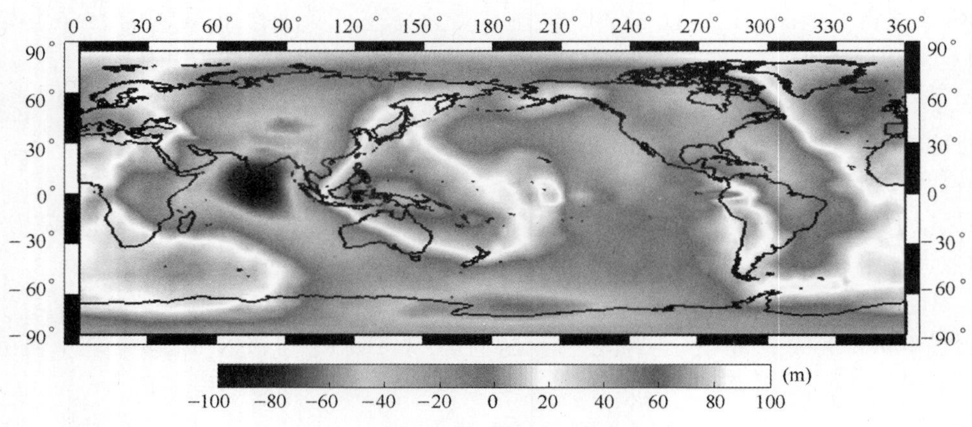

图 6-17　区域内精确的似大地水准面模型

程系统的转换。精确求定区域似大地水准面是大地测量学的一项重要的科学目标,也是一项极具实用价值的工程任务。我国高精度省级似大地水准面精化工作正在部分省市展开。如青岛、深圳、江苏等省市已建成厘米级的区域似大地水准面模型。在具有如此高精度的似大地水准面模型的地方,用 GPS 测高程可代替三等水准。

国内外大量实践证明,GPS 所获得的平面坐标(x,y)具有很高的精度,可达 $10^{-9} \sim 10^{-7}$ 精度量级,并得到广泛的应用。近年来,随着计算机技术的迅速发展,出现了基于自适应映射的人工神经网络方法,这种方法不进行模型假设,减小了模型误差,对已知点数量的多少没有太高要求,故而在控制点稀少的地区也能够在高程转换中获得比较满意的结果。

二、GPS 测量的时间系统

在现代大地测最中,为了研究诸如地壳升降和地球板块运动等地球动力学现象,时间也和描述观测点的空间坐标一样,成为研究点位运动过程和规律的一个重要分量,从而使大地网点成为空间与时间参考系中的四维大地网点。

在 GPS 测量中,时间对点位的精度具有决定性的作用。首先,作为动态已知点的 GPS 卫星的位置是不断变化的,在星历中,除了要给出卫星的空间位置参数以外,还要给出相应的时间参数。其次,GPS 测量是通过接收和处理 GPS 卫星发射的电磁波信号来确定星、站距离进而求得测站坐标的。要精确测定星、站距离,就必须精确测定信号传播时间。其三,由于地球自转的缘故,地面点在天球坐标系中的位置是不断变化的,为了根据 GPS 卫星位置确定地面点位置,就必须进行天球坐标系与地球坐标系的转换。为此也必须精确测定时间。所以,在建立 GPS 定位系统的同时,就必须建立相应的时间系统。

1. 世界时系统

世界时系统是以地球自转为基准的一种时间系统。然而,由于观察地球自转运动所选的空间参考点不同,世界时系统又包括恒星时、平太阳时和世界时。

(1)恒星时(Sidereal Time,*ST*)

由春分点的周日视运动确定的时间称为恒星时。春分点连续两次经过本地子午线的时间间隔为一恒星日,含 24 个恒星小时。恒星时在数值上等于春分点相对于本地子午圈的时角。在岁差和章动的影响下,春分点分为真春分点和平春分点,相应的恒星时也分为真恒星时和平恒星时。此外,为了确定世界统一时间,也用到格林尼治恒星时。所以,恒星时分为以下四种。

LAST——真春分点的地方时角;

GAST——真春分点的格林尼治时角;

LMST——平春分点的地方时角;

GMST——平春分点的格林尼治时角。

四种恒星时有如下关系:

$$\left.\begin{aligned} \mathrm{LAST} - \mathrm{LMST} = \mathrm{GAST} - \mathrm{GMST} = \Delta\psi\cos\varepsilon \\ \mathrm{GMST} - \mathrm{LMST} = \mathrm{GAST} - \mathrm{LAST} = \lambda \end{aligned}\right\} \tag{6-52}$$

式中　λ——天文经度;

$\Delta\psi$——黄经章动;

ε——黄赤交角。

(2)平太阳时(Meansolar Time, MT)

因地球绕太阳公转的轨道为一椭圆,所以太阳视运动的速度是不均匀的。以真太阳周年视运动的平均速度确定一个假想的太阳,且其在天球赤道上做周年视运动,称为平太阳。以平太阳连续两次经过本地子午圈的时间间隔为一个平太阳日,含24个平太阳小时。与恒星时一样,平太阳时也具有地方性,故常称为地方平太阳时或地方平时。

(3)世界时(Universal Time, UT)

以子夜零时起算的格林尼治平太阳时称为世界时,如以GAMT表示平太阳相对于格林尼治子午圈的时角,则世界时UT与平太阳时之间的关系为:

$$UT = \mathrm{GAMT} + 12(\mathrm{h}) \tag{6-53}$$

在地极移动的影响下,平太阳连续两次经过格林尼治子午圈的时间间隔并不均等。此外,地球自转速度也不均匀,它不仅包含有长期的减缓趋势,而且还含有一些短周期的变化和季节性变化。因此,世界时也不均匀。从1956年开始,在世界时中加入了极移改正和地球自转速度的季节性改正,改正后的世界时分别用 UT_1 和 UT_2 表示,未经改正的世界时用 UT_0 表示,其关系为:

$$\left.\begin{aligned} UT_1 &= UT_0 + \Delta\lambda \\ UT_2 &= UT_1 + \Delta TS \end{aligned}\right\} \tag{6-54}$$

式中　$\Delta\lambda$ ——极移改正;

ΔTS ——地球自转速度的季节性变化改正。

世界时 UT_2 虽经过以上两项改正,但仍含有地球自转速度逐年减缓和不规则变化的影响,所以世界时 UT_2 仍是一个不均匀的时间系统。

2. 原子时(Atomic Time, AT)

随着科技的发展,人们对时间稳定度的要求不断提高。以地球自转为基础的世界时系统已不能满足要求。为此,从20世纪50年代起,便建立了以原子能级间的跃迁特征为基础的原子时系统。

原子时秒长定义为:位于海平面上的铯 C_S 原子基态两个超精细能级间,在零磁场跃迁辐射振荡9192631770周所持续的时间,为一原子秒。原子时的起点定义为1958年1月1日零时的 UT_2(事后发现 AT 比 UT_2 慢0.003 9 s),国际上用约100台原子钟推算统一的原子时系统,称为国际原子时系统(IAT)。

3. 协调世界时(Coordinate Universal Time, UTC)

原子时的优点是稳定度极高,缺点是与昼夜交替不一致。为了保持原子时的优点而避免其缺点,从1972年起,采用了以原子时秒长为尺度,时刻上接近于世界时的一种折中时间系统,称为协调世界时。

协调世界时秒长等于原子时秒长,采用闰秒的办法使协调世界时的时刻与世界时接近。两者之差应不超过0.9 s,否则在协调世界时的时刻上减去1 s,称为闰秒。闰秒的时间定在1972年6月30日末或12月31日末,由国际地球自转服务组织(IERS)确定并事先公布。目前几乎所有国家发播的时号,都以UTC为基准。

协调时与国际原子时之间的关系可由下式定义:

$$\mathrm{IAT} = \mathrm{UTC} + 1' \times n \tag{6-55}$$

式中　n——调整参数,其值由IERS发布。

为使用世界时的用户得到精度较高的 UT_1 时刻,时间服务部门在播发新旧协调世界时(UTC)的同时,给出 UT_1 与 UTC 的差值-0.107 758 00 秒的调整。这样用户便可容易地由 UTC 得到相应的 UT_1 。

目前,几乎所有国家时号的播发,均以 UTC 为基准。时号播发的同步精度约为±0.2 ms。考虑到电离层折射的影响,在一个台站上接收世界各国的时号,其误差将不会超过±1 ms。

4. GPS 时(GPST)

为了精确导航和测量的需要,GPS 建立了专用的时间系统。由 GPS 主控站的原子钟控制。

GPS 时属原子时系统,其秒长与原子时相同。原点定义为 1980 年 1 月 6 日零时与协调世界时的时刻一致。GPS 时与国际原子时的关系为:

$$\text{IAT} - \text{GPST} = 19\ \text{s} \tag{6-56}$$

GPS 时与协调世界时的关系为:

$$\text{GPST} = \text{UTC} + 1' \times n - 19 \tag{6-57}$$

n 值由国际地球自转服务组织公布。1987 年 $n=23$,GPS 时比协调世界时快 4 s,即 GPST =UTC + 4 s ;2005 年 12 月 $n=32$;2006 年 1 月,$n=33$,所以,2006 年 1 月 GPS 时与协调世界时的关系是: GPST = UTC + 14 s 。

【思考与练习题】

1. GPS 测量主要误差有哪几类?
2. 什么叫多路径误差?如何削减多路径误差?
3. 采用相对定位可以有效的削弱哪些误差对 GPS 定位结果的影响?
4. 采用双频接收机可以有效的减弱哪些误差对 GPS 定位结果的影响?
5. 绘图说明表示椭球面上点位的 3 种常用的坐标系统。
6. 熟悉下列概念:地球空间直角坐标系、大地坐标系、世界时、原子时、协调时间。
7. 熟悉 GPS 卫星星座的构成及其作用。

单元七　GPS 测量技术的应用

【学习导读】当前,我国经济形势大好,国内建设飞速发展,各种大型工程(如铁路、公路、桥梁等)纷纷上马,由于常规测量技术不能满足快速、准确、高效的要求,加上 GPS 自身的特点,GPS 在路桥工程中的应用越来越广泛,利用 GPS 建立路桥工程施工控制网已普遍展开。由于工程控制网的一些自身特性,如施工控制网要考虑施工放样的方便,或某一方面精度的特定要求,网点分布不够均匀,点间高差有时较大;采用工程独立坐标系,并且往往以工程平均高程面为计算投影面等,使得 GPS 在路桥工程中的应用也有一些特殊性。因此, GPS 对工程测绘技术的测量精度的重视及测绘技术的高效、规范化发展,受到越来越多人的关注,先进的测绘技术方法与测量设备设施层出不穷,测绘精度也不断提高,而 GPS 定位测绘技术以其经济高效、高精度等优势,在工程测绘中发挥重要作用,为加强城市与工程控制网建设创造了良好条件。

【学习目标】1. 了解 GPS 测量的技术设计的依据;
2. 了解 GPS 测量在人类活动中的多种应用;
3. 了解 GPS 测量精度标准及分类;
4. 了解数据处理及观测成果的质量检核;
5. 了解 RTK 实时动态测量的基本原理;
6. 理解网络 RTK 测量系统的组成与常用技术及方法。

【技能目标】1. 熟悉常规的 GPS 测量系统的作业模式与要求;
2. 掌握 GPS 测量按其性质可分为外业和内业两部分;
3. 熟悉 GPS 外业工作及成果质量检核等;
4. 熟悉 GPS-RKT 外业操作及数据输出。

项目一　GPS 测量的技术设计

【项目描述】

GPS 测量的技术设计是进行 GPS 定位的最基本工作,技术设计要依据国家有关规范或规程,并充分顾及到 GPS 网的用途、用户的要求等因素,对 GPS 测量工作的网形、精度及基准等做具体的设计。

【相关知识】

一、GPS 网技术设计的依据

GPS 网技术设计的主要依据是 GPS 测量规范(规程)和测量任务书。

1. GPS 测量规范(规程)

GPS 测量规范(规程)是国家测绘管理部门或行业部门制定的技术法规,目前 GPS 网设计依据的规范(规程)有:

(1)2009 年国家质监局发布的国家标准《全球定位系统(GPS)测量规范》(GB/T 18314—2009),以下简称《规范》;

(2)建设部发布的行业标准《全球定位系统城市测量技术规程》(CJJ/T 73—2010),以下简称《规程》;

(3)2007 年建设部和质监局联合发布(2008 年 5 月 1 日执行)的国家标准《工程测量规范》(GB 50026—2007);

(4)各部委根据本部门 GPS 工作的实际情况制定的其他 GPS 测量规程或细则。

2. 测量任务书

测量任务书或测量合同是测量施工单位上级主管部门或合同甲方下达的技术要求文件。这种技术文件是指令性的,它规定了测量任务的范围、目的、精度和密度要求,提交成果资料的项目和时间,完成任务的经济指标等。

在 GPS 方案设计时,一般首先依据测量任务书提出的 GPS 网的精度、密度和经济指标。再结合规范规定并现场踏勘后,具体确定布网方案和观测方案。

二、GPS 网的精度及密度设计

1. GPS 测量精度标准及分类

对于各类 GPS 网的精度设计主要取决于网的用途。用于地壳形变及国家基本大地测量的 GPS 网可参照《规范》中 A、B 级的精度分级,见表 7-1;用于城市或工程的 GPS 控制网参照《规程》中的二、三、四等和一、二级,见表 7-2;2008 年新实行的《工程测量规范》的精度分级见表 7-3。

表 7-1　《规范》的 GPS 测量精度分值

级别	主要用途	平均距离(km)	固定误差 A(mm)	比例误差 $B(\times10^{-6}D)$
A	区域性的地球动力学和地壳形变测量	300	≤5	≤0.1
B	局部变形监测和各种精密测量	70	≤8	≤1
C	大、中城市及工程测量基本控制	15—10	≤10	≤5
D	大、中城市及测图、物探、建筑施工等控制测量	10—5	≤10	≤10
E		5—2	≤10	≤10

表 7-2　《规程》的 GPS 测量精度分值

等级	平均距离/km	A(mm)	$B(\times10^{-6}D)$	最弱边相对中误差
二	9	≤10	≤2	1/12 万
三	5	≤10	≤5	1/8 万
四	2	≤10	≤10	1/4.5 万
一级	1	≤10	≤10	1/2 万
二级	<1	≤15	≤20	1/1 万

注:当边长小于 200 m 时,以边长中误差小于 20 mm 来衡量。

表 7-3 《工程测量规范》的 GPS 测量精度分级

等级	平均边长（km）	固定误差 A（mm）	比例误差系数 B（mm/km）	约束点间的边长相对中误差	平差后最弱边相对中误差
二等	9	≤10	≤2	≤1/250 000	≤1/120 000
三等	4. 5	≤10	≤5	≤1/150 000	≤1/70 000
四等	2	≤10	≤10	≤1/100 000	≤1/40 000
一级	1	≤10	≤20	≤1/40 000	≤1/20 000
二级	0. 5	≤10	≤40	≤1/20 000	≤1/10 000

各等级 GPS 相邻点间弦长精度用下式表示

$$\sigma = \sqrt{A^2 + (Bd)^2} \tag{7-1}$$

式中，σ 为 GPS 基线向量的弦长中误差（mm），亦即等效距离中误差；A 为 GPS 接收机标称精度中的固定误差（mm）；B 为 GPS 接收机标称精度中的比例误差系数（$\times 10^6 D$）；d 为 GPS 网中相邻点间的距离（km）。

在实际工作中，精度标准的确定要在遵守有关规范的前提下，根据任务合同、任务书的要求或用户的实际需要来确定。具体布设中，可以分级布设，也可以越级布设，或布设同级全面网。

2. GPS 点的密度标准

各种不同的任务要求和服务对象，对 GPS 点的分布要求也不同。对于国家特级（A 级）基准点及大陆地球动力学研究监测所布设的 GPS 点，主要用于提供国家级基准、精密定轨、星历计算及高精度变形监测，所以布设时平均距离可达数百公里。而一般城市和工程测量布设点的密度主要满足测图加密和工程测量需要，平均边长往往在几公里以内。因此，现行规范对 GPS 网中两相邻点间距离视其需要做出了表 7-1 的规定。现行规程对各等级 GPS 网相邻点的平均距离也在表 7-3 作了规定。现行《工程测量规范》各等级 GPS 网相邻点的平均距离的规定与规程的规定基本相同。

三、GPS 网的基准设计

GPS 测量获得的是 GPS 基线向量，它属于 WGS—84 坐标系的三维坐标差，而实际需要的是国家坐标系或地方独立坐标系的坐标。所以在 GPS 网的技术设计时，必须明确 GPS 成果所采用的坐标系统和起算数据，即明确 GPS 网所采用的基准。我们将这项工作称之为 GPS 网的基准设计。

GPS 网的基准包括位置基准、方位基准和尺度基准，现分述如下。

1. 方位基准的确定

方位基准是对地面控制网进行的方位约束，以使控制网具有明确的整体方位，其确定方法通常如下：给定网内某条边的方位角值；由网内两个以上的地方坐标系的已知坐标来确定网的方位基准；直接由 GPS 基线向量的方位来确定。

2. 尺度基准的确定

尺度基准是地面控制网相对于 WGS—84 坐标系 GPS 观测数据的整体缩放系数，其确定方法通常如下：由地面的高精度电磁波测距边长确定；由网内两个以上的起算点间的距离确定;直接由 GPS 基线向量的距离来确定。

3. 位置基准的确定

位置基准的确定就是控制网的起算点的确定,有了起算点,通过观测的基线向量,即可推算控制网各点平面坐标。位置基准的确定,应充分考虑以下几个问题:

为求定 GPS 点在地方坐标系(含国家坐标系)的坐标,应联测地方坐标系中的控制点若干个,用以坐标转换。在选择联测点时既要考虑充分利用旧资料,又要使新建的高精度 GPS 网不受旧资料精度较低的影响,因此,大中城市 GPS 控制网应与附近的国家控制点联测 3 个以上。小城市或工程控制可以联测 2~3 个点。

为保证 GPS 网进行约束平差后坐标精度的均匀性以及减少尺度比误差影响,对 GPS 网内重合的高等级国家点或城市等级控系制网点,除未知点联结图形观测外,对它们也要适当构成长边图形。

GPS 网经平差计算后,可以得到 GPS 点在地面参照坐标系中的大地高,为求得 GPS 点的正常高,可据具体情况联测高程点,联测的高程点需均匀分布于网中,对丘陵或山区联测高程点应按高程拟合曲面的要求进行布设。具体联测宜采用不低于四等水准或与其精度相等的方法进行。GPS 点高程在经过精度分析后可供测图或其他方面使用。

新建 GPS 网的坐标系应尽量与测区过去采用的坐标系统一致,如果采用的是地方独立或工程坐标系,一般还应该知道以下参数,以利于进行坐标系的转换:

(1)所采用的参考椭球;

(2)坐标系的中央子午线经度;

(3)纵横坐标加常数;

(4)坐标系的投影面高程及测区平均高程异常值;

(5)起算点的坐标值。

四、GPS 网的图形设计

在进行 GPS 网图形设计前,必须明确有关 GPS 网构成的几个概念,掌握网的特征条件计算方法。

1. GPS 网图形构成的几个基本概念

观测时段:测站上开始接收卫星信号到观测停止,连续工作的时间间隔。

同步观测:两台或两台以上接收机同时对同一组卫星进行的观测。

同步观测环:三台或三台以上接收机同步观测获得的基线向量所构成的闭合环。

独立观测环:由独立观测所获得的基线向量(独立基线)构成的闭合环,简称独立观测环,或异步环。

独立基线:对于 K_i 台 GPS 接收机构成的同步观测环,观测一个时段有 $\frac{K_i(K_i-1)}{2}$ 观测基线,其中只有 K_i-1 条为独立基线。

非独立基线:除独立基线外的其他基线叫非独立基线,总基线数与独立基线数之差即为非独立基线数。

故规定全网独立观测基线总数,不宜少于必要观测量的 1.5 倍。必要观测量为网点数减 1。作业时,应准确把握以保证控制网的可靠性。

2. GPS 网同步图形构成及独立边的选择

对于由 K_i 台 GPS 接收机构成的同步图形中一个时段包含的 GPS 基线(或简称 GPS 边)有若干条,但其中仅有 $K_i - 1$ 条是独立的 GPS 边,其余为非独立 GPS 边。图 7-1 给出了当接收机数 $K_i = 2 \sim 4$ 时所构成的同步图形。

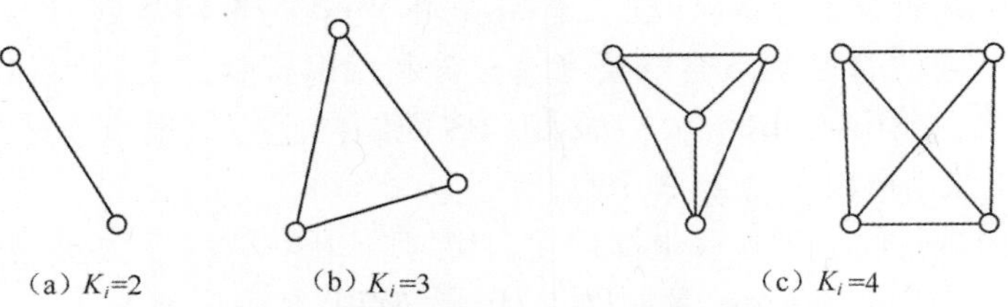

图 7-1　K_i 台接收机同步观测所构成的同步图形

对应于图 7-1,独立的 GPS 边可以根据具体需要作不同的选择,如图 7-2 所示。

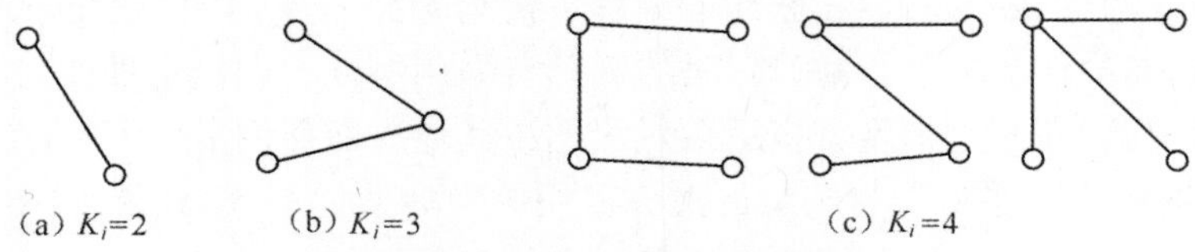

图 7-2　GPS 独立边的不同选择

当同步观测的 GPS 接收机数 $K_i \geqslant 3$ 时,会存在同步闭合环,观测时应对同步闭合环的闭合差进行检验。理论上,同步闭合环中各 GPS 边的坐标差之和(即闭合差)应为 0,实际上由于数据处理软件模型不完善等原因,致使同步闭合环的闭合差不等于零。GPS 测量规范对这一闭合差的限差做了规定。

3. GPS 网的图形设计

GPS 网的图形设计,主要决定于用户的要求,但是有关经费、时间和人力的消耗,测区的交通情况,所需接收设备的数量和后勤保障条件等,也都与网的图形设计有关。对此应当充分加以顾及,以期在满足用户要求的条件下,尽量减少消耗。

为了满足用户和《工程测量规范》的要求,GPS 网图形设计的一般原则是:

应根据测区的实际情况、精度要求、卫星状况、接收机的类型和数量以及测区已有的测量资料进行综合设计。首级网布设时,宜联测 2 个以上高等级国家控制点或地方坐标系的高等级控制点;对控制网内的长边,宜构成大地四边形或中点多边形。

控制网,应由独立观测边构成一个或若干个闭合环或附合路线,各等级控制网中构成闭合环或附合路线的边数不宜多于 6 条。

各等级控制网中独立基线的观测总数,不宜少于必要观测量的 1.5 倍。

加密网应根据工程需要,在满足本规范精度要求的前提下可采用比较灵活的布网方式。

对于采用 GPS-RTK 测图的测区,在控制网的设计中应顾及参考站点的分布及位置。

基本图形的选择。根据 GPS 测量的不同用途,组成 GPS 网的独立观测边,应构成一定的闭合多边形。闭合多边形的边数通常为 3~6,把由若干个闭合多边形构成的控制网称为环形网,如图 7-3 所示。

五、GPS 测量的外业准备工作

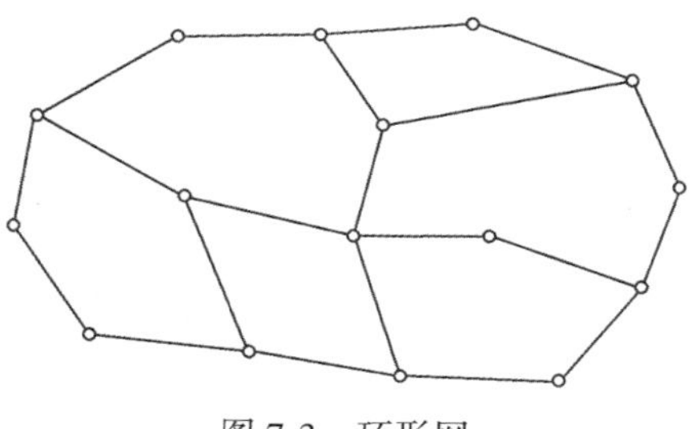
图 7-3　环形网

在进行 GPS 外业工作之前,必须做好实施前的测区踏勘、资料收集、器材筹备、观测计划拟定、GPS 仪器检校及设计书编写等工作。

1. 测区踏勘

接受下达任务或签订 GPS 测量合同后,就可依据施工设计图踏勘、调查测区。主要调查了解下列情况,为编写技术设计、施工设计、成本预算案提供依据。

(1)交通情况:公路、铁路、乡村便道的分布及通行情况;

(2)水系分布情况:江河、湖泊、池塘、水渠的分布,桥梁、码头及水路交通情况;

(3)植被情况:森林、草原、农作物的分布及面积;

(4)控制点分布情况:三角点、水准点、GPS 点、导线点的等级、坐标、高程系统、点位的数量及分布、点位标志的保存状况等;

(5)居民点分布情况:测区内城镇、乡村居民点的分布,食宿及供电情况;

(6)当地风俗民情:民族的分布,习俗及地方方言,习惯及社会治安情况。

2. 资料收集

根据踏勘测区掌握的情况,收集下列资料:

(1)各类图件:1∶1 万~1∶10 万比例尺地形图,大地水准面起伏图,交通图。

(2)各类控制点成果:三角点、水准点、GPS 点、多普勒点、导线点及各控制点坐标系统、技术总结等有关资料。

(3)测区有关的地质、气象、交通、通信等方面的资料。

(4)城市及乡、村行政区划表。

3. 设备、器材筹备及人员组织

设备、器材筹备及人员组织包括以下内容:

(1)筹备仪器、计算机及配套设备;

(2)筹备机动设备及通信设备;

(3)筹备施工器材,计划油料、材料的消耗;

(4)组建施工队伍,拟定施工人员名单及岗位;

(5)进行详细的投资预算。

4. 设计书编写

资料收集全后,编写技术设计,主要编写内容如下。

(1)任务来源及工作量。包括 GPS 项目的来源,下达任务的项目、用途及意义;GPS 测量点的数量(包括待定点数、约束点数、水准点数、检查点数);GPS 点的精度指标及坐标、高程系统。

(2)测区概况。测区隶属的行政管辖;测区范围的地理坐标;控制面积;测区的交通状况和人文地理;测区的地形及气候状况;测区控制点的分布及对控制点的分析、利用和评价。

(3)作业依据。选择在作业中应执行相关规范(规程)。

(4)布网方案。GPS 网点的图形及基本连接方法;GPS 网结构特征的测算;点位布设图的绘制。

(5)选点与埋标。GPS 点位基本要求;点位标志的选用及埋设方法;点位的编号等。

(6)观测。对观测工作的基本要求;观测纲要的制定;对数据采集提出注意的问题。

(7)数据处理。数据处理的基本方法及使用的软件;起算点坐标的决定方法;闭合差检验及点位精度的评定指标。

(8)完成任务的保障措施。要求措施具体,方法可靠,能在实际工作中贯彻执行。

六、GPS 相对测量作业模式

随着 GPS 定位技术的发展,GPS 定位测量已有多种测量作业方案可供选择。这些不同的测量方案,也称为 GPS 测量的作业模式。目前,在 GPS 接收系统硬件和软件的支持下,较为普遍采用的作业模式主要有静态相对定位、快速静态相对定位、准动态相对定位和动态相对定位等。下面根据这些作业模式的特点及其适用范围简要介绍。

1. 静态测量模式

(1)作业方法:采用两台(或两台以上)接收设备,分别安置在一条或数条基线的两个端点同步观测 4 颗以上卫星,每时段长 45 min 至 2 h 或更多。静态测量作业布置如图 7-4 所示。

(2)精度:基线的定位精度可达 $5\ \mathrm{mm} + 1 \times 10^{-6}D$,D 为基线长度(km)。

(3)特点:基线构成几何图形,检核条件充分,提高成果可靠性,并且可以通过平差,进一步提高定位精度。

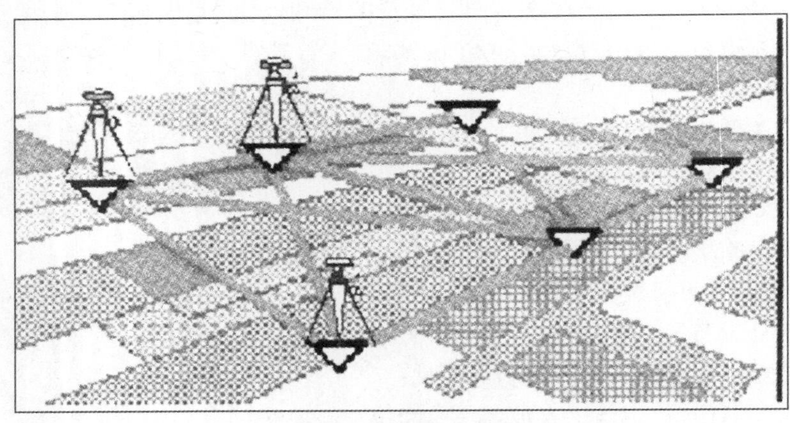

图 7-4 静态测量模式

(4)适用范围:建立全球性或国家级大地控制网,建立地壳运动监测网,建立长距离检校基线,进行岛屿与大陆联测、钻井定位及精密工程控制网建立等。

(5)注意事项:所有已观测基线应组成一系列封闭图形(如图 7-4),以利于外业检核。

2. 快速静态测量模式

(1)作业方法:在测区中部选择一个基准站,并安置一台接收设备连续跟踪所有可见卫星;另一台接收机依次到各点流动设站,同步观测 4 颗以上卫星,每点观测数分钟。作业布置如图 7-5 所示。

(2)精度:流动站相对于基准站的基线中误差为 $5\ \mathrm{mm} + 1 \times 10^{-6}D$ 。

(3)特点:作业速度快、精度高;流动接收机不需连续跟踪卫星,能耗低;两台接收机工作时,基线不适宜构成几何图形,检核条件不充分,可靠性较差。

(4)适用范围:控制网的建立及其加密,工程测量,地籍测量,大批相距百米左右的点位定位。

(5)注意事项:在观测时段内应确保有 5 颗以上卫星可供观测;流动点与基准点间距离应不超过 20 km;流动站上的接收机在转移时,不必保持对所测卫星连续跟踪,可关闭电源以降低能耗。

3. 实时动态定位测量模式

(1)作业方法:如图 7-5 所示,在基准站上安置 1 台 GPS 接收机,对所有可见 GPS 卫星进行连续观测,并将其观测数据通过无线电传输设备实时地发送给用户观测站。在用户站上,GPS 接收机在接收 GPS 卫星信号的同时,通过无线电接收设备,接收基准站传输的观测数据和改正数据,然后根据相对定位的原理,实时地计算并显示用户站的三维坐标及其精度。

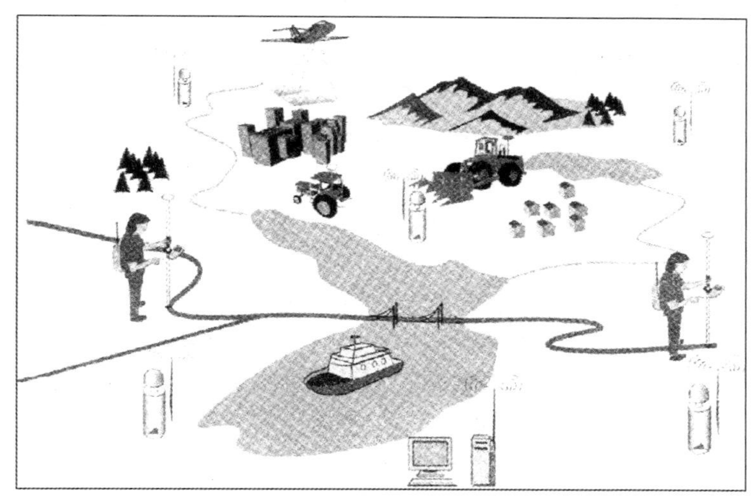

图 7-5　实时动态定位测量模式

目前实时动态测量采用如下两种作业模式:

1)自由 RTK。首先在某厂起始点上静止进行观测,以便采用快速解算整周未知数的方法实时进行初始化工作。初始化后,流动的接收机在每一观测站上,进行观测,并连同基准站的同步观测数据,实时解算流动站的三维坐标。

2)自动 RTK。首先在某一起始点上静止观测数分钟,以便进行初始化工作。运动的接收机按预定的采样时间间隔自动进行观测,并连同基准站的同步观测数据,实时确定采样点的空间位置。对运动目标来说,可以在卫星失锁的观测点上,静止观测数分钟,以便重新初始化,或者利用动态初始化(AROF)技术,重新初始化,而对海上和空中的运动目标来说,则只有应用 AROF 技术,重新完成初始化的工作。

(2)精度:相对于基准点的瞬时点位精度为 1~2 cm。

(3)特点:实时动态测量技术,是以载波相位观测虽为根据的实时差分 GPS 测量技术,它是目前应用最广泛的 GPS 测量技术。

(4)应用范围:开阔地区的加密控制测量、地形测图、地籍测量、工程定位及碎部测量、剖面测量及线路测量、航空摄影测量和航空物探中采样点的实时定位,航道测量,道路中线测量,以及运动目标的精密导航等。

(5)注意事项：该方法要求接收机在观测过程中，保持对所测卫星的连续跟踪。一旦发生失锁，便需重新进行初始化的工作。

项目二　GPS 的外业测量

【项目描述】

GPS 测量外业包括：GPS 点的选定、埋石、数据采集、数据传输及数据预处理等工作。

【相关知识】

一、GPS 控制点的选择

由于 GPS 测量观测站之间不一定要求相互通视，而且网的图形结构也比较灵活，所以选点工作比常规控制测量的选点要简便。但由于点位的选择对于保证观测工作的顺利进行和保证测量结果的可靠性有着重要的意义，所以在选点工作开始前，除收集和了解有关测区的地理情况和原有测量控制点分布及标架、标型、标石完好状况，决定其适宜的点位外，选点工作还应遵守以下原则。

(1)点位应设在易于安装接收设备、视野开阔的较高点上。

(2)点位目标要显著，视场周围 15°以上不应有障碍物，以减小 GPS 信号被遮挡或障碍物吸收。

(3)点位应远离大功率无线电发射源(如电视台、微波站等)，其距离不小于 200 m；远离高压输电线，其距离不得小于 50 m，避免电磁场对 GPS 信号的干扰。

(4)点位附近不应有大面积水域或不应有强烈干扰卫星信号接收的物体，以减弱多路径效应的影响。

(5)点位应选在交通方便，有利于其他观测手段扩展与联测的地方。

(6)地面基础稳定，易于点的保存，每个控制点至少要有一个通视方向。

(7)选点人员应按技术设计进行踏勘，在实地按要求选定点位。

(8)当所选点位需要进行水准联测时，选点人员应实地踏勘水准路线，提出有关建议。

(9)应充分利用符合要求的既有控制点。当利用旧点时，应对旧点的稳定性、完好性等进行检查，符合要求方可利用。

二、标志埋设

GPS 网点一般应埋设具有中心标志的标石，以精确标志点位，点的标石和标志必须稳定、坚固以利长久保存和利用。在基岩露头地区也可直接在基岩上嵌入金属标志。

每个点位标石埋设结束后，应做好点之记。选点埋石工作结束后，应提交以下资料：

(1)控制点测量点之记；

(2)GPS 网的选点网图；

(3)土地占用批准文件与测量标志委托保管书；

(4)选点与埋石工作技术总结。

点名一般取村名、山名、地名、单位名，应向当地政府部门或群众进行调查后确定。利用原有旧点时点名不宜更改，点号编排(码)应适应计算机计算。

三、观测工作

1. 观测工作的主要技术指标

GPS 观测与常规测量在技术要求上有很大差别，对城市及工程 GPS 控制在作业中应按表 7-4 有关技术指标执行。

表 7-4　各级 GPS 测量作业的基本技术要求

等　级		二等	三等	四等	一级	二级
卫星高度角（°）	静态	≥15	≥15	≥15	≥15	≥15
	快速静态	—	—	—	≥15	≥15
有效观测卫星数	静态	≥5	≥5	≥4	≥4	≥4
	快速静态	—	—	—	≥5	≥5
观测时段长度（min）	静态	≥90	≥60	≥45	≥30	≥30
	快速静态	—	—	—	≥15	≥15
数据采样间隔（s）	静态	10～30	10～30	10～30	10～30	10～30
	快速静态	—	—	—	5～15	5～15
点位几何图形强度因子（PDOP）		≤6	≤6	≤6	≤8	≤8

注：当采用双频接收机进行快速静态测量时，观测时段长度可缩短 10 min。

2. 拟定外业观测计划

观测工作是 GPS 测量的主要外业工作。观测开始之前，外业观测计划的拟定对于顺利完成数据采集任务，保证测量精度，提高工作效益都是极为重要的。

（1）拟定观测计划的主要依据

1）GPS 网的规模大小；

2）点位精度要求；

3）GPS 卫星星座几何图形强度；

4）参加作业的接收机数量；

5）交通、通信及后勤保障（食宿、供电等）。

（2）观测计划的主要内容

1）编制 GPS 卫星的可见性预报图：在高度角≥15°的限制下，输入测区中心某一测站的概略坐标，输入日期和时间，应使用不超过 20 d 的星历文件，即可编制 GPS 卫星的可见性预报图。

2）选择卫星的几何图形强度：在 GPS 定位中，所测卫星与观测站所组成的几何图形，其强度因子可用空间位置因子（PDOP）来代表，无论是绝对定位还是相对定位，PDOP 值都不应大于 6。

3）选择最佳的观测时段：在卫星≥4 颗且分布均匀，PDOP 值小于 6 的时段就是最佳时段。

4）观测区域的设计与划分：当 GPS 网的点数较多，网的规模较大，而参加观测的接收机数量有限，交通和通信不便时，可实行分区观测。为了增强网的整体性，提高网的精度，相邻分区应设置公共观测点，且公共点数量不得少于 2 个。

5)编排作业调度表,作业组在观测前应根据测区的地形、交通状况、网的大小、精度的高低、仪器的数量、GPS网设计、卫星预报表和测区的天时、地理环境等编制作业调度表,以提高工作效益。作业调整度表包括观测时段、测站号、测站名称及接收机号等。作业调整度见表7-5。

表7-5　GPS作业调整度

观测时段	观测时间	测站号/名	测站号/名	测站号/名	测站号/名
		机号	机号	机号	机号
1					
2					
3					
4					

3. 天线安置

(1)在正常点位,天线应架设在三脚架上,并安置在标志中心的上方直接对中,天线基座上的圆水准气泡必须整平。

(2)天线的定向标志线(如图7-6)应指向正北,并考虑当地磁偏角的影响,以减弱相位中心偏差的影响。天线定向误差依定位精度不同而异,一般不应超过±(3°~5°)。

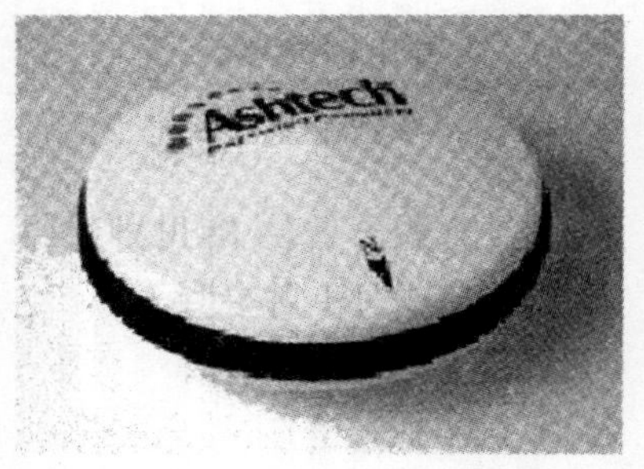

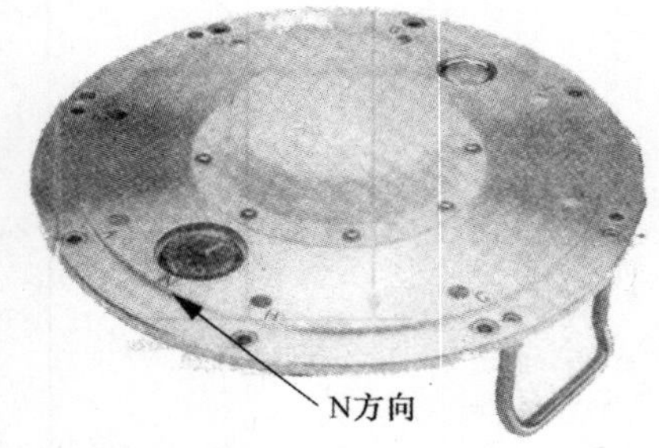

图7-6　天线的定向标志线

(3)刮风天气安置天线时,应将天线进行三方向固定,以防倒地碰坏。雷雨天气安置天线时,应注意将其底盘接地,以防雷击天线。

(4)架设天线不宜过低,一般应距地面1 m以上。天线架设好后,在圆盘天线间隔120 m的三个方向分别量取天线高,三次测量结果之差不应超过3 mm,取其三次结果的平均值记入测量手簿中,天线高记录取值0.001 m。

(5)天线高量测备有专用测高尺,选择量测斜高或垂高两种测高方式中的一种量取天线高,如图7-7所示。

(6)复查点名并记入测量手簿中,将天线电缆与仪器进行连接,经检查无误后,方能通电启动仪器。

4. 开机观测

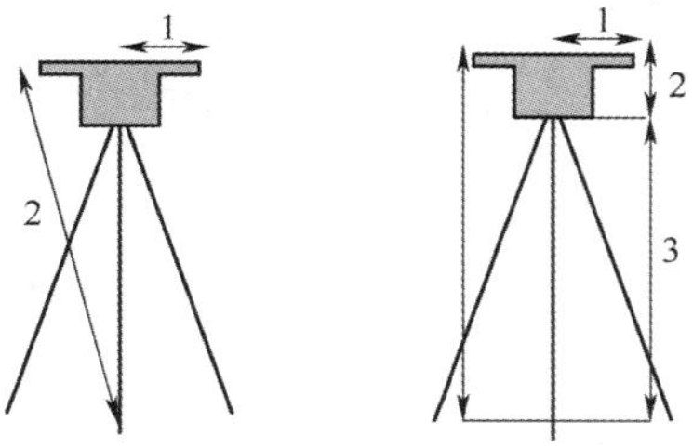

观测作业的主要目的是捕获 GPS 卫星信号，并对其进行跟踪、处理和量测，以获得所需要的定位信息和观测数据。

天线安置完成后，在离开天线适当位置的地面上安放 GPS 接收机，接通接收机与电源、天线、控制器的连接电缆，即可启动接收机进行观测。

图 7-7　天线高量测方式

(1)接收机和 GPS 天线连接。专用天线端子 RF(针状)连接 GPS 主机，天线电缆插入到主机 RF 端口并旋紧。

注意事项：天线电缆连接头的针必须对准天线端口上的孔。

(2)连接控制器(电子手簿)和 GPS 主机。控制器(电子手簿)端口与数据电缆接头的方向必须正确。

(3)给 GPS 主机供电。接收机锁定卫星并开始记录数据后，观测员可按照仪器随机提供的操作手册进行输入和查询操作，在未掌握有关操作系统之前，不要随意按键和输入，一般在正常接收过程中禁止更改任何设置参数。

(4)在外业观测作业中，仪器操作人员应注意以下事项：

1)当确认外接电源电缆及天线等各项连接完全无误后，方可接通电源，启动接收机。

2)开机后接收机有关指示显示正常并通过自检后，方能输入有关测站和时段控制信息。

3)接收机在开始记录数据后，应注意查看有关观测卫星数量、卫星号、相位测量残差、实时定位结果及其变化、存储介质记录等情况。

4)一个时段观测过程中，不允许进行以下操作：关闭又重新启动；进行自测试(发现故障除外)；改变卫星高度角设置；改变天线位置；改变数据采样间隔；按动关闭文件和删除文件等功能键。

5)需要记录气象要素时，在每一观测时段始、中、末要各观测记录一次，当时段较长时可适当增加观测次数。

6)在观测过程中要特别注意供电情况，除在出测前认真检查电池容量是否充足外，作业中观测人员不要远离接收机，听到仪器的低电压报警要及时予以处理，否则可能会造成仪器内部数据的破坏或丢失。对观测时段较长的观测工作，建议尽量采用太阳能电池板或汽车电瓶进行供电。

7)仪器高一定要按规定始、末各量测一次，并及时输入仪器及记入测量手簿之中。

8)接收机在观测过程中不要靠近接收机使用对讲机；雷雨季节架设天线要防止雷击，雷雨过境时应关机停测，并卸下天线。

9)观测站的全部预定作业项目，经检查均已按规定完成，且记录与资料完整无误后方可迁站。

10)观测过程中要随时查看仪器内存或硬盘容量，每日观测结束后，应及时将数据转存至计算机硬、软盘上，确保观测数据不丢失。

5. 观测记录

在外业观测工作中，所有信息资料均须妥善记录。记录形式主要有以下两种：

(1)观测记录。观测记录由 GPS 接收机自动进行，均记录在存储介质(如硬盘、硬卡或记忆卡等)上,其主要内容有:载波相位观测值及相应的观测历元;同一历元的测码伪距观测值;GPS 卫星星历及卫星钟差参数;实时绝对定位结果;测站控制信息及接收机工作状态信息。

(2)测量手簿。测量手簿是在接收机启动前及观测过程中,由观测者随时填写的。其记录格式在现行规范和规程中略有差别,视具体工作内容选择进行。

(3)观测记录和测量手簿都是 GPS 精密定位的依据,必须认真、及时填写,坚决杜绝事后补记或追记。

(4)外业观测中存储介质上的数据文件应及时拷贝一式两份,分别保存在专人保管的防水、防静电的资料箱内。存储介质的外面,适当处应贴制标签,注明文件名、网区名、点名、时段名、采集日期、测量手簿编号等。

(5)接收机内存数据文件在转录到外存介质上时,不得进行任何剔除或删改,不得调用任何对数据实施重新加工组合的操作指令。

四、数据处理及观测成果的质量检核

GPS 测量数据的测后处理,一般均可借助相应的软件自动完成,随着定位技术的迅速发展,GPS 测量数据后处理软件的功能和自动化程度,将不断增强和提高,所采用的模型也将不断改进。

对观测数据进行后处理的基本过程,大体分为:预处理,平差计算,坐标系统的转换,或与已有地面网的联合平差。下面分别加以介绍。

1. 观测数据的预处理

预处理的主要目的是对原始观测数据进行编辑、加工和整理,为进一步平差计算做准备。预处理工作的完善与否,对随后的平差计算以及平差结果的精度,将产生重要影响。因此,对预处理的方法,采用的数学模型和评价数据质量的标准等,都必须仔细分析,慎重确定。观测数据的预处理通常采用随机附带的基线解算软件,也可以采用其他高精度商用软件。

观测数据的预处理基线向量的解算,其工作的主要内容有:

(1)数据传输。将 GPS 接收机记录的观测数据,传输到磁盘或其他介质上,以提供计算机等设备进行处理和保存。

(2)数据分流。从原始记录中,通过解码将各种数据分类整理,剔除无效观测值和冗余信息,形成各种数据文件,如星历文件、观测文件和测站信息文件等,以供进一步处理。

以上两项工作,一般也称之为数据的粗加工。

(3)观测数据的平滑、滤波剔除粗差并进一步删除无效观测值。

(4)统一数据文件格式。为了统一不同类型接收机的数据记录格式、项目和采样间隔,统一为标准化的文件格式,以便统一进行处理。

(5)卫星轨道的标准化。为了统一不同来源卫星轨道信息的表达方式,和平滑 GPS 卫星每小时更新一次的轨道参数,一般采用多项式拟合法,平滑 GPS 卫星每小时发送的轨道参数,以便观测时段的卫星轨道标准化。

(6)探测周跳、修复载波相位观测值。

(7)对观测值进行必要改正。在 GPS 观测值中加入对流层改正,单频接收的观测值中加入电离层改正。

(8)基线向量的解算。基线向量的解算一般采用多站、多时段自动处理的方式进行,具体处理过程中应注意以下几个问题：

1）基线的解算一般采用双差观测值，对于边长超过 30 km 的基线，解算时应采用三差相位观测值。

2）基线解算中所需基准点坐标，应按以下优先顺序采用：①国家 GPSA、B 级网控制点或其他高等级 GPS 网控制点已有的 WGS—84 坐标系坐标值；②国家或城市较高等级的控制点转换到 WGS—84 坐标系后的坐标值；③观测时间不少于 30 min 的单点定位结果的平差值提供的 WGS—84 坐标系坐标值。

3）在使用多台接收机同步观测的一个同步时段中，可采用单基线模式解算，也可只选独立基线按多基线模式统一解算。

4）同一等级的 GPS 网，根据基线长度的不同，可采用不同的处理模型。若基线在 8 km 之内，可采用双差固定解；小于 30 km，可在双差固定解和双差浮点解之间选择最优结果；大于 30 km 时，则应采用三差解作为基线的解算结果。

5）在同步观测时间小于 35 min 时的快速定位基线，应采用合格的双差固定解作为基线解算的最终结果。

总之，观测数据的预处理，一般均由软件自动完成。因此不断完善和提高软件的功能和自动化水平，对提高观测数据预处理的质量和效率是极为重要的。

2. 观测成果的外业检核

对野外观测资料首先要进行复查，内容包括：成果是否符合调度命令和规范的要求；进行的观测数据质量分析是否符合实际。然后进行下列项目的检核。

（1）同步观测环检核

当环中各边为多台接收机同步观测时，由于各边是不独立的，所以其闭合差应恒为零。例如三边同步环中只有两条同步边可以视为独立的成果，第三边成果应为其余两边的向量和。但是由于模型误差和处理软件的内在缺陷，使得这种同步环的闭合差实际上仍可能不为零。这种闭合差一般数值很小，不至于对定位结果产生明显影响，所以也可把它作为成果质量的一种检核标准。

一般规定，同步环坐标分量闭合差及环线全长闭合差应满足下式的要求：

$$
\begin{gathered}
W_x \leqslant \frac{\sqrt{n}}{5}\sigma, W_y \leqslant \frac{\sqrt{n}}{5}\sigma, W_z \leqslant \frac{\sqrt{n}}{5}\sigma \\
W = \sqrt{W_x^2 + W_y^2 + W_z^2} \\
W \leqslant \frac{\sqrt{3n}}{5}\sigma
\end{gathered}
\tag{7-2}
$$

式中，σ 为相应级别的规定中误差（按平均边长计算）；n 为同步环中基线边的个数；W 为同步环线全长闭合差（mm）。

（2）异步观测环检核

无论采用单基线模式或多基线模式解算基线，都应在整个 GPS 网中选取一组完全的独立基线构成独立环，各独立环的坐标分量闭合差和全长闭合差应符合下式：

$$
\begin{gathered}
W_x \leqslant 2\sqrt{n}\sigma, W_y \leqslant 2\sqrt{n}\sigma, W_z \leqslant 2\sqrt{n}\sigma \\
W = \sqrt{W_x^2 + W_y^2 + W_z^2}
\end{gathered}
\tag{7-3}
$$

$$W \leqslant 2\sqrt{3n}\sigma$$

当发现边闭合数据或环闭合数据超出上述规定时,应分析原因并对其中部分或全部成果重测。需要重测的边,应尽量安排在一起进行同步观测。

(3)重复观测边的检核

同一条基线边若观测了多个时段,则可得到多个边长结果。这种具有多个独立观测结果的边就是重复观测边。对于重复观测边的任意两个时段的成果互差,均应小于相应等级规定精度(按平均边长计算)的 $2\sqrt{2}$ 倍。

3. 野外返工

对经过检核超限的基线,在充分分析基础上,进行野外返工观测,基线返工应注意以下问题:

(1)无论何种原因造成一个控制点不能与两条合格独立基线相连接,则在该点上应补测或重测不少于一条独立基线。

(2)可以舍弃在复测基线边长较差、同步环闭合差、独立环闭合差检验中超限的基线,但必须保证舍弃基线后的独立环所含基线数不得超过 6 条;否则,应重测该基线或者有关的同步图形。

(3) 由于点位不符合 GPS 测量要求而造成一个测站多次重测仍不能满足各项限差技术规定时,可按技术设计要求另增选新点进行重测。

4. GPS 网平差计算

在各项质量检核符合要求后,以所有独立基线组成的闭合图形,进行平差计算。平差计算的主要内容包括:

(1)同步观测的基线向量平差

对于同一基线边,采用多历元同步观测值的平差计算。在同一测区中,同类精度的数据处理,应采用相同的方法和相同的模型。由此所得的平差结果,为基线向量(坐标差)及其相应的方差与协方差。

(2)GPS 网三维无约束整体平差

利用上述基线向量的平差结果及其相应的方差——协方差阵作为相关观测量,以一个点的 WGS—84 坐标系的三维坐标作为起算数据,进行 GPS 网的三维无约束整体平差。整体平差的结果,一般是网点的空间直角坐标、大地坐标和高斯平面直角坐标,以及相应的方差和协方差。

(3)GPS 网的二维约束平差

原始观测量。不论何种型号的 GPS 接收机和何种版本的数据处理软件,在将野外观测数据进行预处理后,都能得到三种不同意义的原始观测量。就 ASHTECH 接收机的 GPS 处理软件而言,提供三组原始观测量:

两点大地坐标:$B_1,L_1,H_1;B_2,L_2,H_2$。

基线矢量及定向:B,A_Z,EI。

基线三维分量:$\Delta X,\Delta Y,\Delta Z$。

这三组观测量虽然表现形式不同,但它们之间是互相等价的。它们之间存在着严格的数学转换关系,利用其中一种可以导出另外两种。因此在网的平差中,可以根据自己的需要选用。

数据处理方法。GPS 观测量 $\Delta X,\Delta Y,\Delta Z$ 是基于 WGS—84 地心坐标系的观测值,它基于以地球质心为原点的空间直角坐标系。以往所进行的测量工作是基于本地坐标系,例如 1954 年北京坐标系,1980 年西安大地坐标系,XXX 城市坐标系等。同时,进行的测量工作是投影到平面上进行的,例如高斯投影面、横轴墨卡托投影面(UTM)等。

数据处理的目的就是将空间的原始观测量,以最佳的方法进行平差,规划到当地的参考椭球上并投影到所采用平面上,并且使转换的误差最小。显然在这一过程中要进行三个环节的工作,即:

平差:将观测误差按最小二乘法分配;

转换:由空间地心坐标系转换到所采用的参考坐标系;

投影:由空间坐标系投影到采用的平面上。

这样,将这三个环节进行组合,可以形成五种数据处理方法,如图 7-8 所示。

精度评定。控制网约束平差后的最弱边边长相对中误差,应满足相关规定。CPS 网观测精度的评定,应满足下列要求:

GPS 网的测量中误差,按下式计算:

$$m=\sqrt{\frac{1}{3N}\left[\frac{WW}{n}\right]} \tag{7-4}$$

$$W=\sqrt{W_x^2+W_y^2+W_z^2}$$

式中,m 为 GPS 网测量中误差;N 为 GPS 网中异步环的边数;W 为异步环的环闭合差;W_x、W_y、W_z 为异步环的各坐标分量闭合差。

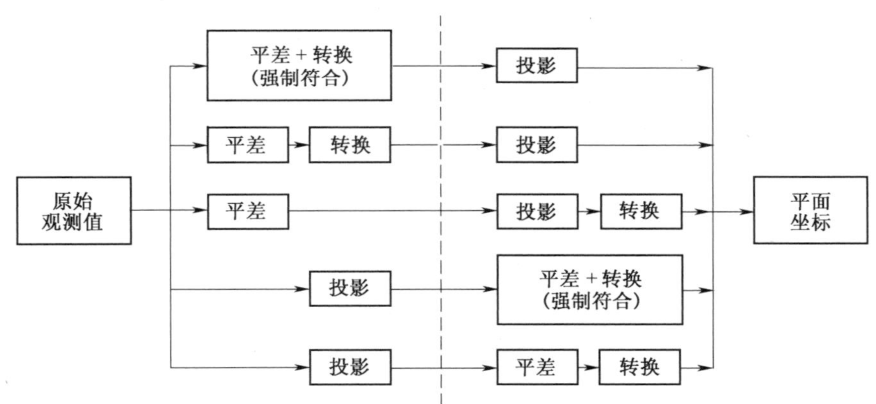

图 7-8　五种数据处理方法

控制网的测量中误差,应满足相应等级控制网的基线精度要求,并符合式(7-5)的规定。

$$m\leqslant\sigma \tag{7-5}$$

平差后提交的资料。观测数据经上述处理后,需要输出打印的资料有:测区和各观测站的基本情况;参加平差计算的观测值数量、质量、观测时段的起止时间和延续时间;平差计算采用的坐标系统,基本常数和起算数据;平差计算的方法及所采用的先验方差与协方差;GPS 网整体平差结果,包括空间整体直角坐标、大地坐标,以及相邻点之间的距离和方位角;GPS 网与已有经典地面网的联合平差结果,主要包括地面网的坐标、等级、重合点数及其坐标值;联合平差采用的坐标系统、平差方法,平差后的坐标值以及网的转换参数;平差值的精度信息,包括观测值的残差分析资料，平差值的方差与协方差阵及相关系数阵等。

5. 技术总结报告

一项 GPS 控制测量工作的内、外业工作都完成后，要编写技术总结报告，按照中华人民共和国测绘行业标准《测绘技术总结编写规定》(CH/T 1001—2005)，技术总结主要包括内容：

(1) 概述

1) 测绘项目的名称、专业测绘任务的来源；专业测绘任务的内容、任务量和目标，产品交付与接收情况等。

2) 计划与实际完成情况、作业率的统计。

3) 作业区概况和已有资料的利用情况。

(2) 技术设计执行情况

1) 说明专业活动所依据的技术性文件，内容包括：专业技术设计书及其有关的技术设计更改文件，必要时也包括本测绘项目的项目设计书及其设计更改文件；有关的技术标准和规范。

2) 说明和评价专业技术活动过程中，专业技术设计文件的执行情况，并重点说明专业测绘生产过程中，专业技术设计书的更改情况(包括专业技术设计更改内容、原因的说明等)。

3) 描述专业测绘生产过程中出现的主要技术问题和处理方法、特殊情况的处理及其达到的效果等。

4) 当作业过程中采用新技术、新方法、新材料时，应详细描述和总结其应用情况。

5) 总结专业测绘生产中的经验、教训(包括重大的缺陷和失败)和遗留问题，并对今后生产提出改进意见和建议。

(3) 测绘成果(或产品)质量情况

说明和评价测绘成果(或产品)的质量情况(包括必要的精度统计)，产品达到的技术标准，并说明测绘成果(或产品)的质量检查报告和编号。

(4) 上交测绘成果(或产品)和资料清单

说明上交测绘成果(或产品)和资料的主要内容和形式，主要包括：

1) 测绘成果(或产品)：说明其名称、数量、类型等，当上交成果的数量或范围有变化时需附上交成果分布图。

2) 文档资料：专业技术设计文件、专业技术总结、检查报告，必要的文档簿(图历簿)以及其他作业过程中形成的重要记录。

3) 其他须上交和归档的资料。

项目三　GPS 数据处理

【项目描述】

现以南方 GPS 静态处理软件为例说明 GPS 数据处理全过程。南方 GPS 静态处理软件是 GPS 后处理软件，适用于单频、双频 GPS 数据基线解算、平差处理。南方 GPS 静态处理软件在标准的 Windows 平台上运行，以非常友好的图形用户界面，提供简单和精确的数据，并能对外业作业状况进行真实的描述。该软件包括的功能有：选星计划、接收机设置、数据传输、基线向量处理、网平差、质量分析、坐标转换、报表生成、结果输出、Rinex 格式转换等模块。

【相关知识】

一、南方 GPS 静态处理软件的安装

南方 GPS 静态处理软件在 Windows 平台上进行安装，其安装方法和步骤如下：

(1)启动 Windows，如果 Windows 已在运行中，应关闭其他应用运行项目。

(2)将光盘插入光驱。

(3)在“我的电脑”中，打开光驱。

(4)选择“南方 GPS 静态处理软件”文件夹，先安装英文软件。

(5)双击“SETUP 文件”，按照提示安装。

(6)完成安装后，在程序管理器中双击“南方科力达 GPS 静态数据处理”图标，即可启动“南方科力达 GPS 静态数据处理”。

(7)汉化软件安装，双击“SETUP”文件，按照提示安装。

二、数据解算方法

1. 数据下载

方法：把接收卫星信号的静态机与台式电脑连接，点击“南方科力达 GPS 静态数据处理”图标打开软件，点击“工具”栏下的“接收机数据下载”，即可等待数据连接，然后下载到指定或设定文件夹。

2. 建立新项目

用鼠标双击“南方科力达 GPS 静态数据处理”图标，启动“南方科力达 GPS 静态数据处理”软件，此时可建立一个新项目。

(1)建立新项目的方式。建立一个新工程项目的方式有：

方式一：同时在键盘上按[Ctrl]+[N]键。

方式二：单击工具条的[NEW]按钮。

方式三：在“工程”菜单下单击“新建”子菜单。

(2)建立新项目的步骤。启动“南方科力达 GPS 静态数据处理”后，弹出“欢迎”对话框。在图 7-9 中，单击屏中[新建一个工程]按钮，引出“新工程”对话框，如图 7-10 所示。

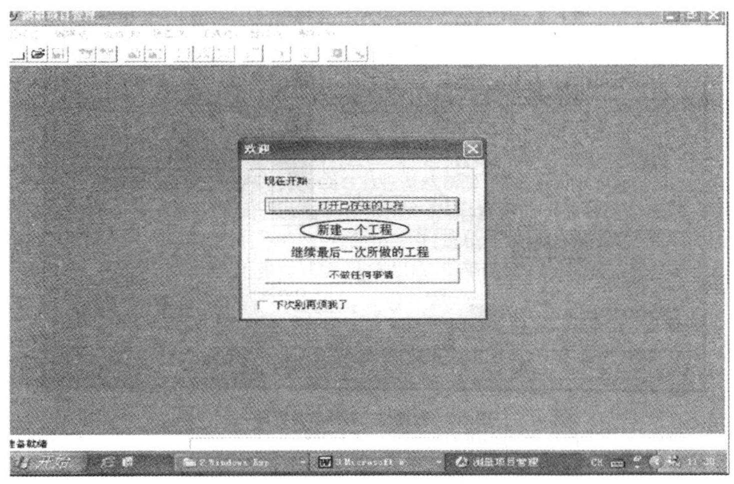

图 7-9　启动 Soluton

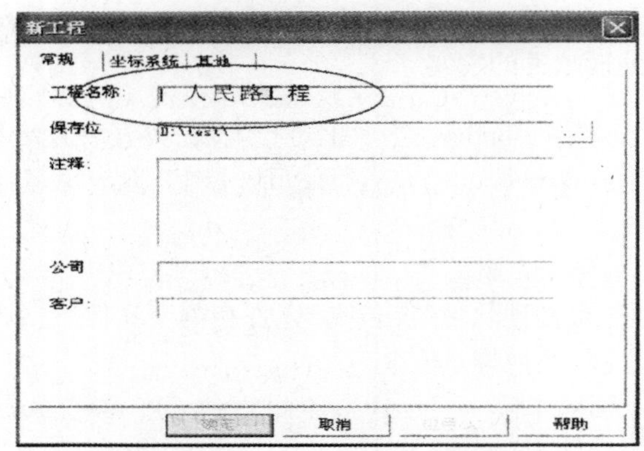

图 7-10　新建一个工程项目

(3)填写常规信息内容。输入工程名,选择保存文件夹及其他一些工程信息。

(4)选定坐标系。单击“新工程”窗口的坐标系统模块,如图 7-11 所示。可由坐标系统类型列表框选择所需的坐标系统。如可选记“Gird”(标准平面直角坐标系),再由“标准坐标”列表框中选“State Plane Coordinate”(美国州平面坐标系)。对中国用户选 “1954 BeiJingCoordinate”(1954 年北京坐标系)。如果选用了 “1954 BeiJing Coordinate”,则投影在 Zone 25 ~ Zone 46 之间。

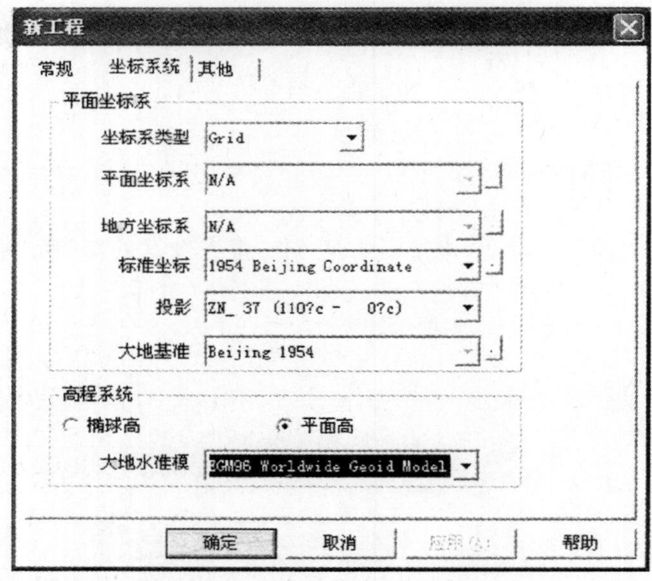

图 7-11　坐标系统的选择

高程系统栏选正常高。由大地水准面模型选“Geoid 96 model the US”。对中国用户采用“EGM96”模型。

(5)设置其他参数。单击新工程窗口其他模块按窗口标注逐项填选,如图 7-12 所示。

(6)填选完毕无误后,单击“确定”按钮,弹出添加文件对话框,如图 7-13 所示。

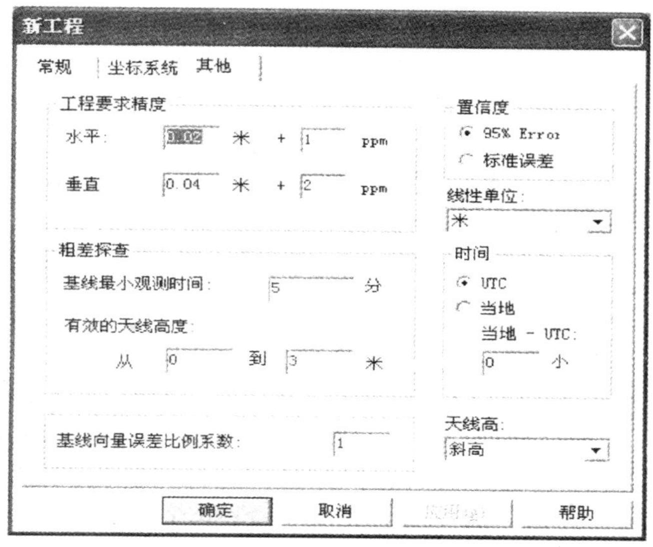

图 7-12　设置其他参数

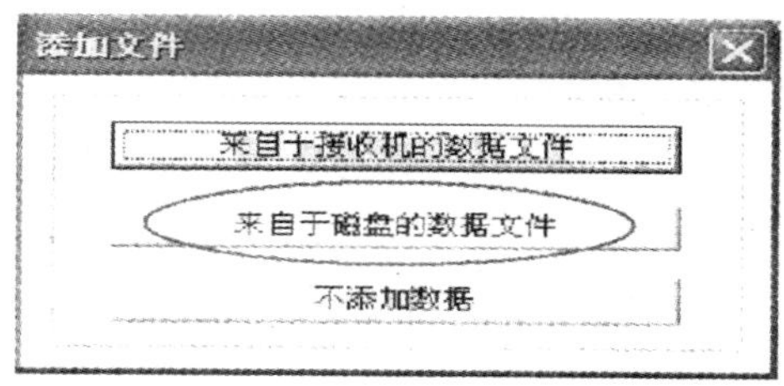

图 7-13　添加文件对话框

3. 添加项目数据

给项目添加数据，查看各项信息，可按下列过程操作：

(1) 在添加文件对话框(图 7-14)中选“来自于磁盘的数据文件”按钮，选定欲添加的数据文件，点击“打开”按钮后，添加所要处理的数据文件，如图 7-14 所示。

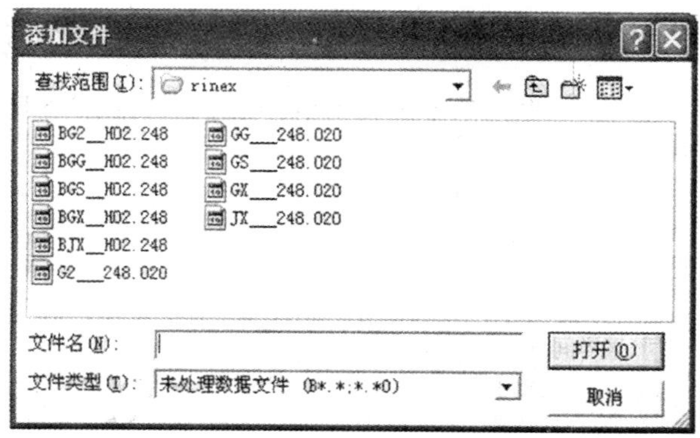

图 7-14　添加文件窗体

(2) 添完 GPS 数据后，单击工作簿中的“文件信息”按钮，查看原始数据文件的文件名、开始结束时间、采样间隔、历元等基本信息，如图 7-15 所示。

测量项目管理 - [工作簿]

工程(F) 编辑(E) 运行(R) 视图(V) 工具(T) 窗口(W) 帮助(H)

	文件名	开始时间	结束时间	采样间隔	历元	大小	数据类型	天线类型
1	BG2__H02.248	2002-9-5 10:15:56	2002-9-5 11:15:42	3.00	1196	387KB	L1 GPS	未知的
2	BGG__H02.248	2002-9-5 08:22:30	2002-9-5 09:11:33	3.00	982	320KB	L1 GPS	未知的
3	BGS__H02.248	2002-9-5 11:39:38	2002-9-5 12:19:15	3.00	794	273KB	L1 GPS	未知的
4	BGX__H02.248	2002-9-5 08:30:54	2002-9-5 09:11:39	3.00	816	264KB	L1 GPS	未知的
5	BJX__H02.248	2002-9-5 10:34:17	2002-9-5 12:28:09	3.00	2279	774KB	L1 GPS	未知的

文件信息 设站信息 站点信息 控制点 基线向量 复测基线 环闭合差 控制连测 平差分析 网相对精度

准备就绪 1954 Beijing

图 7-15 GPS 测量文件信息窗体

(3)“设站信息”设置。单击工作簿中的“设站信息”钮,双击“测站名”栏的“＊＊＊＊”更改为四位数的站点名,同一站点的不同时段的文件输入相同的测站名。也可双击上面的文件时间条来改测站名。在“天线高度”栏输入野外测得的天线高,“高度类型”选择斜高,如图 7-16 所示。

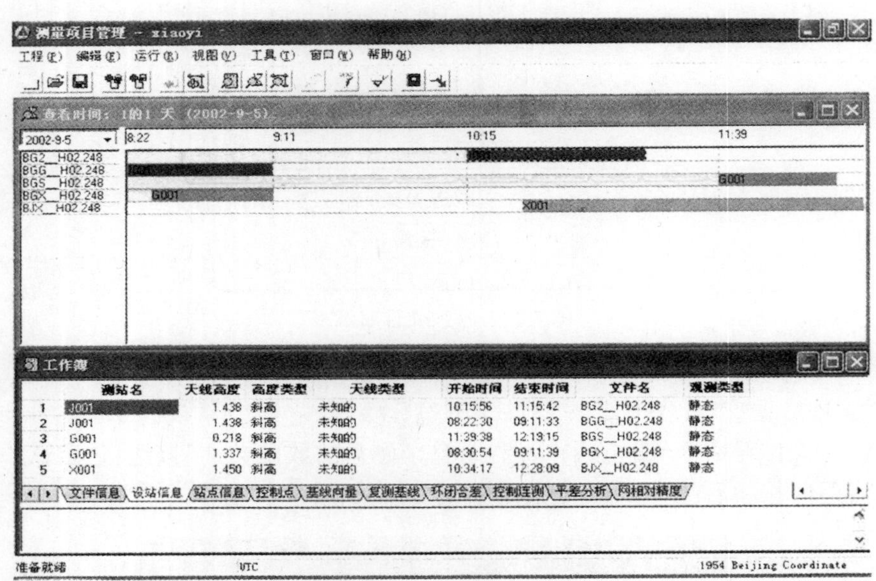

	测站名	天线高度	高度类型	天线类型	开始时间	结束时间	文件名	观测类型
1	J001	1.438	斜高	未知的	10:15:56	11:15:42	BG2__H02.248	静态
2	J001	1.438	斜高	未知的	08:22:30	09:11:33	BGG__H02.248	静态
3	G001	0.218	斜高	未知的	11:39:38	12:19:15	BGS__H02.248	静态
4	G001	1.337	斜高	未知的	08:30:54	09:11:39	BGX__H02.248	静态
5	X001	1.450	斜高	未知的	10:34:17	12:28:09	BJX__H02.248	静态

图 7-16 “设站信息”设置

4. 基线向量解算(GPS 原始观测数据处理)

对所有 GPS 测站信息设置完成后,即可进行基线向量的处理,其步骤如下:

(1)选定解算控制点。单击工作簿中的“控制点”按钮,再单击“测站名”右边下箭头,从下拉菜单中选取所需要的控制点。编辑修改该点的准确坐标数值,即输入该点的已知坐标值。确认右边固定栏为平高固定或其他,如果该点为平面已知点,则选择为平面固定;如果该点为平面和高程已知点,则选择为平高固定;如果该点仅为高程已知点,则选择为高程固定。

(2)基线解算。基线解算可单击菜单“运行/基线解算/全部”来完成,也可直接按 F5 键运行。随即网图被打开,工作表切换到基线向量窗口。基线显示绿色即解算合格,红色即为不合格基线,如图 7-17 所示。

测量项目管理 - xiaoyi
工程(E) 编辑(E) 运行(R) 视图(V) 工具(T) 窗口(W) 帮助(H)
基线处理视图
568000 E
569000 E
570000 E
G001
J001
X001
4113000 N
工作簿
起点－终点 观测 QA Sol.
1 J001 - G001 2002-9-5 08:30:54
2 J001 - X001 2002-9-5 10:34:17
3 X001 - G001 2002-9-5 11:39:38
文件信息 设站信息 站点信息 控制点 基线向量 复测基线 环闭合差 控制连测 平差分析 网相对精度
处理基线数: 3 of 3
准备就绪
1954 Beijing Coordinate

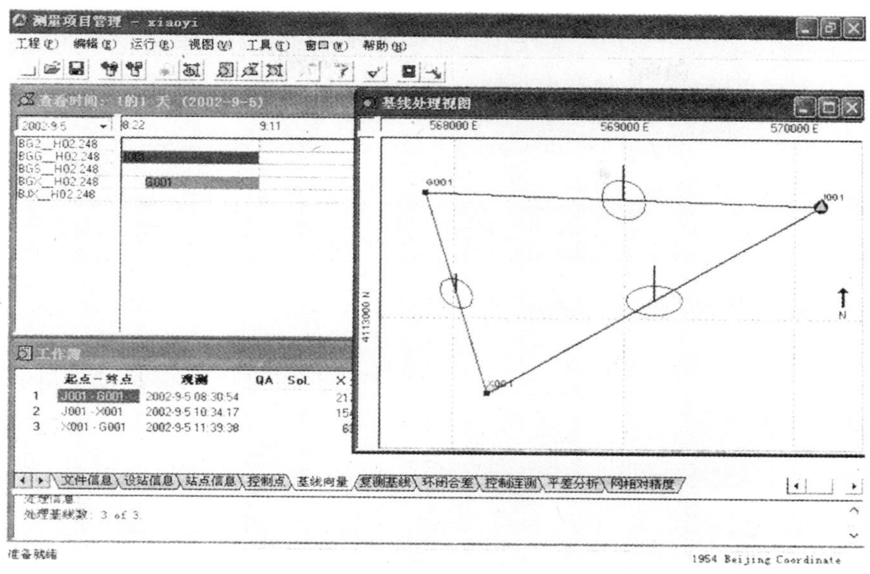

图 7-17　基线解算

(3)单击工作簿中的“站点信息”按钮,可查看站点的坐标及标准差,如图 7-18 所示。

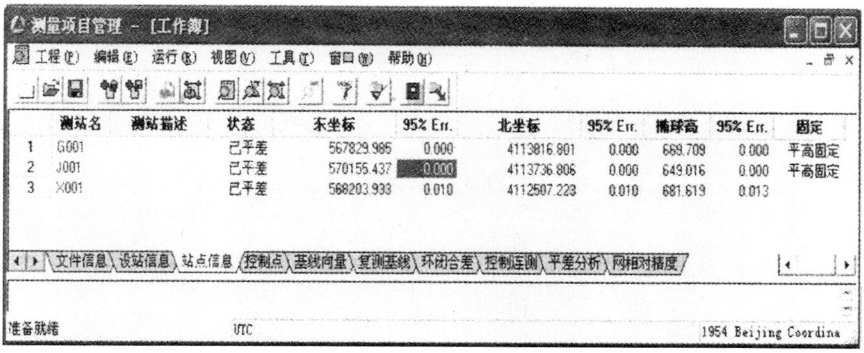

测量项目管理 - [工作簿]
工程(E) 编辑(E) 运行(R) 视图(V) 工具(T) 窗口(W) 帮助(H)
测站名 测站描述 状态 东坐标 95% Err. 北坐标 95% Err. 椭球高 95% Err. 固定
1 G001 已平差 567829.985 0.000 4113816.801 0.000 669.709 0.000 平高固定
2 J001 已平差 570155.437 0.000 4113736.806 0.000 649.016 0.000 平高固定
3 X001 已平差 568203.933 0.010 4112507.223 0.010 681.619 0.013
文件信息 设站信息 站点信息 控制点 基线向量 复测基线 环闭合差 控制连测 平差分析 网相对精度
准备就绪
UTC
1954 Beijing Coordina

图 7-18　站点信息显示

若在工作簿“95% Err”误差栏中均未超过工程限差,则该基线处理合格;若误差栏中误差超过工程要求的限差,并且状态栏中显示“失败”,则基线处理不合格,可用以下步骤处理:

步骤 1:单击工作簿中的“基线向量”按钮,选择“起点—终点”栏中误差较大的基线向量,单击鼠标右键,选择“处理”菜单,提高其中的“仰角遮挡数”,然后单击“解算”,重新进行解算,如图 7-19 所示。

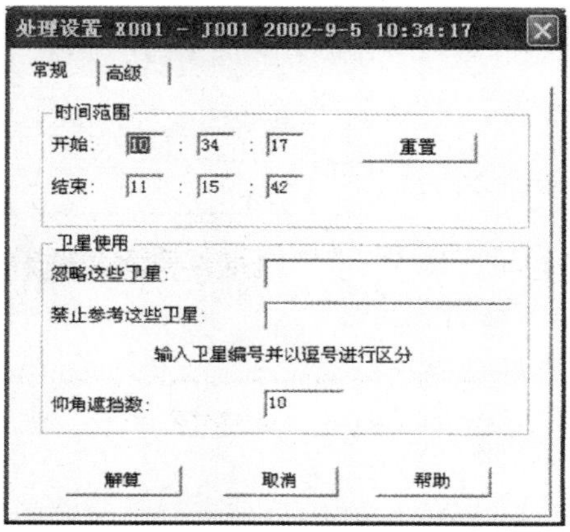

处理设置 X001 - J001 2002-9-5 10:34:17
常规 高级
时间范围
开始: 10 : 34 : 17
重置
结束: 11 : 15 : 42
卫星使用
忽略这些卫星:
禁止参考这些卫星:
输入卫星编号并以逗号进行区分
仰角遮挡数: 10
解算 取消 帮助

图 7-19　不合格基线的处理

步骤 2:如果解算还是不合格,再单击工作簿中的“基线向量”按钮,选择“起点—终点”栏中误差较大的基线向量,单击鼠标右键,选择“查看剩余数据”菜单,查看该基线各卫星的残差图,查看残差不连贯的即信号不好的卫星，如图 7-20 所示。再用鼠标右键单击该基线名，选择“处理”菜单，在“忽略这些卫星”栏中输入卫星信号不好的卫星号，若有多颗则中间用逗号隔开。最后重新进行解算，一般重复解算后基线处理都会合格。

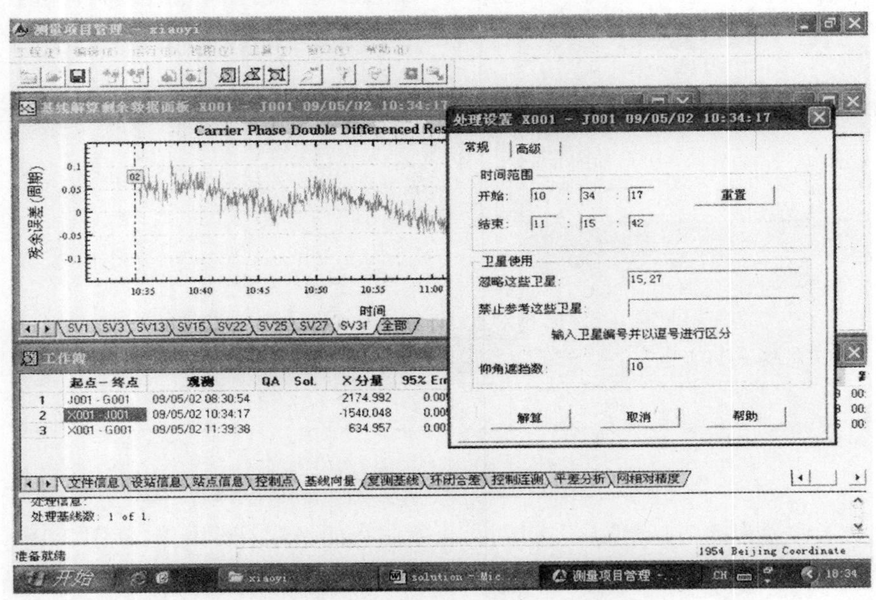

图 7-20　基线解算剩余数据及处理

（4）环闭合差计算。单击工作簿中的“环闭合差”按钮，在闭合环视图上用鼠标选择要进行计算的闭合环，完成后，软件会自动进行计算。工作簿中会显示解算结果，如图 7-21 所示。

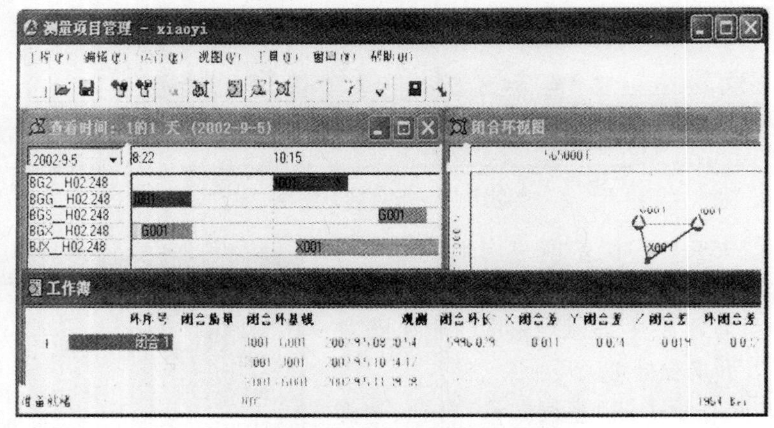

图 7-21　环闭合差计算

（5）基线解算质量。基线解中的“QA”栏中为空白表示合格（其标准差在限差之内），说明已求得固定双差解；若出现“失败 Failed”，表示标准差大于限差，只求得浮动双差解。

5. GPS 网最小约束平差

（1）自由网平差计算

依次单击菜单“运行”、“粗差探查”，做粗差检查。没有粗差后，即可进行平差处理。单击菜单“运行”、“平差处理”，做平差计算。

(2) 查看并分析自由网平差结果

单击窗体“最大化”按钮将工作簿放到最大化,查看平差后的详细信息。

在图 7-22 中,“TauTest”栏有两处出现失败,但其残差并不大;再看下方的报告信息框中的单位权标准差为 1.742841,说明不存在明显粗差;其中还有“Chi—Square:检验失败”,说明向量误差比例系数估计偏小。

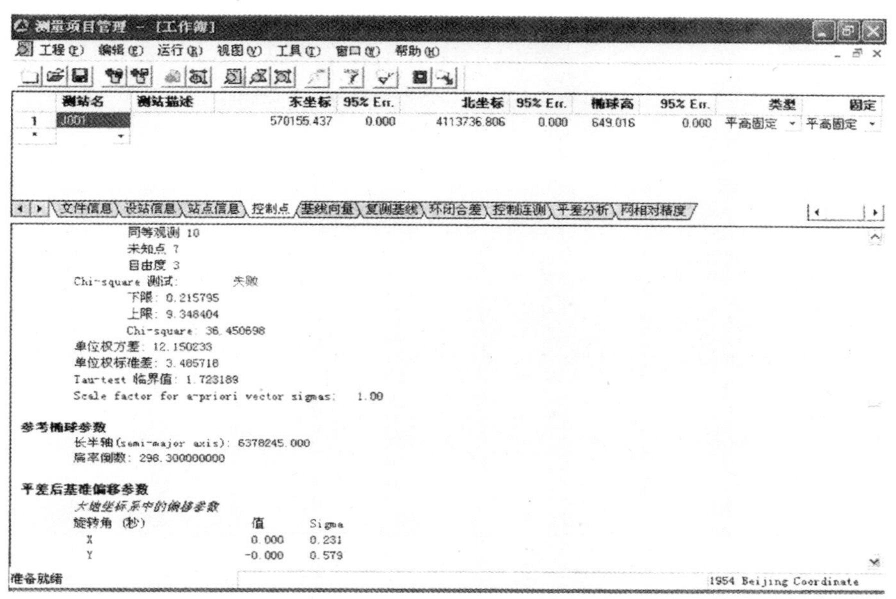

图 7-22　自由网平差结果分析

(3) 设置基线向量误差比例系数

在菜单项“工程”下选“参数设置”子菜单,并单击“其他”模块。将处理的基线向量误差比例系数调为单位权标准差所提示的数值(1.7,约等于 2),在基线向量误差比例系数处输入 2,如图 7-23 所示。

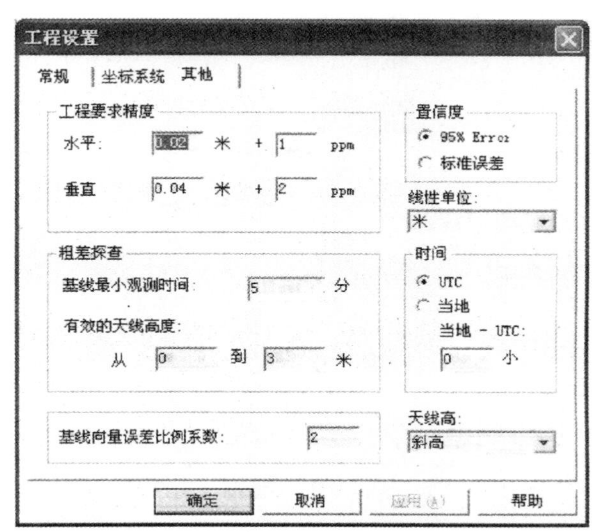

图 7-23　设置基线向量误差比例系数

单击“确定”按钮,返回主界面。此时,重新进行自由网平差计算。通过计算可发现(如图7-24所示)“Chi—Squar:通过”(X2检验通过),控制网连接测试也通过了。表中“QA”栏已全部合格,认定自由网平差是合格的,自由网平差计算结束。

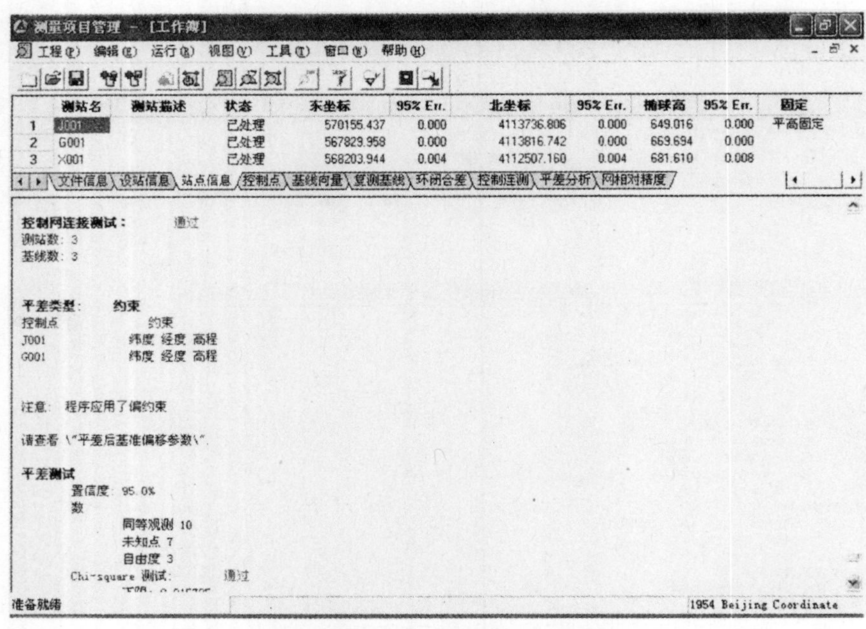

图7-24 设置基线比例参数后重新进行自由网平差

6. GPS网约束平差

(1) 配置已知约束控制点

单击工作簿的“控制点”按钮,选择两个或两个以上的控制点,如图7-25所示。选定J001和G001两个控制点并修改其坐标为已知坐标。检查“固定”栏添加相应各约束控制。

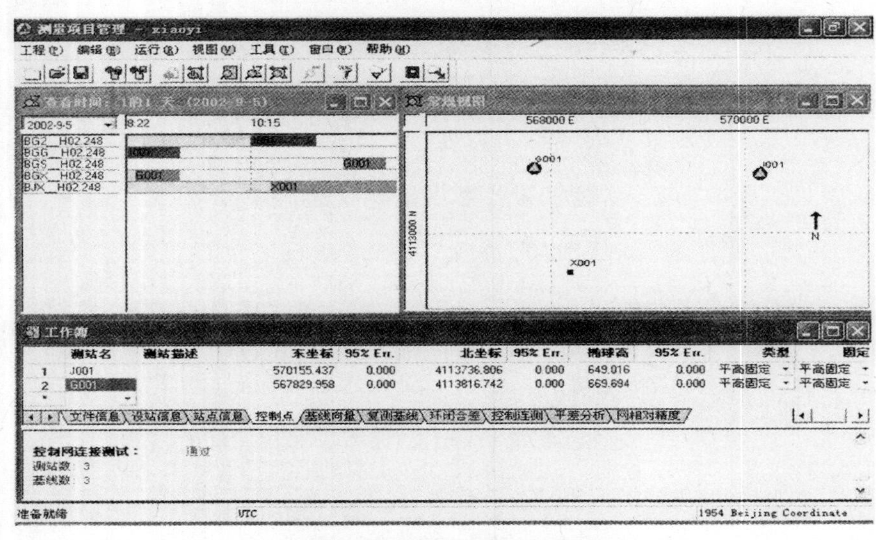

图7-25 设置约束已知点

(2) GPS 网约束平差计算

由菜单项"运行"下选择"平差处理",进行约束平差计算,自动切换到"平差分析"模块,并显示出平差结果,如图 7-26 所示。单击工作簿中的"站点信息"模块,查看经约束平差后的站点坐标。单击工作簿中的"网相对精度"模块,查看经约束平差后的各种精度值。

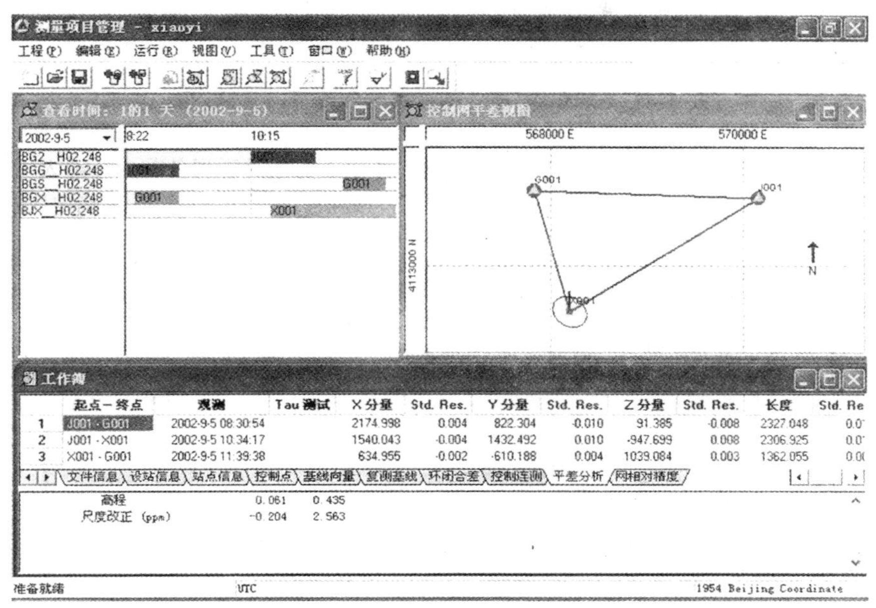

图 7-26　约束平差计算

(3)数据输出与项目报表生成

1)建立输出样板格式

在"工程"菜单下选输出数据,引出导出数据对话框,如图 7-27 所示。

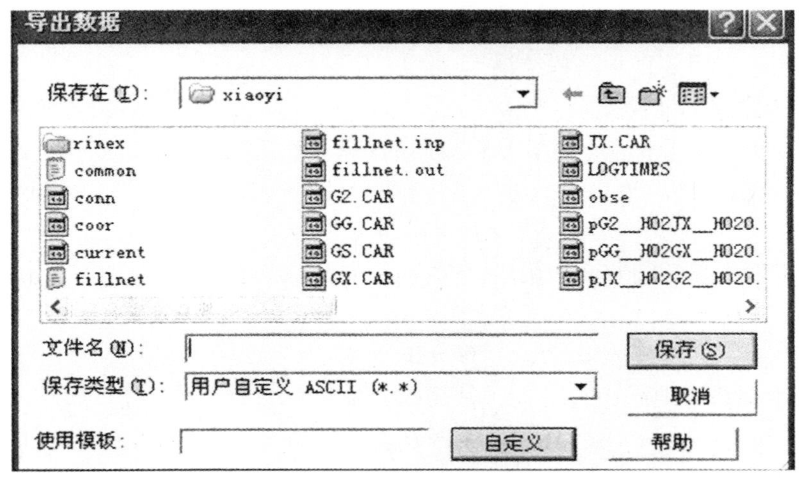

图 7-27　导出数据对话框

在输出数据对话框的"保存类型"栏,选"用户定义 ASCII ＊. ＊"后,单击"自定义"按钮,选择需要的信息,最后保存。需要注意的是,ASCII 样板默认扩展名为". uda",也是报表文件的扩展名。若欲采用别的扩展名(如.TXT),可在输出扩展名中设定。

2)项目报表生成

选择“工程”菜单下的“生成报表”项。欲查看所列各节的全部内容,单击“平差结果”左边的“十”号即可,照此列出“综合报告”的内容,其他各节的内容亦照此办理。

选中需要添加的内容,单击“添加>”按钮,将左边框中的所列各节内容纳入报表。如若从右边框中删去某项,只须将其点亮后。再击“移除<”按钮即可。单击“确定”按钮,即可自动生成输出报表,如图 7-28 所示。

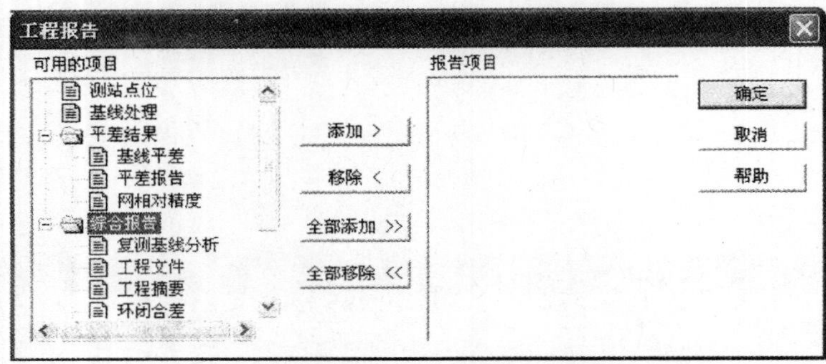

图 7-28　工程报告生成

三、GPS 高程

由 CPS 相对定位得到的基线向量,经平差后可得到高精度的大地高程。若网中有一点或多点具有精确的 WGS—84 大地坐标系的大地高程,则在 GPS 网平差后,可得各 GPS 点的 WGS—84 大地高程。GPS 相对定位高程方面的相对精度一般可达 $2\times10^{-6}\sim3\times10^{-6}$,在绝对精度方面,对于 10 km 以下的基线边长,可达几厘米,如果在观测和计算时采用一些消除误差的措施,其精度特优于±1 cm。但在实际应用中,地面点一般采用正常高程系统。因此,应找出 GPS 点的大地高程同正常高程的关系,并采用一定模型进行转换。本节将介绍如何将 GPS 高程观测结果变为可实用的正常高程结果。

1. 高程系统之间的转换关系

如图 7-28 所示,大地水准面到参考椭球面的距离,称为大地水准面差距,记为 h_g 。大地高与正高之间的关系可以表示为:

$$H = H_g + h_g \tag{7-6}$$

似大地水准面到参考椭球面的距离,称为高程异常,记为 ξ 。大地高与正常高之间的关系可以表示为:

$$H = H_\gamma + \xi \tag{7-7}$$

WGS—84 坐标系大地高(H_{84})与正常高的关系:

$$H_\gamma = H_{84} - \xi \tag{7-8}$$

2. GPS 水准高程

采用 GPS 测定正高或正常高称为 GPS 水准测量。方法是 GPS 测量得出的是一组空间直角坐标(x,y,z),通过坐标转换可以将其转换为大地经纬度和大地高(H),确定大地水准面差距或高程异常,点的正高或正常高高程系统间转换。由此可以看出,GPS 水准实际上包括两方面内容:一方面是采用 GPS 方法确定大地高;另一方面是采用其他技术方法确定大地水准面差距或高程异常。如果大地水准面差距已知,就能够通过公式进行大地高与正高间的相互转换,但当其未知时,则需要设法确定大地水准面差距的数值。确定大地水准面差距的基本方法有天文大地法、大地水准面模型法、重力测量法、几何内插法及残差模型法等方法。

项目四　超站仪测量技术应用

【项目描述】

全站仪在大地测量及工程建设领域得到了广泛应用,但也具有一定的局限性。GPS 的发展从很大程度上弥补了全站仪的缺点,因此出现了全站仪与 GPS 联合作业的方式。为了充分发挥两种技术的优势,于是集成了 GPS 和全站仪功能的仪器诞生了,这就是所谓的超全站仪(简称超站仪),如图 7-29 和图 7-30 所示。

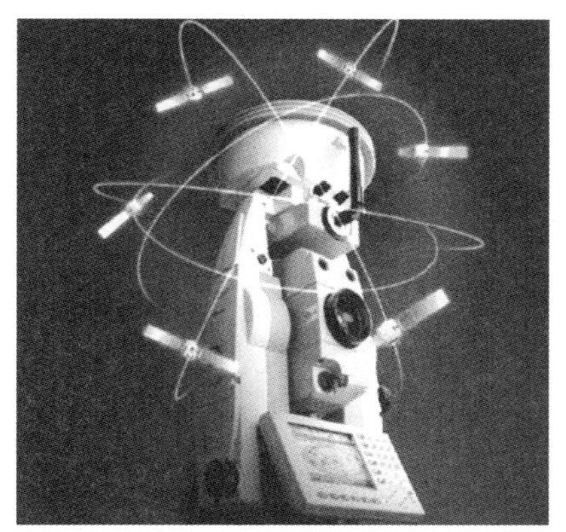

图 7-29　徕卡超站仪 Smart Station

图 7-30　南方超站仪 NTS-82

【相关知识】

一、超站仪的发展背景

超全站仪集合全站仪测角功能、测距仪量距功能和 GPS 定位功能,不受时间地域限制,不依靠控制网,无须设基准站,没有作业半径限制,单人单机即可完成全部测绘作业流程的一体化的测绘仪器。

超全站仪主要由动态 PPP、测角测距系统集成。它克服了目前国内外普通使用的全站仪、GPS、RTK 技术的众多缺陷。

传统的测量,如地形、地籍、土地、交通、工程线路、森林、灾害防治、江河湖海水域等测绘工作,无一不需要做控制网或控制点,而对测量对象较少或控制引入困难的地区,建立控制是一件不经济的做法而超站仪可以很方便的解决这些问题,使测绘作业从此彻底摆脱控制网的束缚;克服顶空不通视对 GPS 技术造成的困难;克服目前最集中体现现代测绘科技发展进步的 RTK 技术和 RTK 网络技术必须设基准站且作业半径范围受限制的困难;可以随时测定地球上任意一点在当地坐标系下的高斯平面坐标,而且精度均匀;可以极大的减轻目前测绘作业的劳动强度,而且具有独立性、准确性、易操作性等各种测量手段的优势集合。

二、超站仪的种类

1. 徕卡超站仪 smartstation

徕卡超站仪，如图 7-31 所示，集成了全站仪及 GPS 的功能，实现了无控制点情况下的外业测量，GPS 点位测量精度可以达到毫米级。这种作业模式可以大大改善传统的作业方法，对于线路测量、工程放样、地形测图等劳动强度较大的测量工作，使用徕卡超站仪能够大大提高工作效率，节省人力、物力资源。

图 7-31　徕卡超站仪

主要性能特点：

(1)即刻获取徕卡超站仪站点坐标。安置好超站仪后，开机并按下 GPS 键，在基线 50 km 的范围内只需很短时间即可得到厘米级精度的 RTK 位置信息。使用徕卡超站仪可以在最短时间内完成准备工作，通过 GPS 锁定位置，然后用全站仪进行测量作业。

(2)可作超站仪用，也可作全站仪、RTK 流动站用。徕卡超站仪采用模块化设计，用户可根据需要以任意方式操作设备。在没有控制点的时候使用徕卡超站仪，一旦获得了准确的坐标位置，将徕卡超站仪天线安装在对中杆上，配合 RXl210 控制器和 GTXl230 传感器，组合成一个完整的 RTK 流动站。使用徕卡超站仪具备极大的灵活性。

(3)高精度的 GPS 定位。在基线达到 50 km 时，可保证静态 RTK 结果达到水平精度 10 mm+1×$10^{-6}D$，高程精度 20 mm+1×$10^{-6}D$。

(4)CF 功能。徕卡超站仪、TPS 和 GPS 的数据都存入到同一个 CF 卡中同一数据库下的同一个作业中。

(5)蓝牙功能。全站仪中应用了蓝牙无线连接技术，可将数据无线传输至 PDA 和移动电话中。将智能天线用作独立的流动站时，内置在智能天线的蓝牙模块可有助于方便地将智能天线连接到其他设备。

(6)共用 TPS 键盘。在徕卡超站仪中，TPS 键盘可以控制 GPS 和 TPS 的所有测量、操作以及应用程序。

2. 南方 NTS—82 超站仪

南方 NTS—82 超站仪是广州南方测绘仪器公司 2010 年推出的一款超站仪，如图 7-32 所示。

图 7-32　南方 NTS—82 超站仪

(1)技术特点

全站仪与 GPS 组合而成超站仪，可分可合。在任何地方设站，超站仪即可从 GPS 获取绝对坐标，得出测站点坐标。南方 NTS—82 超站仪除显示 GPS 坐标外，还内装了测图和工程软件，可直接成图输出，或者执行各类工程测量。

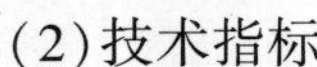

(2)技术指标

1)测角精度：2″；

2)测距精度：2 mm+2 ppm；

3）测程：单棱镜 5 km，免棱镜 300 m。

（3）GPS 精度指标

1）静态平面精度：±3 mm+1 ppm；

2）静态高程精度：±5 mm+1 ppm；

3）RTK 平面精度：±1 cm+1 ppm；

4）RTK 高程精度：±2 cm+1 ppm。

（4）主要功能

1）纯粹的 GPS 静态和快速静态定位功能；

2）附和导线测量功能；

3）即用即测功能；

4）道路测量和工程放样功能；

5）提供转换参数功能；

6）全站仪和 GPS 其他常用功能。

三、超站仪操作方法

在一点架站，与基站连接，测出该点 WGS—84 坐标，以另外的一个或多个已知点（或在接下来测量中要测定的另外一个点）定向，超站仪会自动计算坐标方位角（或在获得未知定向点坐标后再计算），然后进行碎部点测量，得出的图形可直接作为结果输出。

四、超站仪的创新特点

（1）开创了不依靠控制网、无须设基准站、不受作业半径限制、单人单机即可完成全部野外作业的测绘新模式。

（2）动态单点绝对定位精度优于 0.3 m，静态单点定位精度为 1 cm。

（3）动态 PPP、测角、测距三位一体化集成。

（4）动态 PPP 定位软件具有自动从网上搜索和下载 IGS 精密星历和钟差、进行非差精密定位解算等功能。

五、超站仪的工作原理

超站仪是通过接受城市的台站网、单基站或现场临时建立的基准站的信号，利用其自身 HTK 定位功能得到建站点的坐标，借助现场控制点定向，然后进行碎部点测量或放样。另一种方法就是在没有控制点的情况下，可借助现场一些假定控制点或明显标志点进行定向，然后就可以进行碎部点测量或放样。在第二种情况中，当完成本站测量后可搬至上一站界定控制点处、同样利用 RTK 功能得到本站坐标后，在定向时选择已知后视点定向的方法，这时程序会将上一站的错误数据进行纠正与更新，得到正确的坐标成果。在不同的建站点照准同一标志点定向后进行测量或放样，程序会统一将数据进行纠正与更新，这就是超站仪的工作原理，只需按一个键就可以轻松确定站点坐标。

六、超站仪的应用

实现了无基站、高精度、动态 GPS 单点定位。单台 GPS 独立作业、完成绝对定位，快捷而简便。一般情况下,每个待定点上定位时间为 1~3 s,观测条件较差的情况下,也只需观测 1 min即可,而单点动态绝对定位平面精度优于 0.3 m。

自由超站仪实现了高精度动态单点定位测图,使得测绘工作从此摆脱测量控制点的束缚,简化测图工作程序,大大减轻了测绘作业劳动的强度。将 GPS 和全站仪集成为自由超站仪系统,可以在植被、建筑物等覆盖的隐蔽地区一带作业,克服了 GPS 要求顶空必须通视的缺点。在全球任何地点都可以测得高精度的坐标,从实际上统一了全国坐标系。严格的性能检测结果和大量的实验数据表明,自由超站仪观测 1~3 s 的平面中误差不大于±30 cm,高程中误差不大于±45 cm。

具体来说,超站仪适用于下列各项工作:

(1)地形测量、地籍测量、城乡土地规划测量。

(2)江、河、湖、海水域地形测量。

(3)地质、物探、资源、灾害调查等测量。

(4)若采用传统静态定位作业模式,可用于各等级控制测量。

(5)交通、车辆、安全、旅游等与地理信息有关的管理系统工程。

项目五　GPS-RTK 测量技术应用

【项目描述】

RTK 是根据 GPS 的相对定位概念,建立在实时处理两个测站的载波相位的基础之上,基准站通过数据链实时地将采集的载波相位观测量和基准站坐标信息一同发送给流动站,流动站一边接收基准站的载波相位,一边接收卫星的载波相位,并组成相位差分观测值进行实时处理,能实时给出厘米级成果。它的基本思想是,在基准站安置一台 GPS 接收机,对所有可见的 GPS 卫星进行连续观测,并将其观测数据,通过无线电传输设备,实时地发送给用户观测站。依据相对定位的原理实时解算并显示用户站的坐标信息及其精度。其作业方法是在已知点上(未知点)架设 GPS 接收机一台(即基准站),正确输入坐标及转换参数等数据,启动基准站。一至多台 GPS 接收机在待测点上设置(即流站),正确输入与基准站一样的转换参数,即可进行 RTK 测量,而 RTK 是能够在野外实时得到厘米级定位精度的测量方法。

【相关知识】

一、GPS-RTK(Real Time Kinematic)基本介绍

1. RTK 作业模式主要有:

(1)快速静态测量。采用这种模式,要求 GPS 接收机在用户站上静止地进行观测。在观测的过程中,连同接收基准站的同步观测数据,实时地解算整周未知数和用户站的三维坐标。用户站的 GPS 接收机在流动过程之中,可以不必保持对 GPS 卫星的连续跟踪。

(2)准动态测量。在流动过程之中,要求保持对于 GPS 卫星的连续跟踪,否则进行重新初始化。

(3)动态测量,与前面相同,首先要静止观测数分钟,以完成初始化,运动的接收机以预定的时间间隔采样,确定位置。在流动过程当中,要求保持对 GPS 卫星的连续跟踪。

2. RTK 测量——是将一台 GPS 接收机安置在已知点上(未知点)对 GPS 卫星进行观测。

将采集的载波相位观测量调制到基准站电台的载波上,再通过基准站电台发射出去。流动站在对 GPS 卫星进行观测并采集载波相位观测量的同时,经解调得到基准站的载波相位观测量。流动站的 GPS 接收机在利用 OTF(运动中求解整周模糊度)技术由基准站的载波相位观测量和流动站的载波相位观测量求解整周模糊度,最后求出厘米级精度流动站的位置。

3. RTK 系统——由 GPS 接收机设备、无线电通信设备、电子手薄、蓄电池、基站和流动站天线及连线配套设备组成。

4. RTK 特点——它具有实时动态显示经可靠性检验的厘米级精度的测量成果,摆脱了由于粗差造成的返工、点与点之间通视等问题,大大提高了工作效率,在越来越多的测量工作中得到应用。

二、GPS-RTK 测量的基本原理

实时动态测量系统,是 GPS 测量技术与数据传输技术的结合,是 GPS 测量技术中的一个新突破。

RTK 测量技术是以载波相位观测量为根据的实时差分 GPS 测量技术,其基本思想是:在基准站上设置 1 台 GPS 接收机,对所有可见 GPS 卫星进行连续观测,并将其观测数据通过无线电传输设备,实时发送给用户观测站。在用户站上,GPS 接收机在接收 GPS 卫星信号的同时,通过无线电接收设备,接收基准站传输的观测数据,然后根据相对定位原理,实时解算整周模糊度未知数并计算显示用户站的三维坐标及其精度。

通过实时计算的定位结果,便可监测基站与用户站观测成果的质量和解算结果的收敛情况,实时判定解算结果是否成功,从而减少冗余观测量,缩短观测时间。

GPS(RTK)测量系统一般由以下三部分组成:GPS 接收设备、数据传输设备、软件系统。数据传输系统由基准站的发射电台与流动站的接收电台组成,它是实现实时动态测量的关键设备。

软件系统具有能够实时解算出流动站三维坐标的功能。GPS(RTK)测量技术除具有 GPS 测量的优点外,同时具有观测时间短,能实现坐标实时解算的优点,因此可以提高作业效率。

实时动态定位如采用快速静态测量模式,在 15 km 范围内,其定位精度可达 1~2 cm ,可用于城市的控制测量。

GPS(RTK)测量系统的开发成功,为 GPS 测量工作的可靠性和高效率提供了保障,这对 GPS 测量技术的发展和普及,具有重要的现实意义。

三、GPS-RTK 的基本组成

GPS-RTK 测量系统包括基准站、流动站、数据链三部分,基准站通过数据链将其观测值和测站坐标信息一起传给流动站。流动站不仅通过数据链接收来自基准站的数据,还要采集 GPS 观测数据,并在系统内组成差分观测值并进行实时处理。常规 RTK 测量系统作业时可以采用一台基准站加一台流动站的形式,也可以采用一台基准站加多台流动站的形式。以科力达 K9 为例,介绍常规 RTK 的组成。

(一)硬件系统

RTK 的硬件系统主要包括 GPS 接收机、数据链电台、电台天线、电源系统、传输线和电缆。

1. GPS 接收机

一个 RTK 系统至少需要两台 GPS 接收机,如图 7-33(a)所示,一台为基准站,一台为流动站。主机前侧为按键和指示灯面板,仪器底部内嵌有电台模块和电池仓部分。移动站在这部分装有内置接收电台。基准站外接发射电台,该部分起接口转换的作用。

主机接口如图 7-33(b)所示,图中左边接口是移动站外接电源接口,用来连接外接电源,为两针接口。如果是基准站主机,就是基准站电台接口,用来连接基准站外置发射电台,为五针接口。主机右边为数据接口,用来连接计算机传输数据,或者用手簿连接主机时使用(基准站和移动站左边接口相同,为七针接口)。

GPS 接收机天线是卫星信号的实际采集点。它也是用以计算流动站定位的点。因此,要确定一个观测点的位置,就必须把 GNSS 接收机天线安放在观测点的上方。观测点的平面位置由天线的中心点位确定。观测点的垂直位置由天线的中心点位减去天线高来确定。系统中每台 GPS 接收机都配有一个 GPS 接收天线。科力达 K9 采用的是 6. 5 dB 玻璃钢全向发射天线,接收天线使用的是 450 MHz 全向天线,如图 7-34 所示。

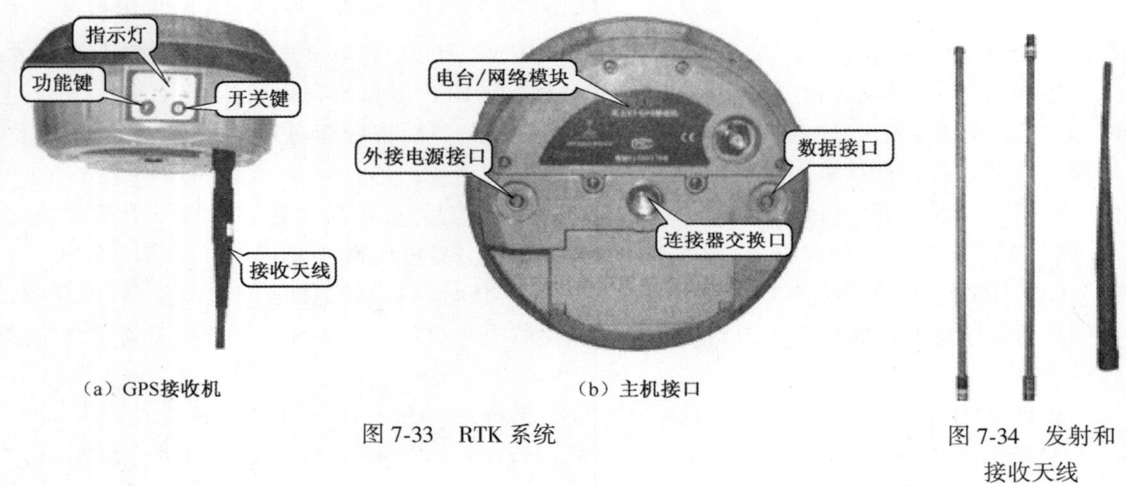

(a) GPS接收机　　(b) 主机接口

图 7-33　RTK 系统

图 7-34　发射和接收天线

2. 电台及电台天线

RTK 系统中基准站和流动站的 GPS 接收机通过电台进行通信联系。因此,基准站系统和流动站系统都包括电台部件。基准站 GPS 接收机必须向流动站 GNSS 接收机传输原始数据,流动站 GNSS 接收机才能计算出基准站和流动站之间的基线向量。通过电台,基准站系统发送数据,流动站系统接收数据。基准站电台因为有发射功能,所以体积较大,耗电量也较大。流动站接收机只需接收信号,因此功耗较少,耗电量也小得多。在某些 RTK 系统中,流动站电台尺寸小到可以嵌入流动站 GPS 接收机之中。

科力达 K9 采用的是 GDI25 电台。该电台采用 GMSK 调制方式、9600∞ bpsit/s 传输速率,误码率低。射频频率可覆盖 450~470 MHz 频段范围。电台的数据传输方式为透明模式,即将接收到的数据原封不动的传送到 RTKGPS 系统中。该电台提供的数据接口为标准的 RS232 接口,可以与任何具有 RS232 的终端设备相连并进行数据交换。

(1)GDL25 电台的外形

GDL25 电台的接口:天线图接头——卡口,用来连接发射天线;主机接口——5 针插孔,用于连接 GPS 接收机及供电电源；功率切换开关——用来调节电台功率。天线接口和接收机接口如图 7-35 所示，功率切换开关如图 7-36 所示。

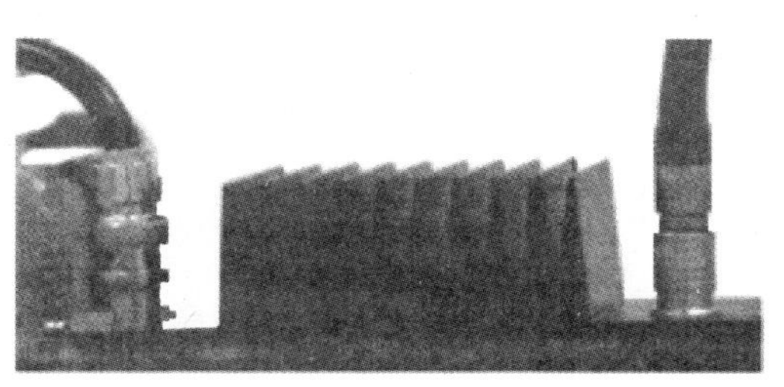

图 7-35　天线接口和接收机接口

图 7-36　功率切换开关

在使用电台时，尽量使用低功率发射，因为高功率发射会成倍地消耗电池电量，过多使用还会降低电池的使用寿命。

(2)电台天线选择

天线选型的基本参数有频带宽度、使用频率、增益、方向性、阻抗、驻波比等指标。另外，天线的安装地点也很重要。一般天线的有效带宽为 3～5 MHz，因此，在选择天线时，应根据使用的频段来选定。若要进行远距离传输，最好选用定向天线及高增益天线。在天线架设时，应尽可能高，并且远离地面。提升发射天线的高度，能较好地提高电台的作用距离。

3. 电源系统

GPS 接收机和电台可以使用同一电源，或采用双电源电池供电。由于基准站电台的发射功率大，耗电量也很大，可以使用外接电源。当采用电瓶供电时，电源线连接电瓶时应注意正负极。蓄电池在使用半年至一年后，系统的作用距离会变短，建议更换蓄电池，以保证电台的作用距离。

4. 多用途通信电缆

多用途通信电缆(图 7-37)有两个作用：一是用于接收机主机与手簿连接，多用于手簿设置基准站；二是接收机主机和计算机连接，用于传输静态数据和主机内嵌软件的升级。

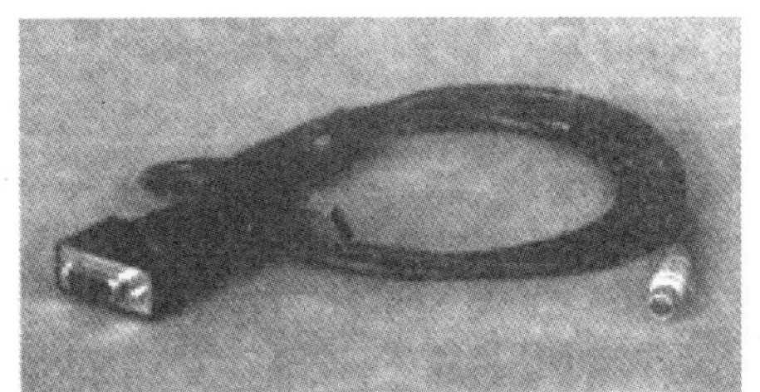

图 7-37　多用途通信电缆

(二)软件部分

如同硬件一样，RTK 系统拥有一些可供办公室或现场使用的软件。现场 RTK 应用软件安装于流动站系统的掌上计算机或数据采集器中，是基准站和流动站的用户界面，可协助测量的准备和执行。科力达 K9 使用工程之星 3.0 软件(以下都简称为“工程之星”)，是安装在手簿上的 RTK 野外测绘软件。

1. 工程之星的安装

工程之星的安装程序是 EGStar. exe。用户可以通过存储卡或是数据线直接把安装程序复制到 S730 手簿的 EGStar 文件夹下。一般在 GPS 出厂的时候都会给手簿预装上工程之星软件，用户在需要升级软件的时候直接覆盖以前的工程之星就可以了。

2. 工程之星软件概述

运行工程之星软件,进入主界面,如图 7-38 所示。操作手簿如图 7-39 所示。

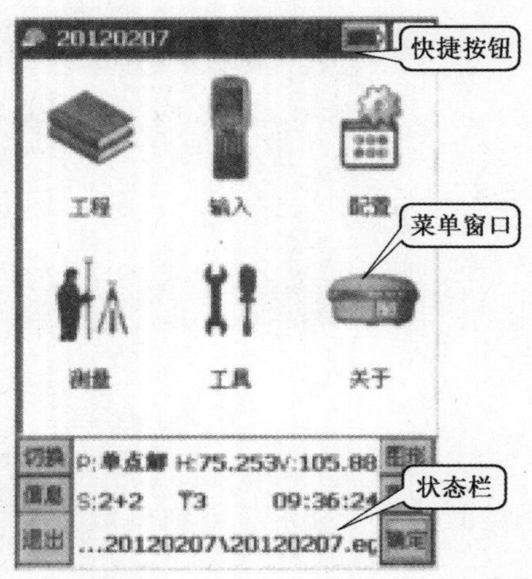

图 7-38　工程之星主界面

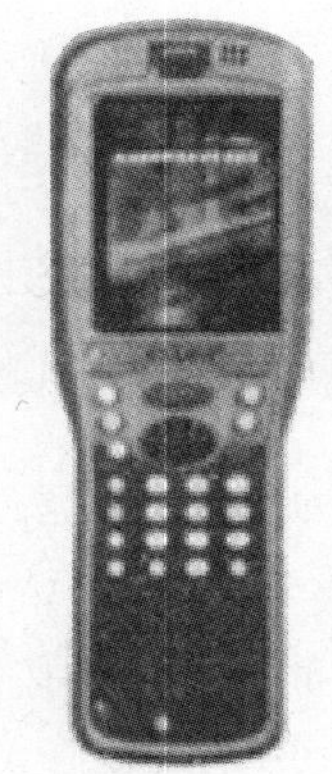

图 7-39　操作手簿

主界面窗口分为六个主菜单栏和状态栏。菜单栏集成所有菜单命令,内容分为六个部分:工程、输入、配置、测量、工具和关于。状态栏显示的是当前移动站接收机点位的信息,如:差分解的状态、平面和高程精度情况等,中间的信号条表示数据链通信状态,数据链前面的数字表示当前的电台通道。主窗口的右上角电池标志和文件标志代表的是手簿的电池信息和当前的参数信息,点击可以看到详细信息。中间的菜单栏均有子菜单,单击可以呈现出子菜单,然后选择子菜单就可以进入所需要的界面。

四、常规 RTK 的操作

RTK 由两部分组成:基准站部分和移动站部分。其操作步骤是先启动基准站,后进行移动站操作。

(一)准备工作

1. 检查和确认

确认基准站接收机、流动站接收机开关机正常,所有的指示灯都正常工作,电台能正常发射,其面板显示正常,蓝牙连接正常。

2. 充电

确保携带的所有电池都充满电,包括接收机电池、手簿电池和蓄电池,如果要作业 1 d,至少需携带三块接收机电池。

3. 检查携带的配件

出外业之前确保所有所需的仪器和电缆均已携带,包括接收机主机、电台发射和接收天线、电源线、数传线、手簿和手簿线等。

(二)设备的架设

1. 基准站部分

基准站又称参考站,在一定的观测时间内,一台或几台接收机分别固定安置在一个或几个测站上,一直保持跟踪观测卫星。其余接收机在这些固定测站的一定范围内流动作业,这些固定测站称为基准站。

(1)基准站点位的选择

基准站设置除满足 GPS 静态观测的条件外,还应设在地势较高、四周开阔的位置,便于电台的发射。可设在具有 WGS—84 和北京 54 坐标(或地方独立网格坐标)的已知点上,也可在未知点设站。基准站的安置是顺利进行 RTK 测量的关键。每次卫星信号失锁将会影响网络内所有流动站的正常工作。所以在选点时应注意:

1)周围应视野开阔,截止高度角应超过 15°,周围无信号反射物(大面积水域、大型建筑物等),以减少多路径干扰。尽量避开交通要道、过往行人的干扰。

2)基准站应尽量设置于相对制高点上,以方便播发差分改正信号。

3)基准站要设置于微波塔、通信塔等大型电磁发射源 200 m 外,且应设置于高压输电线路、通信线路 50 m 外。

4)RTK 作业期间,基准站不允许移动或关机又重新启动,重新启动后必须重新校正。

(2)基准站的架设

1)在基准站架设点安置脚架,安装上基座对点器,再将基准站主机装上连接器置于基座之上,对中整平。

2)安置发射天线和电台,建议使用对中杆支架,将连接好的天线尽量升高,再在合适的地方安放发射电台,用多用途电缆和扩展电源电缆连接主机、电台和蓄电池。

3)对于已知点上架站,应严格量取参考站接收机天线高,量取二次以上,较差小于 3 mm,取用平均值。对于自由架站,不作此要求。

(3)基准站的启动

基准站的启动大多具备自启动和手簿启动两种方式,通常使用基准站自启动方式,这样可以灵活地安排基准站和移动站之间的工作。比如在施工时基准站和移动站分别同时进行,这种方式可以大大缩短架设基准站的时间,特别是在当基准站和移动站距离较远、交通不便的情况下使用更为方便。如图 7-40 所示为基准站架设,如图 7-41 所示为移动站架设。

2. 流动站部分

流动站是指在基准站周围的一定范围内流动作业,实时提供各测站三维坐标的接收机。

(1)流动站位置的选择

RTK 测量流动站不宜在隐蔽的地带、成片水域和强电磁波干扰源附近观测。在信号受影响的点位,为提高效率,可将仪器移到开阔处或升高天线,待数据链锁定后,再小心无倾斜地移回待定点或放低天线,一般可以初始化成功。在穿越树林、灌木林时,应注意天线和电缆勿刮破、拉断,保证仪器安全。

(2)流动站的架设

1)流动站 GPS 接收机安置在一根碳纤维对中杆上,该杆可精确地在测点上对中、整平,量测和记录 GPS 天线高。由于对卫星的观测是相对 GPS 接收机天线的中心点,利用天线高可将天线中心点位归算至地面测点上。天线高一般可固定为 2 m。

2)安置电台和电台天线。如果流动站外置电台,则电台天线安置在外置电台上。现在流动电台都内置在 GPS 接收机里,流动电台的天线只用来接收信息,所以无需太长。将手簿使用托架夹在对中杆的合适位置。电子手簿与 GPS 可以使用电缆进行连接,也可以进行蓝牙无线连接。

(3)量测天线高

天线高实际上是相位中心到地面测量点的垂直高,动态模式天线高的量测方法有直高和斜高两种量取方式(如图 7-42)。

直高:地面到主机底部的垂直高度与天线相位中心到主机底部的高度之和。

斜高:测到橡胶圈中部,在手簿软件中选择天线高模式为斜高后输入数值。

静态的天线高量测:只需从测点量测到主机上的密封橡胶圈的中部,内业导入数据时在后处理软件中选择相应的天线类型输入即可。

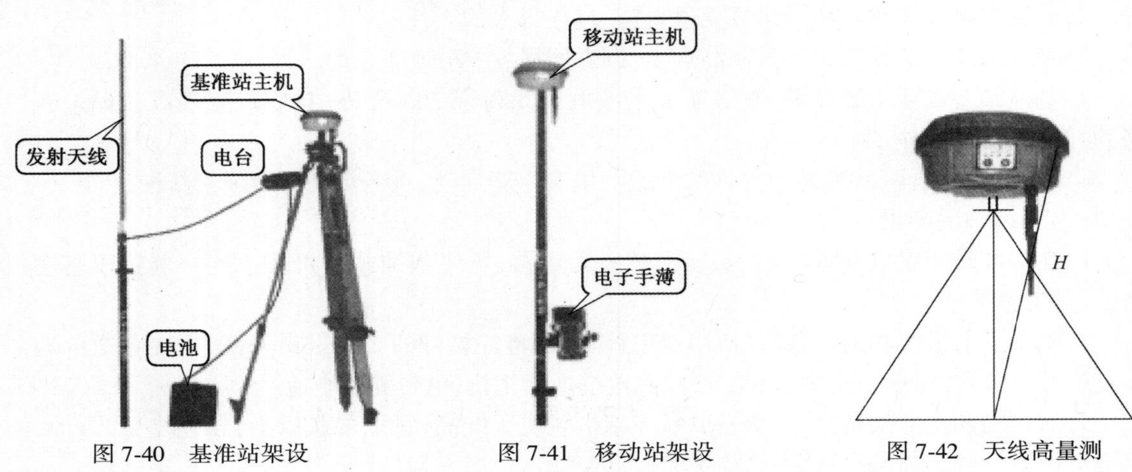

图 7-40　基准站架设　　图 7-41　移动站架设　　图 7-42　天线高量测

(4)移动站启动

1)打开移动主机,主机开始自动初始化和搜索卫星,当达到一定的条件后,主机上的 RX 指示灯开始 1 s 闪 1 次(必须在基准站正常发射差分信号的前提下),表明已经收到基准站差分信号。

2)移动站初始化

移动站进行任何测量工作之前,首先必须进行初始化工作。初始化是接收机在定位前确定整周未知数的过程。这一初始化过程也被称为 RTK 初始化、整周模糊度解算、OTF(On-The-Fly)初始化等。

在初始化之前,流动站系统只能在较高的精度下计算位置坐标,其精度在 0.15~2 m 之间。初始化对于流动系统是必不可少的工作。一旦初始化成功,流动站将以预定的精度(厘米级)工作,除非整周模糊度丢失。初始化状态与当前的精度水平均可从电子手簿上的 RTK 应用软件获取。

有的接收机的初始化过程是自动进行的,如 Ashtech 接收机;也有的接收机的初始化过程要手动来启动,如华测 GPS 接收机、TrimbleGPS 接收机。如果测站点没有遮挡物影响,且能观测到至少 5 颗卫星,通常可在 5 s 内完成初始化。

测量点的类型有单点解(single)、差分解(DGPS)、浮点解(Float)和固定解(Flxed)。

浮点解:是指整周模糊度已被解出,测量还未被初始化。

固定解:是指整周模糊度已被解出,测量已被初始化。

只有当流动站获取到了固定解后初始化过程才算完成。

3）打开电子手簿，新建工程项目，建立坐标系统

野外工作的第一步一般都是要新建工程，每个工程不管是否有已知点都必须输入中央子午线。简单操作步骤如下：点击"工程"——新建工程——输入工程文件名——点击"确定"——选择坐标系统——点击"增加"——新增一个坐标系统——选择坐标系"bdjing54"或者"xian80"——输入当地中央子午线——点击"确定"。

新建工程基本操作见工程之星软件应用。

五、工程之星软件应用

1. 工程之星软件概述

运行工程之星软件，进入主界面视图，如图 7-43 所示。

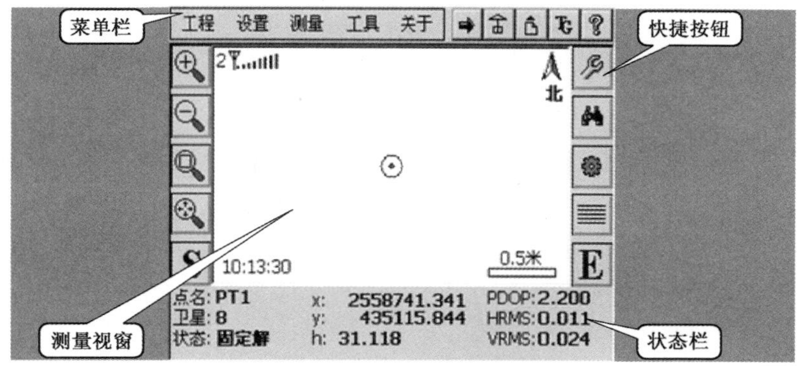

图 7-43　工程之星主界面

2. 软件介绍——工程

工程之星是以工程文件的形式对软件进行管理的，所有的软件操作都是在某个定义的工程下完成的，第一次打开工程之星软件时，软件会进入系统默认的工程 srtk，并同时在系统存储器（SystemCF）的 setup 目录下自动生成工程文件 srtk. ini（ini 文件为工程文件）。以后每次进入工程之星软件，软件会自动调入最后一次使用工程之星时的工程文件。一般情况下，每次开始一个地区的测量施工前都要新建一个与当前工程测量所匹配的工程文件，如图 7-44～图 7-57 所示。

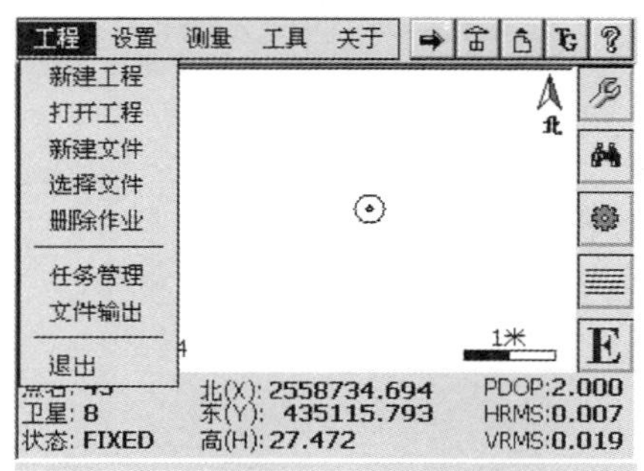

图 7-44　工程文件

3. 工程→新建工程

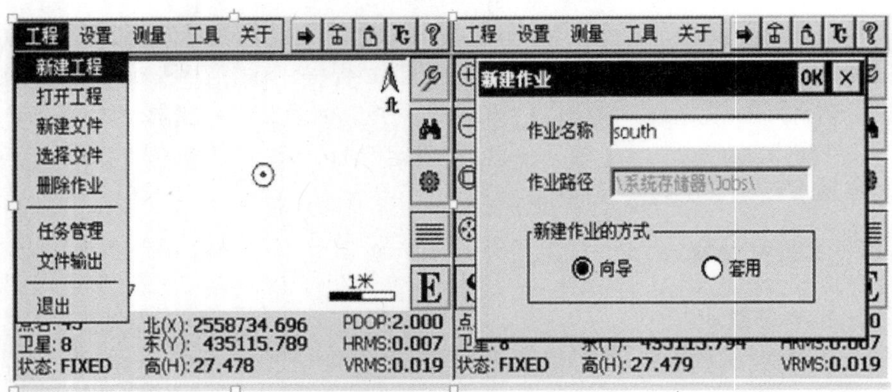

图 7-45 新建工程名称

4. 工程向导

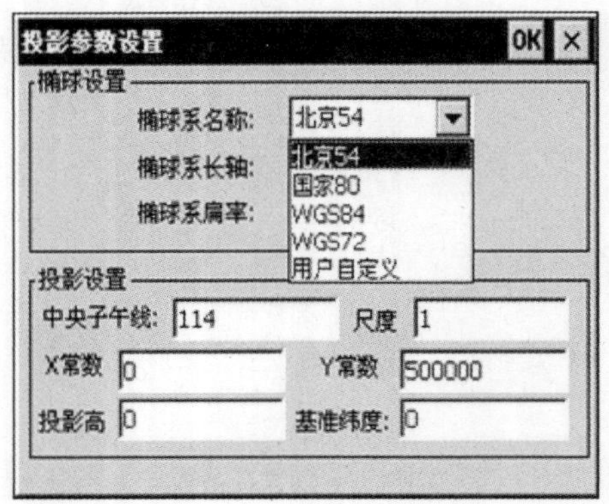

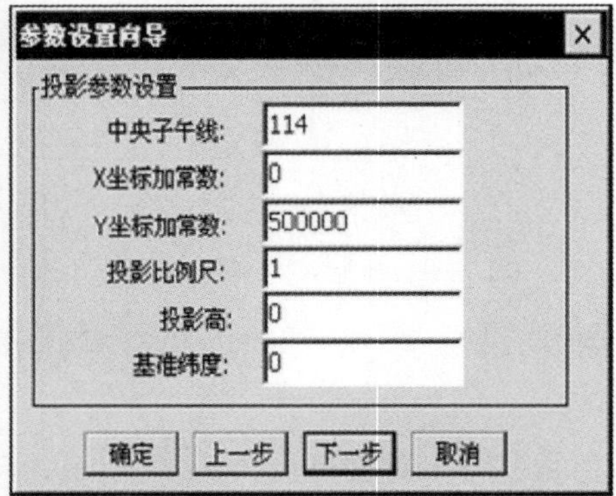

图 7-46 投影参数设置

系统默认的椭球为北京 54,可供选择的椭球系还有国家 80、WGS—84、WGS—72 和自定义一共五种。在"中央子午线"后面输入当地的中央子午线,然后再输入其他参数。

图 7-47 参数设置向导

四参数和七参数不能同时使用,输入其中一种参数后,不要再输入另一种参数。

如果需要使用高程拟合参数,先勾选“启用高程拟合参数”,然后输入已有的高程拟合参数,单击“确定”,工程建立完毕。如不需要则直接单击“确定”,工程建立完毕,可以开始使用。

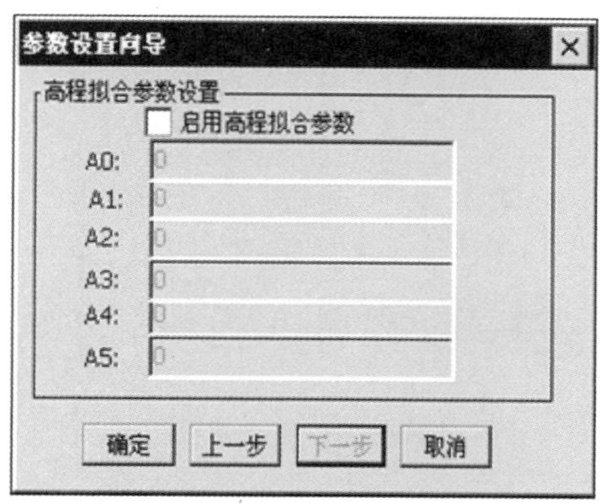

图 7-48　参数选择设置

5. 套用方式新建工程

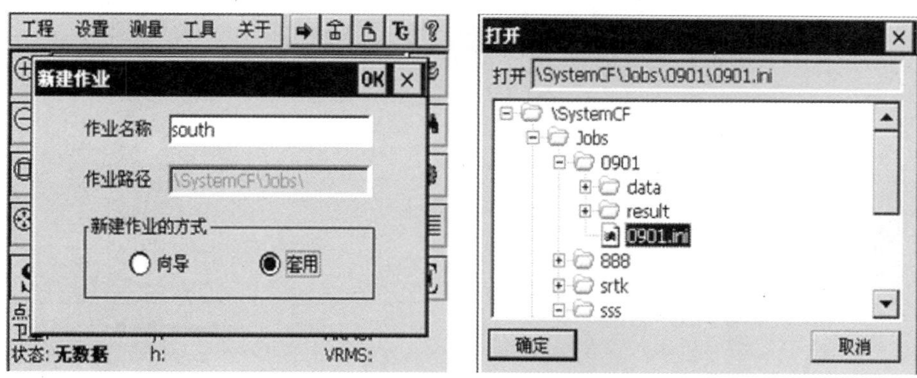

图 7-49　新建作业名称

6. 打开工程

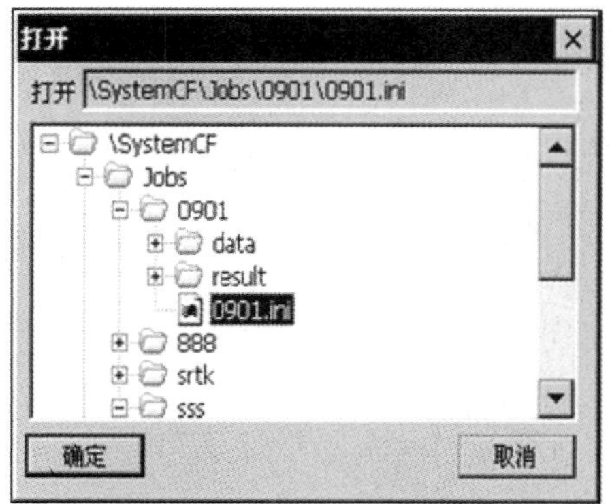

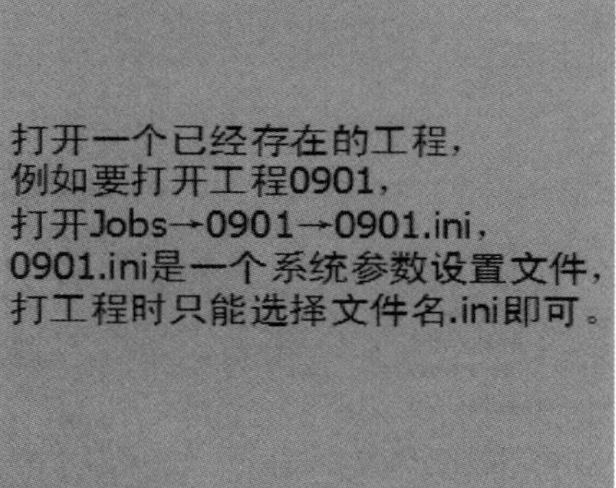

打开一个已经存在的工程,
例如要打开工程0901,
打开Jobs→0901→0901.ini,
0901.ini是一个系统参数设置文件,
打工程时只能选择文件名.ini即可。

图 7-50　打开系统参数设置文件

7. 新建文件

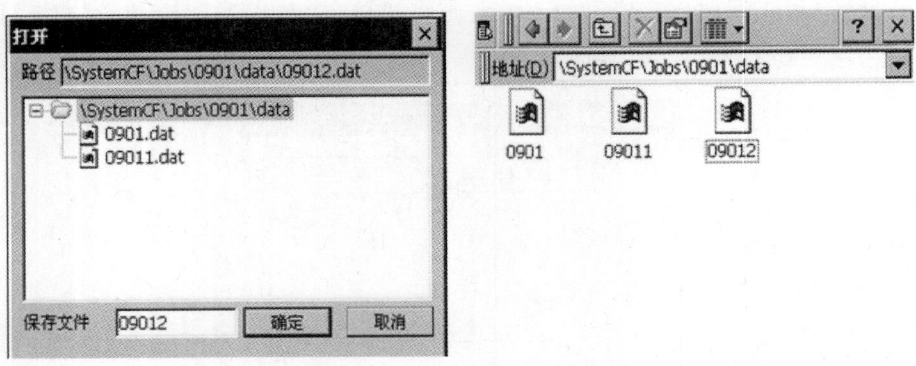

当手簿程序关闭后再重新进入的时候，默认打开的是退出之前的工程和文件。如果要把测量点的数据存储到指定的文件中，就在此选择要保存的数据文件。如第一天的测量工作结束以后，第二天继续测量时可以新建一个文件以保存数据，也可以选择前一天的文件，继续保存在以前的文件中。

图 7-51　文件保存

8. 选择文件

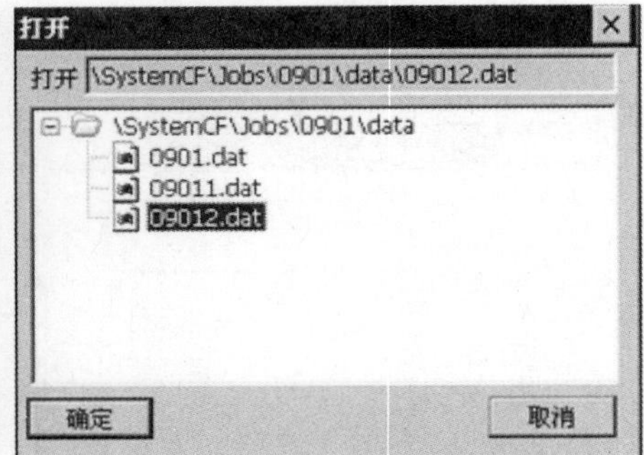

图 7-52　文件选择

9. 文件输出

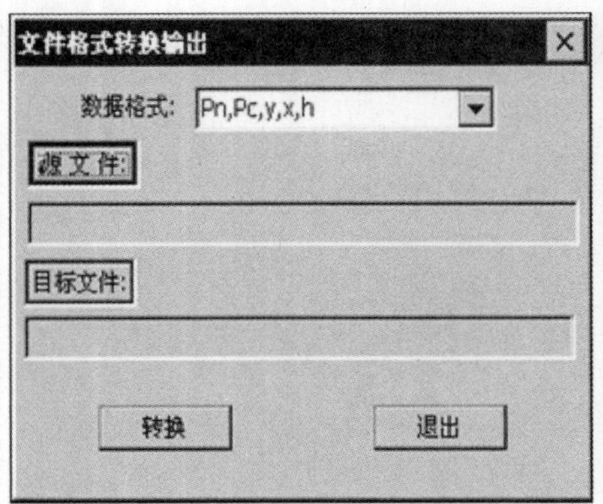

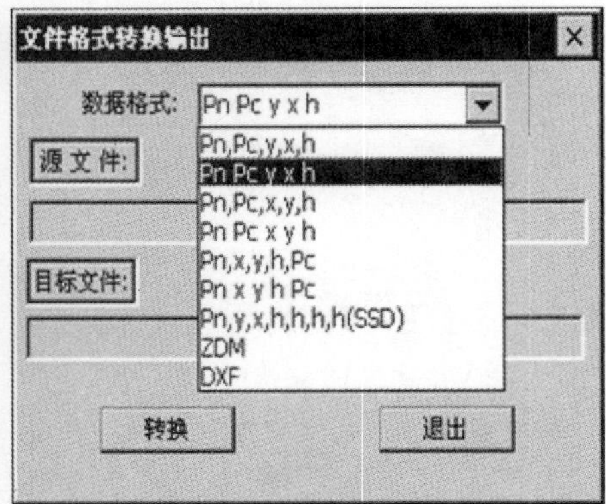

图　7-53

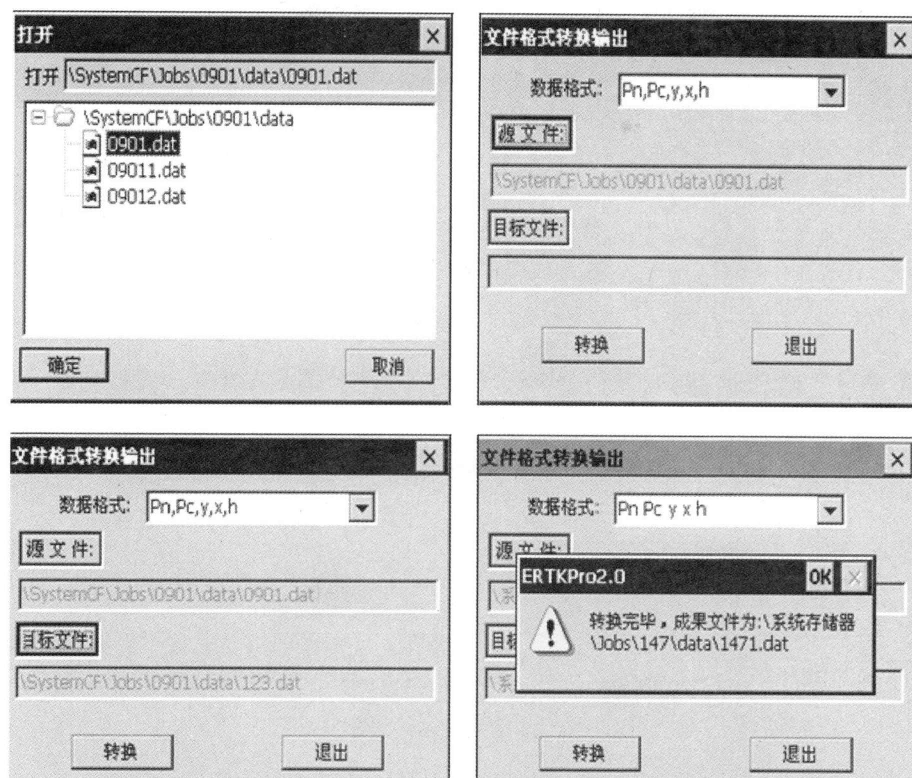

图 7-53　文件格式转化输出

10. 软件介绍—设置

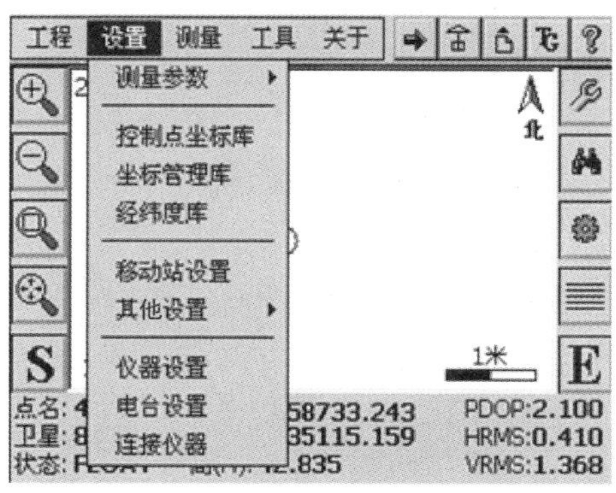

图 7-54　测量设备参数设置

11. 测量参数

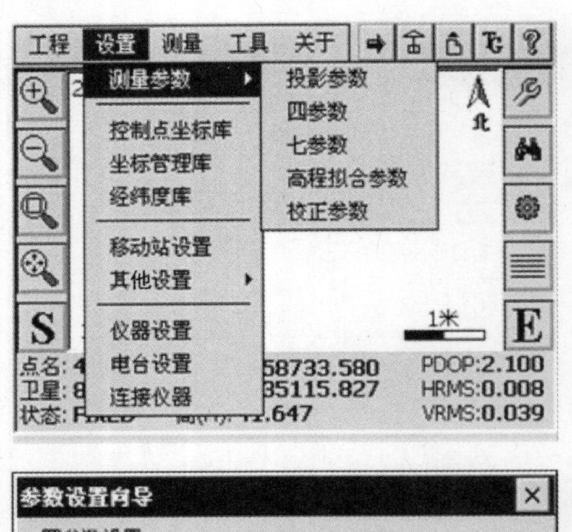

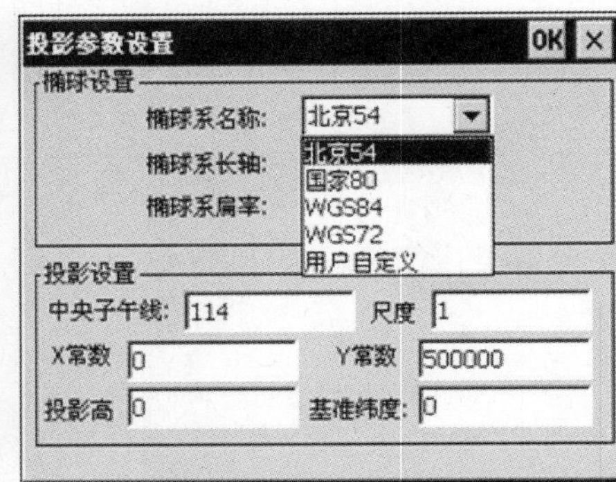

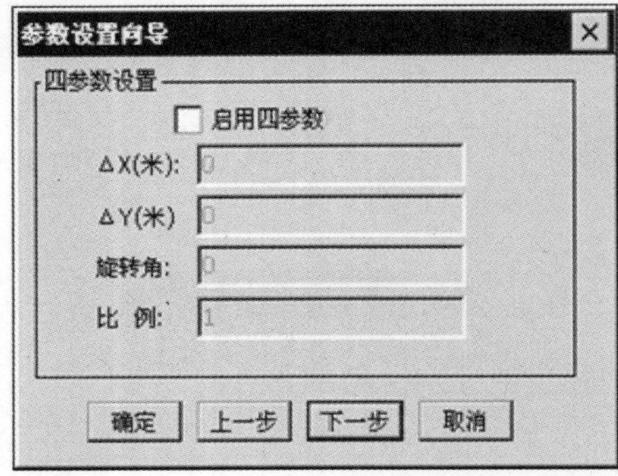

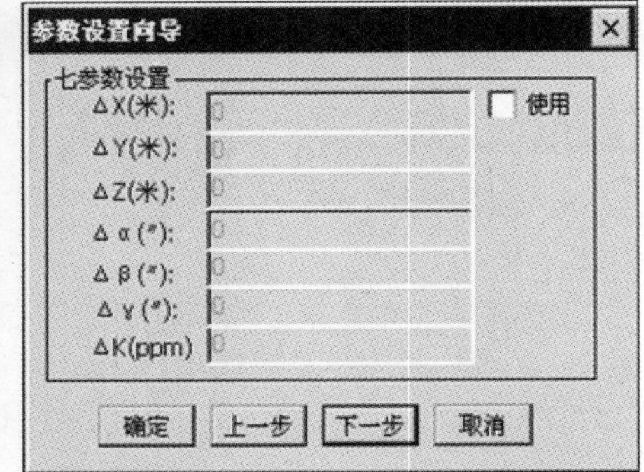

图 7-55　测量投影参数选择设置

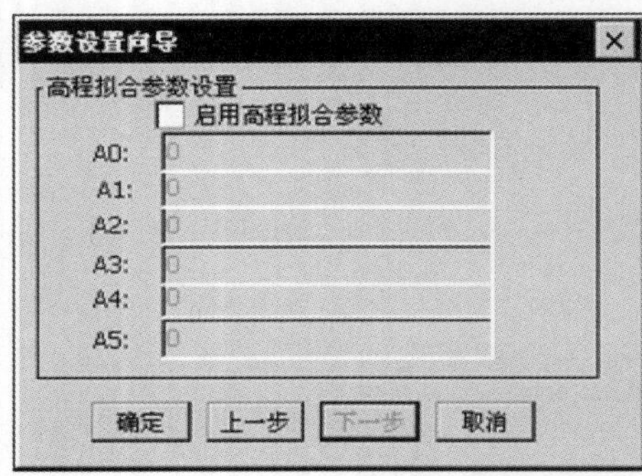

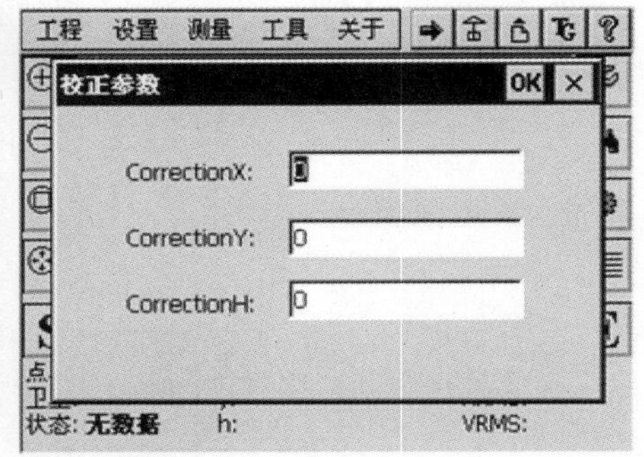

图 7-56　测量参数校正

12. 控制点坐标库

GPS 接收机输出的数据是 WGS—84 经纬度坐标,需要转化到施工测量坐标,这就需要软件进行坐标转换参数的计算和设置,控制点坐标库就是完成这一工作的主要工具。控制点坐标库是计算四参数和高程拟合参数的工具,可以方便直观的编辑、查看、调用参数计算四参数和高程拟合参数的校正控制点。在进行四参数的计算时,至少需要两个控制点的两套坐标系参数计算才能最低限度的满足控制要求。高程拟合时,使用三个点的高程进行计算时,控制点坐标库进行加权平均的高程拟合;使用 4 到 6 个点的高程时,控制点坐标库进行平面高程拟合;使用 7 个以上的点的高程时,控制点坐标库进行曲面拟合。控制点的选用和平面、高程拟合都有着密切而直接的关系。

13. 点放样

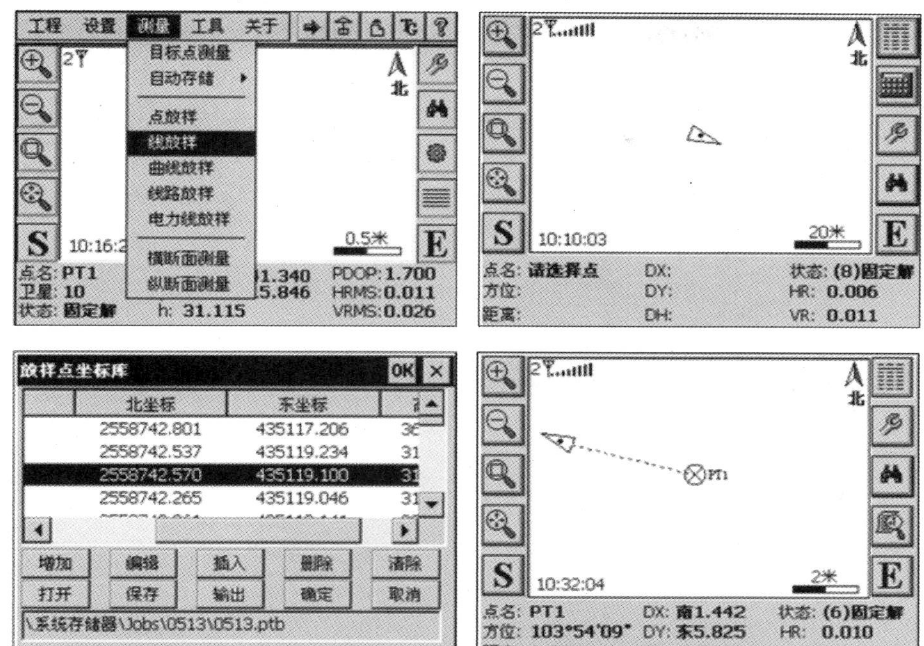

点击文件选择按钮，打开放样点坐标库，在放样点坐标库中导入事先编辑好的放样文件 *. dat，并选择放样点或直接输入放样点坐标，确定后进入放样指示界面。

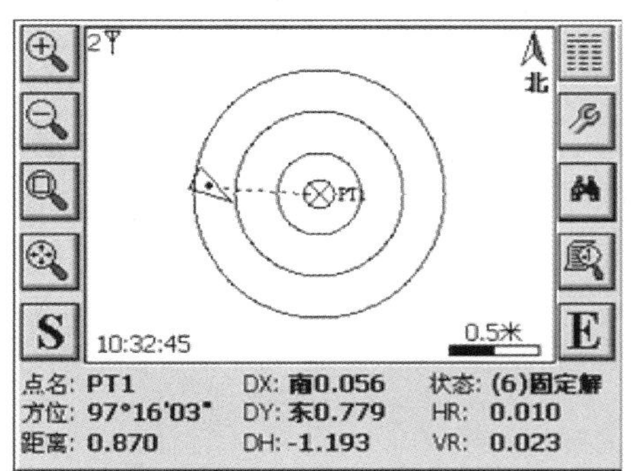

三个半径分别为 0.9 m、0.6 m、0.3 m 的圈，当前点位每进一个圈都会有一次提示音，点击精确局部放样的设置按钮，出现局部精确放样界面放样。

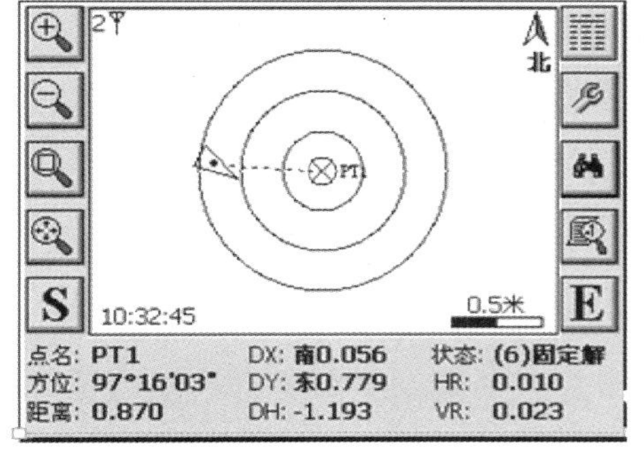

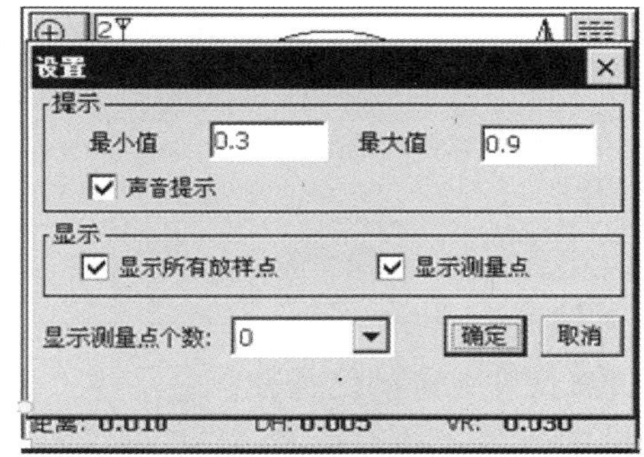

图　7-57

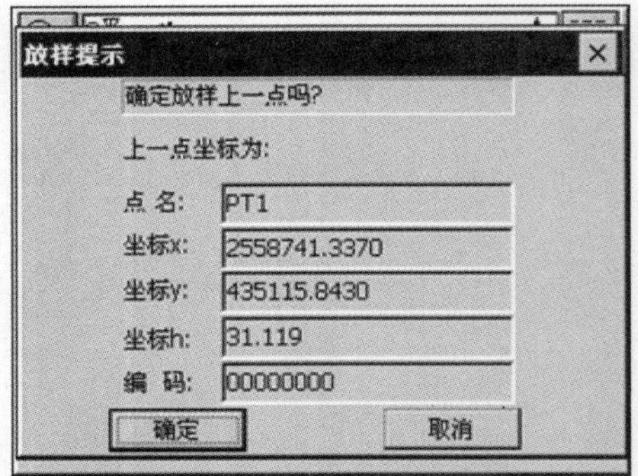

- 在放样界面还可以同时进行测量，按下保存键A即可以存储当前点坐标。在点位放样时使用快捷方式会提高放样的效率。在放样界面下按数字键 8 放样上一点，2 键为放样下一点，9 键为查找放样点。

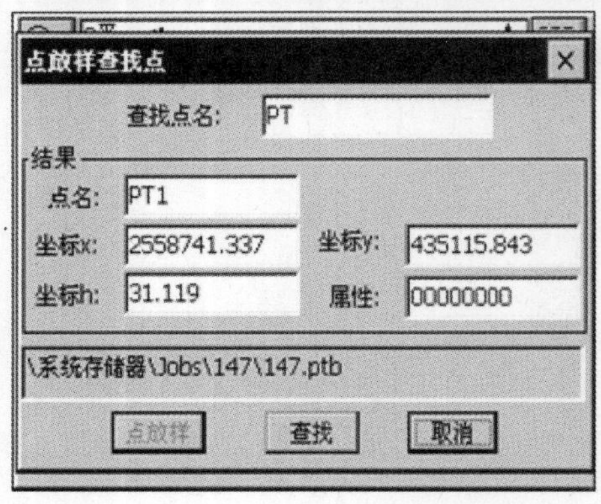

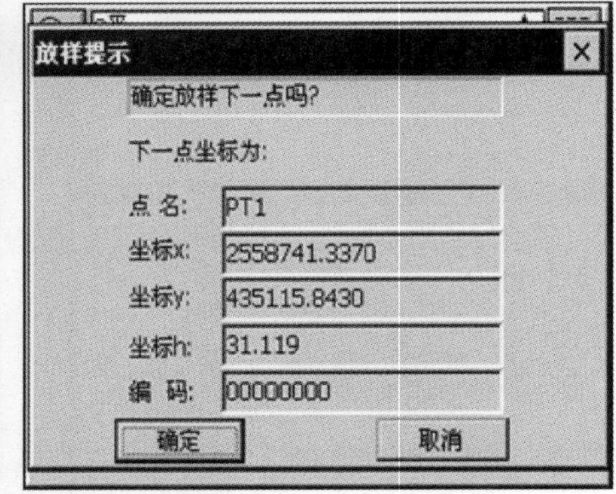

图 7-57 测量放样

六、数据采集

工程之星测量菜单包含点测量、放样和道路设计三个方面的内容。RTK 技术可用于四等以下控制测量、工程测量的工作。放样测量时将设计方案放样到实地。在外业可直接设计线路，增强了设计的应用范围。由于 RTK 在行进中不断计算测站位置、偏移量及填/挖方量，此时放样可以与设计很好地结合起来。

从 RTK 硬件设备特性和观测精度、可靠性及可利用性综合考虑，现阶段 RTK 的测量技术设计要求见表 7-6 。

表 7-6 RTK 的测量技术设计要求

等　级	洁度要素	距离(km)	项目数
四等以下平面控制	最弱点位误差≤5 cm 最弱边相对中误差≤14. 5 万	≤8	≤3
等外水准	$30\sqrt{L}$	≤8	≥3
图根控制(测图控制，像控制量，效样，中桩测量等)	最终点位误差≤15 cm 暴弱边相对中误差≤1/40 mm	≤10	≤2
地形测量	平面:图 10. 5 mm 高程:1. 0 等高程	≤10	≤1

七、RTK 网和系统的优越性

近年来，国际上已有少数城市建立了 RTK 网，RTK 网是由几个常设基站组成。可借助用户周围的几个常设基准站实时算出移动站的坐标。当使用 RTK 网代替一个基准站时，算出的移动站坐标将更可靠。各常设站之间的距离可达 100 km。RTK 网传输数据的方法有 3 种：第一种方法是移动站接收机选择一组常设基准站的数据，个别国家布设的这种 RTK 网已覆盖其全境；第二种方法是采用区域改正参数，利用网中全部基站算出改正平面，再按东西方向和南北方向算出改正值，然后，将一个基准站的数据和区域改正参数播发给移动站；第三种方法采用“虚拟参考站”。

在 RTK 应用过程当中，坐标转换的问题是十分重要的，GPS 接受机接收卫星信号单点定位的坐标以及相对定位解算的基线向量属于 WGS—84 大地坐标系，因为 GPS 卫星星历是以 WGS—84 坐标系为依据建立的。而实用的测量成果往往是属于某一国家坐标系或是地方坐标系（或叫局部的、参考坐标系），应用中必须进行转换。

RTK 技术作为 GPS 系统中高效定位方式之一，在各种测量中有着无比的优越性。

1. 控制测量——传统的控制测量采用三角网、边角网、导线网方法来施测，不仅费时，要求点间通视，而且精度分布不均匀。采用常规的 GPS 静态测量、快速静态、伪动态方法，在外业测量过程中不能实时了解定位精度，经常导致返测。而采用 RTK 进行控制测量，能够实时了解点位精度，如果点位精度要求满足，用户就可以停止观测，这样可以大大提高作业效率。

2. 地形测量——测地形图时，过去一般首先要在测区建立图根控制点，然后在图根控制点上架设全站仪或经纬仪配合小平板测图，或外业用全站仪和电子手簿配合地物编码，利用大比例尺测图软件来进行测图等，都要求在测站上测四周的地形地貌等碎部点，这些碎部点都与测站通视，而且一般要求至少 2~3 人操作。现在采用 RTK 时，仅需一人背着仪器在待测的地形地貌碎部点停留 1~2 s，并同时输入特征编码即可，到内业有专业的软件接口就可以输出所采集的地形图数据。这样用 RTK 仅需一人操作，不要求点间通视，大大提高了工作效率。

3. 工程放样——常规的放样方法很多，如经纬仪交会放样，全站仪的极坐标放样等。这些方法在操作中需要 2~3 人配合进行，在放样过程中还要求点间通视情况良好，在生产应用上效率不是很高。如果采用 RTK 技术放样，仅需把设计好的点位坐标输入到电子手薄中，背着 GPS 接收机，它会提醒测量人员走到待放样点的位置，既迅速又方便，放样点的精度均匀且能达到厘米级。

八、常规 RTK 作业的技术要求与注意事项

（一）RTK 定位精度与可靠性

不同类型的 GPS 接收机 RTK 定位都有各自的出厂精度，可据此估算 RTK 定位的精度。如南方 S82 RTK 定位的水平精度为 1 cm+1 ppm，即$\pm(10+1\times10^{-6}\times D)$ mm，垂直精度为 2 cm+1 ppm，即$\pm(20+1\times10^{-6}\times D)$ mm，D 为基准站 GNSS 接收机至流动站 GNSS 接收机的水平距离。

为了保证流动站的测量精度和可靠性，应在整个测区选择高精度的控制点进行检测校对，选择的控制点应有代表性，均匀地分布在整个测区。

（1）测区内仅有一个已知控制点的情况。定位测量时，已知点上的精度最高，以本点为圆心，离此点越远，精度越低。理论上讲，在半径为 10 km 的范围内，可达到 2~5 cm 左右精度。其坐标转换的方法是 WGS—84 和北京 54 的坐标相减而得 Δx、Δy、Δz。

（2）测区附近有两个已知控制点的情况（必须为整体平差结果）。定位测量时，仅两个已知控制点和两点的连线上的精度最高，离此直线越远则精度越低。

(3)测区附近有三个已知控制点的情况(必须为整体平差结果)。定位测量时,仅三个已知控制点和三角形内部的精度最高,离此三角形越远则精度越低。

(4)测区附近有四个已知点的情况(必须为整体平差结果)。定位测量时,若四个已知点均匀分布在测区四周,仅四个已知控制点和四边形内部的精度最高,离四边形越远则精度越低。

(二)坐标系统、时间系统及测量技术设计

1. 坐标系统

(1)RTK 测量采用 WGS—84 系统,当 RTK 测量要求提供其他坐标系(北京 54 坐标或西安 80 坐标系等)时,应进行坐标转换。

(2)坐标转换求转换参数时应采用 3 点以上的两套坐标系成果,采用 Bursa-Wolf、Molodenky 等经典、成熟的模型。转换参数时可采用三参数、四参数、五参数、七参数不同的模型形式,但每次必须使用一组的全套参数进行转换。坐标转换参数不准确可产生 2~3 cm RTK 测量误差。

(3)当要求提供 1985 国家高程基准或其他高程系高程时,转换参数必须考虑高程要素。如果转换参数无法满足高程精度要求,可对 RTK 数据进行后处理,按高程拟合、大地水准面精化等方法求得这些高程系统的高程。

2. 时间系统

RTK 测量宜采用世界协调时 UTC。当采用北京标准时间时,应考虑时区差加以换算。这在 RTK 用作定时器时尤为重要。

(三)常规 RTK 测量时参考站和流动站作业要求

1. 参考站运行期间作业要求

(1)尽管各 RTK 设备在设计时考虑到防水、防晒等因素。但作业时应尽量避免烈日暴晒或雨水淋湿。

(2)参考站各项参数设置是在控制手簿中进行的,如参考椭球坐标系、中央子午线、截止高度角、天线高、天线类型、广播格式,对于电台,还应设置电台的波特率、电台的发射模式、电台的抗干扰性以及电台的功率和频率等。只有参考站参数设置正确,才能保证 RTK 正确运行。

(3)参考站工作期间,工作人员不能远离,确保参考站保持稳定,要间隔一定时间检查设备工作状态,对不正常情况及时作出处理。在使用无线电通信设备时应远离参考站 10 m 以外。

(4)除了 GPS 设备耗电外,参考站还要为 RTK 电台供电,因此,参考站要采用 12V 的电瓶供电,保持参考站持续稳定地运行。如果采用无线通信模式(GPRS/CDMA),办理通信卡时要求只作上网使用,不具备通话功能。在工作期间,应保持通信卡有足够的流量。

2. 流动站作业要求

(1)用于流动站一般采用天线高为 2m 的流动杆作业,当高度不同时,应及时修正此值。

(2)流动站作业应在作业文件所规定的范围之内进行。作业文件就是测量前根据工程项目情况建立的文件,包含文件名、参考站和流动站所设置的各项参数(坐标系统、中央子午线、当地坐标和高程转换参数等)。

(3)RTK 数据采集前,应进行初始化,即控制手簿上显示的必须是固定解时才表示初始化成功。

(4)在信号受影响的点位,为提高效率,可将仪器移到开阔处或升高天线,待数据链锁定后,再小心无倾斜地移回待定点或放低天线,一般可以初始化成功。

(5)在观测过程中,流动站接收机应保持对所有可见卫星进行连续跟踪,并保持能锁定 5 颗以上的卫星,保持 PDOP 值小于 6。流动站一旦失锁造成跟踪卫星数下降到 4 颗以下时,应重新初始化后再进行测量。可以从控制手簿上查看流动站所接收的 GPS 卫星在空中分布状况及各个观测卫星的参数(如可见卫星号、方位角、高度角和信噪比等)。选择卫星数较多,卫星状况良好的时段进行测量。星空图列表和卫星状态如图 7-58 和 7-59 所示。

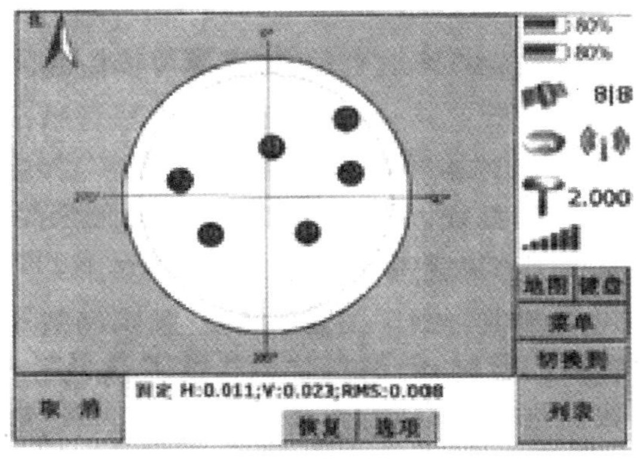

图 7-58　星空图列表

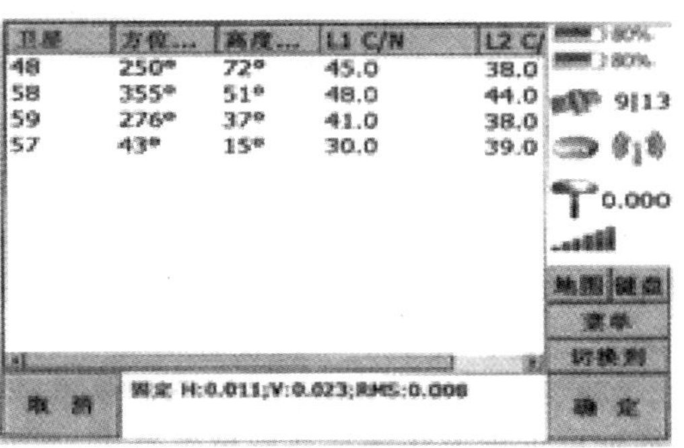

图 7-59　卫星状态

(6)在穿越树林、灌木林时,应注意勿刮破、拉断天线和电缆,保证仪器安全。

(7)在流动作业时,接收机天线要尽量保持竖直(流动杆放稳、放直)。一定的斜倾度将会产生很大的点位偏移误差。

(8)RTK 作业应尽量在天气良好的状况下进行,要尽量避免雷雨天气。夜间作业精度一般优于白天。

(9)流动作业时,不得在 10 m 范围内使用无线通信设备(手机或对讲机),不得在高压线 50 m 之内、移动发射塔 200 m 之内等强磁场区进行测量。

(10)RTK 作业期间,参考站不允许进行下列操作:进行自测试、改变卫星截止高度角或仪器高度值、改变测站名、改变天线位置、关闭文件或删除文件等。

(11)RTK 观测时要保持坐标收敛值小于 5 cm。

(四)影响 RTK 测量精度的主要因素

RTK 技术的关键在于数据处理技术和数据传输技术,影响 RTK 测量精度主要有以下几个因素。

1. GNSS 卫星分布状况

卫星数量及分布状况直接影响 RTK 初始化(初始整周模糊度值解算程度)。RTK 在运动状态中解算未知模糊度值时,至少需要 5 颗共同卫星,求解的整周模糊度值才可用(PDOP 值应小于 6)。卫星数越多,解算模糊度值时的速度就越快、越可靠。研究表明,卫星数增加太多,虽然无法显著地提高 RTK 点位精度,但可提高观测成果的可靠性。

对于高山、峡谷深处及密集森林区,城市高楼密集区,卫星信号被遮挡时间较长,一天中作业时间受到限制。作业时间受限制可通过查看星历预报,选择最佳作业时段来进行观测。

2. 基准站与流动站点的 GNSS 观测质量及它们之间的数据链传输

RTK 技术是在两台(GPS 接收机各自接收 GPS 卫星信号并将信号通过无线电通信系统(数据链)进行相互传递的。在流动站初始化完成后,将基准站传送来的载波观测信号和流动站接收到的载波观测信号进行差分处理,实时求解出两点间的基线值,进而由基准站的坐标求得流动站的 WGS—84 坐标,通过坐标转换,即可实时求得流动站的坐标并给出其点位精度。因此,基准站和流动站的观测质量好坏以及无线电信号传播质量好坏对定位精度影响很大。影响因素主要包括卫星数、信号干扰强度、气象因素及多路径效应等。卫星数越多,接收机观测到的数据质量越高。

信号干扰有多种原因,如无线电发射源、雷达装置、高压线等。干扰的强度取决于频率、发射台功率及到干扰源的距离。为了削弱电磁波等干扰源对 RTK 观测质量的影响,在选点时应远离这些干扰源。

多路径误差是 RTK 定位测量中较严重的误差,它取决于接收机周围的环境。可以通过选择地形开阔、无大片水域、无高层建筑等不具备反射条件的位置作为参考站点,并可采用具有削弱多路径误差的各种技术的天线,以及采取在参考站附近铺设吸收电波的材料等措施。

数据链间干扰、参考站与流动站间数据传输是通过无线电台或无线通信设施等进行无线传输的,高层建筑、山脉等障碍物是主要的干扰源。因此,参考站应尽量架设在地势开阔而且较高处。

气象因素的变化也是影响 RTK 精度的重要因素。快速运动中的气象峰面,可能导致观测坐标变化达到 10~20 cm。因此,在天气急剧变化时不能进行 RTK 测量。

3. 轨道误差、对流层和电离层干扰误差

这三项误差都会对卫星信号传播造成影响,基线越长(参考站与流动站间的距离),影响越大。当基线较短时,其影响能够模拟,残差可通过观测值的差分处理来削弱或消除。

(1)轨道误差

轨道误差只有几米,其残余的相对误差影响约为 1 ppm,就短基线(小于 5 km)而言,对施工放样测量结果的影响可以不考虑。

(2)电离层误差

电离层引起电磁波传播延迟从而产生的误差称为电离层误差,其延迟强度与电离层的电子密度密切相关。电离层的电子密度随太阳黑子活动状况、地理位置、季节变化、昼夜不同而变化。削弱电离层误差的有效方法:

1)利用双频接收机将 L_1 和 L_2 通道的观测值进行线性组合来消除电离层的影响;

2)利用两个以上的参考站(CORS 网)的同步观测量求差(构成的虚拟参考站到流动站的基线长只有几米);

3)利用电离层模型加以改正,削弱其误差。

4. 参与计算基准转换参数的控制点误差

控制点精度不同,求解转换参数将产生较大的差异,因此,对 RTK 观测结果可能带来较大的偏差。为了求得一个精确度高的转换参数,应选择精度较高、能有效控制整个测区的控制点进行参数计算,并进行正确的点校正。

5. 观测方法及仪器操作误差

仪器对中和整平误差、测量天线高误差、天线架设方式、流动站手扶杆的铅垂状态、观测测回数等都会影响到 RTK 的测量精度。可以增加观测测回数,以提高定位精度。

6. 天线相位中心变化所带来的误差

天线的机械中心和电子相位中心一般不重合,而且电子相位中心是变化的,它取决于接收信号的频率、方位角和高度角。天线相位中心的变化,可使点位坐标的误差达到 3~5 cm。因此,若要提高 RTK 定位精度,必须定期进行天线检验校正。

【相关案例】

GPS—RTK 测量技术在贵广铁路工程测量中的应用

一、RTK 测量技术概述

RTK(Real-Time—KinematiC)测量技术,即实时动态测量系统,是 GPS 测量技术与数据传输技术的结合,RTK 测量技术是建立在实时处理两个测站的载波相位基础上。它能实时提供观测点的三维坐标,并达到厘米级的高精度。通过 RTK 测量技术能够在野外实时得到厘米级定位精度的测量方法,它采用了载波相位动态实时差分方法,在 RTK 作业模式下,基准站通过数据链将其观测值和测站坐标信息一起传送给流动站。流动站不仅通过数据链接收来自基准站的数据,还要采集 GPS 观测数据,并在系统内组成差分观测值进行实时处理。流动站可处于静止状态,也可处于运动状态。RTK 测量技术的关键在于数据处理技术和数据传输技术,是 GPS 应用的重大里程碑,它的出现为工程放样、地形测图、各种控制测量带来了新曙光,极大地提高了外业作业效率。

二、RTK 定位原理

RTK 测量技术是以载波相位观测值为依据的实时差分 GPS 测量技术,主要由 GPS 接收设备、数据传输系统及实时数据处理软件三部分组成。数据传输系统由基准站的无线电传输设备与流动站的无线电接收设备组成,它是实现实时动态测量的关键设备。

RTK 测量技术的基本定位原理是:根据 GPS 的相对定位理论,将一台 GPS 接收机设在一个已知坐标的控制点作为基准站,基准站把接收到的所有卫星信息(包括伪距和载波相位观测值)和基准站的一些信息(如基准站坐标、天线高等)都通过无线电通信设备以数据链的形式传递到流动站,流动站接收设备在观测卫星数据的同时也接收基准站传递的卫星数据和基准站信息。通过对数据解调后,利用 GPS 接收机内置的随机实时数据处理软件,与本机观测的 GPS 观测数据组成差分观测值进行实时处理,并根据流动站接收机所配置的坐标转换参数解算出流动站的实时地方坐标、高程及观测精度信息。通过实时计算的定位结果,便可监测基准站与流动站观测成果的质量和解算结果的收敛情况,实时地判定解算结果是否成功,从而减少冗余观测量,缩短观测时间。

RTK 测量技术根据差分方法的不同分为修正法和差分法。修正法是将基准站的载波相位修正值发送给移动站,改正移动站的接收载波相位,再求解坐标;差分法是将基准站采集到的载波相位发送给移动站,进行求差解算坐标。

三、RTK 测量技术的特点

RTK 测量技术是以载波相位测量为依据的实时差分 GPS 测量技术，通过 GPS 技术与无线电数据传输技术相结合，实时解算进行数据处理，在 1~2 s 的时间里得到高精度点位坐标信息，它是 GPS 测量技术发展的一个新突破，在测量中有广阔的应用前景，RTK 测量技术有以下特点：

（1）工作效率高。在 GPS 对星观测条件较好的情况下，RTK 有效信号可以覆盖半径 5 km 范围内的区域，只需要架设一次基准站就可以连接 5 km 测区范围内的多台流动站进行工作，大大减少了传统测量所需的控制点数量和测量仪器的设站次数。基准站和流动站只需一人操作即可，劳动强度低，作业速度快，提高了工作效率。

（2）定位精度高。一般双频 GPS 接收机基线解算精度为 5 mm+1 ppm，只要满足 RTK 的基本工作条件，在一定的作业半径范围内（一般为 5 km），RTK 的平面精度和高程精度都能达到厘米级，平面精度可以达到 2 cm 以内，完全可以满足一般测量工作的精度要求。

（3）全天候作业。RTK 测量不要求基准站和流动站间通视，因此和传统测量相比，RTK 测量受通视条件、能见度、气候、季节等因素的影响和限制较小，使测量工作变得更容易更轻松。

（4）RTK 测量自动化、集成化程度高，数据处理能力强。RTK 可进行多种测量内外业工作，流动站利用软件控制系统，无需人工干预便可自动实现多种测绘功能，减少了辅助测量工作和人为误差，保证了作业精度。

（5）操作简便，容易使用，数据处理能力强。只要在设站时进行简单的设置，就可以边走边获得测量结果坐标或进行坐标放样。数据输入、存储、处理、转换和输出能力强，能方便快捷地与计算机、其他测量仪器通信。

四、RTK 测量成果的质量控制

研究表明，RTK 确定整周模糊度的可靠性最高为 95%，RTK 比静态 GPS 还多出一些误差因素，如数据链传输误差等。因此，和 GPS 静态测量相比，RTK 测量更容易产生较大的误差，必须进行质量控制。质量控制的方法主要有：

（1）已知点检核比较法。RTK 基准站应架设在稳固可靠且精度较高的控制点上，RTK 测量工作开展前，待流动站初始化后至少测量检查测区周围两个已知高级控制点，核对检测坐标与原测设计坐标的不符值较差，如果发现误差较大，应立即检查基准站及流动站仪器配置参数。

（2）电台变频实时检测法。在测区内建立两个以上基准站，每个基准站采用不同的频率发送改正数据，流动站用变频变化选择性地分别接收每个基准站的改正数据从而得到两个以上解算结果，比较这些结果就可判断其质量高低。

五、RTK 测量技术在铁路测量工作中的应用

1. 地形测量

由于 RTK 测量技术比其他传统的测量方法更加优越，被广泛用于地形图测量工作中。用传统方法进行地形测量，先要建立图根控制网，然后进行碎部测量，其工作量大、速度慢，花费时间长。利用 RTK 进行地形测量，不需要布设图根控制点，只需要在测区中间位置架设基准

站,基准站数据传输信号覆盖范围内的多台流动站就可以开始地形测量工作,不但有效控制了测量人员投入数量,提高了工作效率,而且 RTK 测量点位精度较高,测量数据的正确性和可靠性得到了保证。

2. 控制测量

用 GPS 建立控制网,最精密的方法为静态测量,对大型建筑物,如特大桥、隧道等进行控制,宜采用 GPS 静态测量。而一般测量精度要求不高的工程控制测量,则可采用 RTK 动态测量,如大面积地形测量工作中,就可以利用 RTK 进行图根控制点的布设,然后使用全站仪配合 RTK 进行测量数据的采集。这种方法在测量过程中能实时获得定位精度,当达到要求的点位精度即可停止观测,大大提高作业效率。由于点与点之间不要求通视,使得测量更简便易行。

3. 线路勘测

在铁路选线过程中,往往要按照勘测设计规范,坚持尽量减少占用农田、少拆迁房屋这一个原则,为了准确设计线路使其符合设计要求,可以利用 RTK 测量定位技术沿原路中线按一定间隔采集数据,最后将采集到的外业数据传入计算机,利用 AutoCAD 软件可以方便在计算机上选线。

4. 道路的中线测设

铁路设计线路定线以后,需将铁路线路按设计图纸上的位置在实地测放出来,以便与实际地形地物对比。由于铁路线路较长,控制点密度较小且通视条件有限,传统的测量方法进行路线测设困难较大,费工费时成本又高。利用 RTK 测量技术进行线路路线测设,只需要将线路中线主点的设计坐标按要求的格式导入 RTK 流动站,流动站就可以高效的放样出线路主点,而且 RTK 观测手簿上可以直观显示出放样点图形和相对位置,简单高效并且容易操作。

5. 用地测量

铁路工程施工前期的征地测量工作较为繁琐,由于征地前地表植被、房屋建筑等覆盖物还未进行清理、地形条件较为复杂,采用传统的测量方法很难保证通视条件。如果采用 RTK 进行征地测量工作,可实时地测定界址点坐标,确定土地使用界限范围,计算用地面积,提高测量速度和精度,更能体现出 RTK 测量方法较其他传统测量方法的优越性和实用性。

6. 施工测量

在铁路工程建设中,由于受工程性质及地形条件的限制,部分工程施工采用传统的测量方法进行测量时,投入成本较高、费时较长、效率较低。如果采用 RTK 进行铁路工程线下工程施工测量工作,如桥墩钻孔桩基础,承台、路基填筑边线,软基处理等施工测量完全可以用 RTK 进行测量。目前大部分 GPS—RTK 硬件配置都比较高,而且在软件扩展方面也有很大选择,针对线路工程测量放样软件已经开发完善和智能化,测量放样前只需要将放样数据传输到 GPS 接收机内,施工现场一人操作即可完成工作。采用 RTK 进行施工测量工作,方便、快捷、高效,可以有效地保证测量工作质量和施工进度。随着动态 GPS 测量技术的不断发展、完善,将更加充分地显示出这一技术的高精度和高效益,它会为铁路工程建设的发展和进步发挥更大的作用。

六、结束语

RTK 测量技术是 GPS 定位技术的一个新的里程碑,它不仅具有 GPS 技术的所有优点,而且可以实时获得观测结果及精度,大大提高了作业效率,降低劳动强度,节约测量费用,使测量变得更轻松快捷,并开拓 GPS 新的应用领域。由于载波相位测量,差分处理技术、整周未知数、快速求解技术以及移动数据通信技术的融合,使 RTK 在精度、速度、实时性上达到了完满的结合,并使得 RTK 测量技术大大扩展了应用范围。RTK 测量技术的强大功能与潜力尚未充分挖掘,与 GIS 集成、实时控制、综合自动化作业是其未来的发展方向。随着科技的不断进步,精度更高,初始化速度更快,环境限制性更小,抗干扰性更强的 RTK 系统将会很快出现。RTK 在铁路建设方面的应用就将更广泛。

【思考与练习题】

1. GPS—RTK 的系统由哪几部分组成?
2. RTK 定位测量时,测区内的已知控制点有什么作用?
3. 简略叙述 GPS—RTK 的操作过程。
4. 超站仪主要有哪些特点?
5. 结合 GPS—RTK 的技能训练,让学生完成某测区的测绘任务。